BIG DATA MINING AND INTELLIGENT OPERATION

大数据、数据挖掘与智慧运营

梁栋　张兆静　彭木根◎编著

清華大学出版社
北　京

内 容 简 介

本书系统地介绍了大数据挖掘的基本概念、经典挖掘算法、挖掘工具和企业智慧运营应用案例。

全书分为9章，内容包括：大数据挖掘与智慧运营的概念，数据预处理，数据挖掘中的四种主流算法：聚类分析、分类分析、回归分析、关联分析，增强型数据挖掘算法，数据挖掘在运营商智慧运营中的应用案例，未来大数据挖掘的发展趋势等。

全书以运用大数据挖掘方法提升企业运营业绩与效率为主线，从运营商实际工作中选取了大量运营和销售案例，详细讲述了数据采集、挖掘建模、模型落地与精准营销的全部过程。书中大部分案例的代码、软件操作流程和微课视频可以通过扫描本书封底的二维码下载。

本书主要面向运营商及其他高科技企业员工、高等院校相关专业本科生和研究生，以及其他对数据挖掘与精准营销感兴趣的读者。

图书在版编目(CIP)数据

大数据、数据挖掘与智慧运营 / 梁栋，张兆静，彭木根编著. — 北京：清华大学出版社，2017
ISBN 978-7-302-48337-3

Ⅰ. ①大… Ⅱ. ①梁… ②张… ③彭… Ⅲ. ①数据处理 Ⅳ. ①TP274

中国版本图书馆 CIP 数据核字（2017）第 218392 号

责任编辑： 刘 洋
封面设计： 李召霞
版式设计： 方加青
责任校对： 王荣静
责任印制： 杨 艳

出版发行： 清华大学出版社
网　　址： http://www.tup.com.cn，http://www.wqbook.com
地　　址： 北京清华大学学研大厦 A 座　　**邮　　编：** 100084
社 总 机： 010-62770175　　**邮　　购：** 010-62786544
投稿与读者服务： 010-62776969，c-service@tup.tsinghua.edu.cn
质 量 反 馈： 010-62772015，zhiliang@tup.tsinghua.edu.cn
印 刷 者： 北京富博印刷有限公司
装 订 者： 北京市密云县京文制本装订厂
经　　销： 全国新华书店
开　　本： 187mm×235mm　　**印　　张：** 26.25　　**字　　数：** 494 千字
版　　次： 2017 年 11 月第 1 版　　**印　　次：** 2017 年 11 月第 1 次印刷
印　　数： 1～4000
定　　价： 99.00 元

产品编号：075552-01

前 言

数据挖掘（Data Mining），是指从数据中发现知识的过程（Knowledge Discovery in Databases，KDD)。狭义的数据挖掘一般指从大量的、不完全的、有噪声的、模糊的、随机的实际应用数据中，提取隐含其中的、人们事先不知道的、但又是潜在有用知识的过程。自从计算机发明之后，科学家们先后提出了许多优秀的数据挖掘算法。2006 年 12 月，在数据挖掘领域的权威学术会议 *the IEEE International Conference on Data Mining*（*ICDM*）上，科学家们评选出了该领域的十大经典算法：C4.5、K-Means、SVM、Apriori、EM、PageRank、AdaBoost、kNN、Naive Bayes 和 CART。这是数据挖掘学科的一个重要里程碑，从此数据挖掘在理论研究和实际应用两方面均进入飞速发展时期，并得到广泛关注。

在实际生产活动中，许多问题都可以用数据挖掘方法来建模，从而提升运营效率。例如，某企业在其移动终端应用（App）上售卖各种商品，它希望向不同的客户群体精准推送差异化的产品和服务，从而提升销售业绩。在这个案例中，如何将千万量级的客户划分为不同的客户群体，可以由数据挖掘中的聚类分析算法来完成；针对某个客户群体，如何判断某个产品是否是他们感兴趣的，可以由数据挖掘中的分类分析算法来完成；如何发现某个客户群体感兴趣的各种产品之间的关联性，应该把哪些产品打包为套餐，可以由数据挖掘中的关联分析算法来完成；如何发现某个客户群体的兴趣爱好的长期趋势，可以由数据挖掘中的回归算法来完成；如何综合考虑公司的 KPI 指标、营销政策和 App 页面限制等条件，制订最终的落地营销方案，可以基于数据挖掘中的 ROC 曲线建立数学模型求得最优解来解决。

当前，许多企业正面临前所未有的竞争压力。以运营商企业为例，从政策层面看，国家提出了“提速降费”的战略指示：一方面要提高网络连接速度、提供更好的服务，这意味着公司成本的提高；另一方面要降低资费标准，这意味着单个产品收入的下降，运营商该如何化解这对矛盾？从运营商内部数据统计看，传统的语音和短信、彩信业务收入占比正不断下降，传统的利润点已经风光不再；流量收入目前已占据主要位置并保持上涨趋势，但单纯的流量经营又将面临“管道化”压力；未来的利润增长点要让位于被称为“第三条曲线”的数字化服务。运营商该如何经营这一新鲜事物？从外部环境看，互联网和电子商务企业借助其在各方面的优势，已经对运营商形成了巨大的压力，特别是在数字化服务营销领域，传统运营商企业已经不再具备优势，又该如何应对互联网企业的全面竞争？

随着移动互联网和物联网时代的来临，人和万事万物被广泛地联系在一起。人们在联系的过程产生了大量的数据，例如用户基础信息、网页浏览记录、历史消费记录、视频监控影像，等等。据此，以Google为首的互联网公司提出了“大数据”（Big Data）的概念，并声称人类已经脱离了信息时代（Information Time，IT），进入了大数据时代（Data Time，DT）。显然，海量数据包含了非常丰富的浅层次信息和深层次知识。对于同一竞争领域的企业，谁能获取最大量的数据，展开最精准的数据挖掘与建模分析，并加以精细化的落地实施，谁便能在行业竞争中取得优势。对于运营商企业而言，其具备的一个显著优势便是手握海量数据资源。如果能运用先进的数据挖掘技术找出客户的行为规律，从传统的经验式、粗放式、“一刀切”式的运营决策向数据化、精细化、个性化的运营决策转型，运营商将迎来新的腾飞。上述运营模式转型的目标，便是所谓的“智慧运营”。

目前，人类对大数据尚没有统一的、公认的定义，但几乎所有学者和企业都认同大数据具备四大特征（四大挑战）：体量巨大（Volume）、类型繁多（Variety）、价值密度低（Value）、需要实时处理（Velocity）。这其中最重要的一点是类型繁多，即过去人类的数据储备以结构化数据为主，而未来将以非结构化数据为主。回到之前提到的App营销案例，企业基于用户的基础信息、历史消费信息、简单的网络行为信息等结构化数据展开挖掘建模，被认为是传统的“基于数据挖掘的智慧运营”。随着时代的发展，企业还掌握了用户观看在线视频的内容数据、在营业网点接受营业员推荐的表情信息和语言交流数据、用户在客服热线中的语音咨询数据等。这些数据被统称为非结构化数据，随着语音识别、人脸识别、语义识别等新技术的发展成熟，对非结构化数据的分析挖掘已成为可能，并将获得广阔的商业应用空间。基于非结构化数据的挖掘建模又被称为“基于人工智能的智慧运营”。考虑当前大部分企业的实际运营现状，本书将主要围绕“基于数据挖掘的智慧运营”展开讨论，“基于人工智能的智慧运营”将在后续书籍中展开讨论。

本书共分为九章：第1章大数据、数据挖掘与智慧运营综述，讲述数据挖掘的基本概念和发展史、大数据的时代特征、当前结构化数据挖掘进展、非结构化数据挖掘

目 录

与人工技能进展、数据挖掘的主流软件等；第 2 章数据统计与数据预处理，讲述在数据挖掘之前的数据集成、数据清洗、数据衍生、数据统计等；第 3 章聚类分析，重点讲述 K-means、BIRCH、DBSCAN、CLIQUE 等几种主流经典聚类算法；第 4 章分类分析，重点讲述决策树、KNN、贝叶斯、神经网络、SVM 等几种主流分类算法；第 5 章回归分析，重点讲述线性回归、非线性回归、逻辑回归等几种主流回归算法；第 6 章关联分析，重点讲述 Apriori、FP-tree 等几种主流关联算法；第 7 章增强型数据挖掘算法，重点讲述随机森林、Bagging、Boosting 等几种主流增强算法；第 8 章数据挖掘在运营商智慧运营中的应用，展开讲述数据挖掘方法在外呼营销、精准推送、套餐适配、客户保有、投诉预警、网络质量监控、室内定位中的应用；第 9 章面向未来大数据的数据挖掘与机器学习发展趋势，简要讲述数据挖掘领域的前沿研究进展。

全书以运用大数据挖掘方法提升企业运营业绩与效率为主线。第 3 章至第 7 章组成本书的理论知识部分，在讲述理论知识的同时，这部分每章都配套列举了大量实际应用案例，及其在 SPSS 等分析软件中的具体操作流程。此外，第 8 章从运营商实际工作中选取了大量运营和销售案例，详细讲述了数据采集、挖掘建模、模型落地与精准营销的全部过程。书中大部分案例的代码、软件操作流程和微课视频可以通过扫描本书封底的二维码下载。

本书基于作者所带领的研究团队多年研究积累和在运营商企业广泛落地应用的基础上提炼而成。全书由曾丽丽博士组织并统稿，梁栋、张兆静和彭木根撰写了主要章节，研究团队中的谢花花、柯联兴、张笑凯、鲁晨、李子凡等在读研究生参与了部分章节的写作，胡林、唐糖等团队外专家参与了部分章节的写作并给出了宝贵的意见。在本书写作过程中，中国移动及许多省市分公司（特别是广西分公司）给予了大力支持。在本书出版前，许多素材被中国移动广西分公司选为教材并展开了广泛落地应用，获得了 2016 年中国移动集团公司颁发的“培训案例最佳实践奖”。在本书出版过程中，得到了深圳市傲举企业管理顾问有限公司的大力支持。在此对有关人员一并表示诚挚的感谢！

由于作者能力所限，疏漏之处在所难免，希望各位读者海涵，并批评指正。

作 者
2017 年 9 月于北京邮电大学

第1章 大数据、数据挖掘与智慧运营综述

Big Data, Data Mining And Intelligent Operation

近年来，大数据、数据挖掘、机器学习、云计算和人工智能等词语日渐为人们所熟悉。本章将围绕上述基本概念和话题展开讨论。本章 1.1 节介绍数据挖掘的概念和发展史，1.2 节介绍数据挖掘的主要流程和金字塔模型，1.3 节介绍数据挖掘对企业智慧运营的重要意义，1.4 节介绍大数据的基本概念、特征和挑战，1.5 节介绍非结构化数据挖掘的概念和研究进展，1.6 节介绍结构化数据挖掘与机器学习、深度学习和人工智能之间的关联关系，1.7 节介绍常见的数据挖掘分析软件与系统。

1.1 数据挖掘的发展史

1.1.1 数据挖掘的定义与起源

什么是数据挖掘，数据挖掘包括哪些范畴？迄今为止不同的学者和公司仍有着不同的理解和定义。例如有的学者认为：数据挖掘即指摆脱传统的经验式、规律式的分析方法，转变为纯粹从数据出发来探索问题的本质。又例如有的公司认为：数据挖掘是一种从数据中榨取价值，提升公司运营效率的重要手段。然而，绝大部分学者和公司都认同数据挖掘的最基本定义：从数据中获取知识。

数据挖掘具体起源于什么年代现在已无从考证。自从有了数据，人类就开始尝试对数据进行分析。随着时代的发展，特别是计算机技术的诞生和发展，人类拥有的数据越来越多，种类越来越复杂，之前传统的浅层次的、以经验式、观察式为主的数据分析方法已不再适用，人类急需一整套深层次的、科学的数据分析方法，这些方法的总和被称为“数据挖掘”。

随着移动互联网时代的来临，我们每天都生活在数据中，时时刻刻都接触着来自生活各个方面的各种数据：早高峰各个十字路口的车流量，各个公司的股市行情、销售票务、产品描述、用户反馈，科学实验记录着的种种信息……数据的产生无时不在，无处不在。爆炸式增长、广泛可用的巨量数据急需功能强大和通用的工具，以便发现它们潜在的巨大价值。交警部门需要通过对车流量数据的观察来决定警力支配；公司需要通过对方方面面商业数据的分析来制订合理的发展计划；科学研究工作者需要对来自实验的种种数据研究来实现实验目的……人们越来越关注如何把海量的数据变为直观、有用的信息。人类的需求是发明之母，人们对数据所蕴含的潜在知识的需求促使了数据挖掘的诞生。

近年来，数据挖掘引起了信息产业界的极大关注，其主要原因是存在大量数据可以广泛使用，并且迫切需要将这些数据转换成有用的信息和知识。获取的信息和知识可以被广泛用于各种应用，包括商务管理、生产控制、市场分析、工程设计和科学探索等。

数据挖掘利用了来自如下领域的思想：

（1）来自统计学的抽样、估计和假设检验。

（2）人工智能、模式识别和机器学习的搜索算法、建模技术和学习理论。

数据挖掘也迅速地接纳了来自其他领域的思想，这些领域包括最优化、进化计算、信息论、信号处理、可视化和信息检索。一些其他领域也起到重要的支撑作用。特别的，需要数据库系统提供有效的存储、索引和查询处理支持。源于高性能（并行）计算的技术在处理海量数据集方面常常是重要的。分布式技术也能帮助处理海量数据，并且当数据不能集中到一起处理时更是至关重要。

1.1.2　数据挖掘的早期发展

数据挖掘起始于 20 世纪下半叶，是在多个学科发展的基础上逐步发展起来的。随着大数据与数据库技术的发展应用，数据量不断积累与膨胀，这导致基础的查询和统计操作已经无法满足企业的商业需求。如何挖掘出数据隐含的信息是当前亟须解决的难题。与此同时，计算机领域的人工智能（Artificial Intelligence）方向也取得了巨大进展，进入了机器学习的阶段。因此，人们将两者结合起来，用数据库管理系统存储数据，用计算机分析数据，并且尝试挖掘数据背后的信息。这两者的结合促生了一门新的学科，即数据库中的知识发现（Knowledge Discovery in Databases，KDD）。1989 年 8 月召开的第 11 届国际人工智能联合会议的专题讨论会上首次出现了“知识发现”这个术语，到目前为止，知识发现的重点已经从发现方法转向了实践应用。

数据挖掘（Data Mining）则是 KDD 的核心部分，它指的是从数据集合中自动抽取隐藏在数据中那些有用信息的非平凡过程，这些信息的表现形式为：规则、概念、规律及模式等。进入 21 世纪，数据挖掘已经成为一门比较成熟的交叉学科，并且数据挖掘技术也伴随着信息技术的发展日益成熟起来。总体来说，数据挖掘融合了数据库、人工智能、机器学习、统计学、高性能计算、模式识别、神经网络、数据可视化、信息检索和空间数据分析等多个领域的理论和技术，是 21 世纪初期对人类产生重大影响的十大新兴技术之一。

1.1.3　数据挖掘的算法前传

如果把数据比作海洋，数据挖掘是在数据大海中航行，那么算法就是航行中指明方向的指南针。从广义来说，任何定义明确的计算步骤都可称为算法，接受一个或一组值为输入，输出一个或一组值。可以这样理解，算法是用来解决特定问题的一系列步骤（不仅计算机需要算法，我们在日常生活中也在使用算法）。算法必须具备如下 3 个重要特性：

（1）有穷性，有限的步骤后就必须结束。

（2）确切性，算法的每个步骤都必须确切定义。

（3）可行性，特定算法须可以在特定的时间内解决特定问题。

其实，算法虽然广泛应用在计算机领域，但却完全源自数学。据称，人类已知最早的算法可追溯到公元前 1600 年巴比伦人（Babylonians）有关求因式分解和平方根的算法。

20 世纪末以来，随着科学技术的发展、通信技术的改进和计算机性能的提升，如何快速处理数据，提高解决问题的效率，显得尤为重要。各类算法的提出与优化为一系列难题的解决提供了切实可行的方案。早前影响较为广泛的十大算法如下。

1. 归并排序（Merge Sort）、快速排序（Quick Sort）和堆积排序（Heap Sort）

归并排序算法，是目前为止最重要的算法之一，是分治法的一个典型应用，由数学家冯・诺依曼（John von Neumann）于 1945 年发明。

快速排序算法，结合了集合划分算法和分治算法，不是很稳定，但在处理随机列阵（AM-based arrays）时效率相当高。

堆积排序，采用优先伫列机制，减少排序时的搜索时间，同样不是很稳定。

与早期的排序算法相比（如冒泡算法），这些算法将排序算法提上了一个大台阶。也多亏了这些算法，才有今天的数据发掘、人工智能、链接分析，以及大部分网页计算工具。各种排序算法的性能对比分析如表 1-1 所示。

表 1-1　排序算法性能对比

排序方法	时间复杂度			空间复杂度	稳定性
	最好	平均	最坏		
冒泡排序	O（n）	O（n^2）	O（n^2）	O（1）	稳定
直接选择排序	O（n^2）	O（n^2）	O（n^2）	O（1）	不稳定
插入排序	O（n）	O（n^2）	O（n^2）	O（1）	稳定
归并排序	O（$n \log n$）	O（$n \log n$）	O（$n \log n$）	O（1）	稳定
快速排序	O（$n \log n$）	O（$n \log n$）	O（n^2）	O（$n \log n$）	不稳定
堆积排序	O（$n \log n$）	O（$n \log n$）	O（$n \log n$）	O（1）	不稳定

2. 傅里叶变换和快速傅里叶变换

这两种算法简单，但却相当强大，整个数字世界都离不开它们，其功能是实现时间域函数与频率域函数之间的相互转化。傅里叶变换不仅仅是一个数学工具，更是一种新的思维模式。

图 1-1　法国数学家、物理学家傅里叶

互联网、Wi-Fi、智能机、座机、计算机、路由器、卫星等几乎所有与计算机相关的设备都或多或少与这两种算法有关。不会这两种算法，你根本不可能拿到电子、计算机或者通信工程学位。能看到这本书，也是托这些算法的福。

3. 迪杰斯特拉算法（Dijkstra's Algorithm）

可以这样说，如果没有这种算法，互联网肯定没有现在的高效率。只要能以“图”模型表示的问题，都能用这个算法找到“图”中两个结点间的最短距离。

虽然如今有很多更好的方法来解决最短路径问题，但迪杰斯特拉算法的稳定性仍无法被取代。

4. RSA 非对称加密算法

毫不夸张地说，如果没有这种算法对密钥学和网络安全的贡献，如今互联网的地位可能就不会如此之高。现在的网络毫无安全感，但遇到与钱相关的问题时我们必须保证有足够的安全感，如果觉得网络不安全，你肯定不会傻乎乎地在网页上输入自己的银行卡信息。

RSA 算法（以发明者的名字命名：Ron Rivest，Adi Shamir 和 Leonard Adleman，如图 1-2 所示）是密钥学领域最厉害的算法之一，由 RSA 公司的三位创始人提出，是当今密钥研究领域的基石算法。用这种算法解决的问题简单又复杂，在保证安全的情况下，可在独立平台和用户之间分享密钥。

5. 哈希安全算法（Secure Hash Algorithm）

确切地说，这不是一种算法，而是一组加密哈希函数，由美国国家标准技术研究所率先提出。无论在你的应用商店、电子邮件、杀毒软件，还是浏览器等，都可使用这种算法来保证正常下载，避免被“中间人攻击”或者“网络钓鱼”。

图 1-2 RSA 算法发明者

6. 整数质因子分解算法（Integer Factorization）

这其实是一种数学算法，不过已经广泛应用于计算机领域。如果没有这种算法，加密信息也不会如此安全。通过一系列步骤，它可以将一个合成数分解成不可再分的数因子。目前，很多加密协议都采用这个算法，比如上面提到的 RSA 算法。

7. 链接分析算法（Link Analysis）

在互联网时代，对不同网络入口间关系的分析尤其重要。从搜索引擎和社交网站，到市场分析工具，都在全力地挖掘互联网的真正构造。链接分析算法一直是这个领域最让人费解的算法之一，虽然实现方式各有不同，而且其本身的特性让每种实现方式的算法发生各种异化，不过基本原理却很类似。链接分析算法的原理其实很简单：用矩阵表示一幅“图”，形成本征值问题，如图 1-3 所示。本征值问题可以帮助你分析这个“图”的基础结构，以及每个结点的权重。这个算法于 1976 年由宾斯基（Gabriel Pinski）和纳林（Francis Narin）提出。

谁会用这个算法呢？Google 的网页排名，Facebook 向你发送信息流时（所以信息流不是算法，而是算法的结果），Google+ 和 Facebook 的好友推荐功能，LinkedIn 的工作推荐，Youtube 的视频推荐，等等。普遍认为 Google 是率先使用这类算法的机构，不过其实早在 1996 年（Google 问世前 2 年）李彦宏创建的“RankDex”小型搜索引擎就使用了这个思路。而 Hyper Search 搜索算法建立者马西莫 • 马奇奥里也曾使用过

类似的算法。这两个人后来分别成了百度和 Google 历史上的传奇人物。

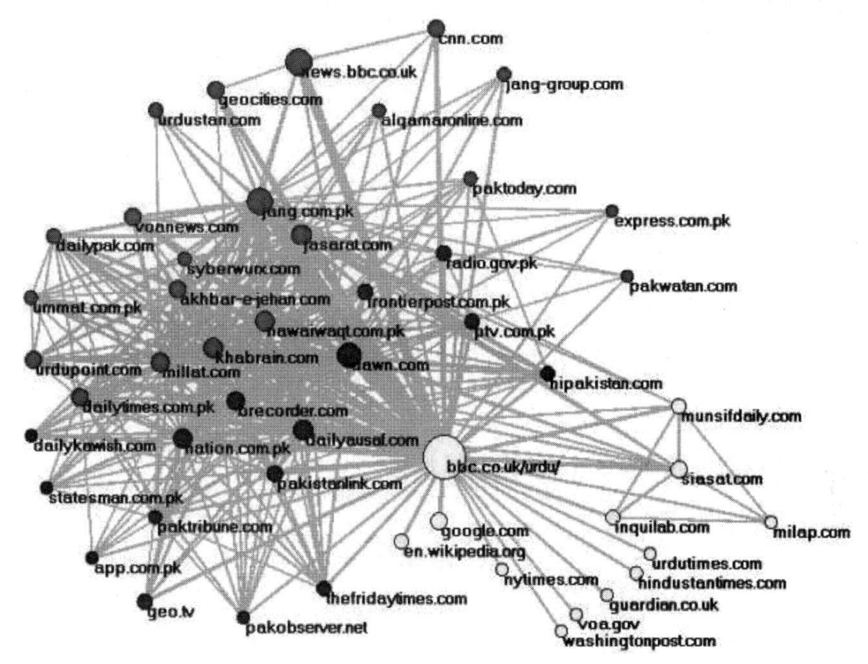

图 1-3　链接分析算法

8. 比例微积分算法（Proportional Integral Derivative Algorithm）

飞机、汽车、电视、手机、卫星、工厂和机器人等事物中都有这个算法的身影。简单来讲，这个算法主要是通过“控制回路反馈机制”，减小预设输出信号与真实输出信号间的误差。只要需要信号处理或电子系统来控制自动化机械、液压和加热系统，都需要用到这个算法。可以说，没有它，就没有现代文明。比例微积分算法流程如图 1-4 所示。

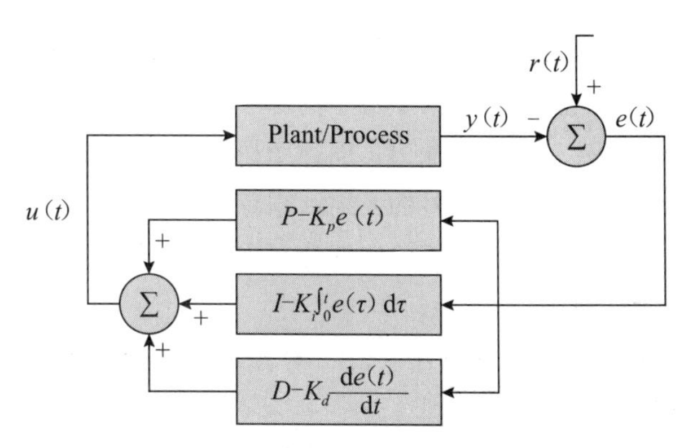

图 1-4　比例微积分算法流程

9. 数据压缩算法

数据压缩算法有很多种，哪种最好？这取决于应用方向。压缩 MP3、JPEG 和 MPEG-2 文件都是不一样的。但哪里能见到数据压缩？它可不仅仅是文件夹中的压缩文件。要知道，你正在看的计算机网页就是使用数据压缩算法将信息下载到你的电脑上的。除文字外、游戏、视频、音乐、数据存储、云计算等都是。它让各种系统更轻松，效率更高。

10. 随机数生成算法

到如今，计算机还没有办法生成“真正的”随机数，但伪随机数生成算法就已足够满足当前需求。这些算法在许多领域都有应用，如网络连接、加密技术、安全哈希算法、网络游戏、人工智能，以及数据挖掘等问题分析中的条件初始化。

1.1.4 数据挖掘的第一个里程碑

数据挖掘的飞速发展，不仅产生了大量不同类型的数据挖掘算法，而且也表现出与机器学习等学科深度融合的态势。国际权威的学术组织 the IEEE International Conference on Data Mining （ICDM）2006 年 12 月评出了数据挖掘领域的十大经典算法：C4.5、K-Means、SVM、Apriori、EM、PageRank、AdaBoost、KNN、Naive Bayes 和 CART，它们在数据挖掘领域都产生了极为深远的影响。

1. C4.5 算法

C4.5 是一种用在机器学习和数据挖掘领域的分类问题中的算法。它基于以下假设：给定一个数据集，其中的每一个元组都能用一组属性值来描述，每一个元组属于一个互斥的类别中的某一类。C4.5 的目标是通过学习，找到一个从属性值到类别的映射关系，并且这个映射能用于对新的类别未知的实体进行分类。

C4.5 是由 J.Ross Quinlan 在 ID3 的基础上提出的。ID3 算法用来构造决策树。决策树是一种类似流程图的树结构，其中每个内部结点（非树叶结点）表示在一个属性上的测试，每个分枝代表一个测试输出，而每个树叶结点存放一个类标号。一旦建立好了决策树，对于一个未给定类标号的元组，跟踪一条由根结点到叶结点的路径，该叶结点就存放着该元组的预测。决策树的优势在于不需要任何领域知识或参数设置，适合于探测性的知识发现。

C4.5 算法的核心算法是 ID3 算法。C4.5 算法继承了 ID3 算法的优点，并在以下几方面对 ID3 算法进行了改进：

（1）用信息增益率来选择属性，克服了用信息增益选择属性时偏向选择取值多的属性不足；

（2）在决策树构造过程中进行剪枝；

（3）能够完成对连续属性的离散化处理；

（4）能够对不完整数据进行处理。

而且C4.5算法产生的分类规则易于理解，准确率较高。但在构造树的过程中，需要对数据集进行多次的顺序扫描和排序，因而导致算法的低效。

2. The K-Means Algorithm（K-Means算法）

K-MeansAlgorithm是一种聚类算法，它把n个对象根据他们的属性分为k个分割，$k<n$。它与处理混合正态分布的最大期望算法很相似，因为他们都试图找到数据中自然聚类的中心。它假设对象属性来自空间向量，并且目标是使各个群组内部的均方误差总和最小。它是一种无监督学习的算法。

3. Support Vector Machines（支持向量机）

支持向量机，英文为Support Vector Machine，简称SV机或SVM。它是一种监督式学习方法，广泛应用于统计分类以及回归分析中。支持向量机将向量映射到一个更高维的空间里，在这个空间里建立一个有最大间隔的超平面。在分开数据的超平面的两边建有两个互相平行的超平面。分隔超平面使两个平行超平面的距离最大化。假定平行超平面间的距离或差距越大，分类器的总误差越小。一个极好的指南是C.J.C Burges的《模式识别支持向量机指南》。Van Der Walt和Barnard将支持向量机和其他分类器进行了比较。

4. The Apriori Algorithm（Apriori算法）

Apriori算法是一种最有影响力的挖掘布尔关联规则频繁项集的算法。其核心是基于两阶段频集思想的递推算法。该关联规则在分类上属于单维、单层、布尔关联规则。在这里，所有支持度大于最小支持度的项集称为频繁项集，简称频集。在频集的基础上，所有置信度大于最小置信度的规则为强关联规则。

5. 最大期望（EM）算法

在统计计算中，最大期望（Expectation–Maximization，EM）算法是在概率（Probabilistic）模型中寻找参数最大似然估计的算法，其中概率模型依赖于无法观测的隐藏变量（Latent Variabl）。最大期望经常用在机器学习和计算机视觉的数据集聚（Data Clustering）领域。

6. PageRank算法

PageRank是Google算法的重要内容。2001年9月被授予美国专利，专利人是Google创始人之一拉里·佩奇（Larry Page）。因此，PageRank里的Page不是指网页，而是指佩奇，即这个等级方法是以佩奇来命名的。

PageRank 根据网站的外部链接和内部链接的数量和质量来衡量网站的价值。PageRank 背后的概念是，每个到页面的链接都是对该页面的一次投票，被链接得越多，就意味着被其他网站投票越多。这个就是所谓的“链接流行度”——衡量有多少人愿意将他们的网站和你的网站挂钩。PageRank 这个概念引自学术中一篇论文的被引述的频度——即被别人引述的次数越多，一般就判断这篇论文的权威性越高。

7. AdaBoost 增强型算法

AdaBoost 是一种迭代算法，其核心思想是针对同一个训练集训练不同的分类器（弱分类器），然后把这些弱分类器集合起来，构成一个更强的最终分类器（强分类器）。其算法本身是通过改变数据分布来实现的，它根据每次训练集之中每个样本的分类是否正确，以及上次的总体分类的准确率，来确定每个样本的权值。将修改过权值的新数据集送给下层分类器进行训练，最后将每次训练得到的分类器融合起来，作为最终决策分类器。

8. KNN：K-Nearest Neighbor Classification（K 最近邻算法）

K 最近邻（K-Nearest Neighbor，KNN）分类算法，是一个理论上比较成熟的方法，也是最简单的机器学习算法之一。该方法的思路是：如果一个样本在特征空间中的 k 个最相似（即特征空间中最邻近）的样本中的大多数属于某一个类别，则该样本也属于这个类别。

9. Naive Bayes 算法（朴素贝叶斯）

在众多的分类模型中，应用最为广泛的两种分类模型是决策树模型（Decision Tree Model）和朴素贝叶斯模型（Naive Bayesian Model，NBM）。朴素贝叶斯模型发源于古典数学理论，有着坚实的数学基础，以及稳定的分类效率。同时，NBM 模型所需估计的参数很少，对缺失数据不太敏感，算法也比较简单。理论上，NBM 模型与其他分类方法相比具有最小的误差率。但实际上也并非总是如此，因为 NBM 模型假设属性之间相互独立，这个假设在实际应用中往往是不成立的，这给 NBM 模型的正确分类带来了一定影响。在属性个数比较多或者属性之间相关性较大时，NBM 模型的分类效率比不上决策树模型。而在属性相关性较小时，NBM 模型的性能最为良好。

10. CART：分类与回归树

CART，Classification and Regression Trees。在分类树下面有两个关键的思想：第一个是关于递归地划分自变量空间的想法；第二个想法是用验证数据进行剪枝。最先由 Breiman 等提出。分类回归树是一棵二叉树，且每个非叶子结点都有两个孩子，所以对于第一棵子树的叶子结点数比非叶子结点数多 1。CART 树既可以做分类算法，也可以做回归。其优势是可以生成易于理解的规则，时间复杂度较低，可以处理连续变量和种类字段，可以明确显示数据字段的重要性。不足是对连续性的字段比较难预测；对有时间顺序的数据，需要较为复杂的预处理工作；当类别太多时，错误可能增加得比较快。

1.1.5　最近十年的发展与应用

作为一个新兴的研究领域，自 20 世纪 80 年代开始，数据挖掘已经取得显著进展并且涵盖了广泛的应用领域，但仍然存在许多问题和挑战。本节将介绍近十年来数据挖掘算法的主要发展、改进和应用。

1. 数据挖掘算法的改进

下面以 K-Means 算法和 KNN 算法为例进行介绍

K-Means 算法是数据挖掘聚类领域中的重要算法。大体上说，K-Means 算法的工作过程说明如下：首先从 n 个数据对象任意选择 k 个对象作为初始聚类中心；而对于剩下的其他对象，则根据它们与这些聚类中心的相似度（距离），分别将它们分配给与其最相似的（聚类中心所代表的）聚类；然后再计算每个所获新聚类的聚类中心（该聚类中所有对象的均值）；不断重复这一过程直到标准测度函数开始收敛为止。K-Means 算法中急需解决的问题包括如下内容。

（1）在 K-Means 算法中，k 是事先给定的，但这个 k 值的选定是很难估计的。很多时候，我们事先并不知道给定的数据集应分成多少类最合适，这也是 K-Means 算法的一个不足。

（2）K-Means 算法属于无监督算法，这就容易陷入局部极小值从而无法获取全局最优解，在大矢量空间搜索中性能下降。

除此之外，K-Means 算法对孤立和异常数据敏感，容易导致中心偏移，而且对非球形簇可能会失效。针对以上缺点，近些年数据挖掘领域的研究人员进行许多改进。有的算法是通过类的自动合并和分裂，得到较为合理的类型数目 k，例如，ISODALA 算法。关于 K-Means 算法中聚类数目 k 值的确定，有些根据方差分析理论，应用混合 F 统计量来确定最佳分类数，并应用了模糊划分熵来验证最佳分类数的正确性。除此之外，还有谱聚类、基于模糊特征选择等。

传统的 KNN 算法有两大不足：一是计算开销大，分类效率低；二是等同对待各个特征项和样本，影响分类准确度。针对第一种不足大体有三种改进办法，分别是：基于特征降维的改进，基于训练集的改进，基于近邻搜索方法的改进。针对第二种不足，大体有两种改进策略分别为：基于特征加权的改进和基于判别策略的改进。特征降维可以采用信息增益、卡方值、互信息等标准筛选特征，还可以采用主成分分析或小波变换的办法降低特征值的维度。对训练集改进时主要是对训练集进行剪裁。一种思想认为训练集中靠近各类别中心的样本对分类的意义不大，仅保留各类别边界样本。另一种思想与决策树结合使用，生成的决策树对自身进行检测，除去判对概率小于0.5的样本，压缩后的样本集再用于做KNN。还可以基于分类器结果、相似性、距离对样本进行加权。

2. 数据挖掘算法的应用

数据挖掘算法可以挖掘出很多意想不到的规律，不仅有助于推进很多理论技术的发展，还可以帮助商家赚取利润。

数据挖掘应用中，有一个很经典的“啤酒＋尿布”案例。某著名超市在对消费者购物行为进行关联分析时发现，男性顾客在购买婴儿尿片时，常常会顺便搭配几瓶啤酒来犒劳自己，于是尝试推出了将啤酒和尿布摆在一起的促销手段。没想到这个举措居然使尿布和啤酒的销量都大幅增加了。

2009年，Google通过分析5000万条美国人最频繁检索的词语，将之和美国疾病中心在2003年到2008年间季节性流感传播时期的数据进行比较，并建立一个特定的数学模型。最终Google成功预测了2009冬季流感的传播甚至可以具体到特定的地区和州。

数据挖掘的结果还曾让英国撤军。2010年10月23日《卫报》利用维基解密的数据做了一篇“数据新闻”。将伊拉克战争中所有的人员伤亡情况均标注于地图之上。地图上一个红点便代表一次死伤事件，鼠标单击红点后弹出的窗口则有详细的说明：伤亡人数、时间，造成伤亡的具体原因。密布的红点多达39万，显得格外触目惊心。一经刊出立即引起英国朝野震动，推动英国最终做出撤出驻伊拉克军队的决定。

数据挖掘对医学领域的影响也十分重要。举一个比较著名的人物——乔布斯。乔布斯是世界上第一个对自身所有DNA和肿瘤DNA进行排序的人。为此，他支付了高达几十万美元的费用。他得到的不是样本，而是包括整个基因的数据文档。医生按照所有基因按需下药，最终这种方式帮助乔布斯延长了好几年的生命。

另外，当前的互联网金融与电子商务领域，数据挖掘的身影也频繁出现。如，支付中的交易欺诈侦测，采用支付宝支付时，或者刷信用卡支付时，系统会实时判断这笔刷卡行为是否属于盗刷。通过刷卡的时间、地点、商户名称、金额、频率等要素进行判断。这里面基本的原理就是寻找异常值。如果您的刷卡被判定为异常，这笔交易可能会被终止。异常值的判断，应该是基于一个欺诈规则库的。可能包含两类规则，即事件类规则和模型类规则。第一，事件类规则，例如刷卡的时间是否异常（凌晨刷卡）、刷卡的地点是否异常（非经常所在地刷卡）、刷卡的商户是否异常（被列入黑名单的套现商户）、刷卡金额是否异常（是否偏离正常均值的三倍标准差）、刷卡频次是否异常（高频密集刷卡）。第二，模型类规则，则是通过算法判定交易是否属于欺诈。一般通过支付数据、卖家数据、结算数据，构建模型进行分类问题的判断。比如，电商“猜你喜欢”和“推荐引擎”。电商中的“猜你喜欢”，应该是大家最为熟悉的。在京东商城或者亚马逊购物，总会有“猜你喜欢”“根据您的浏览历史记录精心为您推荐”“购买此商品的顾客同时也购买了 ** 商品”“浏览了该商品的顾客最终购买了 ** 商品”，这些都是推荐引擎运算的结果。这里面，有些人确实很喜欢亚马逊的推荐，通过“购买该商品的人同时购买了 ** 商品”，常常会发现一些质量比较高、较为受认可的书。一般来说，电商的“猜你喜欢”（即推荐引擎）都是在协同过滤算法（Collaborative Filter）的基础上，搭建一套符合自身特点的规则库。即该算法会同时考虑其他顾客的选择和行为，在此基础上搭建产品相似性矩阵和用户相似性矩阵，找出最相似的顾客或最关联的产品，从而完成产品的推荐。

电信中的种子客户和社会网络。即，通过人们的通话记录，就可以勾勒出人们的关系网络。电信领域的网络，一般会分析客户的影响力和客户流失、产品扩散的关系。基于通话记录，可以构建客户影响力指标体系。采用的指标，大概包括：一度人脉、二度人脉、三度人脉、平均通话频次、平均通话量等。基于社会影响力，分析的结果表明，高影响力客户的流失会导致关联客户的流失。在产品的扩散上，选择高影响力客户作为传播的起点，很容易推动新套餐的扩散和渗透。

1.2　数据挖掘的主要流程与金字塔模型

数据挖掘的主要意义在于（包括但不限于）：

（1）充分挖掘、利用了数据的全部或尽量多的价值。

（2）从数据中获取的信息比别人更全面、更快、更准确。

（3）从信息中获取的知识比别人更丰富、更准确、更及时。

（4）帮助企业实时掌握市场变化、经营的变化。

（5）帮助企业较为正确地预判未来的发展趋势。

（6）帮助企业做出较为正确的判断和决策。

……

1.2.1 数据挖掘的任务

通常，数据挖掘的任务分为下面两大类。

（1）预测任务。这些任务的目标是根据其他的属性的值，预测特定属性的值。被预测的属性一般称目标变量（Target Variable）或因变量（Dependent Variable），而用来做预测的属性称说明变量（Explanatory Variable）或自变量（Independent Variable）。

预测建模（Predictive Modeling）涉及以说明变量函数的方式为目标变量建立模型。有两大类预测建模任务：分类（Classification），用于预测离散的目标变量；回归（Regression），用于预测连续的目标变量。例如，预测一个移动用户是否会更换4G手机是分类任务，因为该目标变量是二值的，而预测某客户的每月DOU（Dataflow of Usage，每用户上网流量）则是回归任务，因为每月上网流量DOU具有连续值属性。两项任务的目标都是训练一个模型，使目标变量预测值与实际值之间的误差最小。预测建模可以用来确定顾客对产品促销活动的反应，预测地球生态系统的扰动，或根据检查结果判断病人是否患有某种疾病。

【例 1.1】 预测客户的信用等级

考虑如下任务：根据客户的特征预测客户的信用等级。本例假设客户可以分为三级：一星级、二星级、三星级。并根据信用等级将客户分为三类。为进行这一任务，我们需要一个数据集，包含这三类客户的特性。本例提供通用测试数据集合，除客户的信用等级之外，该数据集还包括客户当月ARPU、客户当月DOU、客户当月MOU和网龄等其他属性。（通用测试数据集和它的属性将在本书3.1节进一步介绍。）网龄分成低等、中等、高等三类，分别对应区间[0，80）、[80，170）、[170，+∞）。客户当月ARPU也分成低等、中等、高等三类，分别对应区间[0，124.9）、[124.9，1045.7）、[1045.7，+∞）。根据网龄和客户当月ARPU的这些类别，可以推出如下规则：

- 网龄和客户当月ARPU均为低时，客户信用等级预测为一星级。
- 网龄和客户当月ARPU均为中时，客户信用等级预测为二星级。
- 网龄和客户当月ARPU均为高时，客户信用等级预测为三星级。

尽管这些规则不能对所有的客户进行分类，但已经可以对大多数客户进行很好的分类（尽管不完善）。

（2）描述任务。其目标是导出概括数据中潜在联系的模式（相关、趋势、聚类、轨迹和异常）。本质上描述性数据挖掘任务通常是探查性的，并且常常需要后处理技术验证和解释结果。

聚类分析（Cluster Analysis）旨在发现紧密相关的观测值组群，使得与属于不同簇的观测值相比，属于同一簇的观测值相互之间尽可能类似。聚类可用来对相关的顾客分组、找出显著影响地球气候的海洋区域以及压缩数据等。

关联分析通常用蕴含规则或特征子集的形式表示。由于搜索空间是指数规模的，关联分析的目标是以有效的方式提取最有趣的模式。关联分析的应用包括找出具有相关功能的基因组、识别用户一起访问的 Web 页面、理解地球气候系统不同元素之间的联系等。

【例 1.2】　购物篮分析

表 1-2 给出的事务是在一家杂货店收银台的销售数据。关联分析可以用来发现顾客经常同时购买的商品。例如，我们可能发现规则 {尿布} → {牛奶}。该规则暗示购买尿布的顾客多半会购买牛奶。这种类型的规则可以用来发现各类商品中可能存在的交叉销售“买尿布的顾客多半会购买牛奶”。这种类型的规则可以用来发现各类商品中可能存在的交叉销售的商机。

表 1-2　购物篮数据

事务 ID	商　品
1	{面包，黄油，尿布，牛奶}
2	{咖啡，糖，小甜饼，鲑鱼}
3	{面包，黄油，咖啡，尿布，牛奶，鸡蛋}
4	{面包，黄油，鲑鱼，鸡}
5	{鸡蛋，面包，黄油}
6	{鲑鱼，尿布，牛奶}
7	{面包，茶，糖，鸡蛋}
8	{咖啡，糖，鸡，鸡蛋}
9	{面包，尿布，牛奶，盐}
10	{茶，鸡蛋，小甜饼，尿布，牛奶}

异常检测（Anomaly Detection）的任务是识别其特征显著不同于其他数据的观测值。这样的观测值称为异常点（Anomaly）或离群点（Outlier）。异常检测算法的目标是发现真正的异常点，而避免错误地将正常的对象标注为异常点。换言之，一个好的异常检测器必须具有高检测率和低误报率。异常检测的应用包括检测欺诈、网络攻击、疾病的不寻常模式、生态系统扰动等。

【例 1.3】 手机欠费预警

运营商记录每位客户通信记录与其他交易，同时记录信用等级、年龄和地址等个人信息。由于与正常通信相比，手机欠费行为的数目相对较少，因此欠费预警技术可以用来构造用户的正常通信轮廓。当一个新的客户到达时就与之比较。如果该客户的特性与先前所构造的轮廓很不相同，就把该客户标记为潜在欠费客户。

1.2.2 数据挖掘的基本步骤

从数据本身来考虑，广义的数据挖掘通常包括信息收集、数据集成、数据规约、数据清理、数据变换、数据挖掘实施、模式评估和知识表示 8 个步骤，如图 1-5 所示。

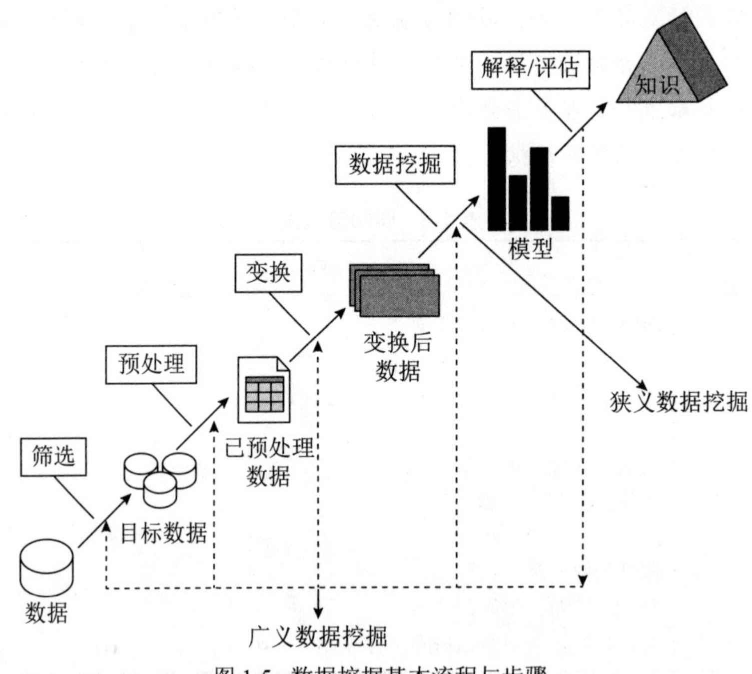

图 1-5 数据挖掘基本流程与步骤

步骤 1——信息收集：根据确定的数据分析对象，抽象出在数据分析中所需要的特征信息，然后选择合适的信息收集方法，将收集到的信息存入数据库。对于海量数据，选择一个合适的数据存储和管理的数据仓库是至关重要的。

步骤 2——数据集成：把不同来源、格式、特点性质的数据在逻辑上或物理上有机地集中，从而为企业提供全面的数据共享。

步骤 3——数据规约：如果执行多数的数据挖掘算法，即使是在少量数据上也需要很长的时间，而做商业运营数据挖掘时数据量往往非常大。数据规约技术可以用来得到数据集的规约表示，它小得多，但仍然接近于保持原数据的完整性，并且规约后执行数据挖掘结果与规约前执行结果相同或几乎相同。

步骤 4——数据清理：在数据库中的数据有一些是不完整的（有些感兴趣的属性缺少属性值）、含噪声的（包含错误的属性值），甚至是不一致的（同样的信息不同的表示方式），因此需要进行数据清理，将完整、正确、一致的数据信息存入数据仓库中。不然，挖掘的结果会不尽如人意。

步骤 5——数据变换：通过平滑聚集、数据概化、规范化等方式将数据转换成适用于数据挖掘的形式。对于有些实数型数据，通过概念分层和数据的离散化来转换数据也是重要的一步。

步骤 6——数据挖掘实施过程：根据数据仓库中的数据信息，选择合适的分析工具，应用统计方法、事例推理、决策树、规则推理、模糊集，甚至神经网络、遗传算法等方法处理信息，得出有用的分析信息。

步骤 7——模式评估：从商业角度，由行业专家来验证数据挖掘结果的正确性。

步骤 8——知识表示：将数据挖掘所得到的分析信息以可视化的方式呈现给用户，或作为新的知识存放在知识库中，供其他应用程序使用。

数据挖掘过程是一个反复循环的过程，任何一个步骤如果没有达到预期目标，都需要回到前面的步骤，重新调整并执行。不是每件数据挖掘的工作都需要经历这里列出的每一步，例如在某个工作中不存在多个数据源的时候，步骤 2 便可以省略。

步骤 3 数据规约、步骤 4 数据清理、步骤 5 数据变换又合称数据预处理。在数据挖掘中，数据预处理及其相关工作往往占用了 90% 以上的时间。

1.2.3　数据挖掘的架构——云计算

随着云时代的到来和移动互联网的快速发展，数据规模从 MB 级发展到 TB、PB 级甚至 EB、ZB 级，并且面临着 TB 级的增长速度，数据挖掘的要求和环境也变得越来越复杂，从而形成“数据量的急剧膨胀”和“数据深度分析需求的增长”这两大趋势，使得 40 年来一直适用的数据库系统架构在海量数据挖掘方面显得力不从心。

传统的数据挖掘技术及其体系架构在云时代的海量数据中已经暴露了不少问题，其中首先是挖掘效率的问题，传统的基于单机的挖掘算法或基于数据库、数据仓库的挖掘技术及并行挖掘已经很难高效地完成海量数据的分析；其次高昂的软硬件成本也阻止了云时代数据挖掘系统的发展；最后传统的体系架构不能完成挖掘算法能力的提供，基本是以单个算法为整体模块，用户只能使用已有的算法或重新编写算法完成自己独特的业务。

云计算是一种商业计算模式，它将计算任务分布在大量计算机构成的资源池上，使各种应用系统能够根据需要获取计算力、存储空间和信息服务。同时云计算是并行计算、分布式计算和网格计算的发展，或者说是这些计算科学概念的商业实现。通常认为云计算包括以下 3 个层次的服务：基础设施服务（IaaS）、平台服务（PaaS）、应用服务（SaaS）；其中 IaaS 提供以硬件设备为基础的计算、存储和网络服务，实现了对硬件资源的抽象化提供，使得分布式计算和分布式存储成为现实。

云计算具有如下特点。

（1）虚拟化。云计算支持用户在任意位置使用各种终端以获取应用服务，所请求的资源来自云而不是固定的、有形的实体，并且对于用户来说只需要使用云提供的服务即可。

（2）通用性。云计算不针对特定的应用，而是可以在云的支撑下构造出千变万化的应用，同一个云可以同时支撑不同的应用运行。

（3）高可扩展性及超大规模。云的规模可以动态扩展，并且这种动态扩展对用户是透明的，并且不影响用户的业务和应用。同时这种扩展是超大规模的，如 Google 云计算已经拥有上百万台服务器，Amazon、IBM、微软等也拥有几十万台服务器。

（4）可靠性高。云计算使用多副本容错、多计算结点同构可互换等措施来保障服务的高可靠性。

（5）经济性好。云的特殊容错机制导致可以采用廉价的结点来构成云，而云的自动化集中式管理使得大量企业无须负担日益高昂的数据中心管理成本。云的通用性使资源的利用率较之传统系统大幅提升，因此用户可以充分享受云的低成本优势。

数据挖掘云化策略：云计算的出现既给数据挖掘带来了问题和挑战，也给数据挖掘带来了新的机遇——数据挖掘技术将会出现基于云计算的新模式。如何构建基于云计算的数据挖掘平台也将是业界面临的主要问题之一，创建一个用户参与、开发技术要求不高的、快速响应的数据挖掘平台也是迫切需要解决的问题。

从业界对云计算的理解来看，云计算动态的、可伸缩的计算能力使得高效的海量数据挖掘成为可能。云计算 SaaS 功能的理解和标准化，使得基于的数据挖掘 SaaS 化有了技术和理论的支持，也将使得数据挖掘面向大众化和企业化。下面主要从基于云计算平台的数据挖掘服务化、挖掘算法并行化、挖掘算法组件化角度进行构建数据挖掘 SaaS 平台。

如图 1-6 所示，移动大云平台基于云计算的数据挖掘平台架构采用分层的思想：首先底层支撑采用云计算平台，并使用云计算平台提供的分布存储以及分布式计算能力完成数据挖掘计算能力的并行实现；其次数据挖掘平台在设计上采用分布式、可插拔组件化思路，支持多算法部署、调度等；最后数据挖掘平台提供的算法能力采用服务的方式对外暴露，并支持不同业务系统的调用，从而较方便地实现业务系统的推荐、挖掘等相关功能需求。

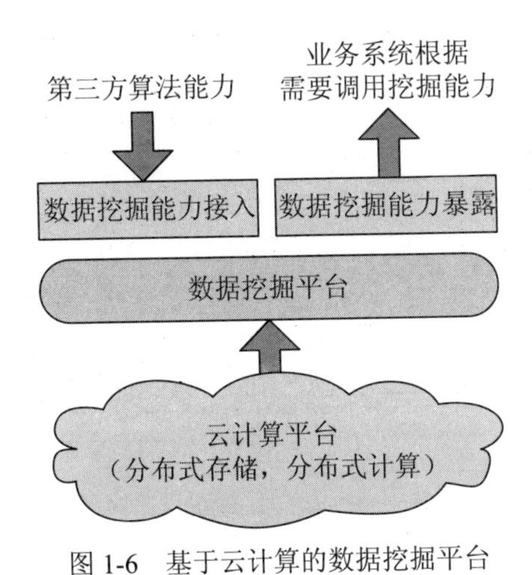

图 1-6　基于云计算的数据挖掘平台

数据挖掘平台云架构：云计算的分布式存储和分布式计算促使了新一代数据挖掘平台的变革。图 1-7 是基于云的数据挖掘平台架构。考虑挖掘算法和推荐算法的并行化和分布化是一个专门的、大的课题，因此本书暂不包含具体算法的并行化和云化的内容。

如图 1-7 所示，该平台是基于云计算平台实现的数据挖掘云服务平台，采用分层设计的思想以及面向组件的设计思路，总体上分为 3 层，自下向上依次为：云计算支撑平台层、数据挖掘能力层、数据挖掘云服务层。

1. 云计算支撑平台层

云计算支撑平台层主要是提供分布式文件存储、数据库存储以及计算能力。自主研发的云计算平台，该架构可以基于企业自主研发的云计算平台，也可以基于第三方提供的云计算平台。

2. 数据挖掘能力层

数据挖掘能力层主要是提供挖掘的基础能力，包含算法服务管理、调度引起、数据并行处理框架，并提供对数据挖掘云服务层的能力支撑。该层可以支持第三方挖掘算法工具的接入，例如 Weka、Mathout 等分布式算法库，同时也可以提供内部的数据挖掘算法和推荐算法库。

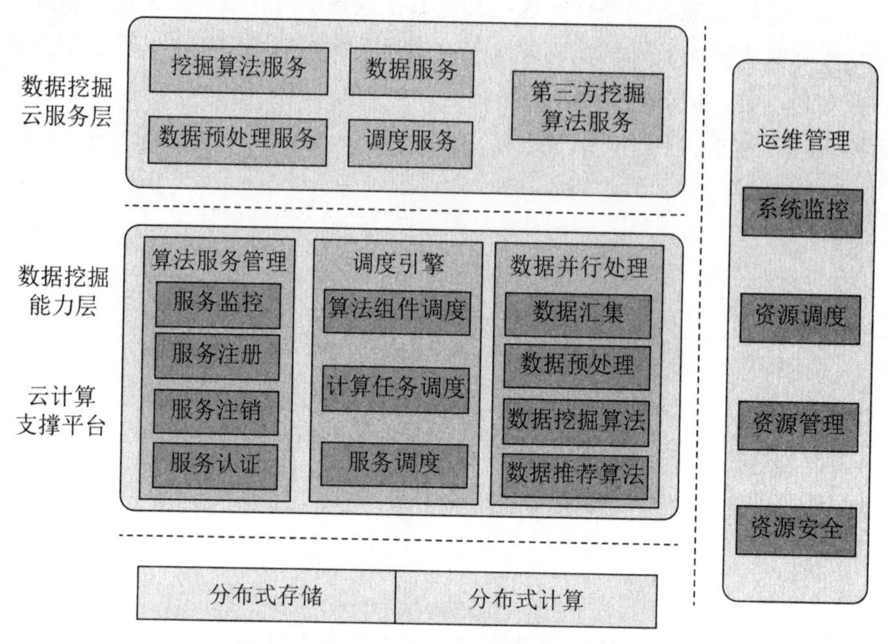

图 1-7 基于云计算的数据挖掘平台架构

3. 数据挖掘云服务层

云服务层主要是对外提供数据挖掘云服务，服务能力封装的接口形式可以是多样的，包括基于简单对象访问协议（SOAP）的 Webservice、HTTP、XML 或本地应用程序编程接口（API）等多种形式。云服务层也可以支持基于结构化查询语言语句的访问，并提供解析引擎，以自动调用云服务。各个业务系统可以根据数据和业务的需要调用、组装数据挖掘云服务。

基于云计算的数据挖掘平台与传统的数据挖掘系统架构相比有高可扩展性、海量数据处理能力、面向服务、硬件成本低廉等优越性，可以支持大范围分布式数据挖掘的设计和应用。

1.2.4 “金字塔”模型

如图 1-8 所示，问题、数据、信息、知识、智慧构成了数据挖掘中的“金字塔”模型，其中数据、信息、知识与智慧之间既有联系，又有区别。数据是记录下来可以被鉴别的符号。它是最原始的素材，未被加工解释，没有回答特定的问题，没有任何意义；信息是已经被处理、具有逻辑关系的数据，是对数据的解释，这种信息对其接收者具有意义。知识是从相关信息中过滤、提炼及加工而得到的有用资料。特殊背景 / 语境下，知识将数据与信息、信息与信息在行动中的应用之间建立有意义的联系，它体现了信息的本质、原则和经验。此外，知识基于推理和分析，还可能产生新的知识。最后来看智慧。智慧，是人类所表现出来的一种独有的能力，主要表现为收集、加工、应用、传播知识的能力，以及对事物发展的前瞻性看法。在知识的基础之上，通过经验、阅历、见识的累积而形成的对事物的深刻认识、远见，体现为一种卓越的判断力。

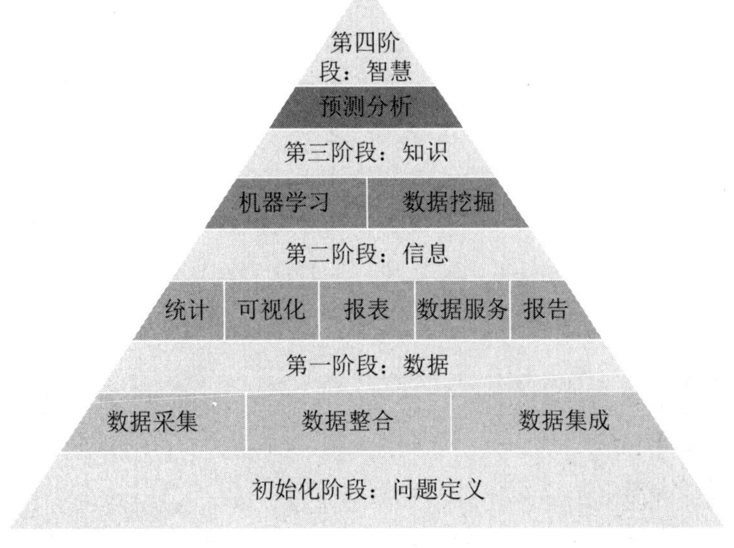

图 1-8　“问题—数据—信息—知识—智慧”的“金字塔”模型

整体来看，知识的演进层次，可以双向演进。从噪声中分拣出数据，转化为信息，升级为知识，升华为智慧。这样一个过程，是信息的管理和分类过程，让信息从庞大无序到分类有序，各取所需。这就是一个知识管理的过程。反过来，随着信息生产与传播手段的极大丰富，知识生产的过程其实也是一个不断衰退的过程，从智慧传播为知识，从知识普及为信息，从信息变为记录的数据。

综上，在当今海量数据、信息爆炸时代下，知识起到去伪存真、去粗存精的作用。知识使信息变得有用，可以在具体工作环境中，对于特定接收者解决“如何”开展工作的问题，提高工作的效率和质量。同时，知识的积累和应用，对于启迪智慧、引领未来起到了非常重要的作用。

1.3 数据挖掘对智慧运营的意义

1.3.1 “互联网+”时代的来临及其对运营商的冲击和挑战

2015 年 3 月，政府工作报告中首次提出制订“互联网 +”行动计划，如图 1-9 所示。“互联网 +”引起了全社会的广泛关注，“互联网 +”行动计划上升为国家战略。面对“互联网 +”带来的机遇，基础电信业作为推动“互联网 +”行动实现的基础力量，对准确把握“互联网 +”时代的机遇和挑战至关重要的。未来，基础运营商将在新一代互联网基础设施建设、云计算、大数据、物联网等为代表的新型信息技术和服务方面继续扮演重要角色。

“互联网 +”是把互联网的创新成果与经济社会各领域深度融合，从全球新一轮信息技术革命和产业融合来看，互联网技术和应用已经由服务领域向生产领域渗透，在社会生产和销售环节中大量采用云计算、大数据、物联网等互联网新技术，明显缩短了消费者与消费产品的距离，甚至能挖掘出消费者尚未觉察到的潜在需求。

图 1-9 “互联网 +”

“互联网 +”的发展初期，基础电信运营商首先从宽带融合、移动数据流量、互联网数据中心和大数据服务等方面挖掘到新的发展机会。

（1）宽带融合性业务快速增长。随着“宽带中国”战略的实施和“提速降费”专项行动的推进，我国互联网宽带设施建设成效显著。“宽带中国”战略目标是到2020年，中国宽带网络将基本覆盖所有农村，打通网络基础设施“最后一公里”，让更多人用上互联网。2015年，互联网宽带接入端口数达到4.7亿个，同比增长18.3%。互联网宽带接入端口“光进铜退”趋势更加明显，xDSL端口占比下降至20.8%，光纤接入（FTTH/O）端口占比达到56.7%。固定宽带的发展带动IPTV业务的加速增长，2015年，IPTV用户达4589.5万户，同比增长36.4%。从收入来看，2015年，我国互联网宽带接入业务收入增长3.0%，IPTV业务收入增长31.3%，成为拉动基础电信业务收入的重要增长点。

（2）移动数据流量的需求爆发。随着4G网络的普及和移动应用市场的迅速发展，移动数据流量需求高速增长。2015年，我国新增移动通信基站127.1万个，是上年净增数的1.3倍，总数达466.8万个。其中4G基站新增92.2万个，总数达到177.1万个。移动互联网接入流量同比增长103.0%，比上年提高40.1个百分点，月户均移动互联网接入流量达到389.3M，同比增长89.9%。移动数据流量的爆发式增长带动移动数据及互联网业务收入持续高速增长。2015年，我国移动数据及互联网业务收入增长30.9%，占基础电信业务收入的比例达到27.6%，拉动基础电信业务收入增长6.6个百分点。

（3）运营商收获互联网数据中心（IDC）千亿市场规模。随着社会信息化水平的不断提高，数据成为一种资产，企业用于数据中心维护的成本和管理难度逐渐加大，互联网数据中心（IDC）能够为企业节省成本、降低企业进入互联网的门槛，使企业专注于核心业务。未来企业和用户对互联网数据中心的需求将持续增加，预计到2020年，我国IDC市场规模将达到2500亿元，平均复合增长率达30%，它与基础电信业务万亿元级别的收入相比虽然较小，但它的增速远高于基础电信业务。从IDC服务市场的竞争来看，基础电信运营商凭借网络、机房和互联网用户资源，主营IDC基础业务，重点向大型企业和政府提供全方位的电信服务，在IDC市场占有重要份额。2014年，基础电信运营商占IDC市场收入的半壁江山。从长期来看，在国内IDC市场上，各参与方基于自己的优势拓展市场，形成了相对稳定的环境。假设基础电信运营商份额不变，2020年运营商IDC收入将达到人民币1200亿元。

机遇总是与挑战并存。“互联网+”对基础电信运营商的挑战体现在如下方面：

（1）运营商面临生态系统之争。“互联网+”时代，消费者的信息服务需求具有综合性、多样化等特点，任何信息服务提供商都很难提供全部的信息服务，互联网企业、IT企业、设备商、系统集成商等均围绕自身传统业务搭建新型生态系统，基础电信运营商面临的不仅仅是产品和商业模式的竞争，而且是生态系统之间的竞争，传统的以基础电信运营商为中心的信息服务产业链正在发生变革，基础电信运营商需要适应并为之搭建开放融合的产业生态系统，如图 1-10 所示。

图 1-10 全球信息服务生态系统

（2）运营商在云计算方面处于弱势地位。随着新一代信息技术在传统产业中的应用，云计算技术改变了传统 IT 服务模式，解决了基础资源快速部署和高成本问题，企业产品生产和交易成本显著降低，企业对云计算市场需求不断扩大。目前，我国公有云市场参与者主要为运营商、互联网和 IT 企业，运营商以传统 IDC 服务商的角色进入云市场，基础电信运营商在国内 IaaS 领域占有率不到 10%，互联网企业依靠强大的技术已经涵盖电子商务、娱乐等多个领域，占据较大的市场份额。

（3）运营商面临越来越庞大的网络成本压力。“互联网 +”时代，为满足日益爆发的信息量和信息服务需求，基础电信运营商不得不持续加大基站、传输、IDC 等新型基础设施的建设力度，高速增长的网络投资给运营商带来持续的网络成本压力。近年来，我国基础电信运营商固定资产投资收入比一直维持在 30% 以上，是国外主流运营商的两倍以上，我国基础电信业通过投资拉动效益的特征显著，运营商的固定资产庞大，转型中成本压力较大。从国外运营商来看，越来越多的运营商出售基站、IDC 等固定资产，降低网络维护成本，同时为开拓新兴业务、发展新技术作资金准备。

面对“互联网 +”的机遇与挑战，运营商应明确定位，加快转型，认清自身，发挥优势，开拓新的价值空间；探索互联网领域的机会，为用户提供更实用、更独特的定制化服务；开放关键能力，聚合内外部资源，实现互利共赢。

1.3.2 大数据时代的来临及其对运营商的挑战和机遇

“大数据”通过新处理模式而具有更强的决策力、洞察发现力和流程优化能力，对各个应用领域的创新发挥着重要作用，并正以一种戏剧性的方式改变数据管理的各个方面。麦肯锡在研究报告中指出，数据已经渗透每一个行业和业务职能领域，逐渐成为重要的生产因素；而人们对于海量数据的运用将预示着新一波生产率增长和消费者盈余浪潮的到来，“大数据”时代正式到来，如图 1-11。麦肯锡对大数据的定义就是从个体数据集的大体量入手的：大数据是指那些很大的数据集，大到传统的数据库软件工具已经无法采集、存储、管理和分析。传统数据库有效工作的数据大小一般来说在 10-100TB，因此 10-100TB 通常成为大数据的门槛，IDC 在给大数据做定义时也把阈值设在 100TB。

图 1-11　大数据时代

大数据的热潮兴起于新一代信息技术的融合发展，物联网、移动互联网、数字家庭、社会化网络等应用使得数据规模快速扩大，对大数据处理和分析的需求日益旺盛，推动了大数据领域的发展。反过来，大数据的分析、优化结果又反馈到这些应用中，进一步改善其使用体验，支撑和推动新一代信息技术产业的发展。大数据将为信息产业带来新的增长点。IDC 曾预测，全球数据在 2015 年将达到 10 万亿 TB。面对爆发式增长的海量数据，基于传统架构的信息系统已难以应对，同时传统商业智能系统和数据分析软件面对以视频、图片、文字等非结构化数据为主的大数据时，也缺少有效的分析工具和方法。

如何对海量数据进行采集、存储、管理与分析，如何对视频、图片和文字等非机构化数据进行分析，等等，这些都是对传统电信运营商的极大挑战。运营商系统普遍面临升级换代的迫切需求，但海量数据也为电信产业带来新的、更为广阔的增长点。

国外的电信产业在应对大数据时代做出了良好的示范效果。Verizon 推出了

Precision Market Insights，该服务已经开始向第三方售卖Verizon手上的用户数据，对商场、体育馆、广告牌业主等出售特定场所手机用户的活动和背景信息。尽管Google、Facebook、Amazon、腾讯、新浪等借助平台和应用的确可以抓住很大一部分的用户信息，但谁都没有运营商的优势。因为深度数据包分析这种手段是与平台、应用无关的。同时，由于一般用户都是只使用一家运营商的宽带和手机业务。这意味着几乎用户所有的数据业务流量都要经过那家运营商那里，而且与用户具有很强的对应关系（用户在上班等场合使用公共接入网络，以及在家中由于家庭成员有多个而无法一一对应除外）。运营商对个人数据覆盖的广度是互联网平台和手机应用提供商难以匹敌的，其手上的数据资源也是很多互联网巨头可望不可即的。

此外，为了实施新的信息出售计划，AT&T（如图1-12所示）最近更新了隐私政策，以便向营销者、广告商等相关方出售客户对其有线及无线网络使用情况的信息。AT&T在政策更新说明中煞费苦心地解释了这种做法是常见的业界实践，Google、Facebook，以及Verizon等都是这么干的。当然，这种说法没错，用户数据支撑着Web的运转，它是定向广告的基础，同时也是提供免费和付费服务公司额外的收入来源。对于运营商来说，移动网络并非互联网黑洞，因为他们拥有各种流量监测工具和流量优化引擎（如AT&T就有可精确跟踪P2P共享内容并识别下载者的专利），这些工具和引擎用来执行运营商的移动数据策略，优化应用性能，并帮助解决网络问题。而这些事情均需要对用户使用的应用、访问的网站、观看的视频等有所了解。这样看来，运营商坐拥的是一座名副其实的大数据宝库。如何充分利用这个大数据的宝库，是值得运营商进行深入研究与挖掘的。

图1-12　AT&T公司

1.3.3　电信运营商运营发展面临的主要瓶颈

移动互联网的迅猛发展，致使我国电信运营商面临的发展形势也日益严峻，增量不增收、缺乏互联网运营经验、对终端掌控力度不足、业务创新能力落后、缺乏标准开发能力以及资源使用与管理运营支撑效率低等各种问题日益突出。面对“互联网+”

和大数据的双重冲击和挑战，管道化、边缘化和低值化已成为我国电信运营商运营发展所面临的主要瓶颈。一方面，用户数和网络流量在持续增加，电信运营商必须不断地升级网络以满足市场需求；另一方面，面对互联网企业的"免费"攻势，电信运营商无法获得与投入相匹配的合理收入。同时，大量 OTT 应用的涌现给电信运营商的语音、短信等主要的传统业务造成了巨大冲击。

图 1-13 展示的是电信运营商的"管道化"。什么叫作管道化？简单来说，管道化就是指运营商的精细化流量经营。移动互联网时代，运营商之间以及与互联网业界之间的激烈竞争，导致运营商在寻求快速发展的同时，管道化趋势的进程也进一步加快。另外，移动互联网应用的快速发展，促使运营商的网络能力以互联网平台的方式对外开放，运营商服务方式逐渐与互联网趋同，向低成本、低 QoS、快速化方向发展。

图 1-13　电信运营商的"管道化"

电信运营商在直面挑战与选择出路的时候，必须进行冷静、深刻的反思，反思的关键是要认清楚自身的优势和劣势，结合移动互联网的内在规律和发展趋势，明确自身在移动互联网时代的角色定位，只有角色定位清晰合理，才能发挥优势，通过合作求得生存与发展。

1.3.4　电信运营商发展的"三条曲线"

面对运营发展管道化、边缘化和低值化的瓶颈，电信运营商应及时改变发展战略，调整业务结构，挖掘新的可发展领域，进行业务转型。为此，早在 2014 年 6 月上海举行的亚洲移动博览会（MAE）上，对于未来运营商转型的方向就有一个非常精彩的"三条曲线"理论被提出。

运营商分析，移动互联网时代，OTT（Over The Top，是指通过互联网向用户提供各种应用服务）的快速崛起给传统运营商带来了巨大的冲击和影响。传统运营商赖以生存的语音以及短信、彩信，业务收入逐年下降。很多移动互联网不仅是对传统电信运营商的冲击，实际上它对金融业、出版业等也都产生了巨大的冲击，所以现在有一个比较时髦的词叫作“数字赤字”。但我们认识到移动互联网的发展是技术进步，有利于社会生产力的发展，有利于改善老百姓的生活质量，实际上是任何人都阻挡不了的。对于传统运营商来说何去何从？恐怕只有勇敢地面对。运营商认为在这次颠覆性的技术革命中，实际上是机遇与挑战并存，在一定程度上，把握好了，则机遇大于挑战。

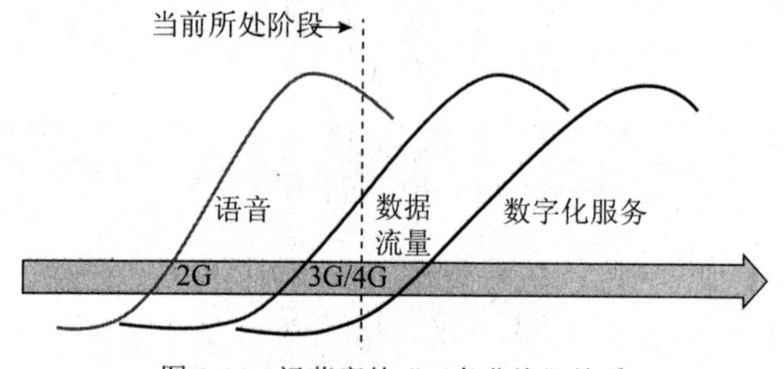

图 1-14　运营商的“三条曲线”关系

所谓“三条曲线”的发展模式分别是语音和短信、彩信，流量经营以及内容和应用，如图 1-14 所示。第一条曲线表明了语音和短信、彩信已经达到了顶峰，并且开始下降。如今，又出现了新的可发展的领域，就是全世界的传统运营商无一例外地在进行流量经营，所以传统电信运营商正处在语音经营向流量经营转变的过程中，这就是第二条曲线。实际上还有第三条曲线的发展模式，因为有一天流量经营也会饱和，所以要保持企业的可持续发展，应该更加注重内容和应用的发展（即在内容和应用的发展中找到运营商的盈利点）。这就是整个电信行业应对移动互联网 OTT 的迅猛发展应该采取的措施及策略。

其实，运营商对于第三条曲线的描绘可谓是未雨绸缪。随着近年来国家高层大力倡导“提速降费”，电信业要在这样的大背景下完成收入增长，就必须加快第三条曲线的经营步伐。传统运营商中以中国移动集团公司为例，自 2015 年 8 月以来更是大力推进第三条曲线的经营步伐，在流量经营成效显著提升的基础上，全力发展新业务，在深化传统领域合作的基础上，中国移动进一步拓宽合作渠道，在数字化服务等新兴领域加强与内容服务、业务开发等企业合作，推进专业化运营，培育创新发展能力。目前，中国移动在数字新媒体领域合作伙伴超过了 6000 家。

1.3.5 智慧运营与大数据变现

面对“互联网 +”、大数据、人工智能等科技创新浪潮带来的新商业革命，传统运营方式已不足以支撑电信运营商第三条曲线的快速发展，转型之路势在必行。智能化重构是中国电信运营商转型战略的核心，做领先的综合智能信息服务运营商才是电信运营商的长久之计。

“智能”是以数字化、网络化为基础，以云计算、大数据、移动互联网、物联网、人工智能等智能化技术的广泛应用为主要驱动，以网络软件化、功能虚拟化、硬件通用化、能力平台化的云网深度融合为重要前提，以企业内外部数据资源的深度挖掘、价值呈现为常态，以多元智能化终端为载体，实现跨界拓展。在此基础上提供的综合智能信息服务包括智能连接、智能平台、智能应用，以及三者深度融合形成的业务生态。智慧运营是以智能服务运营，使运营商的服务更加人性化。未来电信运营商应着重推进网络智能化、业务生态化、运营智慧化，为用户提供综合智能信息服务，引领数字生态，服务产业转型升级和社会治理创新。

大数据变现是大数据热潮中最现实的话题之一。大数据变现不是简单粗暴的数据交易，而是通过对于用户行为数据的建模与分析，获得群体用户特征的认知和理解，帮助企业满足客户真实需求，改善和提升客户体验。在进行大数据价值变现过程中，运营商的信息源不会转移，不可能暴露，无法进行关联，更不进行交易。保护和尊重消费者隐私数据，是运营商大数据商业化的基本准则。

参照海外经验，大数据变现的商业模式主要包含以下几点。

（1）数据销售：该模式主要是指将原始数据进行销售，或者授权第三方使用自有数据。该模式在国内由于多种原因进展缓慢，国外主要在金融行业用于信用分析等。

（2）研究咨询分析：该模式是指公司（如咨询公司）通过自有数据、公开数据或第三方数据进行分析，得出行业报告或者某些特定方向的报告，并将报告进行售卖的模式。

（3）平台：该模式提供平台工具的出租，公司将自有数据导入其平台或利用平台工具导入第三方数据，并用其提供的工具进行计算，再将计算结果取回。该模式下，平台按照数据量和使用时间进行收费。该模式可能与第三方数据存储相融合，对于用户来说，将数据放在第三方数据仓库并使用其平台进行计算，较为便捷。

（4）广告等应用：通过将大数据进行分析和筛选，从而将广告需求对接至 DSP 平台等，供实时竞价等。

（5）人工智能开发：该商业模式主要通过大数据分析不断进行人工智能产品的

开发，如谷歌的智能驾驶等。该模式在国内应用仍较少。

（6）第三方存储：在该商业模式下，公司本身并不自建数据库或者数据中心，而是直接将数据上传到第三方进行存储和管理，该模式对于公司的资本开支压力较小。此外，我们注意到第三方存储由于其在技术和设备上的领先性，可以帮助公司在节省投资的情况下获得较好效果。

（7）第三方分析：在该商业模式下，公司本身并不进行大数据分析，而是聘请第三方对自有大数据进行分析。通常，公司会指定研究方向或研究目的，由第三方进行操作。

1.3.6 数据挖掘对于提升智慧运营效率的意义

数据挖掘对于提升智慧运营效率的作用，主要体现在以下 4 个方面。

（1）对顾客群体画像，然后对每个群体量体裁衣般的采取独特的行动。

（2）运用大数据模拟实境，发掘新的需求和提高投入的回报率。

（3）提高大数据成果在各相关部门的分享程度，提高整个管理链条和产业链条的投入回报率。

（4）进行商业模式、产品和服务的创新。

我们先看看大数据与数据挖掘技术在当下有怎样的杰出表现：帮助政府实现市场经济调控、公共卫生安全防范、灾难预警、社会舆论监督；帮助城市预防犯罪，实现智慧交通，提升紧急应急能力；帮助医疗机构建立患者的疾病风险跟踪机制，帮助医药企业提升药品的临床使用效果，帮助艾滋病研究机构为患者提供定制的药物；帮助航空公司节省运营成本，帮助电信企业实现售后服务质量提升，帮助保险企业识别欺诈骗保行为，帮助快递公司监测分析运输车辆的故障险情以提前预警维修，帮助电力公司有效识别预警即将发生故障的设备；帮助电商公司向用户推荐商品和服务，帮助旅游网站为旅游者提供心仪的旅游路线，帮助二手市场的买卖双方找到最合适的交易目标，帮助用户找到最合适的商品购买时期、商家和最优惠价格；帮助企业提升营销的针对性，降低物流和库存的成本，减少投资的风险，以及帮助企业提升广告投放精准度；帮助娱乐行业预测歌手、歌曲、电影、电视剧的受欢迎程度，并为投资者分析评估拍一部电影需要投入多少钱才最合适，否则就有可能收不回成本；帮助社交网站提供更准确的好友推荐，为用户提供更精准的企业招聘信息，向用户推荐可能喜欢的游戏以及适合购买的商品，等等。

其实，这些还远远不够，未来大数据的身影应该无处不在，就算无法准确预测大数据会将人类社会带往哪种最终形态，但我们相信只要发展脚步在继续，因大数据和数据挖掘而产生的变革浪潮将很快淹没地球的每一个角落，并对人类社会的发展产生深远的意义。

未来的大数据除了将更好地解决社会问题、商业营销问题、科学技术问题，还有一个可预见的趋势是——以人为本的大数据方针。人才是地球的主宰，大部分的数据都与人类有关，要通过大数据解决人的问题。

1.4　大数据时代已经来临

最早提出“大数据”时代到来的是管理咨询公司麦肯锡：“数据，已经渗透到当今每一个行业和业务职能领域，成为重要的生产因素。人们对于海量数据的挖掘和运用，预示着新一波生产率增长和消费者盈余浪潮的到来。”

“大数据”在物理学、生物学、环境生态学等领域以及军事、金融、通信等行业存在已有时日，却因为近年来互联网和信息行业的发展而引起人们的广泛关注。大数据作为云计算、物联网之后 IT 行业又一大颠覆性的技术革命。云计算主要为数据资产提供了保管、访问的场所和渠道，而数据才是真正有价值的资产。企业内部的经营交易信息、互联网世界中的商品物流信息，互联网世界中的人与人交互信息、位置信息等，其数量将远远超越现有企业 IT 架构和基础设施的承载能力，实时性要求也将大大超越现有的计算能力。如何盘活这些数据资产，使其为国家治理、企业决策乃至个人生活服务，是大数据的核心议题，也是云计算内在的灵魂和必然的升级方向。

1.4.1　大数据的定义

什么是大数据？维基百科将其定义为：没有办法在允许的时间里用常规的软件工具对内容进行抓取、管理和处理的数据集合。大数据规模的标准是持续变化的，当前泛指单一数据集的大小在几十个 TB（万亿字节）和几个 PB（千万亿字节）之间。

大数据技术的战略意义不在于掌握庞大的数据信息，而在于对这些含有意义的数据进行专业化处理。换而言之，如果把大数据比作一种产业，那么这种产业实现盈利的关键，在于提高对数据的“加工能力”，通过“加工”实现数据的“增值”。从技术上看，大数据与云计算的关系就像一枚硬币的正反面一样密不可分。大数据必然无法用单台的计算机进行处理，而必须采用分布式架构。它的特色在于对海量数据进行分布式数据挖掘。但它必须依托云计算的分布式处理、分布式数据库和云存储、虚拟化技术。大数据通常用来形容一个公司创造的大量非结构化数据和半结构化数据，这些数据在下载关系型数据库用于分析时会花费过多时间和金钱。大数据分析常和云计算联系到一起，因为实时的大型数据集分析需要像 MapReduce 一样的框架来向数十、数百或甚至数千的电脑分配工作。

大数据需要特殊的技术，以有效地处理大量的容忍经过时间内的数据。适用于大数据的技术，包括大规模并行处理（MPP）数据库、数据挖掘、分布式文件系统、分布式数据库、云计算平台、互联网和可扩展的存储系统。

1.4.2 大数据的“4V”特征

业界通常用 4 个“V”（即 Volume、Variety、Value、Velocity）来概括大数据的特征。具体来说，大数据具有 4 个基本特征。

1. 数据体量巨大（Volume）

企业面临数据量的大规模增长。例如，IDC 最近的报告预测称，到 2020 年，全球数据量将扩大 50 倍。目前，大数据的规模尚是一个不断变化的指标，单一数据集的规模范围从几十 TB 到数 PB 不等。简而言之，存储 1PB 数据将需要两万台配备 50GB 硬盘的个人电脑。此外，各种意想不到的来源都能产生数据。

2. 数据类型繁多（Variety）

一个普遍观点认为，人们使用互联网搜索是形成数据多样性的主要原因，这一看法部分正确。然而，数据多样性的增加主要是由于新型多结构数据，以及包括网络日志、社交媒体、互联网搜索、手机通话记录及传感器网络等数据类型造成的。其中，部分传感器安装在火车、汽车和飞机上，每个传感器都增加了数据的多样性。

3. 价值密度低（Value）

价值密度低，是大数据的一个典型特征。大量的不相关信息，虽经浪里淘沙但却又弥足珍贵。对未来趋势与模式的可预测分析，深度复杂分析（机器学习、人工智能 VS 传统商务智能）咨询、报告等，仍有一定参考价值。

4. 处理速度快（Velocity）

高速描述的是数据被创建和移动的速度。在高速网络时代，通过基于实现软件性能优化的高速电脑处理器和服务器，创建实时数据流已成为流行趋势。企业不仅需要了解如何快速创建数据，还必须知道如何快速处理、分析并返回给用户，以满足他们的实时需求。根据 IMSResearch 关于数据创建速度的调查，据预测，到 2020 年全球将拥有 220 亿部互联网连接设备。

1.4.3　结构化数据与非结构化数据

结构化数据，即行数据，可以用二维表结构来逻辑表达实现的数据。相对于结构化数据而言，不方便用数据库二维逻辑表来表现的数据即称为非结构化数据，包括所有格式的办公文档、文本、图片、XML、HTML、各类报表、图像和音频 / 视频信息等。在实际大数据应用中，我们会遇到各式各样的数据，下面列出各种数据类型。

1. 结构化数据

能够用数据或统一的结构加以表示，我们称之为结构化数据，如数字、符号。传统的关系数据模型、行数据，存储于数据库，通常可用二维表结构表示。

2. 半结构化数据

所谓半结构化数据，就是介于完全结构化数据（如关系型数据库、面向对象数据库中的数据）和完全无结构的数据（如声音、图像文件等）之间的数据，XML、HTML 文档就属于半结构化数据。它一般是自描述的，数据的结构和内容混在一起，没有明显的区分。

3. 非结构化数据

非结构化数据库是指其字段长度可变，并且每个字段的记录又可以由可重复或不可重复的子字段构成的数据库，用它不仅可以处理结构化数据（如数字、符号等信息）而且更适合处理非结构化数据（全文文本、图像、声音、影视、超媒体等信息）。

据 IDC 的一项调查报告指出：企业中 80% 的数据都是非结构化数据，这些数据每年都按指数增长 60%。非结构化数据，顾名思义，是存储在文件系统的信息，而不是数据库。有关报道指出：平均只有 1% ～ 5% 的数据是结构化数据。如今，这种迅猛增长的从不使用的数据在企业里消耗着复杂而昂贵的一级存储的存储容量。结构化、半结构化和非结构化等数据的激增，给大数据技术带来了极大的挑战，如何处理海量数据从而提升数据价值是当前大数据技术发展的关键。

1.5 非结构化数据挖掘的研究进展

1.5.1 文本挖掘

文本挖掘是近几年来数据挖掘领域的一个新兴分支，文本挖掘也称为文本数据库中的知识发现，是从大量文本的集合或者语料库中抽取事先未知的、可理解的、有潜在实用价值的模式和知识。对文本信息的挖掘主要是发现某些文字出现的规律以及文字与语义、语法间的联系，用于自然语言的处理，如机器翻译、信息检索、信息过滤等。通常采用信息提取、文本分类、文本聚类、自动文摘和文本可视化等技术从非结构化文本数据中发现知识。

1. 文本挖掘概述

文本挖掘是一个以半结构或者无结构的自然语言文本为对象的数据挖掘，是从大规模文本数据集合中发现事先未知的、重要的、新颖的、有潜在规律的有用信息的过程。文档本身是无结构化的或半结构化的，无确定形式并且缺乏机器可理解的语义，而数据挖掘技术的应用对象以数据库中的结构化数据为主，并利用关系表等存储结构来发现知识，因此，数据挖掘的技术不适用于文本挖掘，即使要使用，也需要建立在对文本集预处理的基础之上。

文本挖掘的基本思想：首先利用文本切分技术，抽取文本特征，将文本数据转化为能描述文本内容的结构化数据，然后利用聚类技术、分类技术和关联分析技术等数据挖掘技术，形成结构化文本，并根据该结构发现新的概念和获取相应的关系。文本挖掘模型结构如图 1-15 所示。

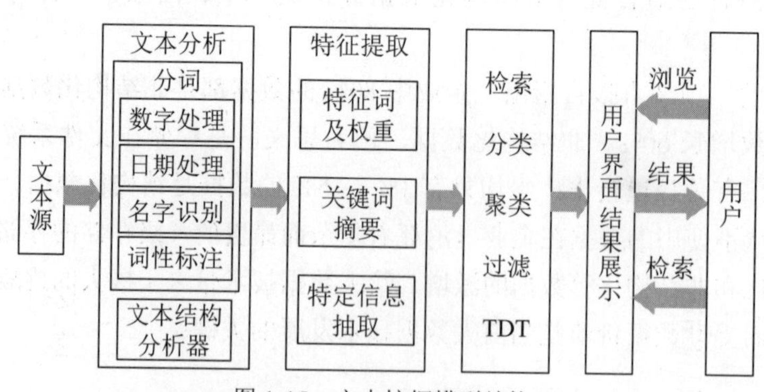

图 1-15 文本挖掘模型结构

2. 文本特征抽取

文本特征指的是关于文本的元数据。文本特征可以分为两种：一种是描述性特征，如文本的名称、日期、大小、类型等；另一种是语义性特征，如文本的作者、标题、机构、内容等。

抽取文本特征首先要对文本进行分词。常见的分词方法分别有最大匹配法和最大概率法。最大匹配法的基本思想是，选取6～8个汉字作为最大符号串，把最大符号串与词典中的单词条目相匹配，直到在词典中找到相应的单词为止。最大概率法的基本思想是，对于一个待切分的字符串，有多种切分的可能，选择概率最大的作为分词的结果。

分词有两大难题。一个是歧义，不同的分词方式会有语义，一般需要联系上下文才能做出正确的分词。另一个是新词识别，包括一些人名、生僻的地名、新出现的未收录的新词。对于现在的搜索引擎来说，分词系统的新词识别功能很重要，已经成为评价一个分词系统性能好坏的重要标志之一。

3. 特征选择

文本分类是文本挖掘中的主要任务之一，特征选择作为文本分类的前提，重要性不言而喻。词、词组和短语是组成文档的基本元素，并且在不同内容的文档中，各词条出现频率存在一定的规律性，不同特征的词条可以区分不同内容的文本。因此，可以抽取一些特征词条构成特征矢量，用这些特征矢量来表示文本。这是一个非结构化向结构化转化的处理过程。常用的特征选择模型有布尔模型和向量空间模型，常用的选择特征词的方法有特征词的文档频率法、信息增益法、互信息法、开方拟合检验法。

（1）布尔模型。

布尔模型是基于特征项的严格匹配模型。查询由特征项和逻辑运算符“AND”“OR”“NOT”组成，文本用这些特征变量来表示，如果出现相应的特征项，则特征变量取“True”；否则，特征变量取“False”。文本与查询匹配时，遵循布尔运算的法则。

布尔模型的优点：速度快，易于表达一定程度的结构化信息，如同义关系（电脑OR计算机OR微机）或词组（数据AND挖掘）。其缺点是：过于严格，缺乏灵活性，往往会忽略许多满足用户需求的文本；缺乏定量分析，无法反映特征项对文本的重要性。

（2）向量空间模型。

在向量空间模型中，文档d被看作一系列无序词条的，对每个词条加上一个对应的权值，以向量表示文本：（ω_1，ω_2，…，ω_n）其中ω_i为第i个特征项的权重。要将文本表示为向量空间中的一个向量，首先需要将文本进行分词，由这些词作为向量的维数来表示文本。最初的向量表示完全是0,1形式，当文本中出现了该词，那么文本向量该词对应的维度为1，否则为0。但这种方法无法体现词在文本的作用程度，逐渐被更精确的词频代替。词频分为绝对词频和相对词频，前者用词在文本中出现的频率表示，或者为归一化的词频。向量空间模型将文档映射为一个特征向量：V（d）=（t_1，ω_1（d），…，t_n，ω_1（d）），其中 t_i 为词条项，ω_i（d）为 t_i 在 d 中的权值，被定义为出现频率的函数，即 ω_i（d）=Ψ（f_{t_i}（d））。在信息检索中常用的词条权值计算方法为 TF-IDF，函数表达式为

$$\Psi = f_{t_i}(\mathrm{d}) \times \log(\frac{N}{n_i}) \tag{1-1}$$

其中，N 为文档集中所有文档的数目，n_i 为文档集中含有词条 t_i 的文档数目。

根据 TF-IDF 的公式，文本集中包含某一词条文本越多，说明它进行文本分类的能力越低，其权值越小；若某一文本中某一词条出现的频率越高，说明它区分该文本的能力越强，其权值越大。

向量空间模型的优点是：特征项与权值结合，可以进行定量分析，缺点在于假设各特征项之间是线性无关的，然而在自然语言中，词与词之间有着十分密切的联系。

4. 文本分类

文本自动分类，是指在给定的分类体系下，根据文本的内容确定文本关联的类别。从数学的角度来看，文本分类是一个映射过程，它将未标明类别的文本映射到已有的类别中，可以是一一映射，也可以是一对多的映射。

大量经典的数据挖掘方法都已经在文本分类方面取得了巨大的成果。数据挖掘技术应用到文本分类的基本思想是将训练向量集与待分类的向量集比较。本书后面章节介绍的 K 近邻分类算法、朴素贝叶斯分类算法、贝叶斯信念网络、决策树、神经网络、支持向量机等算法都可以应用于经过预处理之后的文本中，进行文本分类。

5. 分类评估

评估分类系统有两个重要指标：准确率和召回率。

准确率又称查准率，是检索到的文档中相关文档占全部检索到文档的百分比，它衡量的是检索系统的准确性。

召回率又称查全率，是被检索出的文档中相关文档占全部相关文档的百分比，它所衡量的是系统的全面性。

准确率和召回率反映了分类质量的两个不同方面，二者必须综合考虑。

1.5.2 模式识别

模式识别是人类的一项基本智能，在日常生活中，人们经常在进行“模式识别”。

随着 20 世纪 40 年代计算机的出现以及 50 年代人工智能的兴起，人们也希望能用计算机来代替或扩展人类的部分脑力劳动。（计算机）模式识别在 20 世纪 60 年代初迅速发展并成为一门新学科。

1.5.2.1　模式识别概述

什么是模式和模式识别？狭义地说，存在于时间和空间中可观察的事物，如果可以区别它们是否相同或相似，都可以称之为“模式”。广义地说，模式是通过对具体的个别事物进行观测所得到的具有时间和空间分布的信息；把模式所属的类别或同一类中模式的总体称为“模式类”（或简称为“类”）。而“模式识别”则是在某些一定量度或观测基础上把待识模式划分到各自的模式类型中去。

模式识别的研究主要集中在两方面，即研究生物体（包括人）是如何感知对象的，以及在给定的任务下，如何用计算机实现模式识别的理论和方法。前者是生理学家、心理学家、生物学家、神经生理学家的研究内容，属于认知科学的范畴；后者通过数学家、信息学专家和计算机科学工作者近几十年来的努力，已经取得了系统性的研究成果。

一个计算机模式识别系统基本上是由三个相互关联而又有明显区别的过程组成的，即数据生成、模式分析和模式分类。数据生成是将输入模式的原始信息转换为向量，成为计算机易于处理的形式。模式分析是对数据进行加工，包括特征选择、特征提取、数据维数压缩和决定可能存在的类别等。模式分类则是利用模式分析所获得的信息，对计算机进行训练，从而制定判别标准，以期对待识别模式进行分类。

1.5.2.2　模式识别方法

有两种基本的模式识别方法，即统计模式识别方法和结构（句法）模式识别方法。统计模式识别是对模式的统计分类方法，即结合统计概率论的贝叶斯决策系统进行模式识别的技术，又称为决策理论识别方法。利用模式与子模式分层结构的树状信息所完成的模式识别工作，就是结构模式识别或句法模式识别。

1. 决策理论方法

决策理论方法，又称统计方法，是发展较早也比较成熟的一种方法。被识别对象首先数字化，变换为适于计算机处理的数字信息。一个模式常常要用很大的信息量来表示。许多模式识别系统在数字化环节之后还进行预处理，用于除去混入的干扰信息并减少某些变形和失真。随后是进行特征抽取，即从数字化后或预处理后的输入模式中抽取一组特征。所谓特征其实是选定的一种度量，它对于一般的变形和失真保持不变或几乎不变，并且只含尽可能少的冗余信息。特征抽取过程将输入模式从对象空间映射到特征空间。这时，模式可用特征空间中的一个点或一个特征矢量表示。这种映射不仅压缩了信息量，而且易于分类。在决策理论方法中，特征抽取占有重要的地位，但尚无通用的理论指导，只能通过分析具体识别对象决定选取何种特征。特征抽取后可进行分类，即从特征空间再映射到决策空间。为此而引入鉴别函数，由特征矢量计算出对应于各类别的鉴别函数值，通过鉴别函数值的比较实行分类。

2. 句法方法

句法方法，又称结构方法或语言学方法。其基本思想是把一个模式描述为较简单的子模式组合，子模式又可描述为更简单的子模式组合，最终得到一个树形的结构描述，在底层最简单的子模式称为模式基元。在句法方法中选取基元的问题相当于在决策理论方法中选取特征的问题。通常要求所选的基元能对模式提供一个紧凑的反映其结构关系的描述，又要易于用非句法方法加以抽取。显然，基元本身不应该含有重要的结构信息。模式以一组基元和它们的组合关系来描述，称为模式描述语句，这相当于在语言中，句子和短语用词组合，词用字符组合一样。基元组合成模式的规则，由所谓语法来指定。一旦基元被鉴别，识别过程可通过句法进行分析，即分析给定的模式语句是否符合指定的语法，满足某类语法的即被分入该类。

模式识别方法的选择取决于问题的性质。如果被识别的对象极为复杂，而且包含丰富的结构信息，一般采用句法方法；被识别对象不很复杂或不含明显的结构信息，一般采用决策理论方法。这两种方法不能截然分开，在句法方法中，基元本身就是用决策理论方法抽取的。在应用中，将这两种方法结合起来分别施加于不同的层次，常常能收到较好的效果。

1.5.2.3 模式识别的应用

1. 文字识别

汉字已有数千年的历史，也是世界上使用人数最多的文字，对于中华民族灿烂文化的形成和发展有着不可磨灭的功勋。所以在信息技术及计算机技术日益普及的今天，如何将文字方便、快速地输入计算机中已成为影响人机接口效率的一个重要瓶颈，也关系到计算机能否真正在我国得到普及应用。目前，汉字输入主要分为人工键盘输入和机器自动识别输入两种。其中人工键盘输入速度慢而且劳动强度大；自动输入又分为汉字识别输入及语音识别输入。从识别技术的难度来说，手写体识别的难度高于印刷体识别，而在手写体识别中，脱机手写体的难度又远远超过了连机手写体识别。

到目前为止，除了脱机手写体数字的识别已有实际应用外，汉字等文字的脱机手写体识别还处在实验室阶段。

2. 语音识别

语音识别技术所涉及的领域包括：信号处理、模式识别、概率论和信息论、发声机理和听觉机理、人工智能等。近年来，在生物识别技术领域中，声纹识别技术以其独特的方便性、经济性和准确性等优势受到世人瞩目，并日益成为人们日常生活和工作中重要且普及的安全验证方式。而且利用基因算法连续训练隐马尔可夫模型的语音识别方法现已成为语音识别的主流技术，该方法在语音识别时识别速度较快，也有较高的识别率。

3. 指纹识别

我们手掌及其手指、脚、脚趾内侧表面的皮肤凹凸不平产生的纹路会形成各种各样的图案。而这些皮肤的纹路在图案、断点和交叉点上各不相同，是唯一的一种。依靠这种唯一性，就可以将一个人同他的指纹对应起来，通过他的指纹和预先保存的指纹进行比较，便可以验证他的真实身份。一般的指纹分成有以下几个大的类别：left loop、right loop、twinloop、whorl、arch 和 tented arch，这样就可以将每个人的指纹分别归类，进行检索。指纹识别基本上可分成：预处理、特征选择和模式分类几个大的步骤。

4. 语音识别技术

语音识别技术正逐步成为信息技术中人机接口的关键技术，语音技术的应用已经成为一个具有竞争性的新兴高技术产业。中国互联网中心的市场预测：未来 5 年，中文语音技术领域将会有超过 400 亿人民币的市场容量，然后以每年超过 30% 的速度增长。

5. 生物认证技术

生物认证技术是 21 世纪最受关注的安全认证技术，它的发展是大势所趋。人们愿意忘掉所有的密码、扔掉所有的磁卡，凭借自身的唯一性来标识身份与保密。国际数据集团（IDC）预测：作为未来必然发展方向的移动电子商务基础核心技术的生物识别技术在未来 10 年的时间里将达到 100 亿美元的市场规模。

6. 数字水印技术

20 世纪 90 年代在国际上开始发展起来的数字水印技术是最具发展潜力与优势的数字媒体版权保护技术。IDC 预测，数字水印技术在未来的 5 年内全球市场容量将超过 80 亿美元。

1.5.3 语音识别

语音识别，作为信息技术中一种人机接口的关键技术，具有重要的研究意义和广泛的应用价值。

语言是人类相互交流最常用、最有效、最重要和最方便的通信形式，语音是语言的声学表现，与机器进行语音交流是人类一直以来的梦想。随着计算机技术的飞速发展，语音识别技术也取得突破性的成就，人与机器用自然语言进行对话的梦想逐步接近实现。语音识别技术的应用范围极为广泛，不仅涉及日常生活的方方面面，在军事领域也发挥着极其重要的作用。它是信息社会朝着智能化和自动化发展的关键技术，使人们对信息的处理和获取更加便捷，从而提高人们的工作效率。

1.5.3.1 语音识别技术的发展

语音识别技术起始于 20 世纪 50 年代。这一时期，语音识别的研究主要集中在对元音、辅音、数字以及孤立词的识别。

60 年代，语音识别研究取得实质性进展。线性预测分析和动态规划的提出较好地解决了语音信号模型的产生和语音信号不等长两个问题，并通过语音信号的线性预测编码，有效地解决了语音信号的特征提取。

70 年代，语音识别技术取得突破性进展。基于动态规划的动态时间规整（Dynamic Time Warping，DTW）技术基本成熟，特别提出了矢量量化（Vector Quantization，VQ）和隐马尔可夫模型（Hidden Markov Model，HMM）理论。

80 年代，语音识别任务开始从孤立词、连接词的识别转向大词汇量、非特定人、连续语音的识别，识别算法也从传统的基于标准模板匹配的方法转向基于统计模型的方法。在声学模型方面，由于 HMM 能够很好地描述语音时变性和平稳性，它开始被广泛应用于大词汇量连续语音识别（Large Vocabulary Continuous Speech Recognition，LVCSR）的声学建模；在语言模型方面，以 N 元文法为代表的统计语言模型开始广泛应用于语音识别系统。在这一阶段，基于 HMM/VQ、HMM/ 高斯混合模型、HMM/ 人工神经网络的语音建模方法开始广泛应用于 LVCSR 系统，语音识别技术取得新突破。

90 年代以后，伴随着语音识别系统走向实用化，语音识别在细化模型的设计、参数提取和优化、系统的自适应方面取得较大进展。同时，人们更多地关注话者自适应、听觉模型、快速搜索识别算法以及进一步的语言模型的研究等课题。此外，语音识别技术开始与其他领域相关技术进行结合，以提高识别的准确率，便于实现语音识别技术的产品化。

1.5.3.2　语音识别基础

语音识别是将人类的声音信号转化为文字或者指令的过程。语音识别以语音为研究对象，它是语音信号处理的一个重要研究方向，是模式识别的一个分支。语音识别的研究涉及微机技术、人工智能、数字信号处理、模式识别、声学、语言学和认知等许多学科领域，是一个多学科综合性研究领域。

根据在不同限制条件下的研究任务，产生了不同的研究领域。这些领域包括：根据对说话人说话方式的要求，可分为孤立字（词）、连接词和连续语音识别系统；根据对说话人的依赖程度，可分为特定人和非特定人语音识别系统；根据词汇量的大小，可分为小词汇量、中等词汇量、大词汇量以及无限词汇量语音识别系统。

1.5.3.3　语音识别基本原理

从语音识别模型的角度讲，主流的语音识别系统理论是建立在统计模式识别基础之上的。语音识别的目标是利用语音学与语言学信息，把输入的语音特征向量序列 $X=x_1$，x_2，…，x_T 转化成词序列 $W=w_1$，w_2，…，w_N 并输出。基于最大后验概率的语音识别模型如下式所示：

$$\begin{aligned} W &= \arg\max\left\{P\left(W|X\right)\right\} = \arg\max\left\{\frac{P\left(W|X\right)P\left(W\right)}{P\left(X\right)}\right\} \\ &= \arg\max\left\{P\left(X|W\right)P\left(W\right)\right\} \\ &= \arg\max\left\{\log P\left(X|W\right) + \lambda \log P\left(W\right)\right\} \end{aligned} \tag{1-2}$$

上式表明，要寻找最可能的词序列语音识别基本原理，应该使 $P(X|W)$ 与 $P(W)$ 的乘积达到最大。其中，$P(X|W)$ 是特征矢量序列 X 在给定 W 条件下的条件概率，由声学模型决定。$P(W)$ 是 W 独立于语音特征矢量的先验概率，由语言模型决定。由于将概率取对数不影响 W 的选取，第四个等式成立。$\log P(X|W)$ 与 $\log P(W)$ 分别表示声学得分与语言得分，且分别通过声学模型与语言模型计算得到。A 是平衡声学模型与语言模型的权重。从语音识别系统构成的角度讲，一个完整的语音识别系统包括特征提取、声学模型、语言模型、搜索算法等模块。语音识别系统本质上是一种多维模式识别系统，对于不同的语音识别系统，人们所采用的具体识别方法及技术不同，但其基本原理都是相同的，即将采集到的语音信号送到特征提取模块处理，将所得到的语音特征参数送入模型库模块，由声音模式匹配模块根据模型库对该段语音进

行识别，最后得出识别结果。

语音识别系统基本原理框图如图 1-16 所示，其中：预处理模块滤除原始语音信号中的次要信息及背景噪音等，包括抗混叠滤波、预加重、模 / 数转换、自动增益控制等处理过程，将语音信号数字化；特征提取模块对语音的声学参数进行分析后提取出语音特征参数，形成特征矢量序列。语音识别系统常用的特征参数有短时平均幅度、短时平均能量、线性预测编码系数、短时频谱等。特征提取和选择是构建系统的关键，对识别效果极为重要。

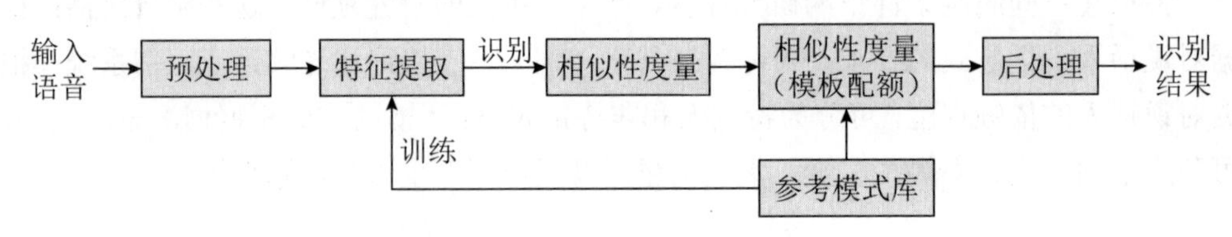

图 1-16　语音识别基本原理

由于语音信号本质上属于非平稳信号，目前对语音信号的分析是建立在短时平稳性假设上的。在对语音信号做短时平稳假设后，通过对语音信号进行加窗，实现短时语音片段上的特征提取。这些短时片段被称为帧，以帧为单位的特征序列构成语音识别系统的输入。由于梅尔倒谱系数及感知线性预测系数能够从人耳听觉特性的角度准确刻画语音信号，已经成为目前主流的语音特征。为补偿帧间独立性假设，人们在使用梅尔倒谱系数及感知线性预测系数时，通常加上它们的一阶、二阶差分，以引入信号特征的动态特征。

声学模型是语音识别系统中最为重要的部分之一。声学建模涉及建模单元选取、模型状态聚类、模型参数估计等很多方面。在目前的 LVCSR 系统中，普遍采用上下文相关的模型作为基本建模单元，以刻画连续语音的协同发音现象。在考虑了语境的影响后，声学模型的数量急剧增加，LVCSR 系统通常采用状态聚类的方法压缩声学参数的数量，以简化模型的训练。在训练过程中，系统对若干次训练语音进行预处理，并通过特征提取得到特征矢量序列，然后由特征建模模块建立训练语音的参考模式库。

搜索是在指定的空间当中，按照一定的优化准则，寻找最优词序列的过程。搜索的本质是问题求解，广泛应用于语音识别、机器翻译等人工智能和模式识别的各个领域。它通过利用已掌握的知识（声学知识、语音学知识、词典知识、语言模型知识等），在状态（从高层至底层依次为词、声学模型、HMM 状态）空间中找到最优的状态序列。最终的词序列是对输入的语音信号在一定准则下的一个最优描述。在识别阶段，将输入语音的特征矢量参数同训练得到的参考模板库中的模式进行相似性度量比较，将相似度最高模式所属的类别作为识别中间候选结果输出。为了提高识别的正确率，在后处理模块中对上述得到的候选识别结果继续处理，包括通过 Lattice 重打分融合更高元的语言模型、通过置信度度量得到识别结果的可靠程度等。最终通过增加约束，得到更可靠的识别结果。

1.5.3.4　声学建模方法

常用的声学建模方法包含以下三种：基于模式匹配的动态时间规整法（DTW）、隐马尔可夫模型法（HMM）和基于人工神经网络识别法（ANN）。

（1）DTW 是较早的一种模式匹配方法。它基于动态规划的思想，解决孤立词语音识别中的语音信号特征参数序列比较时长度不一的模板匹配问题。在实际应用中，DTW 通过计算已预处理和分帧的语音信号与参考模板之间的相似度，再按照某种距离测度计算出模板间的相似度并选择最佳路径。

（2）HMM 是对语音信号的时间序列结构所建立的统计模型，它是在隐马尔可夫链的基础上发展起来的，是一种基于参数模型的统计识别方法。HMM 可模仿人的言语过程，可视作一个双重随机过程：一个是用具有有限状态数的隐马尔可夫链来模拟语音信号统计特性变化的隐含的随机过程，另一个是与隐马尔可夫链的每一个状态相关联的观测序列的随机过程。

（3）ANN 以数学模型模拟神经元活动，将人工神经网络中大量神经元并行分布运算的原理、高效的学习算法以及对人的认知系统模仿能力充分运用到语音识别领域，并结合神经网络和隐马尔可夫模型的识别算法，克服了 ANN 在描述语音信号时间动态特性方面的缺点，进一步提高了语音识别的鲁棒性和准确率。其中成功的方法就是在混合模型中用 ANN 替代高斯混合模型估计音素或状态的后验概率。2011 年，微软以深度神经网络替代多层感知机形成的混合模型系统，大大提高了语音识别的准确率。

1.5.3.5　语音识别的应用

语音识别技术有着非常广泛的应用领域和市场前景。在语音输入控制系统中，它使得人们可以甩掉键盘，通过识别语音中的要求、请求、命令或询问来做出正确的响应，这样既可以克服人工键盘输入速度慢，极易出差错的缺点，又有利于缩短系统的反应时间，使人机交流变得简便易行，比如用于声控语音拨号系统、声控智能玩具、智能家电等领域。在智能对话查询系统中，人们通过语音命令，可以方便地从远端的数据库系统中查询与提取有关信息，享受自然、友好的数据库检索服务，例如信息网络查询、医疗服务、银行服务等。语音识别技术还可以应用于自动口语翻译，即通过将口语识别技术、机器翻译技术、语音合成技术等结合，可将一种语言的语音输入翻译为另一种语言的语音输出，实现跨语言交流。

语音识别技术在军事领域里也有着极为重要的应用价值和极其广阔的应用空间。一些语音识别技术就是着眼于军事活动而研发，并在军事领域率先应用、首获成效的。军事应用对语音识别系统的识别精度、响应时间、恶劣环境下的稳定性都提出了更高的要求。目前，语音识别技术已在军事指挥和控制自动化方面得以应用。比如，将语音识别技术应用于航空飞行控制，可快速提高作战效率和减轻飞行员的工作负担，飞行员利用语音输入来代替传统的手动操作和控制各种开关和设备，以及重新改编或排列显示器上的显示信息等，可使其把时间和精力集中于对攻击目标的判断和完成其他操作上来，以便更快获得信息，从而发挥战术优势。

1.5.4 视频识别

视频识别主要包括前端视频信息的采集及传输、中间的视频检测和后端的分析处理三个环节。视频识别需要前端视频采集摄像机提供清晰稳定的视频信号，视频信号质量将直接影响到视频识别的效果。

视频识别系统要解决的问题有两个：一个是将安防操作人员从繁杂而枯燥的“盯屏幕”任务解脱出来，由机器来完成这部分工作；另一个是为在海量的视频数据快速搜索到想要找的图像。对于上述两个问题，视频分析厂家经常提到的案例是：操作人员盯着屏幕电视墙超过 10 分钟后将漏掉 90%的视频信息而使这项工作失去意义；伦敦地铁案中，安保人员花了 70 个工时才在大量磁带中找到需要的信息。

智能视频识别主要优势在于三点：快速的反应时间——毫秒级的报警触发反应时间；更有效的监视——安保操作员只需要注意相关信息；以及强大的数据检索和分析功能，能提供快速的反应时间和调查时间。

1.5.4.1 视频分析方法概述

视频内容分析技术通过对可视的监视摄像机视频图像进行分析，并具备对风、雨、雪、落叶、飞鸟、飘动的旗帜等多种背景的过滤能力，通过建立人类活动的模型，借助计算机的高速计算能力使用各种过滤器，排除监视场景中非人类的干扰因素，准确判断人类在视频监视图像中的各种活动。

视频分析方法主要有两类：一类是背景减除法；另一类是时间差分法。

1. 背景减除法

背景减除法是利用当前图像和背景图像的差分（SAD）来检测出运动区域的一种方法。可以提供比较完整的运动目标特征数据。精确度和灵敏度比较高，具有良好的性能表现。

2. 时间差分法

时间差分，本书认为就是高级的VMD，又称相邻帧差法，就是利用视频图像特征，从连续得到的视频流中提取所需要的动态目标信息。时间差分方法的实质就是利用相邻帧图像相减来提取前景目标移动的信息。此方法不能完全提取所有相关特征象素点，在运动实体内部可能产生空洞，智能检测出目标的边缘。

1.5.4.2 基于深度学习的视频技术

深度学习对图像内容的表达十分有效，在视频的内容表达上也应用相应的方法。下面介绍最近几年几种主流的技术方法。

1. 基于单帧的识别方法

一种最直接的方法就是将视频进行截帧，然后基于图像粒度（单帧）进行深度学习表达，如图1-17所示，视频的某一帧通过网络获得一个识别结果。图1-17为一个典型的CNN网络，红色矩形是卷积层，绿色是归一化层，蓝色是池化层，黄色是全连接层。然而一张图像对整个视频是很小的一部分，特别当这帧图缺乏区分度，或是存在一些和视频主题无关的图像，则会让分类器摸不着头脑。因此，学习视频时间区域上的表达是提高视频识别的主要因素。当然，这在运动性强的视频上才有区分度，在较静止的视频上则只能靠图像的特征了。

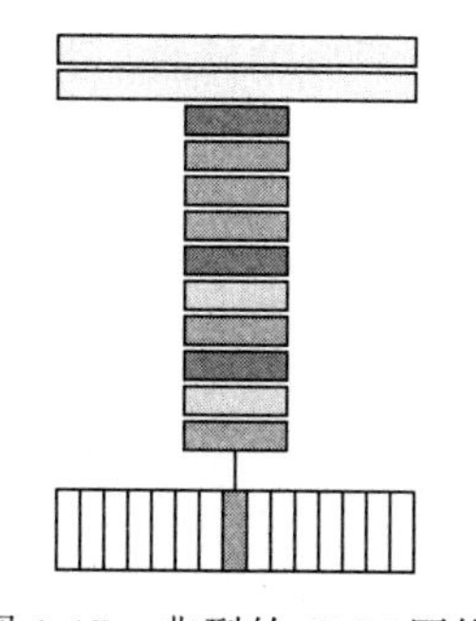

图1-17 典型的CNN网络

2. 基于CNN扩展网络的识别方法

它的总体思路是在CNN框架中寻找时间区域上的某个模式来表达局部运动信息，

从而获得总体识别性能的提升。图 1-18 是网络结构，它总共有三层，在第一层对 10 帧（大概三分之一秒）图像序列进行$M\times N\times 3\times T$的卷积（其中$M\times N$是图像的分辨率，3 是图像的 3 个颜色通道，T 取 4，是参与计算的帧数，从而形成在时间轴上的 4 个响应），在第 2、第 3 层上进行 T=2 的时间卷积，那么在第 3 层包含了这 10 帧图片的所有时空信息。该网络在不同时间上的同一层网络参数是共享参数的。

它的总体精度相对单帧提高了 2% 左右，特别在运动丰富的视频，如摔跤、爬杆等强运动视频类型中有较大幅度的提升，从而也证明了特征中运动信息对识别是有贡献的。在实现时，这个网络架构加入多分辨的处理方法，可以提高速度。

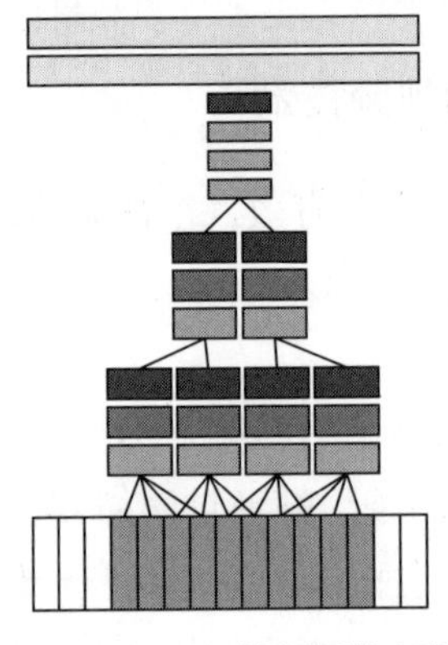

图 1-18 CNN 扩展网络架构

3. 双路 CNN 的识别方法

这个其实就是两个独立的神经网络，最后再把两个模型的结果平均一下。图 1-19 是一个双路 CNN 网络，就是把连续几帧的光流叠起来作为 CNN 的输入。另外，它利用 Multi-Task Learning 来克服数据量不足的问题。其实就是 CNN 的最后一层连到多个 softmax 层上，对应不同的数据集，这样就可以在多个数据集上进行 multi-Task Learning。

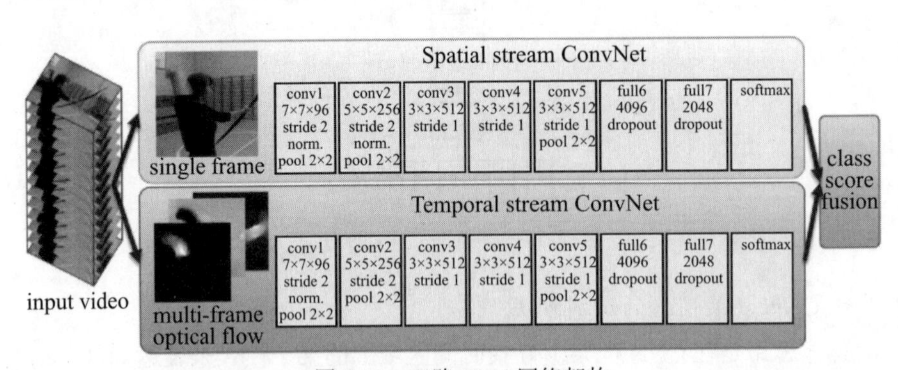

图 1-19 双路 CNN 网络架构

4. 基于 LSTM 的识别方法

它的基本思想是用 LSTM 对帧的 CNN 最后一层的激活在时间轴上进行整合。这里，它没有用 CNN 全连接层后的最后特征进行融合，是因为全连接层后的高层特征进行池化已经丢失了空间特征在时间轴上的信息。相对于时间差分法，一方面，它可以对 CNN 特征进行更长时间的融合，不对处理的帧数加以上限，从而能对更长时长的视频进行表达；另一方面，时间差分法没有考虑同一次进网络帧的前后顺序，而本网络通过 LSTM 引入的记忆单元，可以有效地表达帧的先后顺序。网络结构如图 1-20 所示。

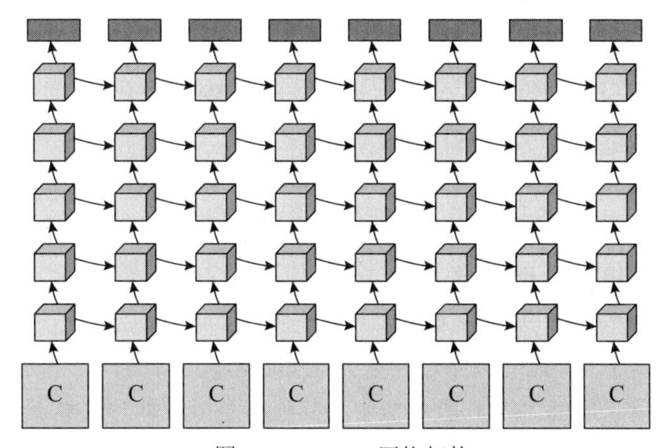

图 1-20　LSTM 网络架构

图 1-20 中红色是卷积网络，灰色是 LSTM 单元，黄色是 softmax 分类器。LSTM 把每个连续帧的 CNN 最后一层卷积特征作为输入，从左向右推进时间，从下到上通过 5 层 LSTM，最上的 softmax 层会在每个时间点给出分类结果。同样，该网络在不同时间上的同一层网络参数是共享参数。在训练时，视频的分类结果在每帧都进行 BP（Back Propagation），而不是每个 clip 进行 BP。在 BP 时，后来帧梯度的权重会增大，因为越往后，LSTM 的内部状态会含有更多的信息。

在实现时，这个网络架构可以加入光流特征，可以让处理过程容忍对帧进行采样，因为如每秒一帧的采样已经丢失了帧间所隐含的运动信息，光流可以作为补偿。

1.5.4.3　结语

语音和视频信息的识别和研究工作对于信息化社会的发展、人们生活水平的提高等方面有着深远的意义。随着计算机信息技术的不断发展，这两种信息的识别技术将取得更重大的突破，整体联合系统的研究也将更加深入，语音和视频信息的识别和研究有着更加广阔的发展空间。

1.5.5 其他非结构化数据挖掘

1.5.5.1 Web 数据挖掘

Web 挖掘是利用数据挖掘技术从 Web 文档及 Web 服务中自动发现并提取人们感兴趣的信息。Web 挖掘是一项综合技术，涉及 Internet 技术、人工智能、计算机语言学、信息学、统计学等多个领域。通常 Web 挖掘过程可以分为以下几个处理阶段：资源发现、数据抽取及数据预处理阶段，数据汇总及模式识别阶段、分析验证阶段。

Web 上的数据最大的特点就是半结构化。由于 Web 的开放性、动态性与异构性等固有特点，要从这些分散的、异构的、没有统一管理的海量数据中快速、准确地获取信息成为 Web 挖掘所要解决的一个难点，也使得用于 Web 的挖掘技术不能照搬用于数据库的挖掘技术。开发新的 Web 挖掘技术以及对 Web 文档进行预处理以得到关于文档的特征表示是 Web 挖掘的重点。

Web 数据挖掘应考虑以下问题。

（1）数据来源分析。在对网站进行数据挖掘时，所需要的数据主要来自三个方面：Web 服务器中的日志文件、Web 服务器中的其他信息以及客户的背景信息。

（2）异构数据环境。Web 上的每一个站点就是一个数据源，每个数据源都是异构的，因而每一个站点之间信息和信息的组织都不一样，这就构成了一个巨大的异构数据库环境。要想利用这些数据进行挖掘，首先要研究站点之间异构数据的集成问题；其次要解决 Web 上的数据查询问题。

（3）半结构化的数据结构。Web 上的数据没有特定的模型描述，每一个站点的数据都各自独立设计，并且数据本身具有自述性和动态可变性。

（4）解决半结构化的数据源问题。面向 Web 的数据挖掘必须以半结构化模型和半结构化数据模型抽取技术为前提。

（5）文本总结。文本总结的目的是对文本信息进行浓缩，给出它的紧凑描述。文本总结是指从文档中抽取关键信息，用简洁的形式对文档内容进行摘要或解释。这样用户不需要浏览全文就可以了解文档或文档集合的总体内容。

Web 数据有三种类型：HTML 标记的 Web 文档数据、Web 文档内的连接的结构数据和用户访问数据。按照对应的数据类型，Web 挖掘可以分为三类，如图 1-21 所示：内容挖掘、结构挖掘、用户访问模式挖掘。如表 1-3 所示：三类 Web 挖掘的对比分析。

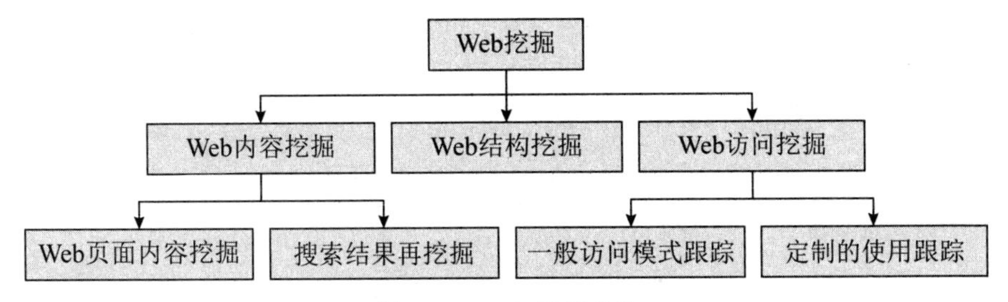

图 1-21　Web 挖掘分类

表 1-3　Web 挖掘分类对比

	Web 内容挖掘		Web 结构挖掘	Web 访问挖掘
处理数据类型	IR 方法	数据库方法	Web 结构挖掘	用户访问挖掘
	无结构和半结构化数据	半结构化数据		
主要数据	自由文本、HTML 标记的超文本	HTML 标记的超文本	文档内及文档间的超链接	Serverlog、proxyserverlog、clientlog
表示方法	词集、段落、概念、IR 的三种经典模型	OEM 关系	图	关系表、图
处理方法	TFIDF、统计、机器学习、自然语言理解	数据库技术	机器学习、专有算法	统计、机器学习、关联规则
主要应用	分类、聚类、模式发现	模式发现、数据向导、多维数据库、站点创建与维护	页面权重分类聚类、模式发现	用户个性化、自适应 Web 站点、商业决策

1.5.5.2　空间群数据挖掘

空间数据挖掘（Spatial Data Mining，SDM）是指从空间数据中抽取隐含的知识、空间关系、空间及与非空间之间有意义的特征或模式。空间数据挖掘功能可用于分析和解释地理特征间的相互关系及空间模式。海量的空间数据、复杂的空间数据类型和空间访问方法及对空间特征间关系能力的描述都是空间数据挖掘的难点。

1. 空间分析的层次

第一是空间检索，包括从空间位置检索空间物体及其属性和从属性条件集检索空间物体。一方面，“空间索引”是空间检索的关键技术，是否能有效地从大型 GIS 数据库中检索出所需信息，将影响 GIS 的分析能力。另一方面，空间物体的图形表达也是空间检索的重要部分。

第二是空间拓扑叠加分析，空间拓扑叠加实现了输入特征属性的合并以及特征属性在空间上的连接。

第三是空间模拟分析，这方面的研究刚刚起步。

2. 空间模型分析

目前多数研究工作着重于如何将 GIS 与空间模型分析相结合，其研究可分三类：

第一类是 GIS 外部的空间模型分析，将 GIS 当作一个通用的空间数据库，而空间模型分析功能则借助于其他软件。

第二类是 GIS 内部的空间模型分析，试图利用 GIS 软件来提供空间分析模拟以及发展适用于问题解决模型的宏观语言。这种方法一般基于空间分析的复杂性与多样性，易于理解和应用，但由于 GIS 软件所能提供的空间分析功能极为有限，这种紧密结合的空间模型分析方法在实际 GIS 的设计中较少使用。

第三类是混合型的空间模型分析，其宗旨在于尽可能地利用 GIS 所提供的功能，同时也充分发挥 GIS 使用者的能动性。

3. 空间数据挖掘

空间数据挖掘的知识类型大体包括如下内容。

（1）一般几何知识：目标的数量、大小、特征的统计特征值及直方图等可视化描述。

（2）空间分布规律：垂直向、水平向及其联合向的分布规律。

（3）空间关联规则：空间相邻、相连、共生、包含等空间关联规则，空间聚类规则、空间特征规则、空间区分规则、空间演变规则、空间序贯模式、空间混沌模式。

空间数据挖掘的具体方法有：统计方法、泛化方法、聚类方法、空间分析方法、探测性的数据分析、粗集方法、云理论、图像分析和模式识别。

1.6 数据挖掘与机器学习、深度学习、人工智能及云计算

数据挖掘、机器学习、深度学习和人工智能四者之间既有交集也有不同，彼此之间既有联系和互相运用，也有各自不同的领域和应用。而云计算的分布式存储和分布式计算促使了新一代数据挖掘平台的变革。数据挖掘是一门交叉性很强的学科，可以用到机器学习算法以及传统统计的方法，最终目的是要从数据中挖掘到需要的知识，从而指导人们的活动。数据挖掘的重点在于应用，用何种算法并不是很重要，关键是

要能够满足实际应用背景。而机器学习则偏重于算法本身的设计，通俗来说就是让机器自己去学习然后通过学习到的知识来指导进一步的判断。用一堆样本数据让计算机进行运算，样本数据可以是有类标签并设计惩罚函数，通过不断的迭代，机器就学会了怎样进行分类，使得惩罚最小，然后用学习到的分类规则进行预测等活动。深度学习是机器学习领域的一类方法，很多时候都是指深度神经网络方法，例如深度卷积网络、自动编码器、深度玻尔兹曼机。很多有关深度学习的应用是在图像识别 / 语音识别领域。而人工智能是四个概念中范围最广的一个，是一种科技领域，囊括了各类方法与算法。四者关系如图 1-22 所示。

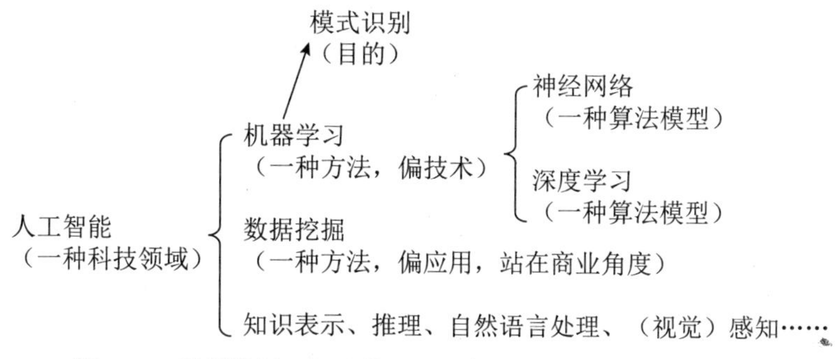

图 1-22　数据挖掘、机器学习、深度学习和人工智能四者关系

1.6.1　机器学习

机器学习考察计算机如何基于数据学习（或提高它们的性能）。其主要研究领域之一是计算机程序基于数据自动地学习识别复杂的模式，并做出智能的决断。例如，一个典型的机器学习问题是为计算机编制程序，使之从一组实例学习之后，能够自动地识别邮件上的手写体邮政编码。

机器学习是一个快速成长的学科。这里，我们介绍一些与数据挖掘高度相关的、经典的机器学习问题。

1. 监督学习（Supervised Learning）

监督学习，基本上是分类的同义词。学习中的监督来自训练数据集中标记的实例。例如，在邮政编码识别问题中，一组手写邮政编码图像与其对应的机器可读的转换物用作训练实例，监督分类模型的学习。

2. 无监督学习（Unsupervised Learning）

无监督学习，本质上是聚类的同义词。学习过程是无监督的，因为输入实例没有此类标记。典型的，我们可以使用聚类发现数据中的类。例如，一个无监督学习方法可以取一个手写数字图像集合作为输入。假设它找出了 10 个数据簇，这些簇可以分别对应于 0 ～ 9 这 10 个不同的数字。然而，由于训练数据并无标记，因此学习到的模型并不能告诉我们所发现簇的语义。

3. 半监督学习（Semi-supervised Learning）

半监督学习，是一类机器学习技术，在学习模型时，它使用标记的和未标记的实例。在一种方法中，标记的实例用来学习类模型，而未标记的实例用来进一步改进类边界。对于两类问题，我们可以把属于一个类的实例看作正实例，而属于另一个类的实例为负实例。在图 1-23 中，如果我们不考虑未标记的实例，则虚线是分隔正实例和负实例的最佳决策边界。使用未标记的实例，我们可以把该决策边界改进为实线边界。此外，我们能够检测出右上角的两个正实例可能是噪声或离群点，尽管它们被标记了。

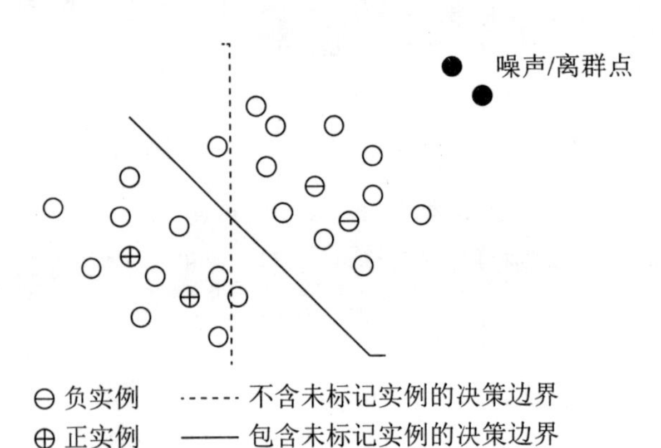

图 1-23　半监督学习实例

4. 主动学习（Active Learning）

主动学习，是一种机器学习方法，它让用户在学习过程中扮演主动角色。主动学习方法可能要求用户（如领域专家）对一个可能来自未标记的实例集或由学习程序合成的实例进行标记。给定可以要求标记的实例数量的约束，目的是通过主动地从用户获取知识来提高模型质量。

你可能已经看出，数据挖掘与机器学习有许多相似之处。对于分类和聚类任务，机器学习研究通常关注模型的准确率。除准确率之外，数据挖掘研究非常强调挖掘方法在大型数据集上的有效性和可伸缩性，以及处理复杂数据类型的办法，开发新的、非传统的方法。

实际上，机器学习和数据挖掘技术已经开始在多媒体、计算机图形学、计算机网络乃至操作系统、软件工程等计算机科学的众多领域中发挥作用，特别是在计算机视觉和自然语言处理领域，机器学习和数据挖掘已经成为最流行、最热门的技术，以至于在这些领域的顶级会议上很多的论文都与机器学习和数据挖掘技术有关。总的来看，引入机器学习和数据挖掘技术在计算机科学的众多分支领域中都是一个重要趋势。

机器学习和数据挖掘技术还是很多交叉学科的重要支撑技术。例如，生物信息学是一个新兴的交叉学科，它试图利用信息科学技术来研究从 DNA 到基因、基因表达、蛋白质、基因电路、细胞、生理表现等一系列环节上的现象和规律。随着人类基因组计划的实施，以及基因药物的美好前景，生物信息学得到了蓬勃发展。实际上，从信息科学技术的角度来看，生物信息学的研究是一个从“数据”到“发现”的过程，这中间包括数据获取、数据管理、数据分析、仿真实验等环节，而“数据分析”这个环节正是机器学习和数据挖掘技术的舞台。

1.6.2　深度学习

机器学习是人工智能的一个分支，而在很多时候，几乎成为人工智能的代名词。简单来说，机器学习就是通过算法，使得机器能从大量历史数据中学习规律，从而对新的样本做智能识别或对未来做预测。自 20 世纪 80 年代末期以来，机器学习的发展大致经历了两次浪潮：浅层学习（Shallow Learning）和深度学习（Deep Learning）。

1. 第一次浪潮：浅层学习

20 世纪 80 年代末期，用于人工神经网络的反向传播算法（也叫 Back Propagation 算法或者 BP 算法）的发明，给机器学习带来了希望，掀起了基于统计模型的机器学习热潮。这个热潮一直持续到今天。人们发现，利用 BP 算法可以让一个人工神经网络模型从大量训练样本中学习出统计规律，从而对未知事件做预测。这种基于统计的机器学习方法比起过去基于人工规则的系统，在很多方面显示出优越性。这个时候的人工神经网络，虽然也被称作多层感知机器（Multi-layer Perceptron），但实际上是一种只含有一层隐层结点的浅层模型。

90 年代，各种各样的浅层机器学习模型相继被提出，比如支撑向量机（SVM，Support Vector Machines）、Boosting、最大熵方法（如 LR，Logistic Regression）等。这些模型的结构基本上可以看成带有一层隐层结点（如 SVM、Boosting），或没有隐层结点（如 LR）。这些模型无论是理论分析还是应用都获得了巨大的成功。相比之下，由于理论分析的难度，加上训练方法需要很多经验和技巧，所以这个时期浅层人工神经网络反而相对较为沉寂。

2000年以来互联网的高速发展，对大数据的智能化分析和预测提出了巨大需求，浅层学习模型在互联网应用上获得了巨大成功。最成功的应用包括搜索广告系统（比如Google的AdWords、百度的凤巢系统）的广告单击率CTR预估、网页搜索排序（例如Yahoo和微软的搜索引擎）、垃圾邮件过滤系统、基于内容的推荐系统等。

2. 第二次浪潮：深度学习

2006年，加拿大多伦多大学教授、机器学习领域泰斗——Geoffrey Hinton和他的学生Ruslan Salakhutdinov在顶尖学术刊物《科学》上发表了一篇文章，开启了深度学习在学术界和工业界的浪潮。这篇文章有以下两个主要的信息。

（1）很多隐层的人工神经网络具有优异的特征学习能力，学习得到的特征对数据有更本质的刻画，从而有利于可视化或分类。

（2）深度神经网络在训练上的难度，可以通过“逐层初始化”（Layer-wise Pre-training）来有效克服。在这篇文章中，逐层初始化是通过无监督学习来实现的。

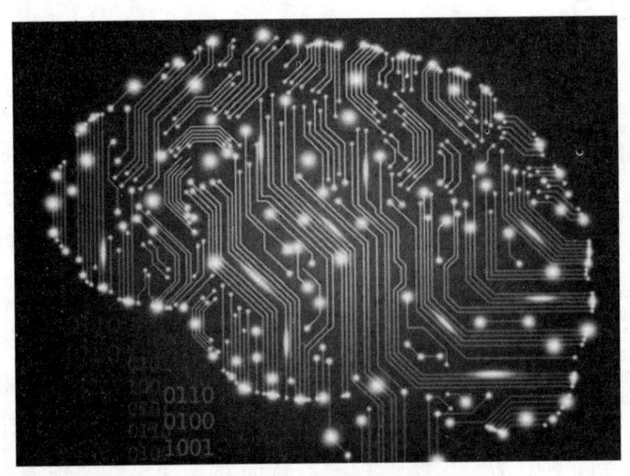

图1-24 深度学习

自2006年以来，深度学习（如图1-24所示）在学术界持续升温。美国斯坦福大学、纽约大学、加拿大蒙特利尔大学等成为研究深度学习的重镇。2010年，美国国防部DARPA计划首次资助深度学习项目，参与方有美国斯坦福大学、纽约大学和NEC美国研究院。支持深度学习的一个重要依据，就是脑神经系统的确具有丰富的层次结构。一个最著名的例子就是Hubel-Wiesel模型，由于揭示了视觉神经的机理而曾获得诺贝尔医学或生理学奖。除了仿生学的角度，目前深度学习的理论研究还基本处于起步阶段，但在应用领域已显现出巨大能量。2011年以来，微软研究院和Google的语音识别研究人员先后采用DNN技术降低语音识别错误率20%~30%，是语音识别领域十多年来最大的突破性进展。2012 年，DNN 技术在图像识别领域取得惊人的效果，在 ImageNet 评测上将错误率从 26% 降低到 15%。在这一年，DNN 还被应用于制药公司的 Druge Activity 预测问题，并获得世界最好成绩，这一重要成果被《纽约时报》报道。今天 Google、微软、百度等知名的拥有大数据的高科技公司争相投入资源，占领深度学习的技术制高点，正是因为它们都看到了在大数据时代，更加复杂且更加强大的深度模型能深刻揭示海量数据里所承载的复杂而丰富的信息，并对未来或未知事件做更精准的预测。

深度学习和机器学习的区别是：深度学习是机器学习研究中的一个新的领域，其动机在于建立、模拟人脑进行分析学习的神经网络，它模仿人脑的机制来解释数据，例如图像、声音和文本。

同机器学习方法一样，深度机器学习方法也有监督学习与无监督学习之分。不同的学习框架下建立的学习模型很是不同。例如，卷积神经网络（Convolutional Neural Networks，CNNs）就是一种深度监督学习下的机器学习模型，而深度置信网（Deep Belief Nets，DBNs）是一种无监督学习下的机器学习模型。

1.6.3　人工智能

人工智能，即机器所赋予人的智能。

1956 年，几个计算机科学家相聚在达特茅斯会议（Dartmouth Conferences），提出了“人工智能”的概念。其后，人工智能就一直萦绕于人们的脑海之中，并在科研实验室中慢慢孵化。之后的几十年，人工智能一直在两极反转，或被称作人类文明耀眼未来的预言，或被当成技术疯子的狂想扔到垃圾堆里。坦白说，直到 2012 年，这两种声音还同时存在。

过去几年，尤其是 2015 年以来，人工智能开始大爆发。很大一部分是由于 GPU 的广泛应用，使得并行计算变得更快、更便宜、更有效。当然，无限拓展的存储能力和骤然爆发的数据洪流（大数据）的组合拳，也使得图像数据、文本数据、交易数据、映射数据全面海量爆发。

人工智能可主要分为人类的人工智能和非人类的人工智能。人类人工智能的思考和推理就像人的思维，可以通过实践和学习获得知识和能力。非人类人工智能主要通过感知、知觉等专业技能执行特定任务，解决问题的重要途径是将所有可能构建成搜索树，通过比对、决策寻找最优方案。对于这类人工智能来说，背后的数据库越强大，它的“水”就越深，但能力也基本在预期范围之内。

与人工规则构造特征的方法相比，利用大数据来学习的特征，更能够刻画数据的丰富内在信息。深度学习，让人工智能有一个光明的未来。

深度学习已经实现了许多机器学习方面的实际应用和人工智能领域的全面推广。深度学习解决了许多任务让各种机器助手看起来有可能实现。无人驾驶机车、更好的预防医疗，甚至是更好的推荐电影，如今都已实现或即将实现（如图 1-25 谷歌超级人工智能系统）。有了深度学习，人工智能甚至可以达到我们长期所想象的、科幻小说中呈现的状态。

谷歌超级人工智能系统 AlphaGo，在与顶尖围棋高手李世石的较量中取得胜利，是人工智能发展史上重要的里程碑，显示出人工智能在复杂的博弈游戏中开始挑战最高级别的人类选手。“深度学习”将为人工智能打开一扇新的大门。

图 1-25 谷歌超级人工智能系统 AlphaGo

1.6.4 云计算

云计算（Cloud Computing），是一种基于互联网的计算方式，通过这种方式，共享的软硬件资源和信息可以按需求提供给计算机各种终端和其他设备。云计算是继 20 世纪 80 年代大型计算机到客户端 - 服务器的大转变之后的又一种巨变。用户不再需要了解“云”中基础设施的细节，不必具有相应的专业知识，也无须直接进行控制。云计算描述了一种基于互联网的新 IT 服务增加、使用和交付模式，通常涉及通过互联网来提供动态易扩展而且经常是虚拟化的资源。

云是互联网的一种比喻说法。过去往往用云来表示电信网，后来也用来表示互联网和底层基础设施的抽象。因此，云计算甚至可以让你体验每秒 10 万亿次的运算能力，拥有这么强大的计算能力可以模拟核爆炸、预测气候变化和市场发展趋势。

互联网上的云计算服务特征和自然界的云、水循环具有一定的相似性，因此，云是一个相当贴切的比喻。根据美国国家标准和技术研究院的定义，云计算服务应该具备以下几条特征。

（1）随机应变自助服务。

（2）随时随地用任何网络设备访问。

（3）多人共享资源池。

（4）快速重新部署灵活度。

（5）可被监控与量测的服务。

1. 3种服务模式

美国国家标准和技术研究院的云计算定义中明确了三种服务模式：

（1）软件即服务（SaaS）：消费者使用应用程序，但并不掌控操作系统、硬件或运作的网络基础架构。它是一种服务观念的基础。软件服务供应商，以租赁的概念提供客户服务，而非购买，比较常见的模式是提供一组账号密码。例如：Microsoft CRM与Salesforce.com。

（2）平台即服务（PaaS）：消费者使用主机操作应用程序。消费者掌控运作应用程序的环境（也拥有主机部分掌控权），但并不掌控操作系统、硬件或运作的网络基础架构。平台通常是应用程序基础架构。例如：Google App Engine。

（3）基础设施即服务（IaaS）：消费者使用“基础计算资源”，如处理能力、存储空间、网络组件或中间件。消费者能掌控操作系统、存储空间、已部署的应用程序及网络组件（如防火墙、负载平衡器等），但并不掌控云基础架构。例如：Amazon AWS、Rackspace。

2. 4种部署模式

美国国家标准和技术研究院的云计算定义中也涉及了关于云计算的部署模型。

（1）公用云（Public Cloud）。简而言之，公用云服务可通过网络及第三方服务供应者，开放给客户使用。“公用”一词并不一定代表“免费”，但也可能代表免费或相当廉价。公用云并不表示用户数据可供任何人查看，公用云供应者通常会对用户实施使用访问控制机制。公用云作为解决方案，既有弹性，又具备成本效益。

（2）私有云（Private Cloud）。私有云具备许多公用云环境的优点，例如弹性、适合提供服务。两者差别在于私有云服务中，数据与程序皆在组织内管理，且与公用云服务不同，不会受到网络带宽、安全疑虑、法规限制影响。此外，私有云服务让供应者及用户更能掌控云基础架构、改善安全与弹性，因为用户与网络都受到特殊限制。

（3）社区云（Community Cloud）。社区云由众多利益相仿的组织掌控及使用，例如特定安全要求、共同宗旨等。社区成员共同使用云数据及应用程序。

（4）混合云（Hybrid Cloud）。混合云结合公用云及私有云，在这个模式中，用户通常将非企业关键信息外包，并在公用云上处理，但同时掌控企业关键服务及数据。

3. 关键技术

（1）虚拟化技术。虚拟化技术，是指计算元件在虚拟的基础上而不是真实的基础上运行，它可以扩大硬件的容量，简化软件的重新配置过程，减少软件虚拟化相关开销和支持更广泛的操作系统。通过虚拟化技术可实现软件应用与底层硬件相隔离，它包括将单个资源划分成多个虚拟资源的分裂模式，也包括将多个资源整合成一个虚拟资源的聚合模式。虚拟化技术根据对象可分成存储虚拟化、计算虚拟化、网络虚拟化等。计算虚拟化又分为系统级虚拟化、应用级虚拟化和桌面虚拟化。在云计算实现中，计算系统虚拟化是一切建立在“云”上的服务与应用的基础。虚拟化技术目前主要应用在 CPU、操作系统、服务器等多个方面，是提高服务效率的最佳解决方案。

（2）分布式海量数据存储。云计算系统由大量服务器组成，同时为大量用户服务，因此云计算系统采用分布式存储的方式存储数据，用冗余存储的方式（集群计算、数据冗余和分布式存储）保证数据的可靠性。冗余的方式通过任务分解和集群，用低配机器替代超级计算机的性能来保证低成本，这种方式保证分布式数据的高可用、高可靠和经济性，即为同一份数据存储多个副本。云计算系统中广泛使用的数据存储系统是 Google 的 GFS 和 Hadoop 团队开发的 GFS 的开源实现 HDFS。

（3）海量数据管理技术。云计算需要对分布的、海量的数据进行处理、分析，因此，要求数据管理技术必需能够高效地管理大量的数据。云计算系统中的数据管理技术主要是 Google 的 BT（Big Table）数据管理技术和 Hadoop 团队开发的开源数据管理模块 HBase。由于云数据存储管理形式不同于传统的 RDBMS 数据管理方式，如何在规模巨大的分布式数据中找到特定的数据，也是云计算数据管理技术所必须解决的问题。同时，由于管理形式的不同造成传统的 SQL 数据库接口无法直接移植到云管理系统中来，目前一些研究在关注为云数据管理提供 RDBMS 和 SQL 的接口，如基于 Hadoop 子项目 HBase 和 Hive 等。另外，在云数据管理方面，如何保证数据安全性和数据访问的高效性也是研究关注的重点问题之一。

（4）编程方式。云计算提供了分布式的计算模式，客观上要求必须有分布式的编程模式。云计算采用了一种思想简洁的分布式进行编程模型 Map-Reduce。Map-Reduce 是一种编程模型和任务调度模型，主要用于数据集的并行运算和并行任务的调度处理。在该模式下，用户只需要自行编写 Map 函数和 Reduce 函数即可进行并行计算。其中，Map 函数中定义各节点上的分块数据的处理方法，而 Reduce 函数中定义中间结果的保存方法以及最终结果的归纳方法。

（5）云计算平台管理技术。云计算资源规模庞大，服务器数量众多并分布在不同的地点，同时运行着数百种应用，如何有效地管理这些服务器，保证其为整个系统提供不间断的服务是一项巨大的挑战。云计算系统的平台管理技术能够使大量的服务器协同工作，方便地进行业务部署和开通，快速发现和恢复系统故障，通过自动化、智能化的手段实现大规模系统的可靠运营。

4. 应用现状

（1）国外企业发展现状。微软在 2013 年推出 Cloud OS 云操作系统，包括 Windows Server 2012 R2、System Center 2012 R2、Windows Azure Pack 在内的一系列企业级云计算产品及服务。Windows Azure 是云服务操作系统，可用于 Azure Services 平台的开发、服务托管以及服务管理环境。Windows Azure 为开发人员提供随选的计算和存储环境，以便在互联网上通过微软数据中心来托管、扩充及管理 Web 应用程式。

IBM 在 2013 年推出基于 OpenStack 和其他现有云标准的私有云服务，并开发出一款能够让客户在多个云之间迁移数据的云存储软件——InterCloud，并正在为 InterCloud 申请专利。这项技术旨在向云计算中增加弹性，并提供更好的信息保护。IBM 在 2013 年 12 月收购位于加州埃默里维尔市的 Aspera 公司。在提供安全性、宽控制和可预见性的同时， Aspera 使基于云计算的大数据传输更快速，更可预测和更具性价比，比如企业存储备份、虚拟图像共享或者快速进入云来增加处理事务的能力。FASP 技术将与 IBM 收购的 SoftLayer 云计算基础架构进行整合。

甲骨文公司宣布成为 OpenStack 基金会赞助商，计划将 OpenStack 云管理组件集成到 Oracle Solaris、Oracle Linux、Oracle VM、Oracle 虚拟计算设备、Oracle 基础架构即服务（IaaS）、Oracle ZS3 系列、Axiom 存储系统和 StorageTek 磁带系统中。并将努力促成 OpenStack 与 Exalogic、Oracle 云计算服务、Oracle 存储云服务的相互兼容。OpenStack 已经在业界获得了越来越多的支持，包括惠普、戴尔、IBM 在内的众多传统硬件厂商已经宣布加入，并推出了基于 OpenStack 的云操作系统或类似产品。

惠普在 2013 年推出基于惠普 HAVEn 大数据分析平台新的基于云的分析服务。惠普企业服务包括大数据和分析的端对端的解决方案，覆盖客户智能、供应链和运营、传感器数据分析等领域。

苹果 iCloud 是美国消费者使用量最大的云计算服务。苹果公司在 2011 年就推出了在线存储云服务 iCloud。

在 2013 年 8 月，戴尔公司云客户端计算产品组合全新推出 Dell Wyse ThinOS 8 固件和 Dell Wyse D10D 云计算客户端。依托 Dell Wyse，戴尔可为使用 Citrix、微软、VMware 和戴尔软件的企业提供各类安全、可管理、高性能的端到端桌面虚拟化解决方案。

（2）国内云计算产业发展现状。阿里云于 2013 年 12 月在“飞天”平台之上启动一系列举措，括低门槛入云策略、一亿元扶持计划、开发全新开发者服务平台等多项内容。从产品、价格、服务以及第三方合作等多个角度，打破传统商业模式，以用户第一的思维，创新云服务，构建更加健康的云计算生态圈。2013 年 10 月，阿里云推出“飞天 5K 集群”项目，取得技术上的重大突破，拥有了只有 Google、Facebook 这样的顶级技术型 IT 公司的单集群规模才能达到 5 000 台服务器的通用计算平台。

百度在 2011 年 9 月正式开放其云计算平台，在云计算基础架构和海量数据处理能力方面已较为成熟，将陆续开放 IaaS、PaaS 和 SaaS 等多层面的云平台服务，如云存储和虚拟机、应用执行引擎、智能数据分析和事件通知服务、网盘、地图、账号和开放 API 等。百度云 OS 是云和端结合的通用性平台，以个人为中心来组织数据和应用，形成产品研发的统一、落地终端的统一和运营渠道的统一。云 OS 提供网页 App 化的功能，还将支持新型的 WebApp。

浪潮集团已形成涵盖 IaaS、PaaS、SaaS 三个层面的云计算整体解决方案服务能力，建立包括 HPC/IDC、媒体云、教育云等跨越十余个行业的云应用并成功在非洲、东南亚等地区进行推广。承担“高端容错”和“海量存储”这两个国家“863 计划”重大专项，“浪潮天梭 K1 关键应用主机”和“浪潮 PB 级高性能海量存储系统”均通过国家验收，并已成功在金融、税务等核心领域部署。2013 年，浪潮发布了其全新升级的云数据中心操作系统云海 OS V3.0，该产品基于开放、融合的技术理念，能够帮助用户从孤立低效的传统数据中心向智能高效的云数据中心转变。

华为公司秉承开放的弹性云计算的理念，如推出了 FusionCloud 云战略，提供云数据中心、云计算产品、云服务解决方案。“ICT 软硬件基础设施、顶层设计咨询服务和联合第三方开发智慧城市应用”是华为企业业务的三个主要方向，在云数据中心的基础上，实现“云—管—端”的分层建设，打造可以面向未来的城市系统框架。华为在 2013 年的应用案例，如天津 LTE 政务网（可为政府、公安等行业用户提供），采用的是华为基于 TD-LTE 技术的方案，直接支持数据、视频业务，并为未来专业集群、应急通信车等提供资源预留。

腾讯公司在 2013 年 9 月宣布腾讯云生态系统构建完成，将借助腾讯社交网络以及开放平台来专门推广腾讯云。

联想公司在 2013 年 9 月与虚拟化和云基础架构解决方案的领导厂商 VMware 共建的“联想威睿技术联合实验室”正式落成，将在服务器虚拟化、桌面虚拟化、云计算数据中心建设、基础架构管理与运维、数据容灾等技术领域进行合作，共同开发适合我国客户的解决方案。

中国移动在 2013 年发布“大云”2.5 版本，实现从私有云向混合云性质转变，系统容量也从小规模试点发展到规模化商用，而在应用方面，也从原来的边缘性业务渗透到了关键核心业务中。

华云数据公司在国内拥有超过 15 个城市 20 个数据中心上万台物理服务器集群，网络覆盖中国电信、中国联通以及华云自有边界网关协议（BGP）网络，实现从边缘到核心网络的全覆盖。华云数据自主研发并推出我国首个运营型 PaaS 平台——中国云应用平台。

易云捷讯在 2013 年 10 月成功发布易云云操作系统最新版本 EayunOS 3.2，标志着国内首款基于 OpenStack 的商业化云计算平台成功落地。易云云操作系统提供包括服务器虚拟化、网络虚拟化、存储虚拟化、大数据存储以及云服务运营在内的平台级整体解决方案。

杭州华三通信公司（H3C）在 2013 年 9 月推出 CloudPack 云业务系统。H3C 云计算解决方案目前已在天津政务云、南京市教育云、北京电力、广铁集团、海南航空等众多项目中应用，H3C 也已成为当前云计算应用领域最重要的厂商之一。

1.7　现有数据挖掘的主要分析软件与系统

1.7.1　Hadoop

提到大数据和数据挖掘，很多人马上想到的就是 Hadoop。说到 Hadoop 就不能不说 Google 的三篇论文。Google 在 2003 年到 2006 年间发表了三篇非常有名的论文，它们分别是 2003 年 SOSP 的 GFS（Google File System），2004 年 OSDI 的 MapReduce 以及 2006 年 OSDI 的 BigTable。这三篇论文奠定了现在主流大数据分析处理系统的理论基础。基于这些，现今演化出各式各样的大数据处理和分析系统。

Hadoop 最开始起源于 Apache Nutch，后者是一个开源的网络搜索引擎，本身也是由 Lucene 项目的一部分。Nutch 项目开始于 2002 年，一个可工作的抓取工具和搜索系统很快浮出水面。但工程师们意识到，他们的架构将无法扩展到拥有数十亿网页的网络。到了 2003 年，Google 发表了一篇描述 Google 分布式文件系统（简称 GFS）的论文，这篇论文为他们提供了及时的帮助，文中称 Google 正在使用此文件系统。GFS 或类似的东西，可以解决他们在网络抓取和索引过程中产生的大量文件的存储需求。具体而言，GFS 会省掉管理所花的时间，如管理存储结点。于是在 2004 年，Nutch 开始写一个开放源码的应用，即 Nutch 的分布式文件系统（NDFS）。

Hadoop 是一个能够让用户轻松架构和使用的分布式计算平台，基础架构如图 1-26。用户可以轻松地在 Hadoop 上开发和运行处理海量数据的应用程序。它主要有以下几个优点：

（1）高可靠性。Hadoop 按位存储和处理数据的能力值得人们信赖。

（2）高扩展性。Hadoop 是在可用的计算机集簇间分配数据并完成计算任务的，这些集簇可以方便地扩展到数以千计的结点中。

（3）高效性。Hadoop 能够在结点之间动态地移动数据，并保证各个结点的动态平衡，因此处理速度非常快。

（4）高容错性。Hadoop 能够自动保存数据的多个副本，并且能够自动将失败的任务重新分配。

（5）低成本。与一体机、商用数据仓库以及 QlikView、Yonghong Z-Suite 等数据集市相比，Hadoop 是开源的，项目的软件成本因此会大大降低。

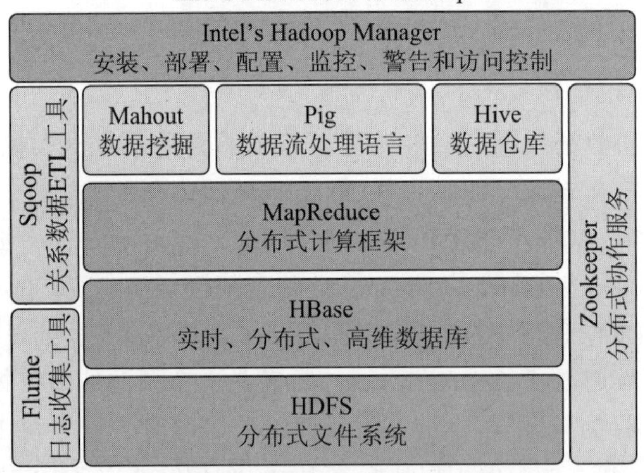

图 1-26　Hadoop 图标及其框架

Hadoop 对大数据的意义：

Hadoop 得以在大数据处理应用中广泛应用得益于其自身在数据提取、变形和加载（ETL）方面上的天然优势。Hadoop 的分布式架构，将大数据处理引擎尽可能地靠近存储，对例如像 ETL 这样的批处理操作相对合适，因为类似这样操作的批处理结果可以直接走向存储。Hadoop 的 MapReduce 功能实现了将单个任务打碎，并将碎片任务（Map）发送到多个结点上，之后再以单个数据集的形式加载（Reduce）到数据仓库里。

2004 年，Google 的 MapReduce 论文发表，开发者在 Nutch 上有了一个可工作的 MapReduce 应用。到 2005 年年中，所有主要的 Nutch 算法被移植到使用 MapReduce 和 NDFS 来运行。

Nutch 中的 NDFS 和 MapReduce 实现的应用远远不只是搜索领域，在 2006 年 2 月，Nutch 中转移出来一部分建立了一个独立的 Lucene 子项目，称为 Hadoop。Yahoo 对 Hadoop 非常感兴趣，在这个时候，Doug Cutting 加入了 Yahoo，Yahoo 为此专门提供了一个团队和资源将 Hadoop 发展成一个可在网络上运行的系统。2008 年 2 月，Yahoo 宣布其搜索引擎产品部署在一个拥有 1 万个内核的 Hadoop 集群上，如图 1-27 所示。

图 1-27　Yahoo 的 Hadoop 集群

2008 年 1 月，Hadoop 已成为 Apache 顶级项目，之前的无数事例证明它是成功的项目。同时围绕 Hadoop 产生了一个多样化、活跃的社区。随后 Hadoop 成功地被 Yahoo 之外的很多公司应用，如 Last.fm、Facebook 和《纽约时报》《纽约时报》使用 100 台机器，并基于亚马逊的 Hadoop 产品 EC2 将 4TB 的报纸扫描文档压缩，转换为用于 Web 的 PDF 文件，这个过程历时不到 24 小时。

2008 年 4 月，Hadoop 打破世界纪录，成为最快排序 1TB 数据的系统。运行在一个 910 结点的群集，Hadoop 在 209 秒内排序了 1TB 的数据（还不到三分半钟），击败了前一年的 297 秒冠军。同年 11 月，Google 在报告中声称，它的 MapReduce 实现执行 1TB 数据的排序只用 68 秒。2009 年 5 月，有报道宣称 Yahoo 的团队使用 Hadoop 对 1TB 的数据进行排序只花了 62 秒。

1.7.2　Storm

2008 年一家名叫 BackType 的公司在硅谷悄然成立，它们主攻领域是数据分析，通过实时收集的数据帮助客户了解其产品对社交媒体的影响。其中有一项功能就是能够查询历史记录，当时 BackType 用的是标准的队列和类似 Hadoop 的 worker 方法。很快，工程师 Nathan Marz 发现了其中巨大的缺点。第一，要保证所有队列一直在工作；第二，在构建应用程序时候，不够灵活，显得过于重量级；第三，在部署方面也非常不方便。于是 Nathan Marz 开始尝试新的解决方案，并在 2010 年 12 月提出了流（stream）的概念，将流作为分布式抽象的方法，数据之间的传递为流。紧接着，对于流的处理的两个概念体“spout”和“bolt”也产生了。spout 生产全新的流，而 bolt 将产生的流作为输入并产出流。这就是 spout 和 bolt 的并行本质，它与 Hadoop 中 mapper 和 reducer 的并行原理相似。bolt 只需简单地对其要进行处理的流进行注册，并指出接入的流在 bolt 中的划分方式。最后，Nathan Marz 对分布式系统顶级抽象就是“topology（拓扑图）”——由 spout 和 bolt 组成的网络。此时，新的大数据分析和处理系统浮出水面，这就是 Storm，如图 1-28。只是在这个时候，Storm 还并不出名。

图 1-28　Storm 平台图标

接下来，Storm 的设计采用了不少 Hadoop 的理念。由于 Hadoop 自身的缺陷性，它运行一段时间后经常会出现不少的“僵尸进程”，最终导致整个集群资源耗尽，而不能工作。针对这点，Storm 做了额外的设计，避免“僵尸进程”，从而使得整个系统的可用性和可靠性大大提高。

2011 年 5 月对 BackType 是个重要的日子，因为他们被 Twitter 收购了。借助 Twitter 的品牌效应，2011 年 9 月 19 日 Storm 正式发布。发布会获得了巨大的成功，Storm 当时登上了 Hacker News 的头条。由于其良好的实时处理和分析的表现，人们称 Storm 为“实时的 Hadoop”。

开源的短短的三年后，Storm 在 2014 年 9 月 17 日正式步入 Apache 顶级项目的行列。到如今，Storm 已被广泛应用在医疗保健、天气、新闻、分析、拍卖、广告、旅游、报警、金融等诸多领域。

Storm 的优点：

（1）简单的编程模型。类似 MapReduce 降低了并行批处理的复杂性，Storm 降低了进行实时处理的复杂性。

（2）可以使用各种编程语言。你可以在 Storm 上使用各种编程语言。默认支持 Clojure、Java、Ruby 和 Python。要增加对其他语言的支持，只需实现一个简单的 Storm 通信协议即可。

（3）容错性。Storm 会管理工作进程和结点的故障。

（4）水平扩展。计算是在多个线程、进程和服务器之间并行进行的。

（5）可靠的消息处理。Storm 保证每个消息至少能得到一次完整处理。任务失败时，它会负责从消息源重试消息。

（6）快速。系统的设计保证了消息能得到快速处理，使用 ØMQ 作为其底层消息队列。

（7）本地模式。Storm 有一个“本地模式”，可以在处理过程中完全模拟 Storm 集群。这让你可以进行快速开发和单元测试。

1.7.3 Spark

相对于 Storm 作为另一个专门面向实时分布式计算任务的项目，Spark 最初由加州大学伯克利分校的 APMLab 实验室于 2009 年开始打造，而后又加入 Apache 孵化器项目，并最终于 2014 年 2 月成为其中的顶尖项目之一，整个过程历时不到 5 年。由于 Spark 出自伯克利大学，使其在整个发展过程中都烙上了学术研究的标记，对于一个在数据科学领域的平台而言，这也是题中应有之意，它的出身甚至决定了 Spark 的发展动力。它的天生环境导致 Spark 的核心 RDD（Resilient Distributed Datasets），以及流处理、SQL 智能分析、机器学习等功能，都脱胎于学术研究论文。与 Storm 类似，Spark 也支持面向流的处理机制，不过这是一套更具泛用性的分布式计算平台，如图 1-29 所示。

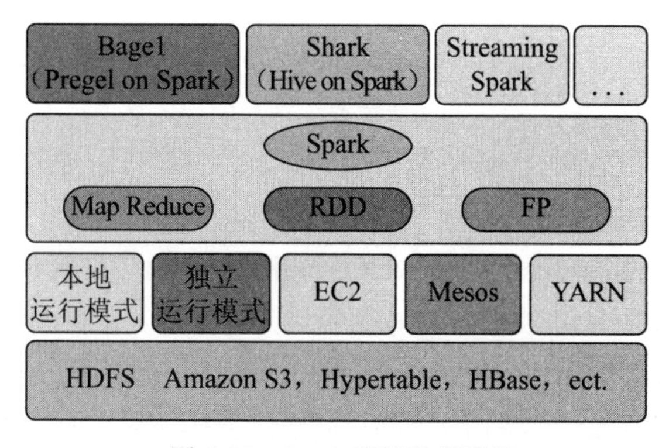

图 1-29　Spark 图标及其框架

AMPLab开发以Spark为核心的伯克利数据分析栈（BDAS）时提出的目标是：one stack to rule them all，也就是说在一套软件栈内必须完成各种大数据分析任务。相对于MapReduce上的批量计算、迭代型计算以及基于数据库Hive的SQL查询，Spark可以带来上百倍的性能提升。目前Spark的生态系统日趋完善，Spark SQL的发布、Hive on Spark项目的启动以及大量数据公司对Spark全面的支持，让Spark的数据分析范式更加丰富。

在大数据领域，只有深挖数据科学领域，走在学术前沿，才能在底层算法和模型方面走在潮流的前面，从而占据领先地位。Spark的这种学术基因，使得它从一开始就在大数据领域建立了一定优势。无论是其性能，还是方案的统一性，相对于传统的Hadoop，优势都非常明显。Spark提供的基于RDD的一体化解决方案，将MapReduce、Streaming、SQL、Machine Learning、Graph Processing等模型统一到同一个平台下，以一致的API公开，并提供相同的部署方案，使得Spark的工程应用领域变得更加广泛。

Spark Streaming，构建在Spark上处理Stream数据的框架，基本的原理是将Stream数据分成小的时间片断（几秒），以类似batch批量处理的方式来处理这小部分数据。Spark Streaming构建在Spark上，一方面是因为Spark的低延迟执行引擎（100ms+），虽然比不上专门的流式数据处理软件，但也可以用于实时计算；另一方面，相比基于Record的其他处理框架（如Storm），一部分依赖的RDD数据集可以从源数据重新计算以达到容错处理目的。此外小批量处理的方式使得它可以同时兼容批量和实时数据处理的逻辑和算法，方便了一些需要历史数据和实时数据联合分析的特定应用场合。

1.7.4 SPASS（SPSS）

除了Hadoop、Spark、Storm这些新兴的大数据挖掘/分析系统，现今还存在一些已经存在很多年，且在很多专业领域应用的数据挖掘软件。严格来说，它们应该不属于“大数据”的挖掘，其中就有SAPSS和SAS。

SPASS（Statistical Product and Service Solutions），全称“统计产品与服务解决方案”软件。它是世界上第一个在微机上发布的统计分析软件。由美国斯坦福大学的三位研究生Norman H. Nie、C. Hadlai（Tex）Hull和Dale H. Bent于1968年研究开发成功，同时成立了SPSS公司，并于1975年成立法人组织，在芝加哥组建了SPSS总部。

2009 年，IBM 公司收购了 SPASS。

SPASS 并不是一套完整的数据采集、计算分析的分布式挖掘系统，而且对于大数据的处理也是力不从心，但作为一套存在了几十年的数据挖掘和分析软件，其数据分析和挖掘实力对于静态数据来说，还是具有很好的口碑。

SPASS（SPSS）优点。

（1）操作简便：界面非常友好，如图 1-30，除了数据录入及部分命令程序等少数输入工作需要键盘键外，大多数操作可通过鼠标拖曳、单击“菜单”“按钮”和“对话框”来完成。

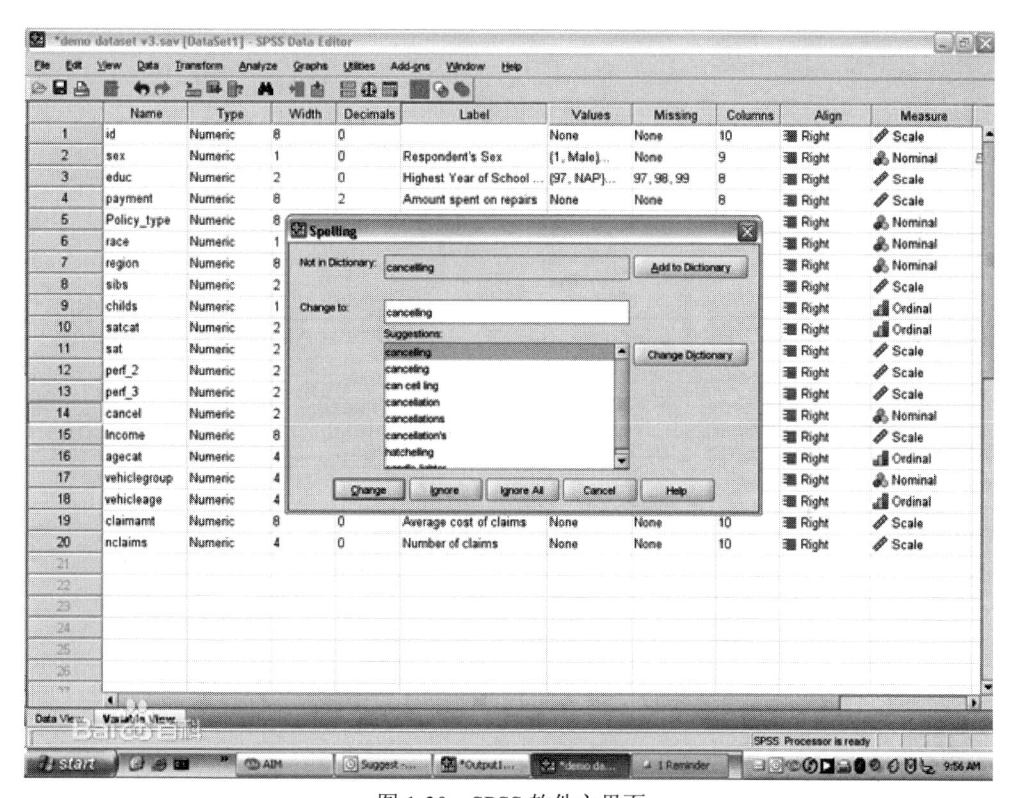

图 1-30　SPSS 软件主界面

（2）SPSS 编程方便：具有第四代语言的特点，告诉系统要做什么，无须告诉怎样做。只要了解统计分析的原理，无须通晓统计方法的各种算法，即可得到需要的统计分析结果。对于常见的统计方法，SPSS 的命令语句、子命令及选择项的选择绝大部分由“对话框”的操作完成。因此，用户无须花大量时间记忆大量的命令、过程和选择项。

（3）SPSS 功能强大：具有完整的数据输入、编辑、统计分析、报表、图形制作等功能。自带 11 种类型 136 个函数。SPSS 提供了从简单的统计描述到复杂的多因素统计分析方法，比如数据的探索性分析、统计描述、列联表分析、二维相关、秩相关、偏相关、方差分析、非参数检验、多元回归、生存分析、协方差分析、判别分析、因子分析、聚类分析、非线性回归、Logistic 回归等。

（4）SPSS 数据接口：能够读取及输出多种格式的文件。比如由 dBASE、FoxBASE、FoxPRO 产生的 *.dbf 文件，文本编辑器软件生成的 ASC Ⅱ 数据文件，Excel 的 *.xls 文件等均可转换成可供分析的 SPSS 数据文件。能够把 SPSS 的图形转换为 7 种图形文件。结果可保存为 *.txt 及 html 格式的文件。

（5）SPSS 模块组合：SPSS for Windows 软件分为若干功能模块。用户可以根据自己的分析需要和计算机的实际配置情况灵活选择。

（6）SPSS 针对性强：SPSS 针对初学者、熟练者及精通者都比较适用。

1.7.5 SAS

SAS（如图 1-31 所示）是“统计分析系统”（Statistical Analysis System）的缩写。它最早由美国北卡罗来纳州大学于 1964 年研制，1976 年成立公司正式开始发布软件。经过多年的发展，SAS 已被全世界 120 多个国家和地区的近三万家机构所采用，直接用户则超过三百万人，遍及金融、医药卫生、生产、运输、通信、政府和教育科研等领域。在数据处理和统计分析领域，SAS 系统被誉为国际上的标准软件系统，并在 1996—1997 年度被评选为建立数据库的首选产品。SAS、SPASS、BMDP（Biomedical Programs，生物医学程序）并称为国际统计软件的“三剑客”。

图 1-31　SAS 图标

SAS 系统是一个组合软件系统，它由多个功能模块组合而成，其基本部分是 BASE SAS（基础模块）模块。BASE SAS 模块是 SAS 系统的核心，承担着主要的数据管理任务，并管理用户的使用环境，进行用户的语言处理，调用其他 SAS 模块和产品。也就是说，SAS 系统的运行，首先必须启动 BASE SAS 模块，它除了本身所具有数据管理、程序设计及描述统计计算功能以外，还是 SAS 系统的中央调度室。它除可单独存在运行外，也可与其他产品或模块共同构成一个完整的生态系统。各模块的安装、卸载及更新都可通过其安装程序非常方便地进行。SAS 系统具有灵活的功能扩展接口和强大的功能模块，在 BASE SAS 的基础上，还可以增加如下不同的模块而增加不同的功能：SAS/STAT（统计分析模块）、SAS/GRAPH（绘图模块）、SAS/QC（质量控制模块）、SAS/ETS（经济计量学和时间序列分析模块）、SAS/OR（运筹学模块）、SAS/IML（交互式矩阵程序设计语言模块）、SAS/FSP（快速数据处理的交互式菜单系统模块）、SAS/AF（交互式全屏幕软件应用系统模块）等。SAS 有一个智能型绘图系统，不仅能绘各种统计图，还能绘出地图。SAS 提供多个统计过程，每个过程均含有极丰富的任选项。用户可以通过对数据集的一连串加工，实现更为复杂的统计分析。此外，SAS 还提供了各类概率分析函数、分位数函数、样本统计函数和随机数生成函数，使用户能方便地实现特殊统计要求。

SAS 更注重对数据仓库里面的内容进行分析，而且价格不菲，对于使用者也有很高的要求，因此面对如今汹涌的开源大潮确实有点力不从心。

SAS 的优点如下所述。

（1）功能强大，统计方法齐、全、新。SAS 提供了从基本统计数的计算到各种试验设计的方差分析，相关回归分析以及多变数分析的多种统计分析过程，几乎包括了所有最新分析方法，其分析技术先进、可靠。分析方法的实现通过过程调用完成。许多过程同时提供了多种算法和选项。例如方差分析中的多重比较，提供了包括 LSD、DUNCAN、TUKEY 测验在内的 10 余种方法；回归分析提供了 9 种自变量选择的方法（如 STEPWISE、BACKWARD、FORWARD、RSQUARE 等）。

回归模型中可以选择是否包括截距，还可以事先指定一些包括在模型中的自变量字组（SUBSET）等。对于中间计算结果，可以全部输出、不输出或选择输出，也可存储到文件中供后续分析过程调用。

（2）使用简便，操作灵活。SAS 以一个通用的数据（Data）产生数据集，而后以不同的过程调用完成各种数据分析。其编程语句简洁，短小，通常只需很小的几个语句即可完成一些复杂的运算，得到令人满意的结果。结果输出以简明的英文给出提示，统计术语规范易懂，只需使用者具有初步英语和统计基础即可。使用者只要告诉 SAS“做什么”，而不必告诉其“怎么做”。同时 SAS 的设计，使得任何 SAS 能够“猜”出的东西用户都不必告诉它（即无须设定），并且能自动修正一些小的错误（例如将 DATA 语句的 DATA 拼写成 DATE，SAS 将假设为 DATA 继续运行，仅在 LOG 中给出注释说明）。

对运行时的错误，它尽可能地给出错误原因及改正方法。因而SAS将统计的科学、严谨和准确与便于使用者有机结合起来，极大地方便了使用者。

（3）提供联机帮助功能。使用过程中按下功能键F1，可随时获得帮助信息，得到简明的操作指导。

参考文献

[1] 百度百科 . 数据挖掘 [OL]. http://baike.baidu.com/subview/7893/7893.htm.

[2] 范明 , 范宏建 . 数据挖掘导论 [M]. 北京：人民邮电出版社 , 2011.

[3] 卢辉 . 数据挖掘与数据化运营实战思路方法技巧与应用 [M]. 北京：机械工业出版社 , 2013.

[4] 李雄飞 , 李军 . 数据挖掘与知识发现 [M]. 北京：高等教育出版社 , 2003.

[5] Quinlan, J. R. 1993. C4.5: Programs for Machine Learning.Morgan Kaufmann Publishers Inc. Google Scholar Count in October 2006: 6907.

[6] Breiman, J. Friedman, R. Olshen, and C. Stone. Classification and Regression Trees. Wadsworth, Belmont, CA, 1984.

[7] Hastie, T. and Tibshirani, R. Discriminant Adaptive Nearest Neighbor Classification. IEEE Trans. Pattern Anal. Mach. Intell. （TPAMI）. 18, 6 （Jun. 1996）, 607-616.

[8] Hand D.J., Yu, K. Idiot's Bayes: Not So Stupid After All Internat. Statist. Rev. 69, 385-398, 2001.

[9] Freund, Y. and Schapire, R. E. A decision-theoreticgeneralization of on-line learning and an application to boosting. J. Comput. Syst. Sci. 55, 1, 119-139, Aug. 1997.

[10] Liu, B., Hsu, W. and Ma, Y. M. Integrating classification and association rule mining. KDD 98, 1998: 80-86.

[11] Zhang, T., Ramakrishnan, R., and Livny, M. 1996. BIRCH: an efficient data clustering method for very large databases. In Proceedings of the1996 ACM SIGMOD international Conference on Management of Data, 1996.

[12] 童晓渝 , 张云勇 , 房秉毅 , 等 . 大数据时代电信运营商的机遇 . Science, 2013（3）: 4.

[13] 王小鹏 . 大数据技术在精准营销中的应用 [J]. 信息通信技术 , 2014, 8（6）: 21-26.

[14] 郭川 . 拒绝边缘化运营商仍大有可为 [OL].http://tech.huanqiu.com/news/2015-09/7494788.html.

[15] 百度百科 . 大数据 [OL]. http://baike.baidu.com/item/ 大数据 /20117833#viewPageContent.

[16] 王继成 , 潘金贵 . Web 文本挖掘技术研究 [J]. 计算机研究与发展 , 2000, 37（5）: 513-520.

[17] 王红滨 , 刘大昕 , 王念滨 , 等 . 基于非结构化数据的本体学习研究 [J]. 计算机工程与应用 , 2008, 44（26）: 30-33.

[18] 廖锋 , 成静静 . 大数据环境下 Hadoop 分布式系统的研究与设计 [J]. 广东通信技术 , 2013, 33（10）: 22-27.

[19] Coakes S J, Steed L. SPSS: Analysis without anguish using SPSS version 14.0 for Windows. John Wiley & Sons, Inc., 2009.

[20] 汪远征 , 徐雅静 . SAS 软件与统计应用教程 [M]. 北京：机械工业出版社，2007.

第2章 数据统计与数据预处理

本章将围绕数据统计与预处理工作展开讨论。数据预处理是数据挖掘的基础，对后续的数据挖掘工作有至关重要的意义。首节介绍不同的数据属性类型。2.2 节介绍数据的统计特性，这对我们找出数据对象之间的联系有很大的帮助。2.3 节介绍关于数据清理、集成、归约、变换和离散化等数据预处理的内容。2.4 节介绍如何从源字段中创造一些包含重要信息的新字段集，以满足建模需求。2.5 节详细讲述了如何在 SPSS 软件中处理有缺失值、有噪声的数据以及如何进行主成分分析。

2.1　数据属性类型

数据集由数据对象构成，一个数据对象代表一个实体。数据对象又称样本、实例、数据点或对象。例如，在销售数据库中，对象可以是顾客、商品或销售；又例如，在大学的数据库中，对象可以是学生、教授和课程。通常，数据对象用属性描述。如果数据对象存放在数据库中，则他们是数据元组。也就是说，数据库的行对应数据对象，而列对应属性。本节我们将定义属性，并且考察各种属性类型。

2.1.1　数据属性定义

属性（Attribute）是一个数据字段，表示数据对象的一个特征。在文献中，属性、维度（Dimension）、特征（Feature）和变量（Variable）被广泛的交替使用，其意义基本一致，本文将不加区分的交替使用上述概念。给定属性的观测值叫作观测。属性向量（或特征向量）是用来描述一个给定对象的一组属性。涉及一个属性的数据称为单变量（Univariate），涉及两个属性的数据称为双变量（Bivariate），等等。

一个属性的类型由该属性可能具有值的集合决定。属性可以是标称的、二元的、序数的或数值的。可以用许多方法来组织属性类型，这些类型不是互斥的。机器学习领域开发的分类算法通常把属性分成离散的或连续的。每种类型都可以用不同的方法处理。下面我们将为大家分别介绍离散属性和连续属性。

2.1.2　离散属性

离散属性（Discrete Attribute）具有有限或无限可数个可取值，可以用整数表示。

注意离散属性可以具有数值。例如，对于二元属性“是否 4G 用户”取值 0 和 1，对于年龄属性取值 0 到 120。如果一个属性可能值的集合是无限的，但可以建立一个与自然数的一一对应，则这个属性又称为无限可数的。例如，移动公司中客户的编号是无限可数的。虽然客户数量是无限增长的，但可以建立这些值与整数集合的一一对应。

离散属性在二维坐标系中表现为分离、不连续的散点。离散属性可分为无大小关系的离散属性，如图 2-1 所示，终端制式分布条形图；有大小关系的离散属性，如图 2-2 所示，信用等级分布条形图。

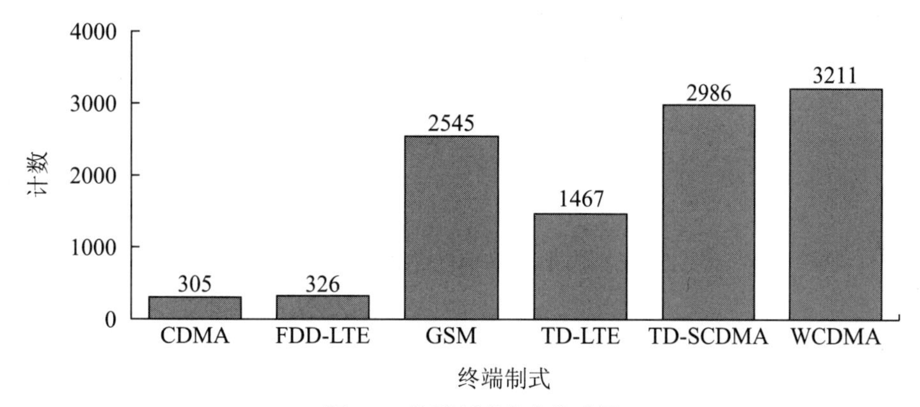

图 2-1　终端制式分布条形图

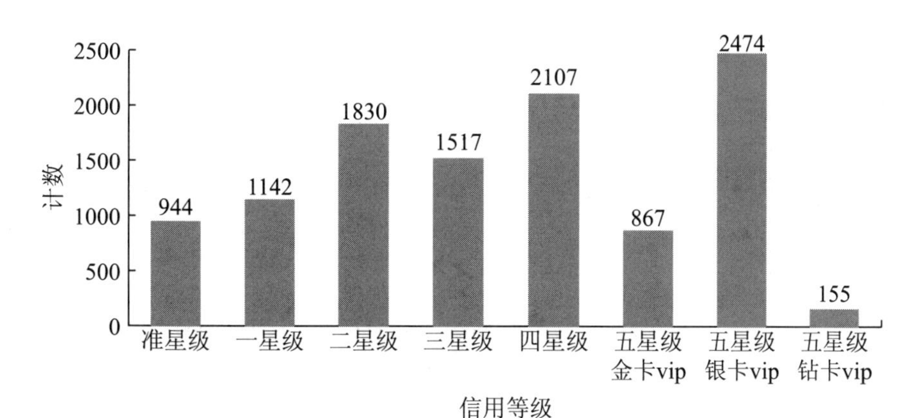

图 2-2　信用等级分布条形图

2.1.3　连续属性

连续属性（Continuous Attribute）是在一定区间内可以任意取值的数据属性。它的数值是连续不断的，相邻两个数值可做无限分隔，即可取无限个可能数值。如果属性不是离散的，则它是连续的。例如，移动用户的每月 ARPU（Average Revenue Per User，每用户平均收入）、每月 DOU（Dataflow of usage，每用户使用流量）和每月 MOU（Minutes of Usage，每用户通话时间）等具有连续属性。在文献中，术语“数值属性”与“连续属性”通常可以互换使用（因为在经典意义下，连续值是实数，而数值值可以是整数或实数）在实践中，实数值用有限位数字表示，可以有小数点，可以直接录入。连续属性一般用浮点变量表示。

一般连续属性在二维坐标系中可以表现为曲线形式，但在实际应用中，被视为具有连续属性的字段，所能采集到的值为离散值。如图 2-3 所示，移动用户当月 ARPU 的直方图。

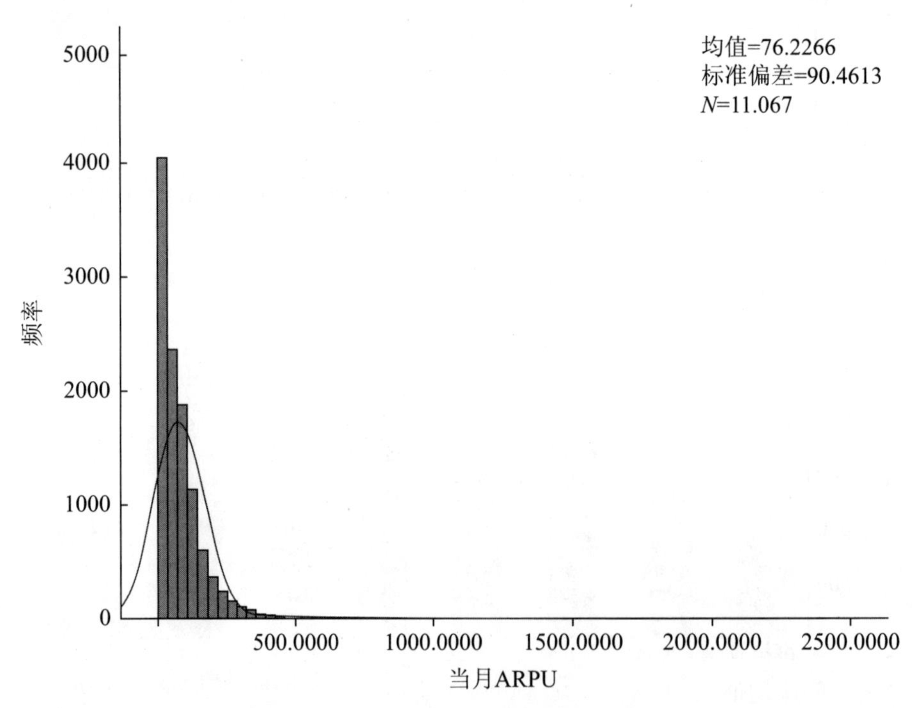

图 2-3 移动用户当月 ARPU 的直方图

在坐标系中，连续属性是一段区间，而离散属性则是很多离散的点。在统计图表中，离散属性通常用条形图来表示，连续属性可以用直方图来表示。在数据挖掘的应用中，连续属性一般要经过离散化处理后才能应用于建模分析，具体离散化处理方式详见 2.3.6 节。

2.2　数据的统计特性

2.2.1　中心趋势度量

对于许多数据预处理任务，用户希望知道关于数据的中心趋势和离中趋势特征。中心趋势度量包括均值（Mean）、中位数（Median）、众数（Mode）、中列数（Midrange），而数据离中趋势度量包括四分位数（Quartiles）、四分位数极差（Interquartile Range，IQR）和方差（Variance）。

数据集的“中心”最常用、最有效的数值度量是（算术）均值。设 x_1，x_1，…，x_N 是某 N 个值或观测的集合。该值集的均值是

$$\bar{x}=\frac{\sum_{i=1}^{N}x_i}{N}=\frac{x_1+x_2+\cdots+x_N}{N} \tag{2-1}$$

有时，对于 i=1，…，N，每个值 x_i 可以与一个权重 w_i 相关联。权重反映它们所依附的对应值的意义、重要性或出现的频率。在这种情况下，我们可以计算

$$\bar{x}=\frac{\sum_{i=1}^{N}x_i}{\sum_{i=1}^{N}w_i}=\frac{w_1x_1+w_2x_2+\cdots+w_Nx_N}{w_1+w_2+\cdots+w_N} \tag{2-2}$$

这称作加权算术均值或加权平均。

尽管均值是描述数据集的最有用的单个量，但它并非总是度量数据中心的最佳方法。主要问题是均值对极端值（如离群点）很敏感。为了抵消少数极端值的影响，我们可以使用截尾均值（Trimmed Mean）。截尾均值是丢弃高低极端值后的均值。例如，我们可以对一个数据集的观测值排序，并且在计算均值之前去掉高端和低端的 2%。我们应该避免在两端截去太多（如 20%），因为这可能导致丢失有价值的信息。

对于倾斜（非对称）数据，数据中心的更好度量是中位数（Median）。中位数是有序数据值的中间值。它是把数据较高的一半与较低的一半分开的值。

假设给定某属性 X 的 N 个值按递增序排序。如果 N 是奇数，则中位数是该有序集的中间值；如果 N 是偶数，则中位数不唯一，它是最中间的两个值和它们之间的

任意值。在 X 是数值属性的情况下，根据约定，中位数取作最中间两个值的平均值。

众数是另一种中心趋势度量。数据集的众数（Mode）是集合中出现最频繁的值。因此，可以对定性和定量属性确定众数。可能最高频率对应多个不同值，导致多个众数。具有一个、两个、三个众数的数据集合分别称为单峰的（Unimodal）、双峰的（Bimodal）和三峰的（Trimodal）。一般地，具有两个或更多众数的数据集是多峰的（Multimodal）。在另一种极端情况下，如果每个数据值仅出现一次，则它没有众数。

中列数（Midrange）也可以用来评估数值数据的中心趋势。中列数是数据集的最大值和最小值的平均值。中列数可以用 SQL 的聚集函数 max() 和 min() 计算。

2.2.2 数据散布度量

2.2.2.1 等分位数

把所有数值由小到大排列，并等分成 n 等分，处于（n-1）个分割点位置的数值就是等分位数。常用的等分位数有四分位数和百分位数。

1. 四分位数

（1）概念。统计学中，把所有数值由小到大排列并分成四等份，处于三个分割点位置的数值就是四分位数。

第一四分位数（Q1），又称“较小四分位数”，等于该样本中所有数值由小到大排列后排名 25% 的数字。

第二四分位数（Q2），又称“中位数”，等于该样本中所有数值由小到大排列后排名 50% 的数字。

第三四分位数（Q3），又称“较大四分位数”，等于该样本中所有数值由小到大排列后排名 75% 的数字。

第三四分位数与第一四分位数的差距又称四分位距。

（2）应用。不论 Q1、Q2、Q3 的变异量数数值为何，均视为一个分界点，以此将总数分成四个相等部分，可以通过 Q1、Q3 比较，分析其数据变量的趋势。

四分位数在统计学中的箱线图绘制方面应用也很广泛。所谓箱线图就是由一组数据 5 个特征绘制的一个箱子和两条线段的图形，这种直观的箱线图不仅能反映出一组数据的分布特征，而且还可以进行多组数据的分析比较。这五个特征值，即数据的最大值、最小值、中位数和两个四分位数。

2. 百分位数

统计学术语，如果将一组数据从小到大排序，并计算相应的累计百分位，则某一百分位所对应数据的值就称为这一百分位的百分位数。

对于有序数据，考虑值集的百分位数更有意义。具体来说，给定一个有序的或连续的属性 x 和 0 与 100 之间的数 p，第 p 个百分位数 x_p 是一个 x 值，使得 x 的 $p\%$ 的观测值小于 x_p。例如，第 50 个百分位数是值 $x_{50\%}$，使得 x 的所有值的 50% 小于 $x_{50\%}$。

2.2.2.2　均值

数据集“中心”的最常见、最有效的数值度量是（算数）均值。考虑 m 个对象的集合和属性 x，设 $\{x_1, x_2, \cdots, x_m\}$ 是这 m 个对象的 x 属性值，设 $\{x_{(1)}, x_{(2)}, \cdots, x_{(m)}\}$ 代表以非递减序排序后的 x 值，这样，$x_{(1)}=\min(x)$，而 $x_{(m)}=\max(x)$，于是均值的定义如下：

$$\text{mean}(x)=\bar{x}=\frac{1}{m}\sum_{i=1}^{m}x_i \tag{2-3}$$

尽管有时将均值解释为极值的中间，有时使用截断均值概念。指定 0 和 100 之间的百分位数 p，丢弃高端和低端（$p/2$）% 的数据，然后用常规的方法计算均值，所得的结果即是截断均值。例如，考虑值集 {1，2，3，4，5，90}。这些值的均值是 17.5，p=40% 时的截断均值是 3.5。

2.2.2.3　方差与标准差

连续数据的另一组常用的汇总统计是值集的弥散或散布度量。这种度量表明属性值是否散布很宽，或者是否相对集中在单个点（如均值）附近。

最简单的散布度量是极差。给定属性 x，它具有 m 个值 $\{x_1, x_2, \cdots, x_m\}$，$x$ 的极差定义为：

$$\text{range}(x)=\max(x)-\min(x)=x_{(m)}-x_{(1)} \tag{2-4}$$

尽管极值标识最大散布，但是如果大部分值都集中在一个较窄的范围内，并且更极端的值个数相对较少，则可能会引起误解。因此作为散布的度量，方差更可取。通常，属性 x 的（观测）值的方差记作 s_x^2，并在下面定义。标准差是方差的平方根，记作 s_x，他与 x 有相同的单位。

$$\text{variance}(x)=s_x^2=\frac{1}{m-1}\sum_{i=1}^{m}(x_i-\bar{x})^2 \tag{2-5}$$

均值可能被离群值扭曲，并且由于方差用均值计算，因此它对离群值敏感。确实，方差对离群值特别敏感，因为它使用均值与离群值差的平方。这样常常需要使用比值集散布更稳健的估计。下面是三种：绝对平均偏差（AAD）、中位数绝对偏差（MAD）和四分位数极差（IQR）。

$$\mathrm{AAD}(x)=\frac{1}{m}\sum_{i=1}^{m}\left|x_i-\overline{x}\right| \tag{2-6}$$

$$\mathrm{MAD}(x)=\mathrm{median}(\{|x_1-\overline{x}|,\ \cdots,\ |x_1-\overline{x}|\}) \tag{2-7}$$

$$\mathrm{IQR}(x)=x_{75\%}-x_{25\%} \tag{2-8}$$

2.2.2.4　高阶统计特性

1. 基础知识

（1）随机变量的特征函数。若随机变量 x 的分布函数为 $F(x)$，则称

$$\Phi(\omega)=E\left[\mathrm{e}^{j\omega x}\right]=\int_{-\infty}^{x}\mathrm{e}^{j\omega x}\mathrm{d}F(x)=\int_{-\infty}^{x}\mathrm{e}^{j\omega x}f(x)\mathrm{d}x \tag{2-9}$$

为 x 的特征函数。其中 $f(x)$ 为概率密度函数。

离散情况：

$$\Phi(\omega)=E[\mathrm{e}^{j\omega x}]=\sum_{k}\mathrm{e}^{j\omega x_k}p_k,\ p_k=p\{x=x_k\} \tag{2-10}$$

其中，特征函数 $F(x)$ 是概率密度 $f(x)$ 的傅里叶变换。

（2）多维随机变量的特征函数

设随机变量 x_1，x_2，…，x_n，联合概率分布函数为 $F(x_1, x_2, \cdots, x_n)$，则联合特征函数为

$$\Phi(\omega_1,\ \omega_2,\ \cdots,\ \omega_n)=E[\mathrm{e}^{j(\omega_1x_1+\omega_2x_2+\cdots+\omega_nx_n)}]=\int_{-\infty}^{+\infty}\cdots\int_{-\infty}^{+\infty}\mathrm{e}^{j(\omega_1x_1+\omega_2x_2+\cdots+\omega_nx_n)}\mathrm{d}F(x_1,\ x_2,\ \cdots,\ x_n) \tag{2-11}$$

令 $x=[x_1, x_2, \cdots, x_n]^T$，$\omega=[\omega_1, \omega_2, \cdots, \omega_n]^T$，则矩阵形式为

$$\Phi(\omega)=\int\mathrm{e}^{j\omega^T x}f(x)\mathrm{d}X \tag{2-12}$$

标量形式为

$$\Phi(\omega_1,\ \omega_2,\ \cdots,\ \omega_n)=\int_{-?-?}^{+¥}\cdots\int^{+¥}\mathrm{e}^{j\sum_{k=1}^{n}\omega_k x_k}f(x_1,\ \cdots,\ x_n)\mathrm{d}x_1,\ \cdots,\ \mathrm{d}x_n \tag{2-13}$$

其中，$f(x)=f(x_1, x_2, \cdots, x_n)$ 为联合概率密度函数。

（3）随机变量的第二特征函数

定义：特征函数的对数为第二特征函数的是

$$\Psi(\omega)=\ln\Phi(\omega) \tag{2-14}$$

1）单变量高斯随机过程的第二特征函数

$$\Psi(\omega)=\ln e^{j\omega a-\frac{1}{2}\omega^2\sigma^2}=j\omega a-\frac{1}{2}\omega^2\sigma^2 \tag{2-15}$$

2）多变量情形

$$\Psi(\omega_1,\ \omega_2,\ \cdots,\ \omega_n)=j\sum_{i=1}^{n}a_i\omega_i-\frac{1}{2}\sum_{i=1}^{n}\sum_{i=1}^{n}C_{ij}\omega_i\omega_j \tag{2-16}$$

2. 高阶矩与高阶累积量的定义

（1）高阶矩定义。

随机变量 x 的 k 阶矩定义为

$$m_k=E[x^k]=\int_{-\infty}^{+\infty}x^k p(x)\mathrm{d}x \tag{2-17}$$

显然 $m_0=1$，$m_1=\eta=E(x)$。随机变量 x 的 k 阶中心矩定义为

$$\mu_k=E[(x-\eta)^k]=\int_{-\infty}^{+\infty}(x-\eta)^k p(x)\mathrm{d}x \tag{2-18}$$

由上式可见，$\mu_0=1$，$\mu_1=0$，$\mu_2=\sigma^2$。

若 m_k（$k=1，2，\cdots，n$）存在，则 x 的特征函数 $\Phi(\omega)$ 可按泰勒级数展开，即

$$\Phi(\omega)=1+\sum_{k=1}^{n}\frac{m_k}{k!}(j\omega)^k+O(\omega^n) \tag{2-19}$$

并且 m_k 与 $\Phi(\omega)$ 的 k 阶导数之间的关系为

$$m_k=(-j)^k\left.\frac{\mathrm{d}^k\Phi(\omega)}{\mathrm{d}\omega^k}\right|_{\omega=0}=(-j)^k\Phi^k(0),\ k\leqslant n \tag{2-20}$$

（2）高阶累积量定义

x 的第二特征函数 $\Psi(\omega)$ 按泰勒级数展开，有

$$\Psi(\omega)=\ln\Phi(\omega)=\sum_{k=1}^{n}\frac{c^k}{k!}+O(\omega^n) \tag{2-21}$$

并且 c_k 与 $\Psi(\omega)$ 的 k 阶导数之间的关系为

$$c_k=\frac{1}{j^k}\left[\frac{\mathrm{d}^k}{\mathrm{d}\omega^k}\ln\Phi(\omega)\right]_{\omega=0}=\frac{1}{j^k}\left[\frac{\mathrm{d}^k\Psi(\omega)}{\mathrm{d}\omega^k}\right]_{\omega=0}=(-j)^k\Psi^k(0),\ k\leqslant n \tag{2-22}$$

c_k 称为随机变量 x 的 k 阶累积量，实际上由 $\Phi(O)=1$ 及 $\Phi(\omega)$ 的连续性，存在

$\delta>0$，使 $\omega<\delta$ 时，$\Phi(\omega)\neq 0$，故第二特征函数 $\Psi(\omega)=\ln\Phi(\omega)$ 对 $\omega<\delta$ 有意义且单值（只考虑对数函数的主值），$\ln\Phi(\omega)$ 的前 n 阶导数在 $\omega=0$ 处存在，故 c_k 也存在。

3. 高阶累积量的性质

高阶累积量具有下列重要特性：

（1）设 $\lambda_i(i=1, 2, \cdots, k)$ 为常数，$x_i(i=1, 2, \cdots, n)$ 为随机变量，则

$$\mathrm{cum}(\lambda_1 x_1, \cdots, \lambda_k x_k)=\prod_{i=1}^{\kappa}\lambda_i\,\mathrm{cum}(x_1, \cdots, x_k) \tag{2-23}$$

（2）累积量关于变量对称，即

$$\mathrm{cum}(x_1, \cdots, x_k)=\mathrm{cum}\left(x_{i_1}, x_{i_2}, \cdots, x_{i_k}\right) \tag{2-24}$$

其中 $(i_1, \cdots, i_k)$ 为 $(1, \cdots, k)$ 中的任意一种排列。

（3）累积量关于变量具有可加性，即

$$\mathrm{cum}(z_0+y_0, z_1, \cdots, z_k)=\mathrm{cum}(z_0, z_1, \cdots, z_k)+\mathrm{cum}(y_0, z_1, \cdots, z) \tag{2-25}$$

（4）如果 α 为常数，则

$$\mathrm{cum}(a+z_1, \cdots, z_k)=\mathrm{cum}(z_1, \cdots, z_k) \tag{2-26}$$

（5）如果随机变量 $x_i(i=1, 2, \cdots, k)$ 与随机变量 $y_i(i=1, 2, \cdots, k)$ 相互独立，则

$$\mathrm{cum}(x_1+y_1, \cdots, x_k+y_k)=\mathrm{cum}(x_1, \cdots, x_k)+\mathrm{cum}(y_1, \cdots, y_k) \tag{2-27}$$

（6）如果随机变量 $x_i(i=1, 2, \cdots, k)$ 中某个子集与补集相互独立，则

$$\mathrm{cum}(x_1, \cdots, x_k)=0 \tag{2-28}$$

2.2.3 数据相关性

2.2.3.1 卡方相关性

两个属性 A 和 B 之间的相关联系可以通过卡方检验发现。

假设 A 有 m 个不同值 a_1，a_2，…，a_m，B 有 n 个不同值 b_1，b_2，…，b_n。用 A 和 B 描述的数据元组可以用一个相依表显示，其中 A 的 m 个值构成列，B 的 n 个值构成行。令（A_i，B_j）表示属性 A 取值 a_i，属性 B 取值 b_j 的联合事件，即（$A=a_i$，$B=b_j$）。每个可能的（a_i，b_j）联合事件都在表中有自己的单元。卡方值可以用下式计算：

$$\chi^2=\sum_{i=1}^{m}\sum_{j=1}^{n}\frac{\left(k_{ij}-e_{ij}\right)^2}{e_{ij}} \tag{2-29}$$

其中 k_{ij} 是联合事件（A_i，B_j）的观测频度（即实际计数），而 e_{ij} 是（A_i，B_j）的期望频度，公式如下：

$$e_{ij}=\frac{\text{count}\left(A=a_i\right)\times\text{count}\left(B=b_j\right)}{n} \tag{2-30}$$

其中，n 是数据元组的个数，count（A=a_i）是 A 上具有值 a_j 的元组个数，而 count（B=b_j）是 B 上具有 b_j 的元组个数。卡方值公式中的和在左右 $n\times m$ 个单元上计算。注意，对卡方值贡献最大的单元是其实际计数与期望计数很不同的单元。

卡方统计检验假设 A 和 B 是独立的。检验基于显著水平，具有自由度（n−1）×（m−1）。如果可以拒绝该假设，则我们说 A 和 B 是统计相关的。

	男	女	合　计
4G 资费	800（700）	250（350）	1050
非 4G 资费	200（300）	250（150）	450
合计	1000	500	1500

【例 2.1】　卡方相关分析

假设调查了1500个移动用户，记录了每位用户的性别。对每位用户是否4G资费进行调研，这样我们有两个属性“性别”和“是否4G资费”。每种可能的联合事件的观测频率汇总在下面，其中括号中的数是期望频率。期望频率根据两个属性的数据分布用期望频率公式计算。

事实上，我们可以验证每个单元的期望频率，例如单元（男，4G资费）的期望频率是

$$e_{ij}=\frac{\text{count}\left(\text{男}\right)\times\text{count}\left(\text{4G资费}\right)}{n}=\frac{1\,000\times1\,050}{1\,500}=700$$

如此，等等。注意，在任意行，期望频率的和必须等于该总行观测频率，并且任意列的期望频率的和也必须等于该列的总观测频率。

$$X^2=\frac{(800-700)^2}{700}+\frac{(200-300)^2}{300}+\frac{(250-350)^2}{350}+\frac{(250-150)^2}{150}$$
$$=14.29+33.33+28.57+66.67=142.86$$

对于这个2×2的表，自由度为（2-1）×（2-1）=1。对于自由度1，在0.001的置信水平下，拒绝假设的值是10.828。由于我们计算的值大于该值，因此我们可以拒

绝“性别”和“是否 4G 资费”独立的假设，并断言对于给定的人群，这两个属性是（强）相关的。

2.2.3.2 双变量相关

双变量相关分析中有三种数据分析：Pearson 相关系数、Spearman 相关系数和 Kendall 相关系数。

Pearson：皮尔逊相关系数，计算连续变量或等间距测度的变量间的相关分析；也可以用来分析分布不明，非等间距测度的连续变量。

皮尔逊相关系数用来衡量两个数据集合是否在一条线上面，它用来衡量定距变量间的线性关系。如衡量国民收入和居民储蓄存款、身高和体重等变量间关系的密切程度。当两个变量都是正态连续变量，而且两者之间呈线性关系时，表现这两个变量之间相关程度用积差相关系数，记为 r，它定义为

$$r=\frac{\sum_{i=1}^{n}\left(x_i-\bar{x}\right)\left(y_i-\bar{y}\right)}{\sqrt{\sum_{i=1}^{n}\left(x_i-\bar{x}\right)^2}\sqrt{\sum_{i=1}^{n}\left(y_i-\bar{y}\right)^2}} \tag{2-31}$$

r 称为随机变量 x 与 y 的样本相关系数。

根据观察到的样本数据，可以计算相关系数 r；根据 r 值的大小，就能够反映变量 x 与 y 之间线性关系的密切程度。r 值不同，两个变量的相关密切程度也不同，这就是相关系数的性质，具体内容如下：

（1）当 $r=\pm 1$ 时，各个点完全在一条直线上，这时称两个变量完全线性相关。

（2）当 $r=0$ 时，这时当 x 的值增加时，y 的值也有增加的趋势。两个变量不相关，这时散点图上 n 个点可能毫无规律，不过也可能两个变量间存在某种线性的趋势。

（3）当 $r>0$ 时，两个变量正相关，这时当 x 的值增加时，y 的值也有增加的趋势。

（4）当 $r<0$ 时，两个变量负相关，这时当 x 的值增加时，y 的值有减小的趋势。

Spearman：斯皮尔曼相关系数，是根据秩而不是根据实际值计算的。可用来分析数据资料不服从双变量正态分布或总体分布型未知的情况。

斯皮尔曼相关系数又称秩相关系数，是利用两变量的秩次大小做线性相关分析，对原始变量的分布不做要求，属于非参数统计方法，适用范围较广。对于服从 Pearson 相关系数的数据亦可计算斯皮尔曼相关系数，但统计效能要低一些。斯皮尔曼相关系数的计算公式可以完全套用皮尔逊相关系数计算公式，公式中的 x 和 y 用相应的秩次代替即可。

设有 n 组观察对象，将 x_i、y_i（i=1，2，⋯，n）分别由小到大编秩。并用 P_i 表

示 x_i 的秩，Q_i 表示 y_i 的秩。

两者秩和为

$$\sum P_i = \sum Q_i = \frac{n(n+1)}{2} \tag{2-32}$$

两者平均秩为

$$P_{\text{ave}} = Q_{\text{ave}} = \frac{(n+1)}{2} \tag{2-33}$$

秩相关系数 r_s 计算公式为

$$r_s = \frac{\sum_{i=1}^{n}(P_i - P_{\text{ave}})(Q_i - Q_{\text{ave}})}{\sqrt{\sum_{i=1}^{n}(P_i - P_{\text{ave}})^2}\sqrt{\sum_{i=1}^{n}(Q_i - Q_{\text{ave}})^2}} \tag{2-34}$$

Kendall：肯德尔相关系数统计量，计算等级变量间的秩相关。肯德尔相关系数可用来分析以下三种情况：

（1）分布不明，非等间距测度的连续变量；

（2）完全等级的离散变量；

（3）数据资料不服从双变量正态分布。

肯德尔相关系数又称作和谐系数，也是一种等级相关系数，其计算方法如下：

对于 X，Y 的两对观察值 X_i，Y_i 和 X_j，Y_j，如果 $X_i<Y_i$ 并且 $X_j<Y_j$，或者 $X_i>Y_i$ 并且 $X_j>Y_j$，则称这两对观察值是和谐的，否则就是不和谐的。

肯德尔相关系数的计算公式如下：

$$\tau = \frac{n_{\text{和谐}} - n_{\text{不和谐}}}{\frac{1}{2}n(n-1)} \tag{2-35}$$

所有观察值对中 [总共有 0.5*n*（n−1）对]，和谐的观察值对减去不和谐的观察值对的数量，除以总的观察值对数。

2.2.3.3　偏相关

偏相关分析的任务是在控制其他变量的线性影响的条件下，分析两个变量之间的线性相关关系，所采用的工具除了简单相关系数外，还有偏相关系数。

在多变量的情况下，变量之间的相关关系是很复杂的。相关分析计算两个变量间的相关系数，分析两个变量间线性关系的程度，往往会因为第三个变量的作用，使相关系数并不能真正反映两个变量间的线性程度。例如，移动用户的每月 ARPU、每月 DOU 和每月 MOU 之间的关系。使用皮尔逊相关计算其相关系数，可以得出每月 ARPU 与每月 DOU 和每月 MOU 均存在较强的线性关系。但实际上，如果对每月 ARPU 相同的人，分析每月 DOU 和每月 MOU，是否每月 DOU 值越大，每月 MOU 越大呢？结论是否定的。正因为每月 DOU 与每月 ARPU 有着线性关系，每月 MOU 与每月 ARPU 存在线性关系，从而得出每月 DOU 与每月 MOU 之间存在较强的线性关系的错误结论。因此，多变量相关分析还要采用偏相关系数。以下则是偏相关系数定义：

设 x，y，z 彼此相关，则剔除变量 z 的影响后，变量 x，y 的偏相关系数为

$$r_{xy(z)}=\frac{r_{xy}-r_{xz}r_{yz}}{\sqrt{\left(1-r_{xz}^2\right)}\sqrt{\left(1-r_{yz}^2\right)}} \tag{2-36}$$

同理，设 x，y，z_1，z_2 彼此相关，则剔除变量 z_1，z_2 的影响后，变量 x，y 的偏相关系数为

$$r_{xy(z_1z_2)}=\frac{r_{xy(z_1)}-r_{xz_2(z_1)}r_{yz_2(z_1)}}{\sqrt{\left(1-r_{xz_2(z_1)}^2\right)}\sqrt{\left(1-r_{yz_2(z_1)}^2\right)}} \tag{2-37}$$

偏相关系数检验统计量：

$$t=\frac{r\sqrt{n-k-2}}{1-r^2} \tag{2-38}$$

它是服从自由度为 $n-k-2$ 的 t 分布，记为 t ∶ $t(n-k-2)$（k 为控制变量个数）。

【例 2.2】 **偏相关分析**

考察客户每月 DOU，每月 MOU 与每月 ARPU 之间的相关性。

相关性

		当月 ARPU	当月 MOU	当月 DOU
当月 ARPU	皮尔逊 相关性	1	0.694**	0.360**
	显著性（双侧）		0.000	0.000
	N	11067	11067	11067
当月 MOU	皮尔逊相关性	0.694**	1	0.265**
	显著性（双侧）	0.000		0.000
	N	11067	11067	11067
当月 DOU	皮尔逊相关性	0.360**	0.265**	1
	显著性（双侧）	0.000	0.000	
	N	11067	11067	11067

**. 在 0 .01 水平（双侧）上显著相关。

经抽样的 N=11067 的一组样本如果使用皮尔逊相关系数进行分析，所得结果每月 DOU 与每月 MOU 相关系数为 0.265，两者显著相关（p- 值为 0）。

如果以每月 ARPU 作为控制变量，计算每月 MOU 与每月 DOU 之间的偏向关系，并对其进行检验，所得结果如下：

相关性

控制变量			当月 MOU	当月 DOU
当月 ARPU	当月 MOU	相关性	1.000	0.024
		显著性（双侧）	0	0.012
		df	0	11064
	当月 DOU	相关性	0.024	1.000
		显著性（双侧）	0.012	0
		df	11064	0

偏相关系数为 0.024，p- 值为 0.012。表明不相关。

2.3　数据预处理

2.3.1　数据预处理概述

数据预处理，是指在主要的处理以前对数据进行的一些处理。现实世界中数据大体上都是不完整、不一致的脏数据（因为数据库太大，而且多半来自多个异种数据源），它们无法直接进行数据挖掘，或挖掘结果不尽如人意，而低质量的数据将导致低质量的数据挖掘结果。

数据预处理有多种方法：数据清理、数据集成、数据变换、数据归约等。数据清理可以用来清理数据挖掘中的噪声。数据集成将数据由多个数据源合并成一个一致的数据存储，如数据仓库。数据归约可以通过如聚集、删除冗余特征或聚类来降低数据的规模。数据变换（如规范化）可以用来把数据压缩到较小的区间，如 [0.0，1.0]。这可以提高涉及距离度量的挖掘算法的准确率和效率。

这些数据处理技术在数据挖掘之前使用，大大提高了数据挖掘模式的质量，减少实际挖掘所需要的时间。

2.3.2 数据预处理的主要任务

数据预处理的主要任务可以概括为四个内容，即数据清理、数据集成、数据规约和数据变换。

在这里我们将对这四个内容做一个大致的介绍。

（1）数据清理（Data Cleaning），例程通过填写缺失的值，光滑噪声数据，识别或删除离群点，并解决不一致性来“清理”数据。如果用户认为数据是脏的，则他们可能不会相信这些数据上的挖掘结果。此外，脏数据可能使挖掘过程陷入混乱，导致不可靠的输出。

（2）数据集成（Data Integration），是把不同来源、格式、性质的数据在逻辑上或物理上有机地集中，以更方便地进行数据挖掘工作。数据集成通过数据交换而达到，主要解决数据的分布性和异构性问题。数据集成的程度和形式也是多种多样的，对于小的项目，如果原始的数据都存在不同的表中，数据集成的过程往往是根据关键字段将不同的表集成到一个或几个表格中，而对于大的项目则有可能需要集成到单独的数据仓库中。

（3）数据归约（Data Reduction），得到数据集的简化表示，虽小得多，但能够产生同样的（或几乎同样的）分析结果。数据归约策略包括维归约和数值归约。在维归约中，使用减少变量方案，以得到原始数据的简化或“压缩”表示。比如，采用主成分分析技术减少变量，或通过相关性分析去掉相关性小的变量。数值归约，则主要指通过样本筛选，减少数据量，这也是常用的数据归约方案。

（4）数据变换，（Data Transformation）是将数据从一种表现变为另一种表现形式的过程。假设你决定使用诸如神经网络、最近邻分类或聚类这样的基于距离的挖掘算法进行建模或挖掘，如果待分析的数据已经规范化，即按比例映射到一个较小的区间，如 [0.0，1.0]，则这些方法将得到更好的结果。问题是往往各变量的标准不同，数据的数量级差异比较大，在这样的情况下，如果不对数据进行转化，显然模型反映的主要是大数量级数据的特征，所以通常还需要灵活地对数据进行转换。

值得一提的是，虽然数据预处理主要分为以上四个方面的内容，但它们之间并不是互斥的。例如，冗余数据的删除既是一种数据清理，也是一种数据归约。数据清理可能涉及纠正错误数据的变换，如通过把一个数据字段的所有项都变换公共格式进行数据清理。

2.3.3 数据清理

数据清理例程通过填写缺失的值、光滑噪声数据、识别或删除离群点并解决不一致性来“清理”数据，主要是达到如下目标：格式标准化、异常数据清除、错误纠正、重复数据清除。

2.3.3.1 缺失值

对数据挖掘的实际应用而言，即使数据量很大，具有完整数据的案例子集仍可能相对较小，可用的样本和将来的事件都可能有缺失值。一个明显的问题是，在应用数据挖掘方法之前的数据准备阶段，能否把这些缺失值补上。

最简单的解决办法是去除包含缺失值的所有样本。但如果不想去除有缺失值的样本，就必须找到它们的缺失值。这可以采用什么实用方法呢？

数据挖掘者和领域内专家可手动检查缺失值样本，再根据经验加入一个合理的、可能的、预期的值。对缺失值较少的小数据集，这种方法简单明了。但是，对于缺失程度较严重的情形，依靠经验来手动添补缺失值是十分困难的，并且可能引入较大噪声。

另一种方法，是消除缺失值的一个更简单的解决方案，这种方法基于一种形式，常常是用一些常量自动替换缺失值。如：

（1）用一个全局常量（全局常量的选择与应用有很大关系）替换所有的缺失值。

（2）用特征平均值替换缺失值。

（3）用给定种类的特征平均值替换缺失值（此方法仅用于样本预先分类的分类问题）。

这些简单方法都具有诱惑力。它们的主要缺点是替代值并不正确。用常量替换缺失值或改变少数不同特征的值，数据就会有误差。替代值会均化带有缺失值的样本，给缺失值最多的类别（人工类别）生成一致的子集。如果所有特征的缺失值都用一个全局常量来替代，一个未知值可能会暗中形成一个未经客观证明的正因数。

对缺失值的一个可能的解释是，它们是“无关紧要”的。换句话说，我们假定这些值对最终的数据挖掘结果没有任何影响。这样，一个有缺失值的样本可以扩展成一组人工样本，对这组样本中的每个新样本，都用给定区域中一个可能的特征值来替换缺失值。这样的解释也许看起来更加自然，但这种方法的问题在于人工样本的组合爆炸。例如，如果有个三维样本 x={1，2，3}，其中第二个特征的值缺失，这种处理会在特征域 [0，1，2，3，4] 内产生 5 个人工样本：

$$X_1 = \{1, 0, 3\},\ X_2 = \{1, 1, 3\},\ X_3 = \{1, 2, 3\},\ X_4 = \{1.3, 3\},\ X_5 = \{1, 4, 3\} \quad (2\text{-}39)$$

数据挖掘者可以生成一个预测模型，来预测每个缺失值。例如，如果每个样本给定3个特征A、B、C，则数据挖掘者可以根据把3个值全都作为一个训练集的样本，生成一个特征之间的关系模型。不同技术的选择取决于数据类型，如衰减、贝叶斯形式体系、聚类、决策树归纳法。一旦有了训练好的模型，就可以提出一个包含缺失值的新样本，并产生“预测”值。如果缺失值与其他已知特征高度相关，这样的处理就可以为特征生成最合适的值。当然，如果缺失值总是能准确地预测，就意味着这个特征在数据集中是冗余的，在进一步的数据挖掘中是不必要的。在现实的应用中，带有缺失值的特征和其他特征之间的关联应是不完全的。因此，不是所有的自动方法都可以补上正确的缺失值。但这样的自动方法在数据挖掘界最受欢迎。与其他方法相比，它们能最大限度地使用当前数据的信息预测缺失值。

一般来讲，用简单的人工数据准备模式来替代缺失值是有风险的，常常会有误导。最好对带有和不带有缺失值的特征生成多种数据挖掘解决方案，然后对它们进行分析和解释。

2.3.3.2 噪声数据

噪声数据（Noisy Data）是数据观测的过程中随机误差产生的，包括孤立点和错误点。引起噪声数据的原因可能是硬件故障、编程错误或者语音或光学字符识别程序（OCR）中的乱码。拼写错误、行业简称和俚语也会阻碍机器读取。噪声数据的存在是正常的，但会影响变量真值的反映，所以有时候需要对这些噪声数据进行过滤。

噪声数据处理是数据预处理的一个重要环节，我们通常采用分箱、回归、离群点分析等方法来平滑处理数据。

（1）分箱（Binning），通过考察属性值的周围值来平滑属性的值。属性被分布到一些等深或等宽的箱中，用箱中属性值的平均值或边界值来替换箱中的属性值。图2-4展示了几种数据平滑技术。Price数据首先排序并被划分到大小为4的等频的箱中（即每个箱包含4个值）。对于用箱均值平滑，箱中每一个值都被替换为箱中的均值，例如：箱1中的值2，7，12，15的均值是9，因此，该箱中的每一个值都被替换为9。对于用箱边界光滑，给定箱中的最大值和最小值被视为箱边界，而箱中的每个值都被替换为最近的边界值。一般而言，宽度越大，光滑效果越明显。箱也可以是等宽的，每个箱的区间宽度均相同。分箱也是一种散化技术。

（2）回归（Regression）：通过观测数据拟合某一函数来平滑数据，这种技术称为回归。线性回归涉及找出拟合两个属性的“最佳”直线，使得一个属性可以用来预测另一个属性。多元线性回归是线性回归的扩充，其中涉及的属性多于两个，并且数据拟合到一个多维曲面。

排序后的数据：2，7，12，15，19，19，24，28，34，35，37，46
划分为（等频的）箱：
箱 1：2，7，12，15
箱 2：19，19，24，28
箱 3：34，35，37，46
用箱均值光滑：
箱 1：9，9，9，9
箱 2：22.5，22.5，22.5，22.5
箱 3：38，38，38
用箱边界光滑：
箱 1：2，2，15，15
箱 2：19，19，28，28
箱 3：34，34，34，46

图 2-4　分箱法

（3）离群点分析（Outlier Analysis）：可以通过如聚类来检测离群点。聚类将类似的值组织成“簇”。如图 2-5 所示，显示 3 个数据簇，很直观，落在簇集合之外的值被视为离群点。

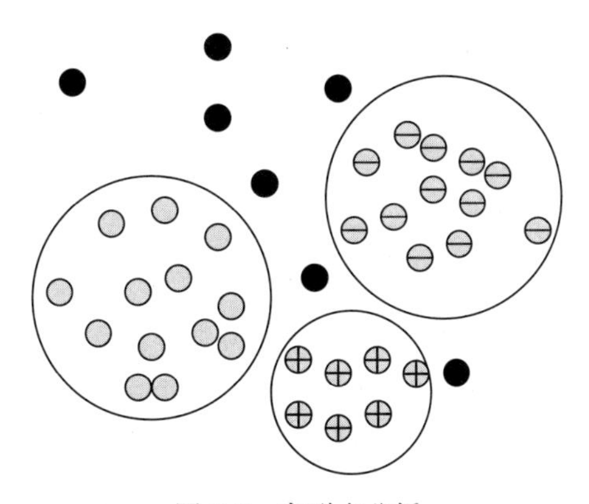

图 2-5　离群点分析

2.3.4　数据集成

数据通过应用间的数据交换从而达到集成，主要解决数据的分布性和异构性的问题，其前提是被集成应用必须公开数据结构，即必须公开表结构、表间关系、编码的含义等。

在企业中，由于开发时间或开发部门的不同，往往有多个异构的、运行在不同的软硬件平台上的信息系统同时运行，这些系统的数据源彼此独立、相互封闭，使得数据难以在系统之间交流、共享和融合，从而形成了“信息孤岛”。随着信息化应用的不断深入，企业内部、企业与外部信息交互的需求日益强烈，急切需要对已有的信息进行整合，联通“信息孤岛”，共享信息。而在共享数据整合数据的同时，就会出现数据冗余、元组重复等问题。

2.3.4.1 数据冗余

数据冗余是指同一个数据在系统中多次重复出现。简单来说，就是多个地方重复存储相同数据。这种情况一般在数据库上表现明显。比如一个表 A 结构为：班级，学号，姓名。另一表 B 结构为：姓名，科目，成绩。这样的两张表格就有“姓名”字段的数据冗余。

在文件系统中，由于文件之间没有联系，有时一个数据在多个文件中出现；而数据库系统则克服了文件系统的这种缺陷，但仍然存在数据冗余问题。消除数据冗余的目的是为了避免更新时可能出现的问题，以便保持数据的一致性。

1. 数据冗余的类型

一般而言图像、视频、音频数据中存在的数据冗余类型主要有以下六种。

（1）空间冗余：图像数据中经常出现的一种冗余。空间冗余是静态图像中存在的最主要的一种数据冗余。在同一幅图像中，规则物体和规则背景（所谓规则，是指表面是有序的而不是完全杂乱无章的排列）的表面物理特性具有相关性，数字化图像中表现为数据冗余。例如一幅静态图像中的一大片蓝天、草地，其中每个像素的数据完全相同，如果逐点存储，就会产生所谓的空间冗余。完全一样的数据当然可以压缩，十分接近的数据也可以压缩，因为被压缩的数据恢复后人眼也分辨不出与原来的图片有什么区别，这种压缩就是对空间冗余的压缩。

（2）时间冗余：这是序列图像（电视图像、运动图像）和语音数据中经常包含的冗余。在电视、动画图像中，在相邻帧之间往往包含了相同的背景，只不过运动物体的位置略有变换。因此对于序列图像中的相邻两帧仅记录它们之间的差异，去掉其中重复的、称为时间冗余的那部分信息。同样，由于人在说话时产生的音频也是连续和渐变的，因此声音信息中也会存在时间冗余。

（3）结构冗余：有些图像大体上看存在非常强的纹理结构，例如草席图像，我们称之为结构冗余。

（4）知识冗余：有许多图像的理解与某些基础知识有相当大的相关性。例如：人脸的图像有固定的结构。比如说嘴的上方有鼻子，鼻子的上方有眼睛，鼻子位于脸的中线上，等等。这类规律性的结构可由先验知识和背景知识得到，我们称之为知识冗余。

（5）视觉冗余：是由于人体器官的不敏感性造成的。例如在高亮度下，人的视觉灵敏度下降，对灰度值的表示就可以粗糙一些。对于太强太弱的声音，如果超出了“阈值”，人们听觉感受也会被掩蔽。利用感官上的这些特性，也可以压缩掉部分数据而不被人们感知（觉察）。

（6）信息熵冗余：又可称为编码冗余，是指一组数据携带的平均信息量。正因为多媒体数据中存在着上述的各种各样的冗余，所以多媒体数据是可以被压缩的。针对不同的冗余，人们已经提出各种各样的方法实施对多媒体数据的压缩。

2. 增加数据冗余的目的

一般情况下，应尽量减少数据冗余，保证数据的一致性，但在某些情况下，也需要适当增加数据冗余度。其目的有以下九种。

（1）对数据进行冗余性的编码来防止数据的丢失或错误，并提供对错误数据进行反变换以得到原始数据的功能。

（2）为简化流程所造成额数据冗余。例如，向多个目的发送同样的信息、在多个地点存放同样的信息，而不对数据进行分析以减少工作量。

（3）为加快处理过程而将同一数据存放在不同地点。例如并行处理同一信息的不同内容，或用不同方法处理同一信息等。

（4）为方便处理而使同一信息在不同地点有不同表现形式。例如一本书的不同语言的版本。

（5）大量数据的索引，一般在数据库中经常使用。其目的类似第（4）点。

（6）方法类的信息冗余：比如：每个司机都要记住同一城市的基本交通信息；大量个人电脑都安装类似的操作系统或软件。

（7）为了完备性而配备的冗余数据。例如：字典里的字很多，但我们只查询其中很少的一些字。软件功能很多，但我们只使用其中一部分。

（8）规则性的冗余。根据法律、制度、规则等约束进行的。例如合同中大量的模式化的内容。

（9）为达到其他目的所进行的冗余。例如，重复信息以达到被重视等。

数据冗余或者信息冗余是生产、生活必然存在的行为，没有好与不好的说法。冗余是数据集成的一个重要问题。一个属性（如年收入）如果能由另一个或另一组属性

“导出”，则这个属性可能是冗余的。属性或维命名的不一致也可能导致数据集中的冗余。

有些冗余可以被相关分析检测到。例如，给定两个属性，根据可用的数据，这种分析可以度量一个属性能在多大程度上蕴含另一个。对于标称数据，我们使用卡方检验。对于数值属性，我们使用相关系数和协方差，它们都评估一个属性的值如何随另一个变化。

2.3.4.2 元组重复

除了检测属性间的冗余外，还应当在元组级检测重复（例如，对于给定的唯一数据实体，存在两个或多个相同的元组）。

元组是关系数据库中的基本概念，关系是一张表，表中的每行（即数据库中的每条记录）就是一个元组，每列就是一个属性。在二维表里，元组也称为记录。

去规范化表的使用（这样做通常是通过避免连接来改善性能）是数据冗余的另一个来源。不一致通常出现在各种不同的副本之间，由于不正确的数据输入，或者由于更新了数据的某些出现，但未更新所有的出现。例如：如果订单数据库包含订货人的姓名和地址属性，而不是这些信息在订货人数据库中的码，则差异就可能出现，如同一订货人的名字可能以不同的地址出现在订单数据库中。

2.3.5 数据规约

对于中小型数据集而言，之前提到的数据挖掘准备中的预处理步骤通常足够了。但对于真正意义上的大型数据集，在应用数据挖掘技术之前，还需要执行一个中间的、额外的步骤——数据归约。虽然大型数据集可能得到更佳的挖掘结果，但未必能获得比小型数据集更好的挖掘结果。

数据规约就是从特征、样本和特征值三个方面考虑，通过删除行、删除列、减少特征取值来达到压缩数据规模的目的。通过数据规约技术可以得到数据集的规约表示，它小得多，但仍更接近保持原始数据的完整性，包含的信息和原始数据差不多。这样，对规约后的数据进行挖掘将更有效，并产生相同（或几乎相同）的分析结果。

2.3.5.1 主成分分析

主成分分析（Principal Component Analysis，PCA），将多个变量通过线性变换以选出较少个数重要变量的一种多元统计分析方法。又称主分量分析。

假设待归约的数据由用 n 个属性或维描述的元组或数据向量组成。主成分分析搜索 k 个最能代表数据 n 的维正交向量，其中 $k \leqslant n$，原数据投影到一个小得多的空间上，导致维归约。与属性子集选择（2.3.5.3 节）通过保留原属性集的一个子集来减少属性集的大小不同，PCA 通过创建一个替换的、较小的变量集“组合”属性的基本要素。原数据可以投影到该较小集合中。PCA 常常能够揭示先前未曾察觉的联系，并因此允许解释不寻常的结果。

基本过程如下：

（1）对输入数据规范化，使得每个属性都落入相同的区间。此步有助于确保具有较大定义区域的属性不会支配具有较小定义区域的属性。

（2）PCA 计算 k 个标准正交向量，作为规范化输入数据的基。这些是单位向量，每一个都垂直于其他向量。这些向量称为主成分。输入数据是主成分的线性组合。

（3）对主成分按“重要性”或强度降序排列。主成分本质上充当数据的新坐标系，提供关于方差的重要信息。也就是说，对坐标轴进行排序，使得第一个坐标轴显示数据的最大方差，第二个显示数据的次大方差，依次下去。

（4）既然主成分根据“重要性”降序排列，那么就可以通过去掉较弱的成分（即方差较小的那些）来归约数据。使用最强的主成分，应当能够重构原数据。

PCA 可以用于有序和无序的属性，并且可以处理稀疏和倾斜数据。多于二维的多维数据可以通过将问题归约为二维问题来处理。主成分可以用作多元回归和聚类分析的输入。与小波变换相比，PCA 能够更好地处理稀疏数据，而小波变换更适合高维数据。

2.3.5.2　小波变换

离散小波变换（DWT）是一种线性信号处理技术，用于数据向量 $\boldsymbol{X}$ 时，将它变换成不同的数值小波系数向量 $\boldsymbol{X}'$ 。两个向量具有相同的长度。当这种技术用于数据归约时，每个元组看作一个 n 维数据向量，即 $\boldsymbol{X}=(x_1, x_2, \cdots, x_n)$，描述 n 个数据库属性在元组上的 n 个测量值 1。

离散小波变换的一般过程使用一种层次金字塔算法（Pyramid Algorithm），它在每次迭代时将数据减半，导致计算速度很快。该方法如下：

（1）输入数据向量的长度必须是 2 的整数幂。必要时，通过在数据向量后添加 0 补足数据。

（2）每个变换涉及应用两个函数。第一个使用某种数据光滑，如求和或加权平均。第二个进行加权差分，提取数据的细节特征。

（3）两个函数作用于 X 中的数据点对，即作用于所有的测量对(x_{2i}, x_{2i+1})这导致两个长度为 L/2 的数据集。一般而言，它们分别代表输入数据的光滑后的版本或低频版本和它的高频内容。

（4）两个函数递归地作用于前面循环得到的数据集，直到得到的结果数据集的长度为 2。

（5）由以上迭代得到的数据集中选择的值被指定为数据变换的小波系数。

离散小波变换与离散傅里叶变换相近，后者也是一个信号处理技术。但一般来讲，小波变换具有更高的有损压缩性能。也就是给定同一组数据向量（相关系数），利用小波变换所获得的（恢复）数据更接近原始数据。

2.3.5.3 属性子集选择

降低维度的另一种方法是仅使用一个子集。尽管看起来这种方法可能丢失信息，但存在冗余或不相关特征的时候，情况并非如此。冗余特征重复了包含在一个或多个其他属性中的许多或所有信息。例如，客户所使用的套餐名称与套餐 ID 包含许多相同的信息。不相关特征包含对于手头的数据挖掘任务几乎完全没用的信息，例如，客户的 ID 号码对于预测客户的信用等级是不相关的。冗余和不相关的特征可能降低分类的准确率，影响所发现的聚类的质量。

属性子集选择通过删除不相关或冗余的属性（或维）减少数据量。属性子集选择的目标是找出最小属性集，使得数据类的概率分布尽可能地接近使用所有属性得到的原分布。在缩小的属性集上挖掘还有其他的优点：它减少了出现在发现模式上的属性数目，使得模式更易于理解。

（1）逐步向前选择：该过程由空属性集作为归约集开始，确定原属性集中最好的属性，并将它添加到归约集中。在其后的每一次迭代，将剩下的原属性集中的最好的属性添加到该集合中。

（2）逐步向后删除：该过程由整个属性集开始。在每一步中，删除尚在属性集中最差的属性。

（3）逐步向前选择和逐步向后删除的组合：可以将逐步向前选择和逐步向后删除方法结合在一起，每一步选择一个最好的属性，并在剩余属性中删除一个最差的属性。

（4）决策树归纳：决策树算法（例如，ID3、C4.5 和 CART）最初是用于分类的。决策树归纳构造一个类似于流程图的结构，其中每个内部（非树叶）结点表示一个属性上的测试，每个分枝对应测试的一个结果；每个外部（树叶）结点表示一个类预测。在每个结点上，算法选择“最好”的属性，将数据划分成类。

当决策树归纳用于属性子集选择时，由给定的数据构造决策树。不出现在树中的所有属性假定是不相关的。出现在树中的属性形成归约后的属性子集。

这些方法的结束条件可以不同。该过程可以使用一个度量阈值来决定何时停止属性选择过程。在某些情况下，我们可能基于其他属性创建一些新属性。这种属性构造可以帮助提高准确性和对高维数据结构的理解。通过组合属性，属性构造可以发现关于数据属性间联系的缺失信息，这对知识发现是有用的。

2.3.6　数据变换和离散化

2.3.6.1　数据归一化 / 标准化的主要方法

数据归一化 / 标准化处理是数据挖掘的一项基础工作，是一种常见的变量变换类型。

不同评价指标往往具有不同的量纲和数量级，而所用的度量单位可能影响数据分析，导致完全不同的结果。一般而言，用较小的单位表示属性将导致该属性具有较大值域，因此趋向于使这样的属性具有较大的影响或较高的“权重”。为了帮助避免对度量单位选择的依赖性，数据应该标准化。这涉及变换数据，使之落入较小的共同区间，如 [0.0，1.0]。

标准化数据试图赋予所有属性相等的权重。对于涉及神经网络的分类算法或基于距离度量的分类和聚类，标准化特别有用。对于基于距离的方法，标准化可以帮助防止具有较大初始值的属性与具有较小初始值域的属性相比权重过大。标准化也适用于没有数据的先验知识情况。

有许多数据规范化的方法，如 min-max 标准化、z-score 标准化和小数定标标准化等。经过上述标准化处理，去除数据的单位限制，原始数据均转换为无量纲的纯数值，即各指标值都处于同一个数量级别上，便于不同单位或量级的指标能够进行比较、加权等综合测评分析。

令 A 是数值属性，具有 n 个观测值 $x_1+x_2+\cdots+x_n$。

以下是三种主要方法。

1. min-max 标准化

min-max 标准化，也叫离差标准化，对原始数据进行线性变换。假设 $\min_A$ 和 $\max_A$ 分别为属性 A 的最小值和最大值。min-max 标准化通过计算：

$$x'_i = \frac{x_i - \min_A}{\max_A - \min_A}(new\_\max_A - new\_\min_A) + new\_\min_A \qquad (2\text{-}40)$$

把 A 的值 x_i 映射到区间 [$new\_\min_A$，$new\_\max_A$] 中的 x'_i 。这种方法有一个缺陷就是当有新数据加入时，可能导致 max 和 min 的变化，需要重新定义。

【例 2.3】

假设每月 DOU 的最小值与最大值分别为 12000 和 89000。我们想把每月 DOU 映射到区间 [0.0，1.0]。根据 min-max 标准化，每月 DOU 值 85000 将变换为

$$\frac{85000-12000}{89000-12000}(1.0-0)+0=0.948$$

2. z-score 标准化

z-score 标准化，是最常见的标准化方法，也叫标准差标准化，SPSS 默认的标准化方法就是 z-score 标准化。在 z-score 标准化中，属性 $\overline{A}$ 的值基于 A 的均值（即平均值）和标准差标准化。A 的值 x_i 被标准化为 x'_i ，经过处理的数据符合标准正态分布，即均值为 0，标准差为 1，由下式计算：

$$x'_i = \frac{x_i - \overline{A}}{\sigma_A} \qquad (2\text{-}41)$$

其中，$\overline{A}$ 和 σ_A 分别为属性 A 的均值和标准差。其中 $\overline{A}=\frac{1}{n}(x_1+x_2+\cdots+x_n)$，而 σ_A 用 A 的方差平方根计算。z-score 标准化方法适用于属性 A 的实际最大值和最小值未知的情况，或有超出取值范围的离群数据情况。

【例 2.4】

假设每月 DOU 的均值和标准差分别为 54000 和 16000。使用 z-score 标准化，每月 DOU 值 85000，被转换为 $\frac{85000-54000}{16000}=1.938$ 。

上式的标准差可以用均值绝对偏差替换。A 的均值绝对偏差 s_A 定义为

$$s_A = \frac{1}{n}\left(\left|v_1 - \overline{A}\right| + \left|v_2 - \overline{A}\right| + \cdots + \left|v_n - \overline{A}\right|\right) \qquad (2\text{-}42)$$

这样，使用均值绝对差的 z 分数规划为

$$v'_i = \frac{v_i - \overline{A}}{s_A} \qquad (2\text{-}43)$$

3. 小数点标准化

通过移动属性 A 的值的小数点位置进行标准化。小数点的移动位数依赖于 A 的最对绝对值。A 的值 x_i 被标准化为 x_i' ，由下式计算：

$$x'_i = \frac{x_i}{10^j} \tag{2-44}$$

其中，j 是满足条件，即$\max(|x'_i|) < 1$的最小整数。

> **【例 2.5】**
>
> 假设 A 的取值由 −886 到 654。A 的最大绝对值为 886。因此，为使小数定标标准化，我们用 1000（即 j=3）除每个值。因此，−886 被标准化为 −0.886，而 654 被标准化为 0.654。

注：标准化会对原始数据做出改变，因此需要保存所使用的标准化方法的参数，以便对后续的数据进行统一的标准化。

2.3.6.2　数据离散化的主要方法

离散化方法可以根据如何进行离散化加以分类，如根据是否使用类信息。如果离散过程使用类信息，则称他为监督的离散化；否则是非监督的离散化。主要方法如下：

1. 非监督离散化的方法

如果不使用类信息，则主要使用一些相对简单的方法。如，等宽方法将属性的值域划分成具有相同宽度的区间，而区间的个数由用户指定。这种方法可能受离群点的影响而性能不佳，因此等频率或等深方法通常更为可取。等频率方法试图将相同数量的对象放进每个区间。作为非监督离散化的另一个例子，可以使用诸如 K 均值等聚类方法。最后，目测检查数据有时也是一种有效的方法。

2. 监督离散化的方法

熵是最常用于确定分割点的度量，基于熵的方法是最有前途的离散化方法之一，以下将给出一种简单的基于熵的方法。

首先，定义熵。设 k 是不同的类标号数，m_i 是某划分的第 i 个区间中值的个数，而 m_{ij} 是区间 i 中类 j 的值的个数。第 i 个区间的熵 e_i 由如下等式给出：

$$e_i = -\sum_{j=1}^{k} p_{ij} \log_2 p_{ij} \tag{2-45}$$

其中，$p_{ij}=\dfrac{m_{ij}}{m_i}$是第 i 个区间中类 j 的值的比例。该划分的中熵 e 是每个区间熵的加权平均，即

$$e=\sum_{i=1}^{n}w_i e_i \tag{2-46}$$

其中，m 是指的个数，$w_i=\dfrac{m_i}{m}$是第 i 个区间的值的比例，而 n 是区间个数。直观上，区间的熵是区间纯度的度量。如果一个区间只包含一个类的值（该区间非常纯），则其熵为 0 并且不影响总熵。如果一个区间中的值类出现的频率相等（该区间尽可能不纯），则其熵最大。

开始，将初始值切分成两部分，让两个结果区间产生最小的熵。该技术只需要把每个值看作可能的分割点即可，因为假定区间包含有序值的集合。然后，取一个区间，通常选取具有较大熵的区间，重复此分割过程，直到区间的个数达到用户指定的个数，或满足终止条件。

2.4 数据字段的衍生

数据相对于数据挖掘的成败至关重要。通常，原始数据经过基础的预处理操作就能应用于挖掘分析，但也存在经过基础数据预处理后仍不能满足建模需求或者原始字段所包含信息量不能直接展现的情况。在这种情况下，数据字段的衍生和数据的重新采集是两种较为有效的解决方案，其中数据字段衍生相比于数据重新采集在时间成本和人工成本上更具优势。数据字段的衍生，即从源字段中创造一些包含重要信息的新字段集。这也是改善数据质量的一种高效的方法。新的字段数量一般要比源字段少，这也使我们可以获得字段约减所有的好处。同时，字段衍生更有效地捕获数据集中的重要信息，为后期的挖掘分析提供了良好的数据基础。

以分类预测算法为例，在实际应用中，如何判断一般的数据预处理操作不能满足建模分析需求呢？相关性分析是比较常用的判断方法。在 2.2 节中我们已经详细阐述了相关性的基础概念与计算方法，这里就不再赘述。我们主要是通过计算原始数据字段与目标字段的相关性来判断，当大部分字段的相关性低于判决阈值，而数据字段又难以扩张采集时，数据字段的衍生就成了此类困境的有效解决方案。本节着重介绍数据字段衍生的几种常用方法：数据字段的拆分、统计特征的构造和数据域的变换。

2.4.1　数据字段的拆分

数据字段的拆分是对包含多重信息量字段的拆分，以实现隐含信息量的显现化。这不同于传统数据库中数据拆分的概念，数据库中的数据拆分是指通过某种特定的条件，将存放在同一个数据库中的数据分散存放到多个数据库（主机）上面，以达到分散单台设备负载的效果。数据拆分的同时还可以提高系统的总体可用性，因为单台设备出现故障之后，只有总体数据的某部分不可用，而不是所有的数据。数据拆分也是实现数据库分布式设计的一种有效方案。但本文中的数据字段的拆分是针对数据挖掘中数据预处理部分而言，对蕴含多重信息的字段直接进行拆解，以获取更大的信息量。

以移动客户套餐资费名称为例，“预付费神州行本地套餐 38 元档”和“后付费动感地带上网套餐 8 元档”这两个取值，除了作为字段名称这一属性外，通过拆分我们可以得到付费类型（预付费和后付费）、品牌名称（神州行和动感地带）、套餐类型（本地套餐和上网套餐）和套餐金额（38 元档和 8 元档）共四个属性，即通过拆分细化客户特征，获取属性中的隐含信息。

2.4.2　统计特征的构造

数据集中的某些原始字段有必要的信息，但并不适合直接应用于数据挖掘算法。这种情况通常需要从原始字段中构造一个或多个新字段使用。采用线性或非线性的数学变换方法将数据字段进行转换，衍生出新的字段，消除它们在时间、空间、属性及精度等特征表现方面的差异。这类方法虽然对原始数据都有一定的损害，但其结果往往具有更大的实用性。通过统计特征构造新的字段是常用的方法之一，日常工作中行之有效的特征字段构造的方法主要有微分法、均值法和方差法等。

（1）微分法。针对连续变量，当原始变量值在挖掘中意义不够突出时，可考虑微分法。一阶段微分表征数据字段取值增加或减小的快慢；二阶段微分表征数据字段取值增加或减小速度的大小，以此增加字段实用性。

（2）均值法。对于字段属性较多，不考虑数据字段变化的潮汐效应时，一般可以通过求取均值的方法对同一类型属性字段实现降维处理。

（3）方差法。方差是反映随机变量与其期望值的偏离程度的数值，是随机变量各个可能值对其期望值的离差平方的数学期望。

2.4.3　数据域的变换

学过通信原理的人大多对数据域变换有比较深入的了解，但数据域变换到底是怎么回事呢？简单来说，就是数据映射到新的空间。举个例子，时间序列数据经常包含周期模式，如果只有一种周期模式，并且噪声不多，这样的周期模式就比较容易被侦测到。相反，如果有很多周期模式且存在大量噪声数据，这就很难侦测。在这样的情况下，通常对时间序列使用傅里叶变换（Fourier Transform）转换表示方法，将它转成频率信息明显的表示特征，这样就能侦测到这些模式的明显特征，如图 2-6。

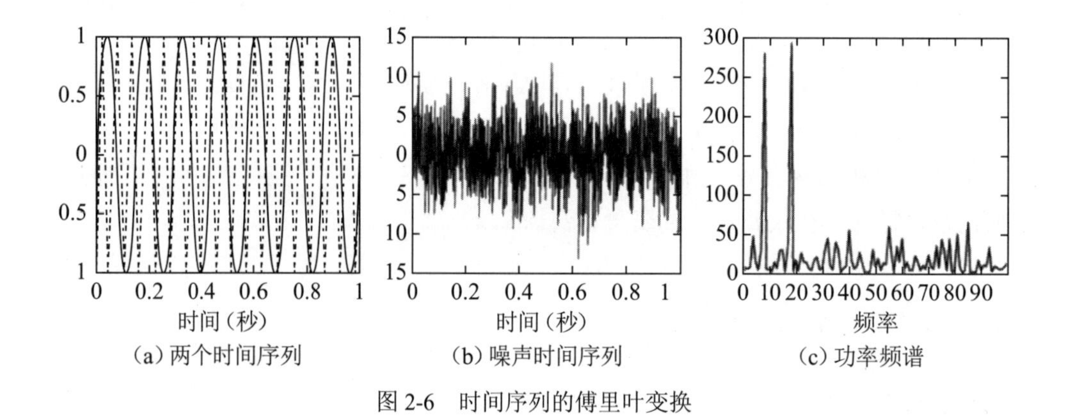

（a）两个时间序列　　（b）噪声时间序列　　（c）功率频谱

图 2-6　时间序列的傅里叶变换

这就是使用一种完全不同的角度挖掘分析数据潜在的有趣和关键特征。再举个移动运营商实际应用的例子，中国移动流量套餐种类繁杂，各类套餐均有其存在价值与意义。以流量包年包和包季包为例，尤其是流量不清零政策出台以来，用户对流量包的选取日益细化。对于流量包年包或包季包，从时间上入手分析其适用人群，客户特征不易抓取，但从频域角度看，即进行傅里叶变换后，离散的频域点则对客户有很好的区分。如某用户的流量使用情况呈现时间上的周期性变化，一周内周六和周日流量使用明显高于工作日，但从时域出发，流量的周期性特征不易描述，此时将流量的使用经傅里叶变化转化到频域则能够得到流量使用的特征。

数据域的变换也可以采用其他类型的变换。除了傅里叶变换以外，对于时间序列和其他类型的数据，经过验证小波变换也是非常实用的。

2.5　SPSS 软件中的数据预处理案例

2.5.1　缺失值的实操处理

对于含有缺失值的数据，我们在实际处理的时候，主要有两种处理方法：一是直接删除该属性，二是补充缺失值。删除字段的方法一般不推荐使用，因为会减少原始数据的信息量，只有当该属性缺失值比例确实过高或者确定该字段与所研究的问题不相关时，才可以使用删除字段的方法处理缺失值。

关于补充缺失值，有很多方法，比如用均值、中位数补充，线性插值法补充，缺失点的线性趋势等。下面用“当月可用余额”为例，讲解如何用 SPSS 中的均值法补充缺失值。

1. 发现缺失值

（1）对于每一个字段，都应该先观察是否有缺失值。具体做法为：单击“分析”→“描述统计”→“频率”，见图 2-7。

*写书原始数据.sav [数据集1] - IBM SPSS Statistics 数据编辑器

文件(F) 编辑(E) 视图(V) 数据(D) 转换(T) 分析(A) 直销(M) 图形(G) 实用程序(U) 窗口(W) 帮助

报告
描述统计
表(T)
比较均值(M)
一般线性模型(G)
广义线性模型
混合模型(X)
相关(C)
回归(R)
对数线性模型(O)
神经网络
分类(F)
降维
度量(S)
非参数检验(N)
预测(T)
生存函数(S)
多重响应(U)
缺失值分析(Y)...
多重归因(T)
复杂抽样(L)
质量控制(Q)
ROC 曲线图(V)...

频率(F)...
描述(D)...
探索(E)...
交叉表(C)...
比率(R)...
P-P 图...
Q-Q 图...

1：当月可用余额

	用户ID	信用等级	是否使用4GUIM卡						当月MOU	前三个月平均MOU	当月DOU	前三月平均DOU	终端制式	是否智能机	是否流失
1361	1105975	五星级银卡vip	是						1148	1397.00	340604	25430.90	WCDMA	Y	0
1362	1107319	五星级银卡vip	是						1148	764.33	262349	5872.10	TD-LTE	Y	0
1363	1102503	五星级银卡vip	是						1148	1148.00	37276	3316.00	WCDMA	Y	1
1364	1102503	五星级银卡vip	是				169.54	158.23	1148	1148.00	37276	3316.00	WCDMA	Y	0
1365	1101697	五星级银卡vip	是				204.93	219.93	1148	658.67	1	3559.90	WCDMA	Y	0
1366	1104736	四星级	是				29.60	71.84	1148	1596.33	0	1700.60	WCDMA	Y	0
1367	1100590	四星级	否				91.80	76.78	1145	1016.67	236217	9824.10	WCDMA	Y	1
1368	1100590	四星级	否				91.80	76.78	1145	1016.67	236217	9824.10	WCDMA	Y	0
1369	1102428	五星级银卡vip	否				122.62	136.08	1145	1771.67	206521	20483.30	WCDMA	Y	0
1370	1103841	五星级金卡vip	是				137.44	153.18	1144	1243.00	217357	14584.80	FDD-LTE	Y	0
1371	1106871	五星级银卡vip	是				125.55	111.36	1144	1145.67	10637	3666.10	TD-LTE	Y	1
1372	1106871	五星级银卡vip	是				125.55	111.36	1144	1145.67	10637	3666.10	TD-LTE	Y	0
1373	1105638	五星级银卡vip	否				114.30	127.10	1143	1102.67	28125	4958.40	WCDMA	Y	0
1374	1105365	五星级银卡vip	否				173.38	152.17	1142	961.67	96328	9661.10	FDD-LTE	Y	0
1375	1106023	五星级银卡vip	否				96.58	156.52	1139	1490.67	190651	14285.40	TD-LTE	Y	0
1376	1108149	五星级银卡vip	是				148.61	199.67	1139	1524.00	4	2132.80	WCDMA	Y	1
1377	1108149	五星级银卡vip	是				148.61	199.67	1139	1524.00	4	2132.80	WCDMA	Y	0
1378	1101260	五星级银卡vip	是				33.61	61.48	1138	1097.00	28216	3039.40	WCDMA	Y	0
1379	1107810	五星级金卡vip	否	否	212	32.51	66.77	83.02	1138	1302.33	0	.00	CDMA	Y	0
1380	1108623	五星级银卡vip	是	否	178	63.60	176.64	184.99	1137	1051.67	138531	21698.90	WCDMA	Y	0
1381	1102369	五星级银卡vip	否	否	188	70.79	103.82	104.70	1137	1394.33	74839	6207.50	WCDMA	Y	0
1382	1109563	五星级金卡vip	否	否	176	2335.89	85.42	114.53	1137	1480.67	42101	4654.10	WCDMA	Y	1

数据视图　变量视图

频率(F)...

图 2-7　单击“频率”

（2）观察“当月可用余额”在“频率”中的输出结果。

统计量

当月可用余额

N	有效	11066
	缺失	3

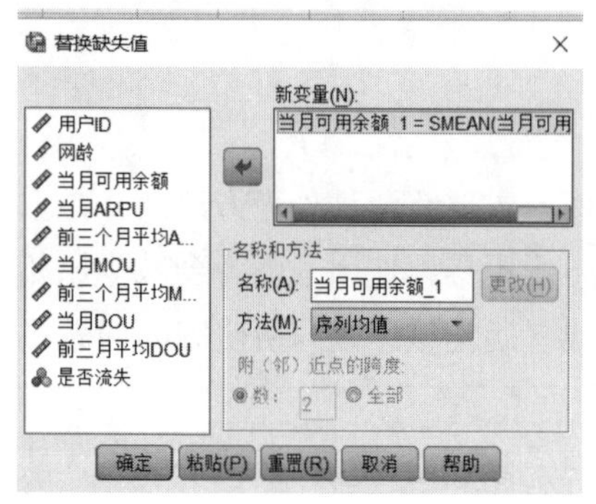

图 2-8　“替换缺失值”对话框

由结果可知，该字段有 3 个缺失值。

2. 填补缺失值

单击“转换”→“替换缺失值”，将“当月可用余额”放在“新变量（N）”中，“名称（A）”中显示的“当月可用余额 _1”即为补充过缺失值之后新生成字段的名称。“方法（M）”选择“序列均值”，单击“确定”，如图 2-8 所示。

新生成的“当月可用余额 _1”即为用均值法补充缺失值后的字段。

2.5.2　噪声数据的实操处理

对于噪声数据，我们一般的处理方法就是找出噪声数据并删除，以减少其对于数据分析的影响。

（1）观察数据分布散点图，看是否有离群点存在。以“当月 DOU”为例。

画出以“用户 ID”为横轴，“当月 DOU”为纵轴的散点图。具体操作为：单击“图形”→“图表构建程序”，如图 2-9 所示。

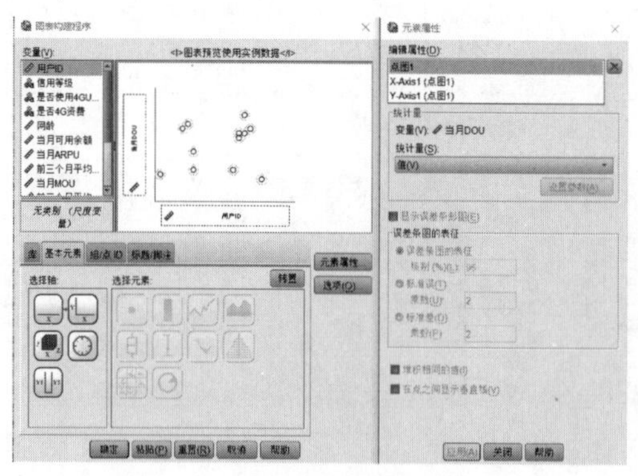

图 2-9　“图表构建程序”对话框

观察“当月 DOU”的数学分布情况，如图 2-10 所示，即可观察到明显的离群点。

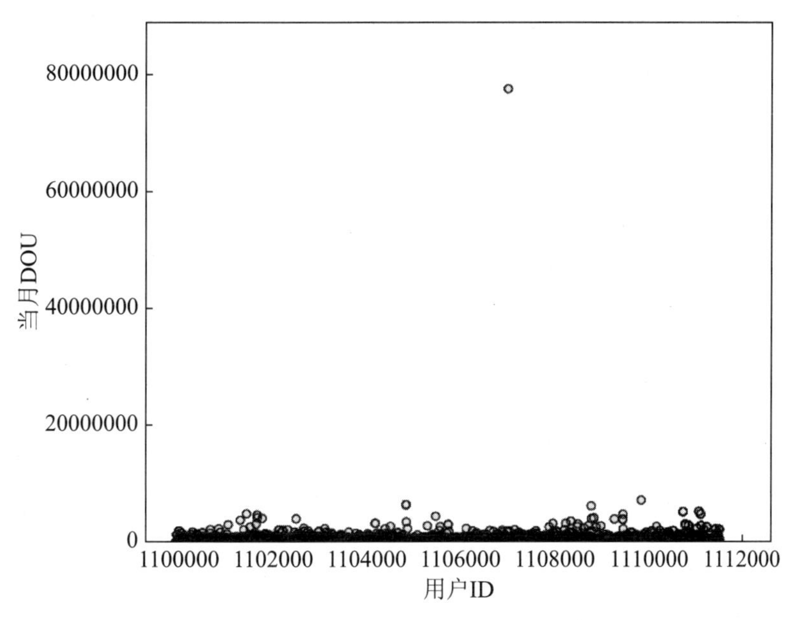

图 2-10　“当月 DOU”的数学分布情况

（2）右键单击该离群点，单击“转至个案”。找到奇异值个案，右键删除即可。

2.5.3　主成分分析的实操处理

（1）单击“分析”→“降维”→“因子分析”，如图 2-11 所示。

文件(F) 编辑(E) 视图(V) 数据(D) 转换(T) 分析(A) 直销(M) 图形(G) 实用程序(U) 窗口(W) 帮助

报告
描述统计
表(T)
比较均值(M)
一般线性模型(G)
广义线性模型
混合模型(X)
相关(C)
回归(R)
对数线性模型(O)
神经网络
分类(F)
降维
度量(S)
非参数检验(N)
预测(T)
生存函数(S)
多重响应(U)
缺失值分析(Y)...
多重归因(T)
复杂抽样(L)
质量控制(Q)
ROC 曲线图(V)...

因子分析(F)...
对应分析(C)...
最优尺度(O)...

	用户ID	信用等级	是否使用4GUSIM卡				当月ARPU	前三个月平均ARPU	当月MOU	前三个月平均MOU	当月DOU	前三月平均DOU	终端制式	是否智能机	是否流失
1	1107455	五星级钻卡vip	是				743.13	681.99	123000	9721.67	336918	24231.50	FDD-LTE	Y	0
2	1101725	五星级钻卡vip	是				1182.89	1248.28	9176	10186.00	322881	14300.40	WCDMA	Y	0
3	1102537	五星级钻卡vip	是				682.55	515.86	7495	5258.00	498897	52761.60	FDD-LTE	Y	0
4	1102484	五星级银卡vip	是				114.04	124.83	7055	4730.67	300019	18229.10	TD-SCDMA	Y	1
5	1102484	五星级银卡vip	是				114.04	124.83	7055	4730.67	300019	18229.10	TD-SCDMA	Y	1
6	1102484	五星级银卡vip	是				114.04	124.83	7055	4730.67	300019	18229.10	TD-SCDMA	Y	0
7	1109836	五星级钻卡vip	是				2055.60	1292.52	6913	6812.00	6894015	588442.60	TD-LTE	Y	0
8	1106344	五星级金卡vip	是						5339	4559.67	34570	3835.10	TD-SCDMA	Y	0
9	1104427	五星级钻卡vip	是						5130	6304.00	316761	25774.50	WCDMA	Y	1
10	1104427	五星级钻卡vip	是						5130	6304.00	316761	25774.50	WCDMA	Y	0
11	1101635	五星级钻卡vip	否						5086	5689.67	332442	35965.20	WCDMA	Y	0
12	1100186	五星级钻卡vip	是				306.59	358.00	4302	2969.00	193305	14681.50	TD-LTE	Y	0
13	1107391	五星级金卡vip	否				210.59	251.36	4272	4533.33	125339	21349.20	WCDMA	Y	0
14	1108296	五星级金卡vip	是				451.60	438.44	4164	3993.33	87417	8480.20	WCDMA	Y	0
15	1108386	五星级金卡vip	是				284.01	298.09	4123	3547.33	501093	30762.30	WCDMA	Y	1
16	1108386	五星级金卡vip	是				284.01	298.09	4123	3547.33	501093	30762.30	WCDMA	Y	0
17	1101532	五星级银卡vip	否				307.36	156.76	3960	2620.33	14624	604.40	WCDMA	Y	0
18	1102676	五星级银卡vip	是				227.00	215.77	3949	3744.33	293301	50985.10	TD-LTE	Y	0
19	1104058	五星级钻卡vip	否				495.02	1006.39	3940	3454.33	138627	12082.50	TD-SCDMA	Y	0
20	1108217	五星级金卡vip	是	是	178	-304.01	425.92	334.68	3931	3041.67	937304	89271.40	TD-LTE	Y	0
21	1100420	五星级金卡vip	是	是	181	454.62	242.17	320.11	3858	3574.67	86104	27811.60	CDMA	Y	1
22	1100420	五星级金卡vip	是	是	181	454.62	242.17	320.11	3858	3574.67	86104	27811.60	CDMA	Y	0

数据视图 变量视图

因子分析(F)...　IBM

图 2-11　单击“因子分析”

（2）将需要降维分析的变量放入“变量（V）”，右边的“抽取”中，勾选“碎石图”，“因子的固定数量”即为希望寻找的主成分的个数，单击“确定”，如图 2-12 所示。

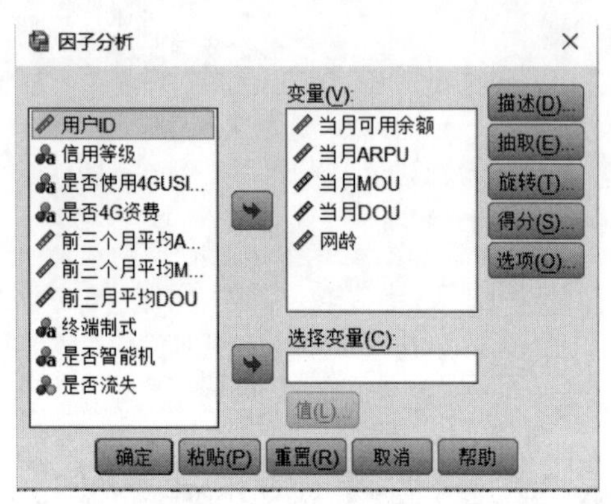

图 2-12　“因子分析”对话框

3. 结果解读

（1）解释的总方差

解释的总方差

成分	初始特征值			提取平方和载入		
	合计	方差的百分比 /%	累积百分比 /%	合计	方差的百分比 /%	累积百分比 /%
1	1.767	35.341	35.341	1.767	35.341	35.341
2	1.012	20.237	55.578	1.012	20.237	55.578
3	0.956	19.119	74.697	0.956	19.119	74.697
4	0.723	14.458	89.154	0.723	14.458	89.154
5	0.542	10.846	100.000			

提取方法：主成分分析。

成分 1-5 即为降维后新生成的主成分，每个成分对应的方差，反映的是对应成分对于原始数据信息量的贡献程度。方差的百分比越大，证明该主成分能更好地解释原始数据的信息。原始为 5 个变量，如果使用 5 个新生成的主成分表示，那么就是没有降维，也就是没有信息损失，所以当降维前后变量个数一样时，累计的反差为 100%。

（2）碎石图

图 2-13 碎石图反映的也是对应的主成分的“价值”，即对于原始数据信息的反映程度，用特征值来表示。特征值越大，对于主成分越能反映原始信息。

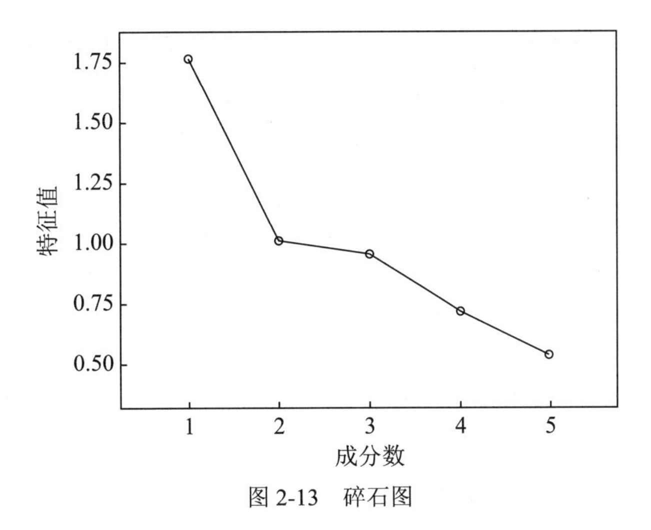

图 2-13　碎石图

（3）成分矩阵

成分矩阵 [a]

	成分			
	1	2	3	4
当月可用余额	0.182	0.835	0.490	0.165
当月 ARPU	0.806	−0.110	−0.056	−0.005
当月 MOU	0.700	−0.040	−0.290	0.570
当月 DOU	0.314	−0.517	0.783	0.011
网龄	0.704	0.181	−0.124	−0.609

提取方法：主成分。
a. 已提取了 4 个成分。

该表反映的是新生成的主成分是如何计算出来的。例如，主成分 1 就是用表中的系数乘以对应的原始变量后再求和相加得到的。

参考文献

[1] 范明 , 范宏建 . 数据挖掘导论 [M]. 北京： 人民邮电出版社 , 2011.
[2] 范明 . 数据挖掘概念与技术 [M]. 北京： 机械工业出版社 , 2012.

[3] 邵峰晶，于忠清．数据挖掘原理与算法 [M]. 北京：中国水利水电出版社，2003.

[4] 刘明吉，王秀峰．数据挖掘中的数据预处理 [J]. 计算机科学，2000, 27（4）: 54-57.

[5] M. R. Anderberg. Cluster Analysis for Applications[M]. Academic Press, New York, December 1973.

[6] I. Boeg and P. Groenen. Modern Multidimensional Scaling[J]. Theory and Applications. Springer Verlag, February 1997.

[7] Azoff E M. Neural Network Ttime Series Forecasting of Financial Markets. John Wiley & Sons, Inc., 1994.

[8] Crawley M J. Statistical Computing: An introduction to Data Analysis Using. 2002.

[9] Muthén L K, Muthén B O. Mplus: Statistical Analysis with Latent Variables: User's Guide[M]. Los Angeles: Muthén & Muthén, 2005.

[10] Tanasa D, Trousse B. Advanced Data Preprocessing for Intersites Web Usage Mining. IEEE Intelligent Systems, 2004, 19（2）: 59-65.

[11] Gutierrez-Osuna R, Nagle H T. A Method for Evaluating Data-preprocessing Techniques for Odour Classification with An Array of Gas Sensors. IEEE Transactions on Systems, Man, and Cybernetics, Part B （Cybernetics）, 1999, 29（5）: 626-632.

[12] Kotsiantis S B, Kanellopoulos D, Pintelas P E. Data Preprocessing for Supervised Leaning[J]. International Journal of Computer Science, 2006, 1（2）: 111-117.

[13] Johnson R A, Wichern D W. Applied Multivariate Statistical Analysis. Upper Saddle River, NJ: Prentice hall, 2002.

[14] Little R J A, Rubin D B. Statistical Analysis with Missing Data. John Wiley & Sons, 2014.

[15] Kalbfleisch J D, Prentice R L. The Statistical Analysis of Failure Time Data. John Wiley & Sons, 2011.

[16] 章文波，陈红艳．实用数据统计分析及 SPSS 12.0 应用 [M]. 北京：人民邮电出版社，2006.

[17] 邓松，李文敬，等．数据挖掘原理与 SPSS Clementine 应用宝典 [M]. 北京：电子工业出版社，2009.

第3章 聚类分析

Big Data, Data Mining
And Intelligent Operation

所谓聚类，就是将相似的事物聚集在一起，而将不相似的事物划分到不同的类别的过程，是数据分析中十分重要的一种手段。“物以类聚，人以群分”，在自然科学和社会科学中，存在着大量的分类问题。聚类分析又称群分析，它是研究（样品或指标）分类问题的一种统计分析方法。聚类分析起源于分类学，但聚类不等于分类。聚类与分类的不同在于，聚类所要求划分的类是未知的。聚类分析内容非常丰富，本章3.1节概括叙述了聚类算法，以便读者对聚类算法有总体认识；3.2节介绍了几种簇评估的方法和度量标准；3.3节详细介绍了经典的聚类算法——K-means的原理、优缺点、优化办法以及在SPSS软件中的操作过程；3.4节、3.5节、3.6节分别对基于层次化、密度和网格的聚类算法阐述了算法原理和各自的优缺点。

3.1 概 述

在讨论具体的聚类技术之前，我们先提供必要的背景知识。首先，我们进一步定义聚类分析，解释它的困难所在，并阐述它与其他数据分组技术之间的关系。然后，考察两个重要问题：（1）将数据对象集划分成簇集合的不同方法；（2）簇的类型。

1. 什么是聚类分析

聚类分析仅根据在数据中发现的描述对象及其关系的信息，将数据对象分组。其目标是，组内的对象相互之间是相似的（相关的），而不同组中的对象是不同的（不相关的）。组内的相似性（同质性）越大，组间差别越大，聚类就越好。

在许多应用中，簇的概念都没有很好地加以定义。为了理解确定簇构造的困难性，图3-1显示了相同点集的不同聚类方法。该图显示了20个点和将它们划分成簇的3种不同方法。标记的形状指示簇的隶属关系。然而，将2个较大的簇都划分成3个子簇可能是人的视觉系统造成的假象。此外，说这些点形成4个簇可能也不无道理。该图表明簇的定义是不精确的，而最好的定义依赖于数据的特性和期望的结果。

聚类分析与其他将数据对象分组的技术相关。如，聚类可以看作一种分类，它用类（簇）标号创建对象的标记。然而，只能从数据导出这些标号。相比之下，第4章的分类是监督分类（Supervised Classification），即使用出类标号已知的对象开发的模型，对新的、无标记的对象赋予类标号。为此，有时称聚类分析为非监督分类（Unsupervised Classification）。在数据挖掘中，不附加任何条件使用术语分类时，通常是指监督分类。此外，尽管术语分割（Segmentation）和划分（Partitioning）有时也用作聚类的同义词，但这些术语通常用来表示传统的聚类分析之外的方法。例如，术语划分通常用在将图分成子图相关的技术，与聚类并无太大联系。分割通常指使用简单的技术将数据分组。例如，图像可以根据像素亮度或颜色分割，人可以根据他们的收入分组。尽管如此，图划分、图像分割和市场分割的许多工作都与聚类分析有关。

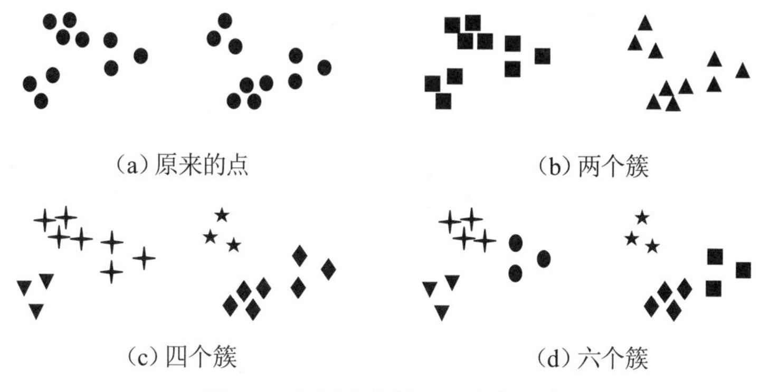

(a) 原来的点　(b) 两个簇

(c) 四个簇　(d) 六个簇

图 3-1　相同点集的不同聚类方法

2. 不同的聚类类型

整个簇集合通常称作聚类，本节我们将区分不同类型的聚类：层次的（嵌套的）与划分的（非嵌套的），互斥的、重叠的与模糊的，完全的与部分的。

层次的与划分的不同类型的聚类之间最常讨论的差别是：簇的集合是嵌套的，还是非嵌套的；或者用更传统的术语，是层次的还是划分的。划分聚类（Partitional Clustering）简单地将数据对象集划分成不重叠的子集（簇），使得每个数据对象恰在一个子集中。如果允许簇具有子簇，则我们得到一个层次聚类（Hierarchical Clustering）。层次聚类是嵌套簇的集簇，组织成一棵树。除叶结点外，树中每一个结点（簇）都是其子女（子簇）的并集，而树根是包含所有对象的簇。通常（但并非总是），树叶是单个数据对象的单元素簇。如果允许簇嵌套，最后，层次聚类可以看作划分聚类的序列，划分聚类可以通过取序列的任意成员得到，即通过在一个特定层剪断层次树得到。

互斥的、重复的与模糊的：图 3-1 显示的簇都是互斥的（Exclusive），因为每个对象都指派到单个簇。在有些情况下，可以合理地将一个点放到多个簇中，这种情况可以被非互斥聚类更好地处理。在最一般的意义下，重叠的（Over Lapping）或非互斥的（Non-Exclusive）聚类用来反映个对象同时属于多个组（类）这一事实。例如，在大学里，一个人可能既是学生，又是雇员。当对象在两个或多个簇之间，并且可以合理地指派到这些簇中的任何一个时，也常常可以使用非互斥聚类。

在模糊聚类（Fuzzy Clustering）中，每个对象以一个0（绝对不属于）和1（绝对属于）

之间的隶属权值属于每个簇。换言之，簇被视为模糊集（从数学上讲，在模糊集中，每个对象以 0 和 1 之间的权值属于任何一个集合。在模糊聚类中，通常施加一个约束条件：每个对象的权值之和必须等于 1）。同理，概率聚类技术计算每个点属于每个簇的概率，并且这些概率的和必须等于 1。由于任何对象的隶属权值或概率之和等于 1，因此模糊和概率聚类并不能真正地解决一个对象属于多个类的多类问题，例如学生雇员。这些方法最适合如下情况：当对象接近多个簇时，避免将对象随意地指派到一个簇。实践中，通常通过将对象指派到具有最高隶属权值或概率的簇，将模糊或概率聚类转换成互斥聚类。

完全的与部分的完全聚类（Complete Clustering）将每个对象指派到一个簇，而部分聚类（Partial Clustering）不是这样。促进部分聚类的因素是，数据集中某些对象可能属于明确定义的组。数据集中的一些对象可能代表噪声、离群点或“不感兴趣的背景”。例如，一些报刊报道可能涉及公共主题，如全球变暖，而其他报道则报道一般的一类事。这样，为了发现上月报道最重要的主题，我们可能希望只搜索与公共主题紧密相关的文档簇。在其他情况下，需要对象的完全聚类。例如，使用聚类组织用于浏览文档的应用，必须保证能够浏览所有的文档。

3. 不同的簇类型

聚类旨在发现有用的对象组（簇），这里有用性由数据挖掘目标定义。毫无疑问，有许多不同的簇概念，实践证明都是有用的。为了以可视方式说明这些簇类型之间的差别，我们使用二维数据点作为我们的数据对象。然而，我们强调的是，这里介绍的簇类型同样适用于其他数据。

明显分离的簇是对象的集合，其中每个对象到同簇中每个对象的距离比到不同簇中任意对象的距离都近（或更加相似）。有时，使用一个阈值来说明簇中所有对象相互之间必须充分接近（或相似）。仅当数据包含相互远离的自然簇时，簇的这种理想定义才能满足。

基于原型的簇是对象的集合，其中每个对象到定义该簇的原型的距离比到其他簇的原型距离更近（或更加相似）。对于具有连续属性的数据，簇的原型通常是质心，即簇中所有点的平均值。当质心没有意义时（如当数据具有分类属性时），原型通常是中心点，即簇中最有代表性的点。对于许多数据类型，原型可以视为最靠近中心的点：在这种情况下，通常把基于原型的簇看作基于中心的簇（Center-Based Cluster）。毫无疑问，这种簇趋向于呈球状。基于图的簇如果数据用图表示，其中结点是对象，而边代表对象之间的联系，则簇可以定义为连通分支（Connected Component），即互相连通但不与组外对象连通的对象组。

基于图的簇的一个重要例子是基于邻近的簇（Contiguity-Based Cluster），其中两个对象是相连的，仅当它们的距离在指定的范围之内。也就是说在基于邻近的簇中，每个对象到该簇某个对象的距离比到不同簇中任意点的距离更近。当簇不规则或缠绕时，簇的这种定义是有用的。但是，当数据有噪声时就可能出现问题，一个小的点桥就可能合并两个不同的簇。也存在其他类型的基于图的簇。一种方法是定义簇为团（Clique），即图中相互之间完全连接的结点的集合。具体来说，如果我们按照对象之间的距离添加连接，当对象集形成团时就形成一个簇。与基于原型的簇一样，这样的簇也趋向于呈球形。

基于密度的簇是对象的稠密区域，被低密度的区域环绕。共同性质的（概念簇）可以把簇定义为有某种共同性质的对象的集合。这个定义包括前面的所有簇定义。例如，基于中心簇中的对象都具有共同的性质：它们都离相同的质心或中心点最近。然而，共享性质的方法还包含新的簇类型。在这两种情况下，聚类算法都需要非常具体的簇概念来成功地检测出这些簇。发现这样的簇的过程称作概念聚类。然而，过于复杂的簇概念将涉及模式识别领域。因此，本书只考虑较简单的簇类型。

本章我们使用如下三种简单但重要的技术来介绍聚类分析涉及的一些概念。

（1）基于划分的聚类：K-means（*K* 均值）算法。*K* 均值是基于原型的、划分的聚类技术。它试图发现用户指定个数（*K*）的簇（由质心代表）。

（2）基于凝聚的层次聚类 BIRCH 算法。这种聚类方法涉及一组密切相关的聚类技术，它们通过如下步骤产生层次聚类：开始，每个点作为一个单点簇；然后，重复地合并两个最靠近的簇，直到产生单个的、包含所有点的簇。其中某些技术可以用基于图的聚类解释，而另一些则可以用基于原型的方法解释。

（3）基于密度的聚类 DBSCAN。这是一种产生划分聚类的基于密度的聚类算法，簇的个数由算法自动确定。低密度区域中的点被视为噪声而忽略，因此 DBSCAN 不产生完全聚类。

（4）基于网格的聚类 CLIQUE。

3.2　聚类算法的评估

假设你已经评估了给定数据集的聚类趋势，可能已经试着确定数据集的簇数。现在，你可以使用一种或多种聚类方法来得到数据集的聚类。“一种方法产生的聚类好吗？如何比较不同方法产生的聚类？”

对于测定聚类的质量，我们有几种方法可供选择。一般而言，根据是否有基准可用，这些方法可以分成两类。这里，基准是一种理想的聚类，通常由专家构建。

如果有可用的基准，则外在方法（Extrinsic Method）可以使用它。外在方法比较聚类结果和基准。如果没有基准可用，则我们可以使用内在方法（Intrinsic Method），通过考虑簇的分离情况评估聚类的好坏。基准可以看作一种“簇标号”形式的监督。因此，外在方法又称监督方法，而内在方法是无监督方法。

我们针对每类考察一些简单的方法。

1. *外在方法*

当有基准可用时，我们可以把它与聚类进行比较，以评估聚类。这样，外在方法的核心任务是，给定基准 C_g，对聚类 C 赋予一个评分 $Q(C, C_g)$ 。一种外在方法是否有效很大程度依赖于该方法使用的度量 Q。

一般而言，一种聚类质量度量 Q 是有效的，如果它满足如下 4 项基本标准：

（1）簇的同质性（cluster homogeneity）。这要求，聚类中的簇越纯，聚类越好。假设基准是说数据集 D 中的对象可能属于类别 L_1，…，L_n。考虑一个聚类 C_1，其中簇 $C \in C_1$ 包含来自两个类 L_i 和 L_j（$1 \leqslant i \leqslant j \leqslant n$）的对象。再考虑一个聚类 C_2，除了把 C 划分成分别包含 L_i 和 L_j 中对象的两个簇之外，它等价于 C_1。关于簇的同质性，聚类质量度量 Q 应该赋予 C_2 比 C_1 更高的得分，即 $Q(C_2, C_g) > Q(C_1, C_g)$ 。

（2）簇的完全性（cluster completeness）。这与簇的同质性相辅相成。簇的完全性要求对于聚类来说，根据基准，如果两个对象属于相同的类别，则它们应该被分配到相同的簇。簇的完全性要求聚类把（根据基准）属于相同类别的对象分配到相同的簇。考虑聚类 C_1，它包含簇 C_1 和 C_2，根据基准，它们的成员属于相同的类别。假设 C_2 除 C_1 和 C_2 在 C_2 中合并到一个簇之外，它等价于聚类 C_1。关于簇的完全性，聚类质量度量应该赋予 C_2 更高的得分，即 $Q(C_2, C_g) > Q(C_1, C_g)$ 。

（3）碎布袋（rag ba）。在许多实际情况下，常常有一种“碎布袋”类别，包含一些不能与其他对象合并的对象。这种类别通常称为“杂项”“其他”等。碎布袋准则是说，把一个异种对象放入一个纯的簇中应该比放入碎布袋中受更大的“处罚”。考虑聚类 C_1，和簇 $C \in C_1$，使得根据基准，除一个对象（记作 o）之外，C 中所有的对象都属于相同的类别。考虑聚类 C_2，它几乎等价于 C_1，唯一例外是在 C_2 中，o 被分配给簇 $C' \neq C$, 使得 C' 包含来自不同类别的对象（根据基准），因而是噪声。换言之，C_2 中的 C' 是一个碎布袋。于是，关于碎布袋准则，聚类质量度量应该赋予 C_2 更高的得分，即 $Q(C_2, C_g) > Q(C_1, C_g)$ 。

（4）小簇保持性（small cluster preservation）。如果小的类别在聚类中被划分成小片，则这些小片很可能成为噪声，从而小的类别就不可能被该聚类发现。小簇保持准则是说，把小类别划分成小片比将大类别划分成小片更有害。考虑一个极端情况，设 D 是 n+2 个对象的数据集，根据基准，n 个对象 o_1，…，o_n 属于一个类别，而其他两个对象 o_{n+1}，o_{n+2} 属于另一个类别。假设聚类 C_1 有 3 个簇：$C_1=\{o_1, \cdots, o_n\}$，$C_2=\{o_{n+1}\}$，$C_3=\{o_{n+2}\}$。设聚类 C_2 也有 3 个簇 $C_1=\{o_1, \cdots, o_{n+1}\}$，$C_2=\{o_n\}$，$C_3=\{o_{n+1}, o_{n+2}\}$。换言之，$C_1$ 划分了小类别，而 C_1 划分了大类别。保持小簇的聚类质量度量 Q 应该赋予 C_2 更高的得分，即 $Q(C_2, C_g) > Q(C_1, C_g)$。

许多聚类质量度量都满足这 4 个标准。这里，我们介绍一种 BCubed 精度和召回率，它满足这 4 个标准。

BCubed 根据基准，对给定数据集上聚类中的每个对象估计精度和召回率。一个对象的精度指示同一簇中有多少个其他对象与该对象同属一个类别。一个对象的召回率反映有多少同一类别的对象被分配在相同的簇中。

设 $D=\{o_1, \cdots, o_2\}$ 是对象的集合，C 是 D 的一个聚类。设 $L(o_i)$（$1 \leqslant i \leqslant n$）是基准确定的 o_i 的类别，$C(o_i)$ 是 C 中 o_i 的 cluster_ID。于是，对于两个对象 o_i 和 o_j 之间在聚类 C 中的关系的正确性由下式给出

$$Correctness(o_i, o_j)=\begin{cases}1 & L(o_i)=L(o_j) \Leftrightarrow C(o_i)=C(o_j) \\ 0 & \text{其他}\end{cases} \tag{3-1}$$

BCubed 精度定义为

$$\Pr ecision\ BCubed=\frac{1}{n}\sum_{i=1}^{n}\frac{\sum\limits_{o_j:i\neq j,C(o_i)=C(o_j)} Correctness(o_i, o_j)}{\left\|\{o_j \mid i\neq j, C(o_i)=C(o_j)\}\right\|} \tag{3-2}$$

BCubed 召回率定义为

$$\operatorname{Re}call\ BCubed=\frac{1}{n}\sum_{i=1}^{n}\frac{\sum\limits_{o_j:i\neq j,L(o_i)=L(o_j)} Correctness(o_i, o_j)}{\left\|\{o_j \mid i\neq j, L(o_i)=L(o_j)\}\right\|} \tag{3-3}$$

2. *内在方法*

当没有数据集的基准可用时，我们必须使用内在方法来评估聚类的质量。一般而言，内在方法通过考察簇间的分离情况和簇内的紧凑情况来评估聚类。许多内在方法都利用数据集的对象之间的相似性度量。

轮廓系数（silhouette coefficient）就是这种度量。对于 n 个对象的数据集 D，假

设 D 被划分成 K 个簇 C_1，…，C_K。对于每个对象 $o \in D$，我们计算 o 与 o 所属的簇的其他对象之间的平均距离 $a(o)$。类似的，$b(o)$ 是 o 到不属于 o 的所有簇的最小平均距离。假设 $o \in C_i$（$1 \leqslant i \leqslant K$），$|C_i|$ 表示簇 C_i 中的对象数量，则

$$a(o)=\frac{\sum\limits_{o' \in C_i, o \neq o'} dist(o,o')}{|C_i|-1} \tag{3-4}$$

$$b(o)=\min_{C_j:1\leqslant j\leqslant K, j\neq i}\left\{\frac{\sum\limits_{o' \in C_j} dist(o, o')}{|C_j|}\right\} \tag{3-5}$$

对象 o 的轮廓系数定义为

$$s(o)=\frac{b(o)-a(o)}{\max\{a(o), b(o)\}} \tag{3-6}$$

轮廓系数的值在 -1 和 1 之间。$a(o)$ 的值反映 o 所属的簇的紧凑性。该值越小，簇越紧凑。$b(o)$ 的值捕获 o 与其他簇的分离程度。$b(o)$ 的值越大，o 与其他簇越分离。因此，当 o 的轮廓系数值接近 1 时，包含 o 的簇是紧凑的，并且 o 远离其他簇，这是一种可取的情况。然而，当轮廓系数的值为负时 [即 $b(o)<a(o)$] 这意味在期望情况下，o 距离其他簇的对象比距离与自己同在簇的对象更近。在许多情况下，这是很糟糕的，应该避免。

为了度量聚类中的簇的拟合性，我们可以计算簇中所有对象的轮廓系数的平均值。为了度量聚类的质量，我们可以使用数据集中所有对象的轮廓系数的平均值。轮廓系数和其他内在度量也可以用在该方法中，通过启发式地导出数据集的簇数取代簇内方差之和。

v 函数是另外一种评估聚类质量的度量方法。

定义误差平方和函数

$$SSE=\sum_{i=1}^{K}\sum_{x\in C_i} dist(c_i, x)^2 \tag{3-7}$$

它表示第 i 个簇中任意一个元素 x 到簇中心 c_i 的距离的平方和。

再定义平均误差平方和函数

$$\overline{SSE}=\frac{1}{K}\sum_{i=1}^{K}\sum_{x\in C_i} dist(c_i, x)^2 \tag{3-8}$$

再定义簇间平均距离

$$\overline{D}=\frac{2}{K(K-1)}\sum_{i\neq j}dist(c_i,c_j) \tag{3-9}$$

显然$\overline{SSE}$越小（各数据点离簇心越近）、$\overline{D}$越大（簇间的距离越大）则聚簇效果越好，通常用下式评价聚簇的整体效果

$$v=\frac{\overline{SSE}}{\overline{D}}=\frac{\sum_{i=1}^{K}\sum_{x\in C_i}dist(c_i,x)^2}{\frac{2}{K(K-1)}\sum_{i\neq j}dist(c_i,c_j)} \tag{3-10}$$

3.3 基于划分的聚类：K-means

3.3.1 基于划分的聚类算法概述

聚类分析最简单、最基本的算法是划分，它把对象组织成多个互斥的组或簇。为了使问题说明简洁，我们假定簇个数作为已知，这个参数是划分方法的起点。

形式地，给定 n 个数据对象的数据集 D，以及要生成的簇数 K，划分算法把数据对象组织成 K（$K\leqslant n$）个分区，其中每个分区代表一个簇。这些簇的形成旨在优化一个客观划分准则，如基于距离的相异性函数，使得根据数据集的属性，在同一个簇中的对象是“相似的”，而不同簇中的对象是“相异的”。

划分方法（partitioning method）通常给定一个有 n 个对象的集合，划分方法构建数据的 K 个分区，其中每个分区表示一个簇，并且（$K\leqslant n$）。也就是说，它把数据划分为 K 个组，使得每个组至少包含一个对象。换言之，划分方法在数据集上进行一层划分。典型地，基本划分方法采取互斥的簇划分，即每个对象必须恰好属于一个组。这一要求，在模糊划分技术中可以放宽。

大部分划分方法是基于距离的。给定要构建的分区数 K，划分方法首先创建一个初始划分。然后，它采用一种迭代的重定位技术，通过把对象从一个组移动到另一个组来改进划分。

一般来说，一个好的划分准则是：同一个簇中的对象尽可能相互“接近”或相关，而不同簇中的对象尽可能“远离”或不同。传统的划分方法可以扩展到子空间聚类，

而不是搜索整个数据空间。当存在很多属性并且数据稀疏时，这是有用的。

为了达到全局最优，基于划分的聚类可能需要穷举所有可能的划分，计算量极大。实际上，大多数应用都采用了流行的启发式方法，如均值和中心点算法，渐近地提高聚类质量，逼近局部最优解。这些启发式聚类方法很适合发现中小规模的数据库中的球状簇。

为了发现具有复杂形状的簇和对超大型数据集进行聚类，需要进一步扩展基于划分的方法。

基于划分的聚类技术很多，但最突出的是 K 均值和 K 中心点。K 均值用质心定义原型，其中质心是一组点的均值。通常，K 均值聚类用于连续空间中的对象。K 中心点使用中心点定义原型，其中中心点是一组点中最有代表性的点。K 中心点聚类可以用于广泛的数据，因为它只需要对象之间的邻近性度量。尽管质心几乎从来不对应于实际的数据点，但根据定义，中心点必须是一个实际数据点。本节，我们只关注 K 均值，一种最老的、最广泛使用的聚类算法。

K-means 聚类算法由 J. B. Mac Queen 于 1967 年提出，是最为经典的也是使用最为广泛的一种基于划分的聚类算法，它属于基于距离的聚类算法。所谓的基于距离的聚类算法是指采用距离作为相似性量度的评价指标，也就是说，当两个对象离得近时，两者之间的距离比较小，那么它们之间的相似性就比较大。这类算法通常是由距离比较相近的对象组成簇，把得到的紧凑而且独立的簇作为最终目标，因此将这类算法称为基于距离的聚类算法。K-means 聚类算法就是其中比较经典的一种算法。K-means 聚类是数据挖掘的重要分支，同时也是实际应用中最常用的聚类算法之一。

3.3.2　K-means聚类算法原理

K-means 聚类算法的最终目标就是根据输入参数 K（这里的 K 表示需要将数据对象聚成多少个簇），把数据对象分成 K 个簇。该算法的基本思想是：首先，指定需要划分的簇的个数 K 值；其次，随机地选择 K 个初始数据对象点作为初始的聚类中心；再次，计算其余的各个数据对象到这 K 个初始聚类中心的距离（这里一般采用距离作为相似性度量），把数据对象划归到距离它最近的那个中心所处的簇类中；最后，调整新类并且重新计算出新类的中心，如果两次计算出来的聚类中心未曾发生任何变化，就可以说明数据对象的调整已经结束，也就是说聚类采用的准则函数（这里采用的是误差平方和的准则函数）是收敛的，表示算法结束。

K-means 聚类算法属于一种动态聚类算法，也称为逐步聚类法，该算法的一个比较显著的特点就是迭代过程，每次都要考察对每个样本数据的分类正确与否，如果不正确，就要进行调整。当调整完全部的数据对象之后，再来修改中心，最后进入下一次迭代的过程中。若在一个迭代中，所有的数据对象都已经被正确地分类，那么就不会有调整，聚类中心也不会改变，聚类准则函数也表明已经收敛，那么该算法就成功结束。

传统的K-means算法的基本工作过程是：首先随机选择K个数据作为初始中心，计算各个数据到所选出来的各个中心的距离，将数据对象指派到最近的簇中。然后计算每个簇的均值，循环往复执行，直到满足聚类准则函数收敛为止，其具体的工作步骤如下。

算法 3.1　K-means 算法

输入：初始数据集DATA和簇的数目K。

输出：K个簇，满足平方误差准则函数收敛。

I. 任意选择K个数据对象作为初始聚类中心。

II.Repeat.

III. 根据簇中对象的平均值，将每个对象赋给最类似的簇。

IV. 更新每个簇的聚类中心。

V. 计算聚类准则函数J_c它可选用3.2节中提到的任意一种聚类效果评估函数。

VI.Until 准则函数J_c值不再进行变化。

K-means算法的工作框架如下：

（1）适当选择K个初始中心点。对于每一维特征，统计其最大值和最小值。每次选择初始中心点时，在每个特征的最大值和最小值中生成一个随机值，作为该特征的值。重复该步骤直到K个初始中心点生成完毕。

（2）迭代地将剩下点划分到各个聚类。对于剩下的每个点，计算其到K个中心点的距离，从中选择距离最近的中心点，将其划分到该中心点所属的聚类中。

两点间的距离计算，对欧式空间中的点使用欧式距离、对文档用余弦相似度、皮尔逊相关度、Jaccard相似系数等。

皮尔逊相关度可定义为两个向量之间的协方差和标准差的商。

（3）计算每个聚类新的中心点。计算方法是取聚类中所有点各自维度的算术平均值。

（4）判断本次迭代的聚类结果是否与上次一致。

比较 K 个聚类中的中心点是否发生了变化，依次比较每个聚类即可。如果两次聚类结果没有发生变化，则停止迭代，输出聚类结果；如果发生了变化，则重复（2）和（3）步，继续迭代。

从该算法的框架能够得出，K-means 算法的特点是：调整一个数据样本后就修改一次聚类中心以及聚类准则函数 J_c 的值，当 n 个数据样本完全被调整完后表示一次迭代完成，这样就会得到新的 J_c 和聚类中心的值。若在一次迭代完成之后，J_c 的值没有发生变化，则表明该算法已经收敛；在迭代过程中 J_c 值逐渐缩小，直到达到最小值为止。该算法的本质是把每一个样本点划分到离它最近的聚类中心所在的类。

K-means 聚类算法的本质是一个最优化求解的问题，目标函数虽然有很多局部最小值点，但只有一个全局最小值点。之所以只有一个全局最小值点，是由于目标函数总是按照误差平方准则函数变小的轨迹来进行查找的。

K-means 算法对聚类中心采取的是迭代更新的方法，根据 K 个聚类中心，将周围的点划分成 K 个簇；在每一次的迭代中将重新计算的每个簇的质心，即簇中所有点的均值，作为下一次迭代的参照点。也就是说，每一次的迭代都会使选取的参照点越来越接近簇的几何中心，也就是簇心，所以如果目标函数越来越小，那么聚类的效果就会越来越好。

3.3.3 K-means算法的优势与劣势

1. K-means 算法的优势

（1）K-means 聚类算法是解决聚类问题的一种经典算法，算法简单、快速。

（2）对处理大数据集，该算法是相对可伸缩和高效率的，因为它的复杂度大约是（O（nKt））其中 n 是所有对象的数目；K 是簇的数目；t 是迭代的次数，通常 $K<n$），这个算法经常以局部最优结束。

（3）算法尝试找出使平方误差函数值最小的 K 个划分。当簇是密集的，球状或团状的，而簇与簇之间的区别明显时，它的聚类效果较好。

2. K-means 算法的劣势

（1）K-means 聚类算法只有在簇的平均值被定义的情况下才能使用，不适用于某些应用，如涉及有分类属性的数据不适用。

（2）要求用户必须事先给出要生成的簇的数目 K。

（3）对初值敏感。不同的初始值，可能会导致不同的聚类结果。

（4）不适合于发现非凸面形状的簇，或者大小差别很大的簇。

（5）对于“噪声”和孤立点数据敏感，少量的该类数据能够对平均值产生极大的影响。

3.3.4 K-means算法优化

1. 处理空簇

前面介绍的基本 *K* 均值算法存在的问题之一是：如果所有的点在指派步骤都未分配到某个簇就会得到空簇。如果这种情况发生，则需要某种策略来选择一个替补质心，否则的话，平方误差将会偏大。一种方法是选择一个距离当前任何质心最远的点，这将消除当前对总平方误差影响坡大的点。另一种方法是从具有最大 *SSE* 的簇中选择一个替补质心。这将分裂簇并降低聚类的总 *SSE*。如果有多个空簇，则该过程重复多次。

2. 离群点

使用平方误差标准时，离群点可能过度影响所发现的簇。具体来说，当存在离群点时，结果簇的质心（原型）可能不如没有离群点时那样有代表性，并且 *SSE* 也比较高。正因为如此，提前发现离群点并删除它们是有用的。然而，应当意识到有一些聚类应用，不能删除离群点。当聚类用来压缩数据时，必须对每个点聚类。在某些情况下（如财经分析），明显的离群点（如不寻常的有利可图的顾客）可能是最令人感兴趣的点。

一个明显的问题是如何识别离群点。如果我们使用的方法在聚类前就删除离群点，则我们就避免了对不能很好聚类的点进行聚类。当然也可以在后处理时识别离群点。例如，我们可以记录每个点对 *SSE* 的影响，删除那些具有异乎寻常影响的点（尤其是多次运行算法时）。此外，我们还可能需要删除那些很小的簇，因为它们常常代表离群点的簇。

3. 用后处理降低 *SSE*

一种明显降低 *SSE* 的方法是找出更多簇，即使用较大的 *K*。然而，在许多情况下，我们希望降低 *SSE*，但并不想增加簇的个数。这是可能的，因为 *K* 均值常常收敛于局部极小。可以使用多种技术来“修补”结果簇，以便产生具有较小 *SSE* 的聚类。策略是关注每一个簇，因为总 *SSE* 只不过是每个簇的 *SSE* 之和。（为了避免混淆，我们将分别使用术语总 *SSE* 和簇 *SSE*。）通过在簇上进行诸如分裂和合并等操作，我们

可以改变总 *SSE*。一种常用的方法是交替地使用簇分裂和簇合并。在分裂阶段将簇分开，而在合并阶段将簇合并。用这种方法，常常可以避开局部极小，并且仍然能够得到具有期望个数簇的聚类。下面是一些用于分裂和合并阶段的技术。

（1）通过增加簇个数来降低总 *SSE* 的两种策略如下。

① 分裂一个簇：通常选择具有最大 *SSE* 的簇，但我们也可以分裂在特定属性具有最大标准差的簇。

② 引进一个新的质心通常选择离所有簇质心最远的点。如果我们记录每个点对 *SSE* 的贡献，则可以容易地确定最远的点。另一种方法是从所有的点或者具有最高 *SSE* 的点中随机地选择。

（2）减少簇个数，而且试图最小化总 *SSE* 的增长的两种策略如下。

① 拆散一个簇：删除簇的对应质心，并将簇中的点重新指派到其他簇。理想情况下，被拆散的簇应当是使总 *SSE* 增加最少的簇。

② 合并两个簇：通常选择质心最接近的两个簇，尽管另一种方法（合并两个导致总 *SSE* 增加最少的簇）或许更好。这两种合并策略与层次聚类使用的方法相同，分别称作质心方法和 Ward 方法。

4. 增量地更新质心

可以在点到簇的每次指派之后，增量地更新质心，而不是在所有的点都指派到簇中之后才更新簇质心。注意，每步需要零次或两次簇质心更新，因为一个点或者转移到一个新的簇（两次更新），或者留在它的当前簇（零次更新）。使用增设更新策略确保不会产生空簇，因为所有的簇都从单个点开始；并且如果一个簇只有单个点，则该点总是被重新指派到相同的簇。

此外，如果使用增量更新，则可以调整点的相对权值。例如，点的权值通常随聚类的进行而减小。尽管这可能产生更好的准确率和更快的收敛性，但在千变万化的情况下，选择好的相对权值可能是困难的。这些更新问题类似于人工神经网络的权值更新。

增量更新的另一个优点是使用不同于“最小化 *SSE*”的目标。假设给定一个度量簇集的目标函数。当处理某个点时，我们可以对每个可能的簇指派计算目标函数的值，然后选择优化目标的簇指派。

缺点方面，增量地更新质心可能导致次序依赖性。换言之，所产生的簇可能依赖于点的处理次序。尽管随机地选择点的处理次序可以解决该问题，但是，基本 *K* 均值方法在把所有点指派到簇中之后才更新质心并没有次序依赖性。此外，增量更新的开销也稍微大一些。然而，*K* 均值收敛相当快，因此切换簇的点数很快就会变小。

3.3.5 SPSS软件中的K-means算法应用案例

根据项目需要选取字段，假如需要制定适合用户的套餐，就可以选择“当月本DOU”和“当月MOU”字段，从而对套餐进行画像，达到套餐精准营销的目的。K-means算法的操作步骤如下：

1. 去奇异值

K-means是基于距离的聚类。为了避免不同属性因度量值不同而对聚类产生不同的影响，我们需要先对每个属性进行归一化，以保证每个属性对聚类结果的影响相同，而不是某一个属性占据压倒性优势。为避免某些异常的极大点对结果的影响，首先应该去除奇异值。

（1）在菜单上依次选择“图形—图表构建程序”。如图3-2所示。

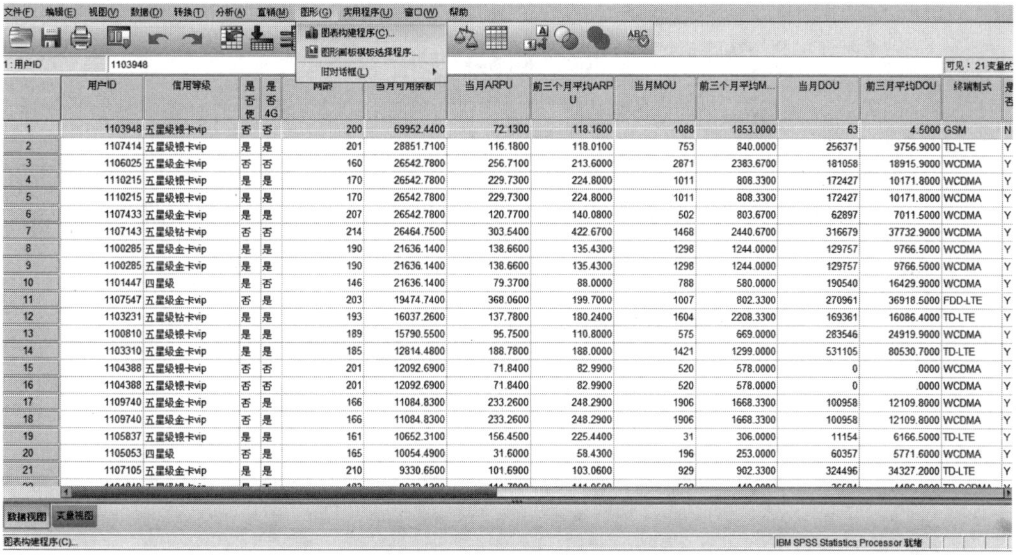

文件(F) 编辑(E) 视图(V) 数据(D) 转换(T) 分析(A) 直销(M) 图形(G) 实用程序(U) 窗口(W) 帮助

图表构建程序(C)...
图形画板模板选择程序...
旧对话框(L)

1:用户ID 1103948 可见：21变量的

	用户ID	信用等级	是否使	是否4G	网龄	当月可用余额	当月ARPU	前三个月平均ARPU	当月MOU	前三个月平均M...	当月DOU	前三月平均DOU	终端制式	是否
1	1103948	五星级银卡vip	否	否	200	69952.4400	72.1300	118.1600	1088	1853.0000	63	4.5000	GSM	N
2	1107414	五星级银卡vip	是	是	201	28851.7100	116.1800	118.0100	753	840.0000	256371	9756.9000	TD-LTE	Y
3	1106025	五星级金卡vip	否	否	160	26542.7800	256.7100	213.6000	2871	2383.6700	181058	18915.9000	WCDMA	Y
4	1110215	五星级银卡vip	是	是	170	26542.7800	229.7300	224.8000	1011	808.3300	172427	10171.8000	WCDMA	Y
5	1110215	五星级银卡vip	是	是	170	26542.7800	229.7300	224.8000	1011	808.3300	172427	10171.8000	WCDMA	Y
6	1107433	五星级金卡vip	是	是	207	26542.7800	120.7700	140.0800	502	803.6700	62897	7011.5000	WCDMA	Y
7	1107143	五星级钻卡vip	否	否	214	26464.7500	303.5400	422.6700	1468	2440.6700	316679	37732.9000	WCDMA	Y
8	1100285	五星级金卡vip	是	是	190	21636.1400	138.6600	135.4300	1298	1244.0000	129757	9766.5000	WCDMA	Y
9	1100285	五星级金卡vip	是	是	190	21636.1400	138.6600	135.4300	1298	1244.0000	129757	9766.5000	WCDMA	Y
10	1101447	四星级	是	否	146	21636.1400	79.3700	88.0000	788	580.0000	190540	16429.9000	WCDMA	Y
11	1107547	五星级金卡vip	否	是	203	19474.7400	368.0600	199.7000	1007	802.3300	270961	36918.5000	FDD-LTE	Y
12	1103231	五星级钻卡vip	是	是	193	16037.2600	137.7800	180.2400	1604	2208.3300	169361	16086.4000	TD-LTE	Y
13	1100810	五星级银卡vip	是	是	189	15790.5500	95.7500	110.8000	575	669.0000	283546	24919.9000	WCDMA	Y
14	1103310	五星级金卡vip	是	是	185	12814.4800	188.7800	188.0000	1421	1299.0000	531105	80530.7000	TD-LTE	Y
15	1104388	五星级银卡vip	否	否	201	12092.6900	71.8400	82.9900	520	578.0000	0	.0000	WCDMA	Y
16	1104388	五星级银卡vip	否	否	201	12092.6900	71.8400	82.9900	520	578.0000	0	.0000	WCDMA	Y
17	1109740	五星级金卡vip	否	是	166	11084.8300	233.2600	248.2900	1906	1668.3300	100958	12109.8000	WCDMA	Y
18	1109740	五星级金卡vip	否	是	166	11084.8300	233.2600	248.2900	1906	1668.3300	100958	12109.8000	WCDMA	Y
19	1105837	五星级银卡vip	是	是	161	10652.3100	156.4500	225.4400	31	306.0000	11154	6166.5000	TD-LTE	Y
20	1105053	四星级	否	是	165	10054.4900	31.6000	58.4300	196	253.0000	60357	5771.6000	WCDMA	Y
21	1107105	五星级金卡vip	是	是	210	9330.6500	101.6900	103.0600	929	902.3300	324496	34327.2000	TD-LTE	Y

数据视图 变量视图

图表构建程序(C)... IBM SPSS Statistics Processor 就绪

图3-2 去除奇异值操作1

（2）单击之后，就会出现如图3-3所示的界面，依次选择“库—双轴”。

（3）继续单击“基本元素—二维坐标”然后将变量中需要去除奇异值的属性拖进左边的坐标轴的虚线框内，如图3-4所示。

（4）完成上述操作步骤后单击“确定”就可以在查看器中得到如图3-5所示的“当用DOU”和“当月MOU”关系图。

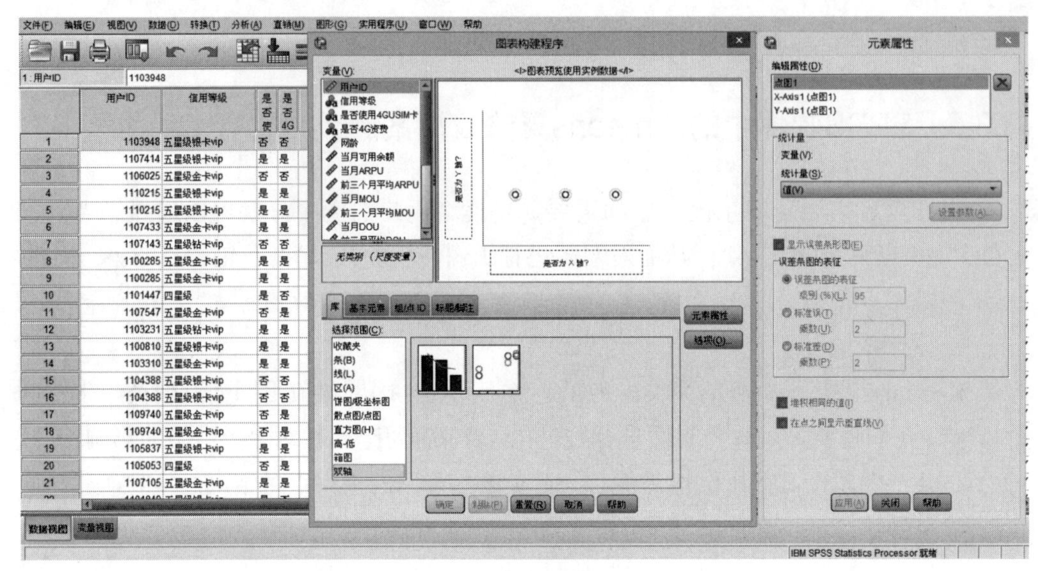

图 3-3　去除奇异值操作 2

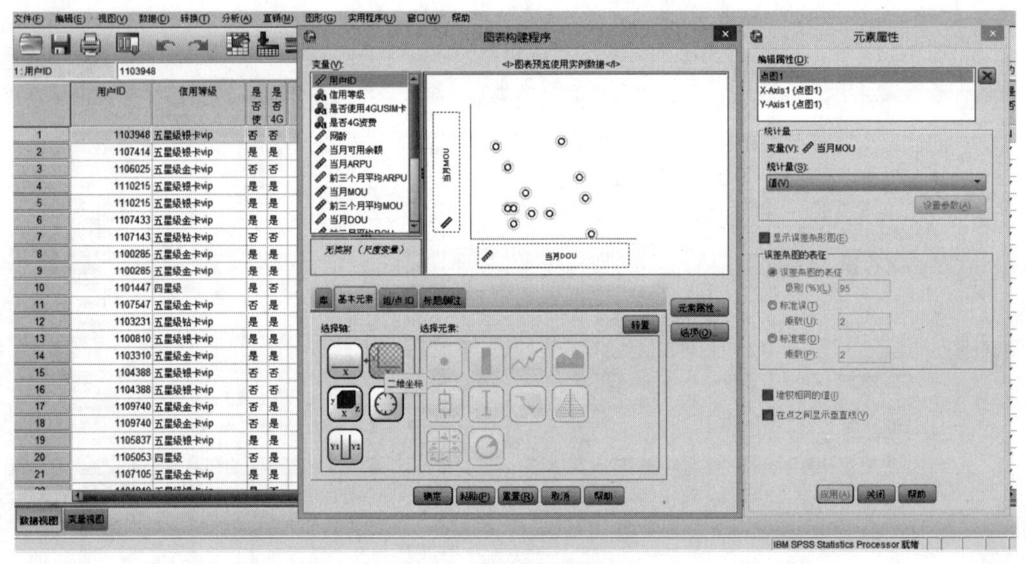

图 3-4　去除奇异值操作 3

（5）可以从图中看出，有两个明显的离群点。接下来要做的就是找到这两个点在数据表中对应的位置，并消除这两个样本数据。单击“图片”进入“图标编辑器”界面，选中该点，“右击—转至个案”，如图 3-6 所示。

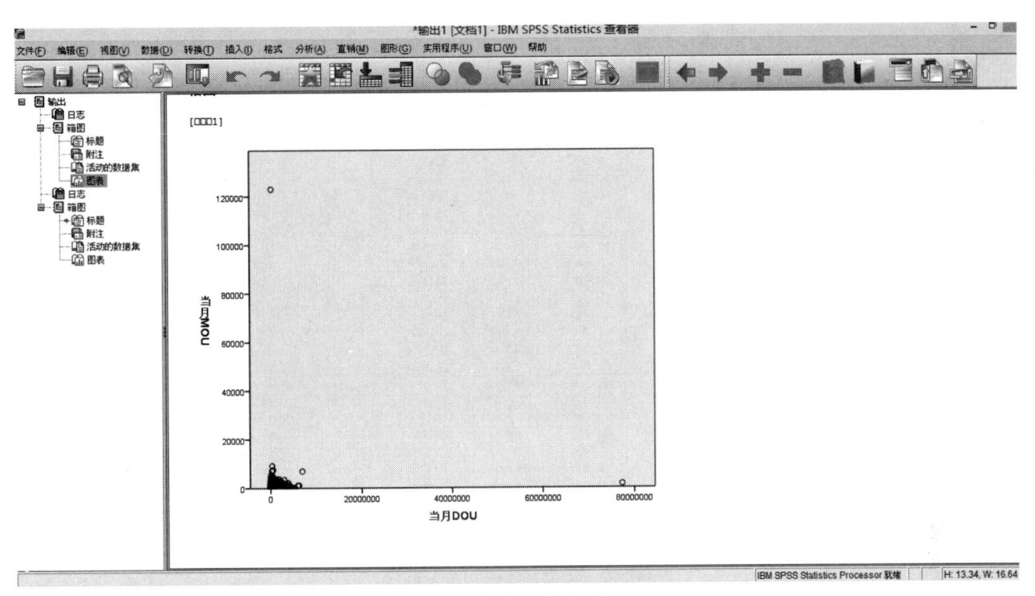

图 3-5　去除奇异值操作 4

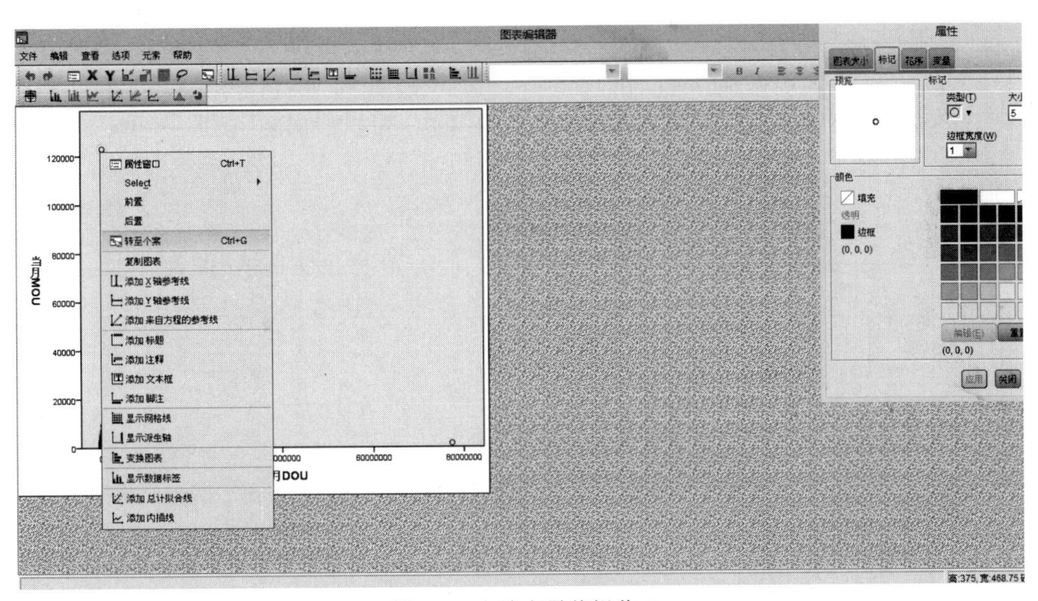

图 3-6　去除奇异值操作 5

（6）数据编辑器会将转至个案的样本数据标识出来，如图 3-7 所示。选中后“右击—清除”。

10979 : 用户ID　1107455　　可见：21 变量

	用户ID	信用等级	是否使	是否4G	网龄	当月可用余额	当月ARPU	前三个月平均ARPU	当月MOU	前三个月平均M...	当月DOU	前三月平均DOU	终端制式
10974	1110614	三星级	是	否	20	-447.0200	5.9800	140.0000	0	.3300	0	.0000	TD-SCDMA
10975	1110614	三星级	是	否	20	-447.0200	5.9800	140.0000	0	.3300	0	.0000	TD-SCDMA
10976	1110614	三星级	是	否	20	-447.0200	5.9800	140.0000	0	.3300	0	.0000	TD-SCDMA
10977	1110614	三星级	是	否	20	-447.0200	5.9800	140.0000	0	.3300	0	.0000	TD-SCDMA
10978	1100822	五星级金卡vip	否	否	189	-454.7300	487.7300	281.8500	2077	1473.3300	0	.0000	GSM
10979	1107455	五星级钻卡vip	是	是	203	-456.9400	743.1300	681.9900	123000	9721.6700	336918	24231.5000	FDD-LTE
10980		级银卡vip	是	是	174	-457.5400	98.9600	259.5500	911	876.6700	822085	156601.0000	TD-LTE
10981		级金卡vip	是	是	213	-467.9300	222.5500	225.6400	1732	1870.3300	222401	12057.3000	TD-LTE
10982		级	否	否	22	-470.9700	11.8700	288.0000	0	.0000	0	.0000	TD-SCDMA
10983		级	否	否	22	-470.9700	11.8700	288.0000	0	.0000	0	.0000	TD-SCDMA
10984		级	否	否	22	-470.9700	11.8700	288.0000	0	.0000	0	.0000	TD-SCDMA
10985		级钻卡vip	是	是	214	-498.9300	388.3100	463.9000	1326	1980.0000	353670	67863.0000	TD-LTE
10986		级钻卡vip	是	是	214	-498.9300	388.3100	463.9000	1326	1980.0000	353670	67863.0000	TD-LTE
10987	1107709	五星级银卡vip	否	否	212	-507.3400	219.9000	200.8200	610	503.6700	425	36.5000	GSM
10988	1107648	五星级金卡vip	是	是	216	-560.2900	310.4000	366.6400	1977	2731.3300	1039770	65136.6000	TD-LTE
10989	1103521	五星级金卡vip	是	是	189	-561.5600	225.7300	243.4400	1563	1872.6700	136438	5630.1000	CDMA
10990	1109836	五星级钻卡vip	是	是	167	-561.6900	2055.6000	1292.5200	6913	6812.0000	6894015	588442.6000	TD-LTE
10991	1107168	五星级钻卡vip	是	是	205	-580.0600	319.4900	584.4300	1763	1327.0000	793979	35349.9000	WCDMA
10992	1107168	五星级钻卡vip	是	是	205	-580.0600	319.4900	584.4300	1763	1327.0000	793979	35349.9000	WCDMA
10993	1107679	五星级金卡vip	否	否	214	-580.1500	394.4000	343.9000	1492	2304.6700	37591	6233.1000	WCDMA
10994	1102869	五星级银卡vip	是	否	92	-582.4700	99.0300	111.0200	1181	1115.0000	276512	19838.6000	TD-LTE
10995	1107212	五星级金卡vip	否	否	221	-595.1800	188.5000	400.8300	1573	1222.6700	165504	13350.6000	FDD-LTE

剪切(T)
复制(C)
粘贴(P)
清除(E)
网格字体
拼写(S)...

数据视图　变量视图

图 3-7　去除奇异值操作 6

在图 3-6 中可以看出至少有两个奇异值，但上述操作只去除了其中一个。若要去除另一个则必须重新重复上述画图步骤。因为在清除了一个样本数据之后，数据集中的序号就产生了变化，这时图 3-6 中另一个奇异值的点就无法找到它所对应的样本数据的位置。重复画图过程得到如图 3-8 所示的结果，可以看出刚刚的奇异值已经成功去除。多次重复上述步骤可以去除所有的奇异值。

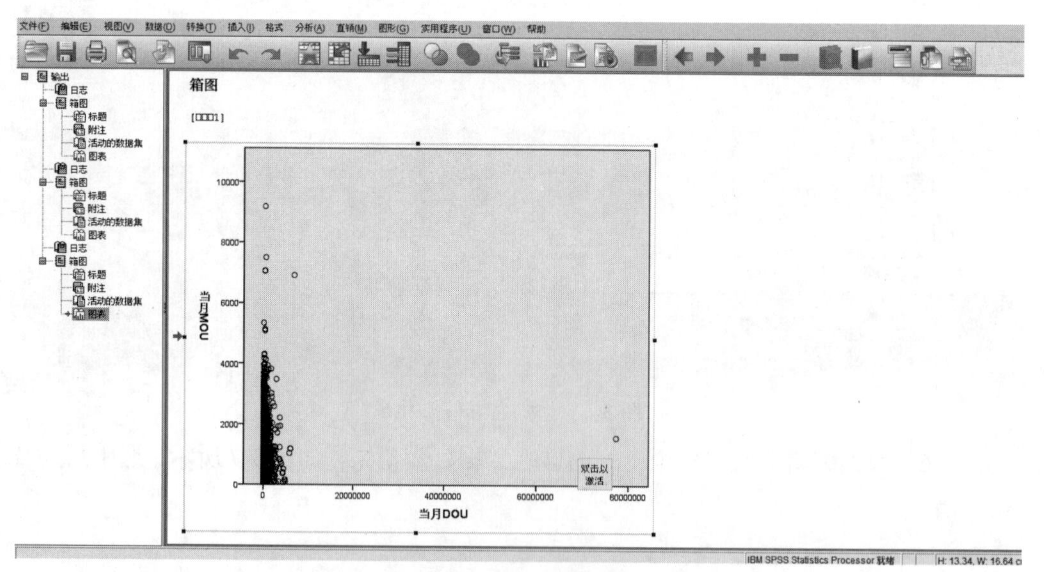

图 3-8　去除奇异值操作 7

2. 数据归一化

首先要找出最大值，选中一个字段，以“当月MOU”为例：

（1）“右击—降序排列”，如图3-9所示。

文件(F) 编辑(E) 视图(V) 数据(D) 转换(T) 分析(A) 直销(M) 图形(G) 实用程序(U) 窗口(W) 帮助

1:当月MOU 1088 可见：21变量的

	用户ID	信用等级	是否使	是否4G	网龄	当月可用余额	当月ARPU	前三个月平均ARPU	当月MOU	前三个月平均M...	当月DOU	前三月平均DOU	终端制式	是否
1	1103948	五星级银卡vip	否	否	200	69952.4400	72.1300	118.1600	[illegible]	353.0000	63	4.5000	GSM	N
2	1107414	五星级银卡vip	是	是	201	28851.7100	116.1800	118.0100	[illegible]	340.0000	256371	9756.9000	TD-LTE	Y
3	1106025	五星级金卡vip	否	否	160	26542.7800	256.7100	213.6000	[illegible]	383.6700	181058	18915.9000	WCDMA	Y
4	1110215	五星级银卡vip	是	是	170	26542.7800	229.7300	224.8000	[illegible]	308.3300	172427	10171.8000	WCDMA	Y
5	1110215	五星级银卡vip	是	是	170	26542.7800	229.7300	224.8000	[illegible]	308.3300	172427	10171.8000	WCDMA	Y
6	1107433	五星级金卡vip	是	是	207	26542.7800	120.7700	140.0800	[illegible]	303.6700	62897	7011.5000	WCDMA	Y
7	1107143	五星级钻卡vip	否	否	214	26464.7500	303.5400	422.6700	[illegible]	440.6700	316679	37732.9000	WCDMA	Y
8	1100285	五星级金卡vip	是	是	190	21636.1400	138.6600	135.4300	[illegible]	244.0000	129757	9766.5000	WCDMA	Y
9	1100285	五星级金卡vip	是	是	190	21636.1400	138.6600	135.4300	1298	1244.0000	129757	9766.5000	WCDMA	Y
10	1101447	四星级	是	否	146	21636.1400	79.3700	88.0000	788	580.0000	190540	16429.9000	WCDMA	Y
11	1107547	五星级金卡vip	否	是	203	19474.7400	368.0600	199.7000	1007	802.3300	270961	36918.5000	FDD-LTE	Y
12	1103231	五星级钻卡vip	是	是	193	16037.2600	137.7800	180.2400	1604	2208.3300	169361	16086.4000	TD-LTE	Y
13	1100810	五星级银卡vip	是	是	189	15790.5500	95.7500	110.8000	575	669.0000	283546	24919.9000	WCDMA	Y
14	1103310	五星级金卡vip	是	是	185	12814.4800	188.7800	188.0000	1421	1299.0000	531105	80530.7000	TD-LTE	Y
15	1104388	五星级银卡vip	否	否	201	12092.6900	71.8400	82.9900	520	578.0000	0	.0000	WCDMA	Y
16	1104388	五星级银卡vip	否	否	201	12092.6900	71.8400	82.9900	520	578.0000	0	.0000	WCDMA	Y
17	1109740	五星级金卡vip	否	是	166	11084.8300	233.2600	248.2900	1906	1668.3300	100958	12109.8000	WCDMA	Y
18	1109740	五星级金卡vip	否	是	166	11084.8300	233.2600	248.2900	1906	1668.3300	100958	12109.8000	WCDMA	Y
19	1105837	五星级银卡vip	是	是	161	10652.3100	156.4500	225.4400	31	306.0000	11154	6166.5000	TD-LTE	Y
20	1105053	四星级	否	是	165	10054.4900	31.6000	58.4300	196	253.0000	60357	5771.6000	WCDMA	Y
21	1107105	五星级金卡vip	是	是	210	9330.6500	101.6900	103.0600	929	902.3300	324496	34327.2000	TD-LTE	Y

剪切(T)
复制(C)
粘贴(P)
清除(E)
插入变量(A)
升序排列
降序排列
拼写(S)...

数据视图 变量视图

图3-9 找出最大值

（2）降序排列之后，可以看出当月本MOU的最大值为7495。接下来生成归一化后的当月MOU，在菜单上依次选择“转换—计算变量”，如图3-10所示。

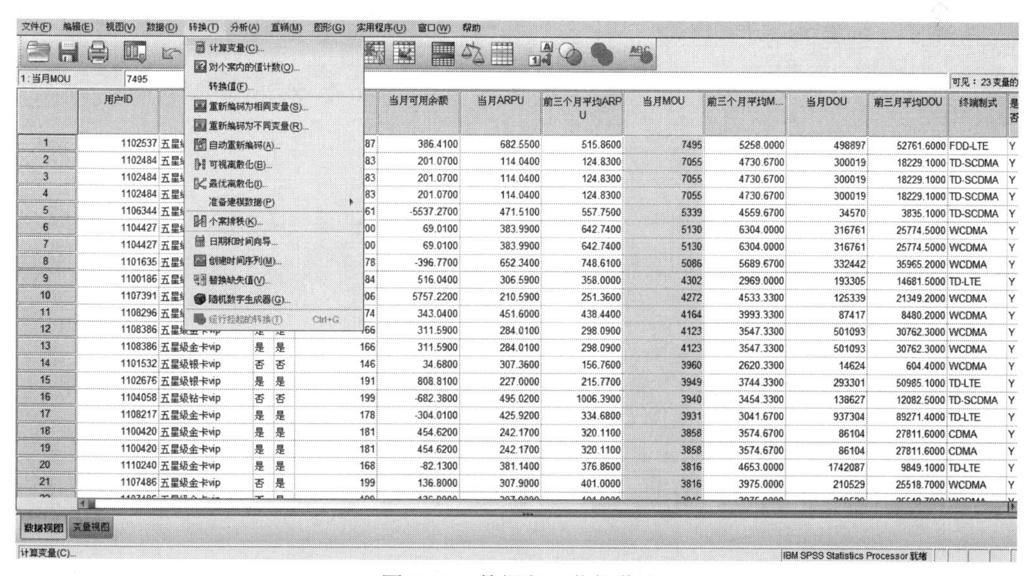

	用户ID	信用等级	是否使	是否4G	网龄	当月可用余额	当月ARPU	前三个月平均ARPU	当月MOU	前三个月平均M...	当月DOU	前三月平均DOU	终端制式	是否
1	1102537	五星级			87	386.4100	682.5500	515.8600	7495	5258.0000	498897	52761.6000	FDD-LTE	Y
2	1102484	五星级			83	201.0700	114.0400	124.8300	7055	4730.6700	300019	18229.1000	TD-SCDMA	Y
3	1102484	五星级			83	201.0700	114.0400	124.8300	7055	4730.6700	300019	18229.1000	TD-SCDMA	Y
4	1102484	五星级			83	201.0700	114.0400	124.8300	7055	4730.6700	300019	18229.1000	TD-SCDMA	Y
5	1106344	五星级			61	-5537.2700	471.5100	557.7500	5339	4559.6700	34570	3835.1000	TD-SCDMA	Y
6	1104427	五星级			00	69.0100	383.9900	642.7400	5130	6304.0000	316761	25774.5000	WCDMA	Y
7	1104427	五星级			00	69.0100	383.9900	642.7400	5130	6304.0000	316761	25774.5000	WCDMA	Y
8	1101635	五星级			78	-396.7700	652.3400	748.6100	5086	5689.6700	332442	35965.2000	WCDMA	Y
9	1100186	五星级			84	516.0400	306.5900	358.0000	4302	2969.0000	193305	14681.5000	TD-LTE	Y
10	1107391	五星级			06	5757.2200	210.5900	251.3600	4272	4533.3300	125339	21349.2000	WCDMA	Y
11	1108296	五星级			74	343.0400	451.6000	438.4400	4164	3993.3300	87417	8480.2000	WCDMA	Y
12	1108386	五星级金卡vip	是	是	166	311.5900	284.0100	298.0900	4123	3547.3300	501093	30762.3000	WCDMA	Y
13	1108386	五星级金卡vip	是	是	166	311.5900	284.0100	298.0900	4123	3547.3300	501093	30762.3000	WCDMA	Y
14	1101532	五星级银卡vip	否	否	146	34.6800	307.3600	156.7600	3960	2620.3300	14624	604.4000	WCDMA	Y
15	1102676	五星级银卡vip	是	是	191	808.8100	227.0000	215.7700	3949	3744.3300	293301	50985.1000	TD-LTE	Y
16	1104058	五星级钻卡vip	否	否	199	-682.3800	495.0200	1006.3900	3940	3454.3300	138627	12082.5000	TD-SCDMA	Y
17	1108217	五星级金卡vip	是	是	178	-304.0100	425.9200	334.6800	3931	3041.6700	937304	89271.4000	TD-LTE	Y
18	1100420	五星级金卡vip	是	是	181	454.6200	242.1700	320.1100	3858	3574.6700	86104	27811.6000	CDMA	Y
19	1100420	五星级金卡vip	是	是	181	454.6200	242.1700	320.1100	3858	3574.6700	86104	27811.6000	CDMA	Y
20	1110240	五星级金卡vip	是	是	168	-82.1300	381.1400	376.8600	3816	4653.0000	1742087	9849.1000	TD-LTE	Y
21	1107486	五星级金卡vip	否	是	199	136.8000	307.9000	401.0000	3816	3975.0000	210529	25518.7000	WCDMA	Y

图3-10 数据归一化操作1

（3）出现如图 3-11 所示界面。目标变量即需要新生成的变量，在这里我们将其命名为“归一化当月 MOU”，归一化当月 MOU = 当月 MOU/7495（最大值）。设置完成后单击“确定”。

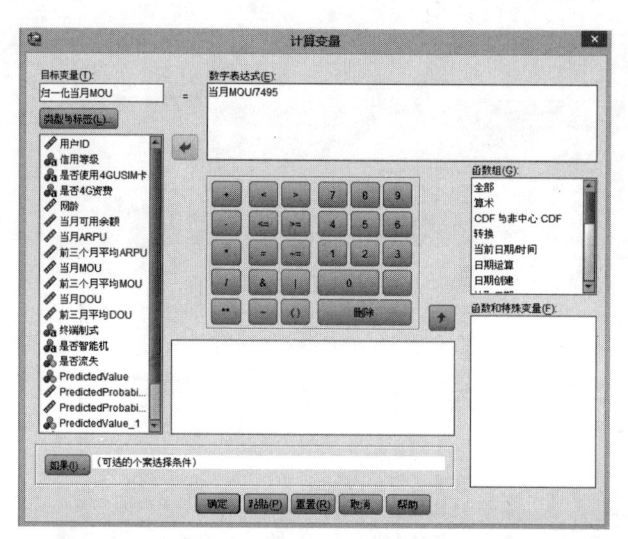

图 3-11　数据归一化操作 2

（4）在数据编辑器的最右边就会多出一列，即生成的“归一化当月 MOU”字段。如图 3-12 所示。对字段当月 DOU 重复上述操作完成归一化。

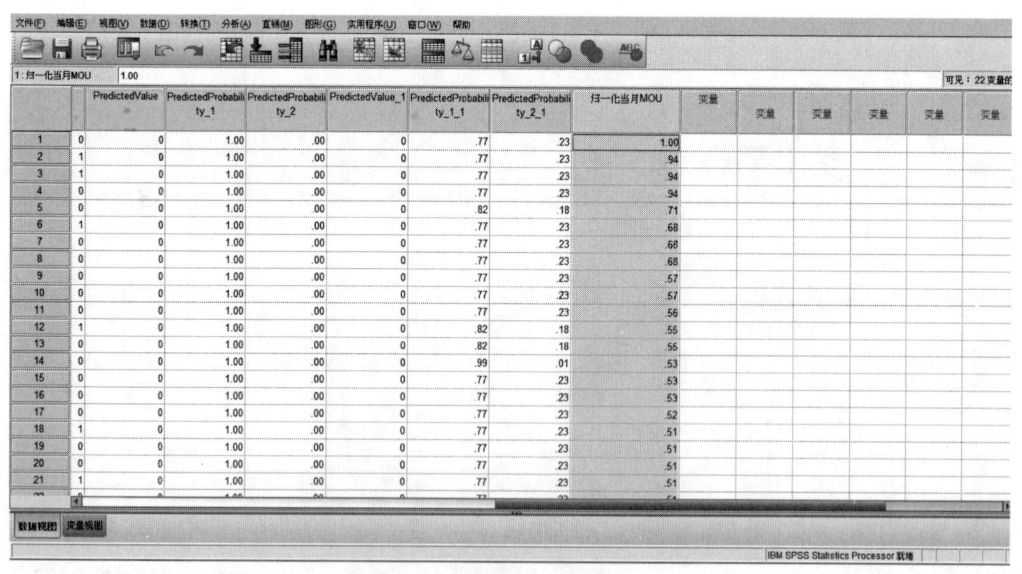

		PredictedValue	PredictedProbability_1	PredictedProbability_2	PredictedValue_1	PredictedProbability_1_1	PredictedProbability_2_1	归一化当月MOU	变量
1	0	0	1.00	.00	0	.77	.23	1.00	
2	1	0	1.00	.00	0	.77	.23	.94	
3	1	0	1.00	.00	0	.77	.23	.94	
4	0	0	1.00	.00	0	.77	.23	.94	
5	0	0	1.00	.00	0	.82	.18	.71	
6	1	0	1.00	.00	0	.77	.23	.68	
7	0	0	1.00	.00	0	.77	.23	.68	
8	0	0	1.00	.00	0	.77	.23	.68	
9	0	0	1.00	.00	0	.77	.23	.57	
10	0	0	1.00	.00	0	.77	.23	.57	
11	0	0	1.00	.00	0	.77	.23	.56	
12	1	0	1.00	.00	0	.82	.18	.55	
13	0	0	1.00	.00	0	.82	.18	.55	
14	0	0	1.00	.00	0	.99	.01	.53	
15	0	0	1.00	.00	0	.77	.23	.53	
16	0	0	1.00	.00	0	.77	.23	.53	
17	0	0	1.00	.00	0	.77	.23	.52	
18	1	0	1.00	.00	0	.77	.23	.51	
19	0	0	1.00	.00	0	.77	.23	.51	
20	0	0	1.00	.00	0	.77	.23	.51	
21	1	0	1.00	.00	0	.77	.23	.51	

图 3-12　数据归一化操作 3

3. K-means 聚类

（1）在菜单上依次选择“分析—分类—K-means 聚类”，如图 3-13 所示。

	用户ID	信用等级			当月可用余额	当月ARPU	前三个月平均ARPU	当月MOU	前三个月平均M...	当月DOU	前三月平均DOU	终端制式	是否
1	1107455	五星级钻卡vip		203	-456.9400	743.1300	681.9900	123000	9721.6700	336918	24231.5000	FDD-LTE	Y
2	1101725	五星级钻卡vip		160	106.4300	1182.8900	1248.2800	9176	10186.0000	322881	14300.4000	WCDMA	Y
3	1102537	五星级钻卡vip		187	386.4100	682.5500	515.8600	7495	5258.0000	498897	52761.6000	FDD-LTE	Y
4	1102484	五星级银卡vip		183	201.0700	114.0400	124.8300	7055	4730.6700	300019	18229.1000	TD-SCDMA	Y
5	1102484	五星级银卡vip		183	201.0700	114.0400	124.8300	7055	4730.6700	300019	18229.1000	TD-SCDMA	Y
6	1102484	五星级银卡vip		183	201.0700	114.0400	124.8300	7055	4730.6700	300019	18229.1000	TD-SCDMA	Y
7	1109836	五星级钻卡vip				2055.6000	1292.5200	6913	6812.0000	6894015	588442.6000	TD-LTE	Y
8	1106344	五星级金卡vip				471.5100	557.7500	5339	4559.6700	34570	3835.1000	TD-SCDMA	Y
9	1104427	五星级钻卡vip				383.9900	642.7400	5130	6304.0000	316761	25774.5000	WCDMA	Y
10	1104427	五星级钻卡vip				383.9900	642.7400	5130	6304.0000	316761	25774.5000	WCDMA	Y
11	1101635	五星级钻卡vip				652.3400	748.6100	5086	5689.6700	332442	35965.2000	WCDMA	Y
12	1100186	五星级钻卡vip				306.5900	358.0000	4302	2969.0000	193305	14681.5000	TD-LTE	Y
13	1107391	五星级金卡vip				210.5900	251.3600	4272	4533.3300	125339	21349.2000	WCDMA	Y
14	1108296	五星级金卡vip		174	343.0400	451.6000	438.4400	4164	3993.3300	87417	8480.2000	WCDMA	Y
15	1108386	五星级金卡vip		166	311.5900	284.0100	298.0900	4123	3547.3300	501093	30762.3000	WCDMA	Y
16	1108386	五星级金卡vip		166	311.5900	284.0100	298.0900	4123	3547.3300	501093	30762.3000	WCDMA	Y
17	1101532	五星级银卡vip		146	34.6800	307.3600	156.7600	3960	2620.3300	14624	604.4000	WCDMA	Y
18	1102676	五星级银卡vip		191	808.8100	227.0000	215.7700	3949	3744.3300	293301	50985.1000	TD-LTE	Y
19	1104058	五星级钻卡vip		199	-682.3800	495.0200	1006.3900	3940	3454.3300	138627	12082.5000	TD-SCDMA	Y
20	1108217	五星级金卡vip	是 是	178	-304.0100	425.9200	334.6800	3931	3041.6700	937304	89271.4000	TD-LTE	Y
21	1100420	五星级金卡vip	是 是	181	454.6200	242.1700	320.1100	3858	3574.6700	86104	27811.6000	CDMA	Y

图 3-13　“选择 K-means 聚类”

（2）出现如图 3-14 所示的界面，把前面生成的“归一化当月 DOU”“归一化当月 MOU”字段拖到变量栏中。

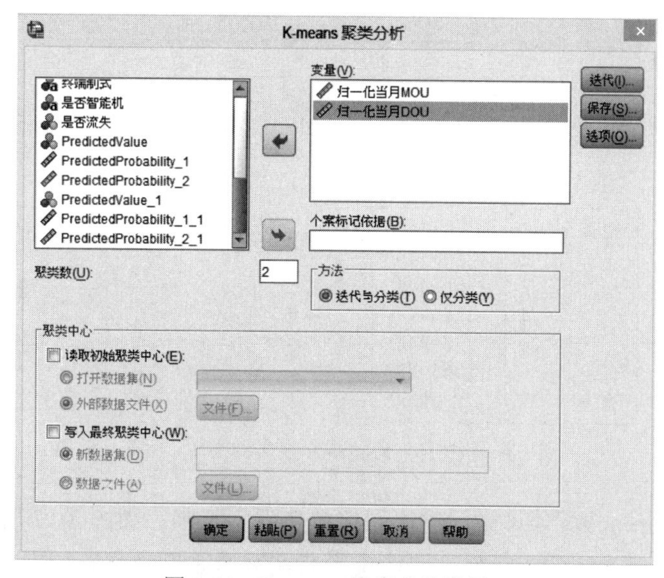

图 3-14　K-means 聚类参数设置 1

（3）根据实际需要设置聚类数、最大迭代次数和收敛性标准，如图 3-15 所示。在这里我们设置“聚类数”为 5、“最大迭代次数”为 50、“收敛性标准”为 0。

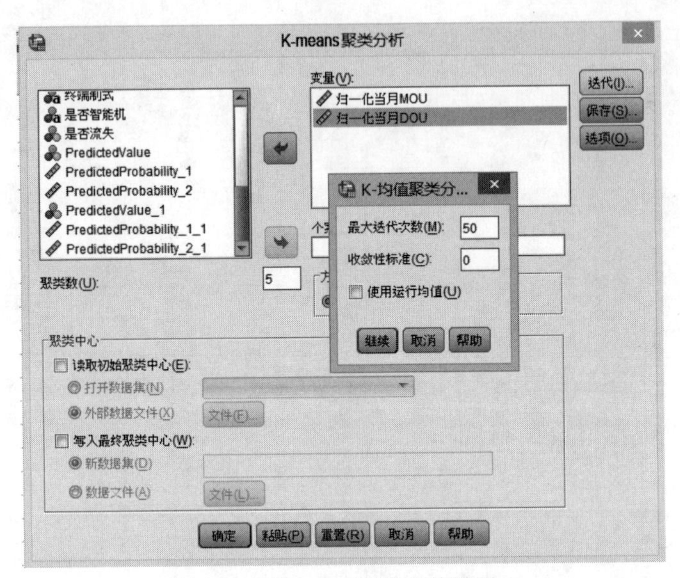

图 3-15　K-means 聚类参数设置 2

（4）在 SPSS 查看器中，得到聚类中心和每个类中的样本个数，如图 3-16 所示。

最终聚类中心

	聚类				
	1	2	3	4	5
归一化当月MOU	0.10	0.02	0.31	0.12	0.11
归一化当月DOU	0.54	0.01	0.04	0.02	0.17

每个聚类中的案例数

聚类	1	62.000
	2	7363.000
	3	686.000
	4	2586.000
	5	368.000
有效		11065.000
缺失		0.000

图 3-16　K-means 聚类结果 1

（5）在 K-means 聚类参数设置时可以单击保存选项，如图 3-17 所示。勾选“聚类成员”“与聚类中心的距离”，完成聚类后在数据编辑器的最右边会多生成两列，分别是该样本数据所属的类编号和它到类中心的距离，如图 3-18 所示。

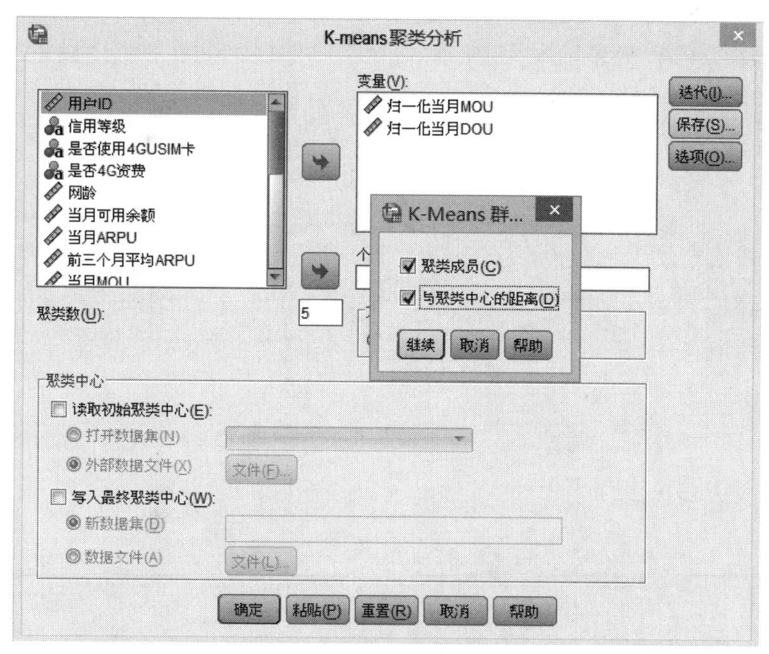

图 3-17　K-means 聚类参数设置 3

文件(F)　编辑(E)　视图(V)　数据(D)　转换(T)　分析(A)　直销(M)　图形(G)　实用程序(U)　窗口(W)　帮助

1 : QCL_1　1　　可见：25 变量的

	bili	PredictedValue_1	PredictedProbability_1_1	PredictedProbability_2_1	归一化当月MOU	归一化当月DOU	QCL_1	QCL_2	变量	变量	变量	变量
1	.00	0	.77	.23	.16	1.00	1	.46200				
2	.00	0	.77	.23	.16	1.00	1	.46200				
3	.00	0	.77	.23	.14	.96	1	.42335				
4	.00	1	.36	.64	.01	.81	1	.28553				
5	.00	1	.36	.64	.01	.81	1	.28553				
6	.00	1	.37	.63	.02	.80	1	.27393				
7	.00	1	.37	.63	.02	.80	1	.27393				
8	.00	1	.37	.63	.02	.80	1	.27393				
9	.05	0	.99	.01	.07	.75	1	.21011				
10	.00	1	.36	.64	.01	.74	1	.21825				
11	.00	1	.36	.64	.01	.74	1	.21825				
12	.00	0	.77	.23	.05	.73	1	.19634				
13	.00	0	.77	.23	.05	.72	1	.18241				
14	.00	0	.82	.18	.09	.67	1	.13364				
15	.00	0	.77	.23	.10	.64	1	.09516				
16	.00	0	.77	.23	.26	.63	1	.17485				
17	.00	0	.77	.23	.11	.62	1	.07997				
18	.00	0	.79	.21	.29	.61	1	.20289				
19	.00	0	.99	.01	.16	.61	1	.09149				
20	.00	0	.82	.18	.07	.60	1	.06625				
21	.00	0	.77	.23	.11	.59	1	.04872				

案例的类别号

数据视图　变量视图

IBM SPSS Statistics Processor 就绪

图 3-18　K-means 聚类结果 2

（6）在 K-means 聚类参数设置时可以单击“选项”选项，如图 3-19 所示。可以勾选“初始聚类中心”“ ANOVA 表”“每个个案的聚类信息”，这样在聚类完成后 SPSS 查看器中，不仅会显示聚类中心和每个类中的样本个数，还会显示出每个类中心距离另外几个类中心的距离，以及一个 ANOVA 表，如图 3-20 所示。

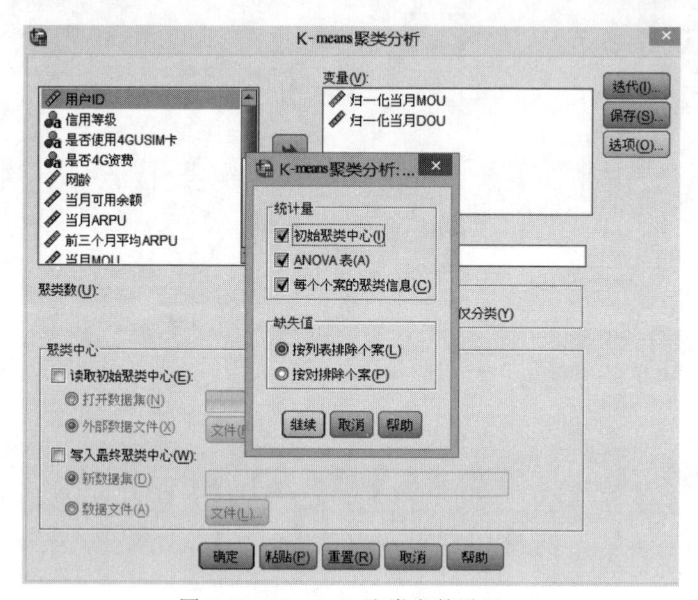

图 3-19 K-means 聚类参数设置 4

最终聚类中心间的距离

聚类	1	2	3	4	5
1		0.542	0.537	0.520	0.371
2	0.542		0.292	0.107	0.187
3	0.537	0.292		0.185	0.237
4	0.520	0.107	0.185		0.150
5	0.371	0.187	0.237	0.150	

ANOVA

	聚类		误差		*F*	Sig.
	均方	df	均方	df		
归一化当月MOU	16.608	4	0.001	11060	11896.072	0.000
归一化当月DOU	6.746	4	0.001	11060	9318.482	0.000

F检验应仅用于描述性目的，因为选中的聚类将被用来最大化不同聚类中的案例间的差别。观测到的显著性水平并未据此进行更正，因此无法将其解释为是对聚类均值相等这一假设的检验。

图 3-20 K-means 聚类结果 3

根据数据表格中生成的当前样本到聚类中心点的距离以及输出窗口各聚类中心间的距离，以及聚类质量评价标准 v 值的公式（3-10）

可得此聚类的 v 值为 41.10759。由于聚类个数的不同和参数设置不同，其 v 值必然不同，v 值作为衡量聚类质量好坏的标准，其值越小，聚类质量越好。否则，聚类质量越差。

在前面的案例中，我们选择聚类数为 5，计算出其 v 值为 41.10759，现在取 K 值即聚类数为 9，所有的步骤和前例一致，不同的是，在选择聚类数时，选取的值为 9，如图 3-21 所示。

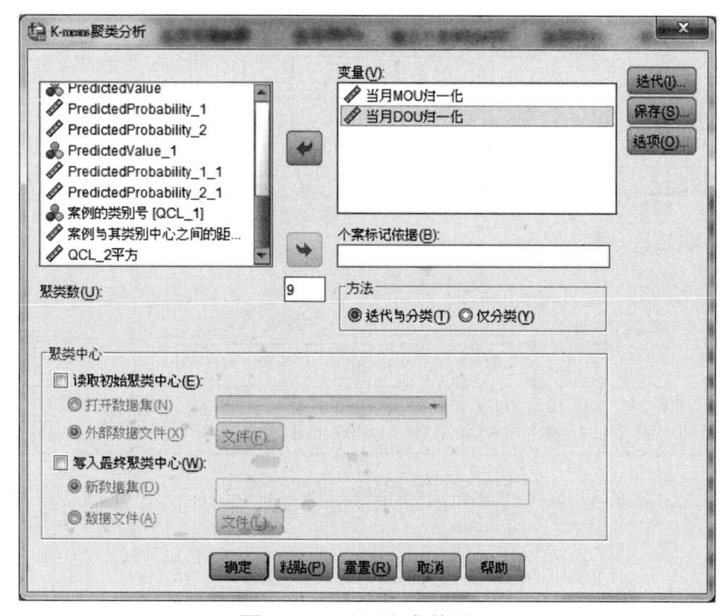

图 3-21 不同聚类数设置

所有的步骤和参数设置和聚类数为 5 的步骤和参数设置一致，运行聚类算法，在输出窗口得到聚类结果如图 3-22 所示。

根据数据表格中生成的当前样本到聚类中心点的距离以及输出窗口各聚类中心间的距离，以及聚类质量评价标准 v 值的公式，可得到聚类数为 9 的时候，其 v 值为 23.69967。由于 v 值越小，其聚类效果越好，可知当聚类数为 9 时，其聚类效果相比聚类数为 5 的聚类效果更好。这说明对于这个数据集来说，相比于 5 个聚簇，客户的分布更加符合 9 个聚簇的分布。

最终聚类中心间的距离

聚类	1	2	3	4	5	6	7	8	9
1		0.903	1.059	1.247	1.071	1.354	1.162	1.243	1.308
2	0.903		0.716	0.631	0.364	0.652	0.633	0.552	0.640
3	1.059	0.716		0.321	0.423	0.464	0.204	0.406	0.403
4	1.247	0.631	0.321		0.266	0.144	0.118	0.112	0.082
5	1.071	0.364	0.423	0.266		0.307	0.283	0.197	0.283
6	1.354	0.652	0.464	0.144	0.307		0.262	0.113	0.061
7	1.162	0.633	0.204	0.118	0.283	0.262		0.207	0.201
8	1.243	0.552	0.406	0.112	0.197	0.113	0.207		0.088
9	1.308	0.640	0.403	0.082	0.283	0.061	0.201	0.088	

ANOVA

	聚类		误差		*F*	Sig.
	均方	df	均方	df		
当月MOU归一化	9.506	8	0.001	11058	14394.832	0.000
当月DOU归一化	2.981	8	0.000	11058	6871.864	0.000

F检验应仅用于描述性目的，因为选中的聚类将被用来最大化不同聚类中的案例间的差别。观测到的显著性水平并未据此进行更正，因此无法将其解释为是对聚类均值相等这一假设的检验。

最终聚类中心

	聚类								
	1	2	3	4	5	6	7	8	9
当月MOU归一化	0.92	0.09	0.47	0.15	0.12	0.01	0.27	0.07	0.07
当月DOU归一化	1.00	0.65	0.04	0.02	0.29	0.00	0.04	0.10	0.01

图 3-22　K-means 聚类结果 3

3.4　基于层次化的聚类：BIRCH

3.4.1　基于层次化的聚类算法概述

BIRCH（Balanced Iterative Reducing and Clustering Using Hierarchies）全称是：利用层次方法的平衡迭代规约和聚类。BIRCH 算法于 1996 年由 Tian Zhang 提出，是一种非常有效的、传统的层次聚类算法，该算法能够用一遍扫描有效地进行聚类，并能够有效地处理离群点，它最大的特点是能利用有限的内存资源完成对大数据集的高质量的聚类，同时通过单遍扫描数据集能最小化I/O代价。它克服了凝聚聚类方法所面临的两个困难：（1）可伸缩性；（2）不能撤销先前步骤所做的工作。

3.4.2 BIRCH算法的基本原理

简单地概括BIRCH算法：BIRCH算法是基于距离的层次聚类，综合了层次凝聚和迭代的重定位方法，首先用自底向上的层次算法，然后用迭代的重定位来改进结果。而层次凝聚是采用自底向上策略，首先将每个对象作为一个原子簇，然后合并这些原子簇形成更大的簇，减少簇的数目，直到所有的对象都在一个簇中，或某个终结条件被满足。

首先我们来介绍两个概念：聚类特征（CF）和聚类特征树（CF Tree）。

聚类特征（CF）是BIRCH增量聚类算法的核心。CF树中的结点都是由CF组成，一个CF是一个三元组，这个三元组就代表了簇的所有信息，用CF=（N, LS, SS）表示。其中，N是子类中结点的数目，LS是N个结点的线性和（即$\sum_{i=1}^{n} X_i$），SS是N个结点的平方和（即$\sum_{i=1}^{n} X_i^2$）。举例来说，簇的形心X_0，半径R和直径D分别是

$$x_0 = \frac{\sum_{i=1}^{n} X_i}{n} = \frac{LS}{n} \tag{3-11}$$

$$R = \sqrt{\frac{\sum_{i=1}^{n}(X_i - X_0)^2}{n}} = \sqrt{\frac{nSS - 2LS^2 + nLS}{n^2}} \tag{3-12}$$

$$D = \sqrt{\frac{\sum_{i=1}^{n}\sum_{j=1}^{n}(X_i - X_j)^2}{n(n-1)}} = \sqrt{\frac{2nSS - 2LS^2}{n(n-1)}} \tag{3-13}$$

聚类特征树（CF Tree）是一棵具有两个参数的高度平衡树，用来存储层次聚类的聚类特征。它涉及两个参数分支因子和阈值。其中，分支因子B指定子结点的最大数目，即每个非叶结点可以拥有的孩子的最大数目。阈值T指定存储在叶结点的子簇的最大直径，它影响着CF - 树的大小，因此改变阈值可以改变树的大小。CF - 树是随着数据点的插入而动态创建的，因此该方法是增量的。CF - 树的构造过程实际上是一个数据点的插入过程，并且原始数据都在叶子结点上。步骤如下。

（1）从根结点root开始递归往下，计算当前条目与要插入数据点之间的距离，

寻找距离最小的路径，直到找到与该数据点最接近的叶子结点中的条目。

（2）比较计算出的距离是否小于阈值 T，如果小于则当前条目吸收该数据点；反之，则继续第三步。

（3）判断当前条目所在叶子结点的条目个数是否小于 L，如果是，则直接将数据点插入作为该数据点的新条目，否则需要分裂该叶子结点。分裂的原则是寻找该叶子结点中距离最远的两个条目并以这两个条目作为分裂后两个新的叶子结点的起始条目，其他剩下的条目根据距离最小原则分配到这两个新的叶子结点中，删除原叶子结点并更新整个 CF - 树。最终这棵树看起来如图 3-23 所示。

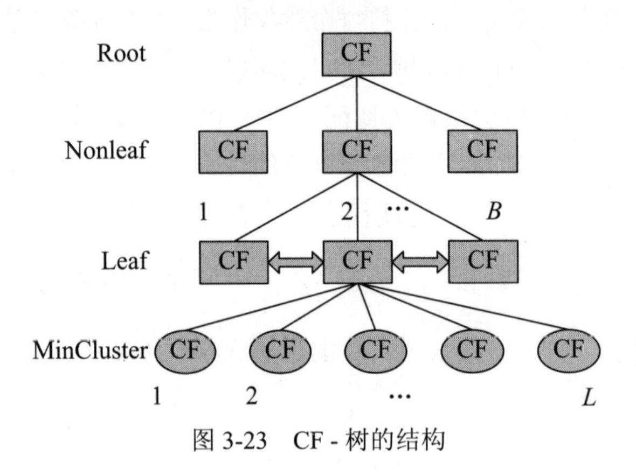

图 3-23　CF - 树的结构

3.4.3　BIRCH算法的优势与劣势

1. BIRCH 算法的优势：

（1）节省内存。叶子结点放在磁盘分区上，非叶子结点仅仅是存储了一个 CF 值，外加指向父结点和孩子结点的指针。

（2）快捷性。合并两个簇只需要两个 CF 算术相加即可；计算两个簇的距离只需要用到（N，LS，SS）这三个值。

（3）简便性。一遍扫描数据库即可建立 CF - 树。

2. BIRCH 算法的劣势

（1）结果依赖于数据点的插入顺序，本属于同一个簇的点可能由于插入顺序相差很远而分到不同的簇中，即使同一个点在不同的时刻被插入，也有可能会被分到不同的簇中。

（2）对非球状的簇聚类效果不好。这取决于簇直径和簇间距离的计算方法。

（3）由于每个结点只能包含一定数目的子结点，最后得出来的簇可能和自然簇相差很大。

最后，我们来讨论 BIRCH 算法的有效性。设定该算法的时间复杂度是 O（n），其中 n 是被聚类的对象数。实验表明该算法关于对象数是线性可伸缩的，并且具有较好的数据聚类质量。然而，CF - 树的每个结点由于大小限制只能包含有限的条目，一个 CF - 树结点并不总是对应于用户认为的一个自然簇。此外，如果簇不是球形的，则 BIRCH 不能很好地工作，因为它使用半径或直径的概念来控制簇的边界。

其他方面，聚类特征和 CF - 树概念的应用已经超越 BIRCH，且这一思想已经被许多其他聚类算法借用以处理聚类流数据和动态数据问题。

3.5 基于密度的聚类：DBSCAN

3.5.1 基于密度的聚类算法概述

DBSCAN（Density-Based Spatial Clustering of Applications with Noise，具有噪声的基于密度的聚类方法）是一个比较有代表性的基于密度的聚类算法。与划分和层次聚类方法不同，它将簇定义为密度相连的点的最大集合，能够把具有足够高密度的区域划分为簇，并可在噪声的空间数据库中发现任意形状的聚类。

3.5.2 DBSCAN算法的基本原理

我们首先来介绍关于 DBSCAN 的主要几个定义：

（1）ε - 邻域：给定对象半径为 ε 内的区域称为该对象的 ε - 邻域。

（2）核心对象：如果给定对象 ε - 领域内的样本点数大于等于预先设定的最小数目 MinPts，则称该对象为核心对象。

（3）直接密度可达：对于一个样本集合 D，如果样本点 q 在 p 的 ε - 领域内，并且 p 为核心对象，那么称对象 q 是从对象 p 出发直接密度可达的。通俗来说，若 q 包含在核心对象 p 的聚类簇内，称 q 从 p 出发是直接密度可达的。

例如，在图 3-24 中，m 从核心对象 q 和 p 出发是直接密度可达的。

密度可达：如果存在一个对象链 p_1，p_2，…，p_n，$p_1=q$，$p_n=p$，对于 $p_i \in D$，$1 \leqslant i \leqslant n$，$p_{i+1}$ 是从 p_i 关于 ε 和 MinPts 直接密度可达的，则对象 p 是从对象 q 关于 ε 和 MinPts 密度可达的。简单来说，在一串聚类簇内，一个对象到远处的核心对象是密度可达的。

如图 3-24 所示，q 和 p 之间不是直接密度可达的，但通过核心对象 m 的连接实现了密度可达。

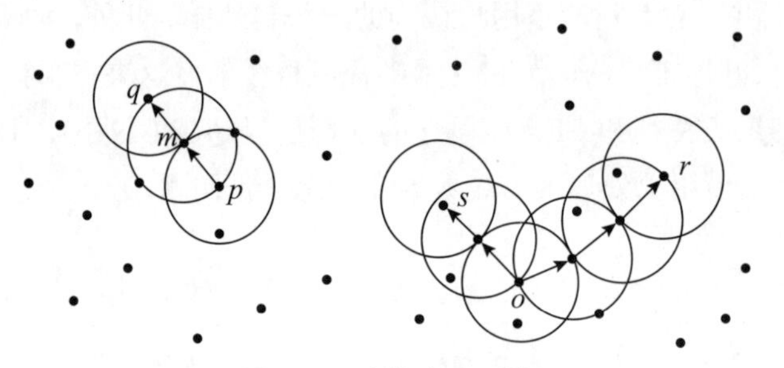

图 3-24　直接密度可达

密度相连：在对象集合 D 中，如果存在一个对象 o，使得对象 s 和 r 都是从 o 关于和 MinPts 密度可达的，那么对象 s 到 r 是关于 ε 和 MinPts 密度相连的。

例如，在图 3-24 中，s 和 r 同时从 o 出发是密度可达的，即 o 将 s 和 r 连接起来，则称对象 s 到 r 是关于 ε 和 MinPts 密度相连的。

噪声：一个基于密度的簇是基于密度可达性的最大的密度相连对象的集合。不包含在任何簇中的对象被认为是“噪声”，即不属于任何一个集合的特殊点。

1. DBSCAN 的聚类过程

首先，DBSCAN 扫描整个数据集合，找到一个 ε - 领域中包含大于 MinPts 的核心对象，标记并创建一个以该点作为核心对象的簇。之后，对该核心点进行扩充，扩充的方法是寻找从该核心点出发的所有密度相连的数据点（注意是密度相连）。遍历该核心点的邻域内的所有核心点（因为边界点是无法扩充的），寻找与这些数据点密度相连的点，直到没有可以扩充的数据点为止。最后，聚类成的簇的边界结点都是非核心数据点。至此，一个大的簇聚类完成，该簇可以是任意形状的。重复上述步骤，寻找没有被聚类的核心点，重复聚类，得到不同的簇。聚类结束后，没有包含在任何簇中的点就构成异常点，成为噪声。

2. 流程

算法 3.2　DBSCAN 聚类算法

输入：一个包含 n 个对象的数据集 D；半径参数 ε；领域密度阈值 MinPts（即包含

的最小对象数）

输出：基于密度的簇的集合

I. 标记所有对象为 unvisited；

II. Do；

III. 随机选择一个 unvisited 对象 p；

IV. 标记 p 为 visited；

V. If（p 的 ε - 领域至少包含有 MinPts 个对象）；

VI. 创建一个新簇 C，并把 p 添加到 C；

VII. 令 N 为 p 的 ε - 领域中的对象集合；

VIII. For N 中每个点 q；

IX. If q 是 unvisited；

X. 标记 q 为 visited；

XI. If q 的 ε - 领域至少有 MinPts 个对象，把这些对象添加到 N；

XII. If q 还不是任何簇的成员，把 q 添加到 C；

XIII. End for；

XIV. 输出 C；

XV. Else 标记 p 为噪声；

XVI. Until 没有标记为 unvisited 的对象。

3. DBSCAN 算法的性能

DBSCAN 需要对数据集中的每个对象进行考察，通过检查每个点的 ε - 邻域来寻找聚类，如果某个点 p 为核心对象，则创建一个以该点 p 为核心对象的新簇，然后寻找从核心对象直接密度可达的对象。如表 3-1 所示，如果采用空间索引，DBSCAN 的计算复杂度是 O（$n \log n$），这里 n 是数据库中对象的数目。否则，计算复杂度是 O（n^2）。

表 3-1　各种查询方式的时间复杂度

时间复杂度	一次邻居点的查询	DBSCAN
有索引	$\log n$	$n\log n$
无索引	O（n）	O（n^2）

DBSCAN 算法将具有足够高密度的区域划分为簇，并可以在带有“噪声”的空间数据库中发现任意形状的聚类。

但是，该算法对用户定义的参数是敏感的，ε、MinPts 的设置将影响聚类的效果。设置的细微不同，会导致聚类结果的很大差别。为了解决上述问题，OPTICS（Ordering Points To Identify the Clustering Structure）被提出，它通过引入核心距离和可达距离，使得聚类算法对输入的参数不敏感。

3.5.3 DBSCAN算法的优势与劣势

1. DBSCAN 算法与传统的聚类算法相比有一些优势

（1）它与 K-means 相比较，不需要事先确定和输入聚类簇的数量，避免部分因操作带来的误差。

（2）聚类簇的形状没有特殊的要求，可以形成任意形状的聚类簇，更为直观准确。

（3）识别噪声，可以在需要时输入过滤噪声的参数，从而达到过滤噪声的效果。

2. DBSCAN 算法也有劣势

（1）不能很好反映高维数据。

（2）不能很好反映数据集已变化的密度。

3.6 基于网格的聚类：CLIQUE

3.6.1 基于网格的聚类算法概述

基于网格和密度的聚类方法一样也是一类重要的聚类方法。它们都在以空间信息处理为代表的众多领域有着广泛应用。特别是伴随着新近处理大规模数据集、可伸缩的聚类方法的开发，其在空间数据挖掘研究领域日趋活跃。基于网格的聚类算法把对象空间量化为有限数目的单元，这些单元形成了网格结构，聚类的操作也在该结构（即量化的空间）上进行，围绕模式组织由矩形块划分的值空间，基于块的分布信息进而实现模式聚类。基于网格的聚类算法常常与其他方法相结合，特别是与基于密度的聚类方法相结合。

基于网格的聚类算法主要有 STING、CLIQUE、WaveCluster 等。本节，我们将主要介绍 CLIQUE。

3.6.2 CLIQUE算法的基本原理

数据对象通常有数十个属性，其中许多可能并不相关，而且属性的值可能差异很大，这些因素使我们很难在整个数据空间找到簇，因此在数据的子空间找出簇可能会更有意义一些。例如，在禽流感患者中，age、gender 和 job 属性可能在一个很宽的值域中显著变动。因此在数据集中，很难找出这样的簇。然而，通过子空间搜索，我们可能在较低维空间中发现类似患者的簇（例如：高烧，咳嗽但不流鼻涕等症状，年龄在 2 ～ 16 岁的患者簇）。

CLIQUE（Clustering In QUEst）算法综合了基于密度和基于网格的聚类方法，它的中心思想是：首先，给定一个多维数据点的集合，数据点在数据空间中通常不是均衡分布的。CLIQUE 区分空间中稀疏的和“拥挤的”区域（或单元），以发现数据集合的全局分布模式。接着，如果一个单元中的包含数据点超过了某个输入模型参数，则该单元是密集的。在 CLIQUE 中，簇定义为相连的密集单元的最大集合。

CLIQUE 识别候选搜索空间的主要策略是使用稠密单元关于维度的单调性。这基于频繁模式和关联规则挖掘使用的先验性质（在关联分析中讲到）。在子空间聚类的背景下，单调性陈述如下：一个 k - 维（k>1）单元 c 至少有 m 个点，仅当 c 的每个（k -1）一维投影（它是（k -1）一维单元）至少有 m 个点。如图 3-25 嵌入数据空间包括三个维：年龄、薪水和假期。

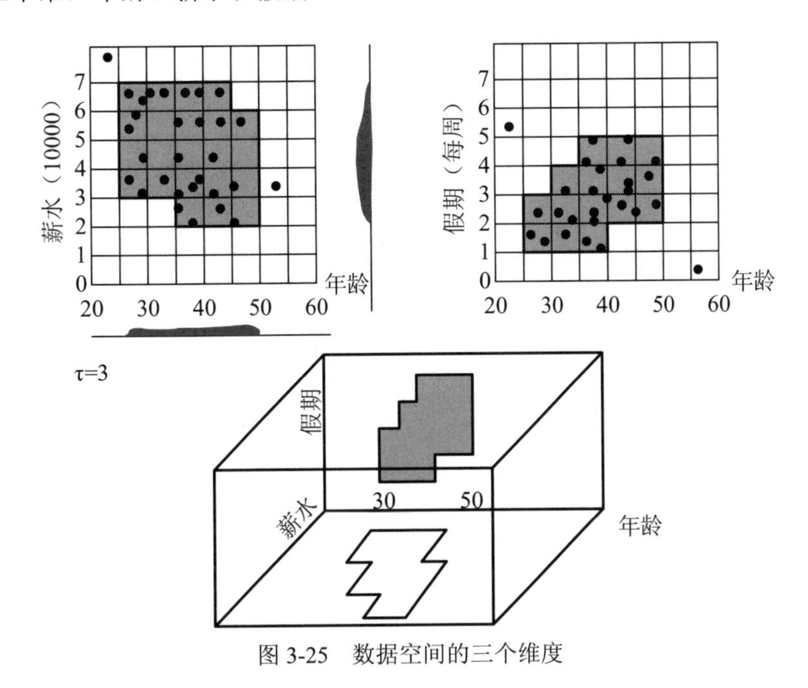

图 3-25 数据空间的三个维度

CLIQUE通过两个阶段进行聚类。在第一阶段中，CLIQUE把*d*-维数据空间划分为若干互不重叠的矩形单元，并且从中识别出稠密单元。CLIQUE在所有的子空间中发现稠密单元。为了做到这一点，CLIQUE把每个维都划分成区间，并识别至少包含1个点的区间，其中1是密度阈值。然后，CLIQUE迭代地连接子空间。CLIQUE检查中的点数是否满足密度阈值。当没有候选产生或候选都不稠密时，迭代终止。在第二阶段中，CLIQUE使用每个子空间中的稠密单元来装配可能具有任意形状的簇。其思想是利用最小描述长度（MDL）原理，使用最大区域来覆盖连接的稠密单元，其中最大区域是一个超矩形，落入该区域中的每个单元都是稠密的，并且该区域在该子空间的任何维上都不能再扩展。一般来说找出簇的最佳描述是非常困难的。因此，CLIQUE采用了一种简单的贪心方法。它从一个任意稠密单元开始，找出覆盖该单元的最大区域，然后在尚未被覆盖的剩余的稠密单元上继续这一过程。当所有稠密单元都被覆盖时，贪心方法终止。

3.6.3 CLIQUE算法的优势与劣势

CLIQUE算法能自动发现最高维中所存在的密集聚类，它对输入数据元组顺序不敏感，也不需要假设（数据集中存在）任何特定的数据分布，它与输入数据大小呈线性关系，并当数据维数增加时具有较好的可扩展性。但是，在追求方法简单化的同时往往就会降低聚类的准确性。CLIQUE最有用的特征是，它提供了一种搜索子空间发现簇的有效技术。由于这种方法基于源于关联分析的著名的先验原理，它的性质能够被很好地理解。另一个有用特征是，CLIQUE用一小组不等式概括构成一个簇的单元列表的能力。

CLIQUE的许多局限性与其他基于网格的密度方法类似。具体来说，正如频繁项集可以共享项一样，CLIQUE发现的簇也可以共享对象。允许簇重叠可能大幅度增加簇的个数，并使得解释更加困难。另一个问题是Apriori（和CLIQUE）潜在地具有指数复杂度。例如，如果在较低的k值产生过多的稠密单元，则CLIQUE将遇到困难。而提高密度阈值ξ可以减缓该问题。

参考文献

[1] A. Nagpal, A. Jatain, and D. Gaur, Review Based on Data Clustering Algorithms. In Proceeding of IEEE Conference on Information & Communication Technologies, pages 298–303, 2013.

[2] D. Napoleon and P. G. Lakshmi, An Efficient K-means Clustering Algorithm for Reducing Time Complexity Using Uniform Distribution Data Points. In Proceedings of International Conference on Trends in Information Sciences & Computing, 42-45, 2010.

[3] R. Krishnapuram, J. Kim, A Note on the Gustafson–Kessel and Adaptive Fuzzy Clustering Algorithms, IEEE Trans. Fuzzy Syst. 7 （1999）: 453-461.

[4] D.E. Gustafson, W.C. Kessel, Fuzzy Clustering with A Fuzzy Covariance Matrix, in IEEE Conference on Decision and Control including the 17th Symposium on Adaptive Processes, vol. 17, San Diego, CA, USA, 1978: 761-766.

[5] I. Gath, A. Geva, Unsupervised Optimal Fuzzy Clustering, IEEE Trans. Pattern Anal. Mach. Intell. 11 （1989）: 773-780.

[6] S.R. Kannan, R. Devi, S. Ramathilagam, K. Takezawa, Effective FCM Noise Clustering Algorithms in Mmedical Images, Comput. Biol. Med. 43 （2）（2013）: 73-83.

[7] Fukui, Ken-ichi, et al. “Evolutionary Distance Metric Learning Approach to Semi-supervised Clustering with Neighbor Relations.” Tools with Artificial Intelligence （ICTAI）, 2013 IEEE 25th International Conference on. IEEE, 2013.

[8] Fung G. （2001）. A Comprehensive Overview of Basic Clustering Algorithms.

[9] Kaymak U. and Setnes M. （2000）. Extended Fuzzy Clustering Algorithm. ERIM Report Series Research in Management. 1-23.

[10] Gath I. and Geva A.B. （1989）. Unsupervised Optimal Fuzzy Clustering. IEEE Transactions on Pattern Analysis and Machine Intelligence. 11（7）: 773-781.

[11] Barnard J. M. and Downs G.M. （1992）. Clustering of Chemical Structures on the Basis of Two-Dimensional Similarity Measures. Journal of Chemical Information and Computer Science. 32. 644-649.

[12] De Carvalho, Francisco de-AT, Antonio Irpino, and Rosanna Verde. “Fuzzy Clustering of Distribution-valued Data Using an Adaptive L 2 Wasserstein distance.” Fuzzy Systems （FUZZ-IEEE）, 2015 IEEE International Conference on. IEEE, 2015.

[13] R. J. Hathaway and J. C. Bezdek, “Switching Regression Models and Fuzzy Clustering,” IEEE Trans. Fuzzy Systems,vol. 1, no. 3, pp. 195-204, Aug. 1993.

[14] Rodgers S.L., Holliday J.D. and Willet P. （2004）. Clustering Files of Chemical Structures Using the Fuzzy K-means Clustering Method. Journal of Chemical Information and Computer Science. 44. 894-902.

[15] D’Urso P. & Giordani P. （2006）. A Robust Fuzzy K-means Clustering Model for Interval Valued Data. Computational Statistics, 21（2）: 251-269.

[16] Krishnapuram R. Joshi A., Nasraoui O. & Yi L. （2001）. Low-complexity Fuzzy Relational Clustering Algorithms for Web Mining. IEEE Transactions on Fuzzy Systems, 9（4）: 595-607.

[17] Izakian Hesam, Witold Pedrycz and Iqbal Jamal. “Fuzzy Clustering of Time Series Data Using Dynamic Time Warping Distance.” Engineering Applications of Artificial Intelligence 39（2015）: 235-244.

[18] Wang Zhelong, Ming Jiang, Yaohua Hu, and Hongyi Li. “An Incremental Learning Method Based on Probabilistic Neural Networks and Adjustable Fuzzy Clustering for Human Activity Recognition by Using Wearable Sensors.” IEEE Transactions on Information Technology in Biomedicine IEEE Trans. Inform. Technol. Biomed. 16.4 （2012）: 691-99. Web.

[19] Liao Z., Lu X., Yang T., Wang H., 2009. Missing Data Imputation: A Duzzy K-means Clustering Algorithm over Sliding Window. In: Proceedings of the 6th International Conference on Fuzzy Systems Knowledge Discovery, Tanjin, August, pp. 133-137.

[20] Hathaway R.J., Bezdek J.C., 2002. Clustering Incomplete Relational Data Using the Non-Euclidean Relational Fuzzy C-means Algorithm. Pattern Recogn. Lett. 23, 151-160.

```
question at the end -add back the deselected mirror modifier object
_ob.select= 1
er_ob.select=1
ntext.scene.objects.active = modifier_ob
"Selected" + str(modifier_ob)) # modifier ob is the active ob
irror_ob.select = 0
 bpy.context.selected_objects[0]
ata.objects[one.name].select = 1

int("please select exactly two objects, the last one gets the modifier unless its not a mesh")

-- OPERATOR CLASSES ----------------------------

types.Operator):
 X mirror to the selected object"""
ject.mirror_mirror_x"
rror X"
```

第4章

分类分析

Big Data, Data Mining
And Intelligent Operation

分类分析是一类重要的数据挖掘方法，本章首先介绍分类分析的基本概念及其评估方法；然后介绍几种最为典型的分类方法，包括决策树分析、最近邻分析、贝叶斯分析、神经网络和支持向量机，其中重点是决策树分析，着重介绍了 Chaid 算法、ID3 算法、C4.5 算法和 CART 算法。

针对各种分类分析算法，涉及的内容包括：

（1）算法的基本原理、操作步骤；

（2）算法在 SPSS 等工具软件中的实操应用；

（3）算法在实际电信运营中的应用案例。

4.1　分类分析概述

1. 基本概念

分类在数据挖掘中是一项非常重要的任务，目前在商业上应用最多。分类任务的输入数据是记录的集合。每条记录用元组（X，y）表示，其中 X 是属性的集合，y 是一个特殊的属性，是分类的目标属性，称为类标号。表 4-1 列出一个样本数据集，用来将客户的信用等级分为流失和不流失两类（1 表示流失，0 表示不流失）。属性集指明客户的性质，如当月可用余额、当月 ARPU、当月 MOU、当月 DOU、是否 4G 资费等。从表格中可以看出，属性集有离散的也有连续的，但类标号必须是离散属性。

表 4-1　移动用户的数据集

是否 4G 资费	当月可用余额	当月 ARPU	当月 MOU	当月 DOU	是否流失
否	11.76	0	0	100	1
否	−380.08	12.59	0	0	1
是	313.85	51.21	192	363255	0
否	−0.31	6.33	0	0	1
是	36.24	65.48	480	1053178	1
否	82.01	35.25	301	39301	0
否	−22.32	17.75	0	0	1
否	146.47	67.51	1083	88911	0

（续表）

是否 4G 资费	当月可用余额	当月 ARPU	当月 MOU	当月 DOU	是否流失
否	18.36	83.53	438	0	0
否	11.51	11.84	10	0	1
否	76.77	54	325	525	0
否	46.66	100.77	455	12061	0
否	3.81	38.55	130	82377	1
是	−3.51	324.6	3646	570895	0
否	−0.59	5.76	0	0	1

分类（Classification）就是通过学习得到一个目标函数（Target Function）f，可以把每个属性集 x 映射到一个预定义的类标号 y。

目标函数就是一个分类模型（Classification Model），分类模型主要有以下用处。

（1）描述数据：分类模型可以作为一种解释性的工具，有助于概括表 4-1 中的数据，并说明哪些特征决定了客户的流失。

（2）预测类标号：分析输入数据，通过在训练集中的数据表现出来的特性，为每一个类找到一种准确的分类模型。这个分类模型可以看作一个黑箱，如图 4-1 所示，当给定未知记录的属性集上的值时，它就会根据这些属性集上的值自动地赋予未知样本类标号，如表 4-1 给出来的例子，就可以预测哪些客户更容易流失。

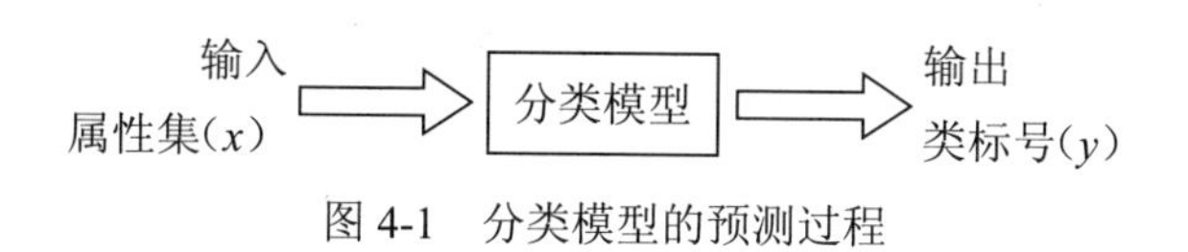

图 4-1　分类模型的预测过程

2. 解决分类问题的一般过程

分类技术是一种根据输入数据集建立分类模型（也称为分类器）的系统方法。分类器构造的方法包括决策树分类法、基于规则的分类法、神经网络、支持向量机和朴素贝叶斯分类法。这些技术都使用一种学习算法确定分类模型，该模型能够很好地拟合输入数据中类标号和属性集之间的关系，不仅如此，还能够正确地预测未知样本的类标号，具有很好的泛化能力。于是，在解决分类问题时，首先需要一个训练集（类标号已知）来建立分类模型，随后将该模型运用于检验集。图 4-2 展示了解决分类问题的一般过程。

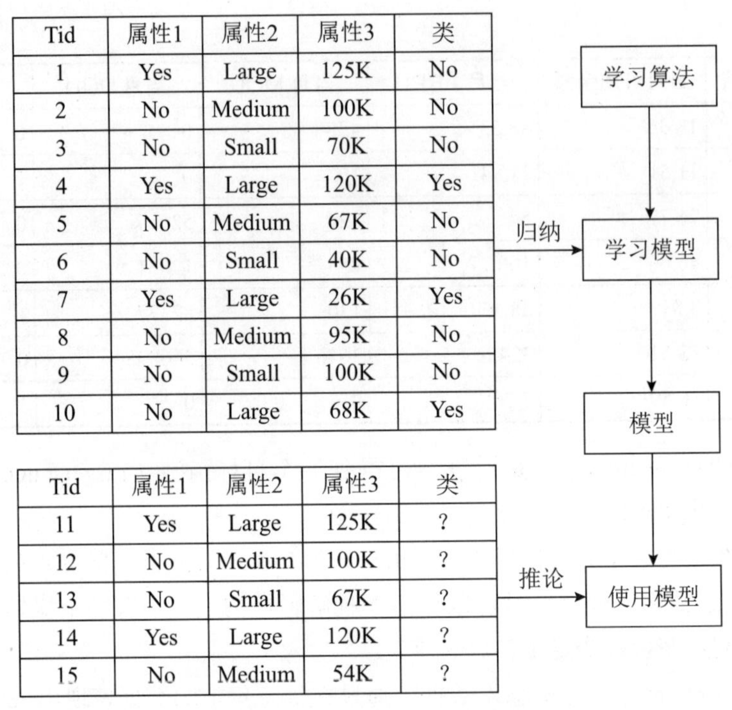

Tid	属性1	属性2	属性3	类
1	Yes	Large	125K	No
2	No	Medium	100K	No
3	No	Small	70K	No
4	Yes	Large	120K	Yes
5	No	Medium	67K	No
6	No	Small	40K	No
7	Yes	Large	26K	Yes
8	No	Medium	95K	No
9	No	Small	100K	No
10	No	Large	68K	Yes

Tid	属性1	属性2	属性3	类
11	Yes	Large	125K	?
12	No	Medium	100K	?
13	No	Small	67K	?
14	Yes	Large	120K	?
15	No	Medium	54K	?

图 4-2　建立分类模型的一般过程

4.2　分类分析的评估

1. 分类模型的评估

分类模型不仅要能够很好地拟合训练数据集，还希望能够很好地预测未知的类标号，于是在评估分类模型的时候，测试模型在检验集上的性能就变得十分有必要了。为了做到这一点，检验记录的类标号必须是已知的。因此，原始数据就不能全部作为训练集去归纳模型，而是部分作为训练集、部分作为检验集。下面介绍几种划分原始数据集的方法。

（1）保持方法：将被标记的原始数据划分为两个不相交的集合，训练集和检验集。在训练集上归纳分类模型，在检验集上评估模型的性能。

这种方法有很大的局限性：第一，会使训练样本变少。第二，由于将原始数据随机分组，所以最后验证集分类准确率的高低与原始数据的分组会有很大的关系。

（2）随机二次抽样：随机二次抽样就是多次重复保持方法。

虽然改进了保持方法，但仍然有很大的局限性，首先训练阶段利用的数据仍然较少，并且，由于没有控制每个记录用于训练和检验的次数，就有可能导致用于训练的某一记录的频率比其他记录高很多。

（3）交叉验证。

① 二折交叉验证：把数据分为相同大小的两个子集，先选择一个作为训练集；另一个作为检验集，然后交换两个集合的角色。

② k 折交叉验证：把数据分为大小相同的 k 份，每次运行，选择其中一份作为检验集，其余的全作为训练集，并重复 k 次该过程，使每份数据都恰好用于验证一次。

③ 留一法：如果原始数据有 N 个样本，那么留一个样本作为检验集，其余 N-1 个样本作为训练集，重复 N 次，使每个样本都作为过一次检验集，取 N 个模型准确率的平均数作为该分类器的性能指标。

留一法的优点很明显：第一，每一次几乎所有的样本都用于训练模型，因此最接近原始样本的分布。第二，可以消除随机因素对实验结果的影响，从而确保实验结果可以被复制。但同样的，留一法需要建立 N 次模型，计算量会很大，而且，每个检验集只有一个记录，性能估计度量的方差偏高。

2. 分类模型的性能度量

分类模型的性能根据模型能够正确检验记录的能力进行评估。关于这些记录的计数存放在称作混淆矩阵的表格中。表 4-2 为一个描述二元分类问题的混淆矩阵。

表 4-2 二元分类问题的混淆矩阵

混淆矩阵		预测类标号	
		类 =1	类 =0
实际的类标号	类 =1	f_{11}	f_{10}
	类 =0	f_{01}	f_{00}

f_{11} 代表原本属于类 1 预测为类 1 的记录数，f_{10} 代表原本属于类 1 预测为类 0 的记录数，f_{01} 代表原本属于类 0 预测为类 1 的记录数，f_{00} 代表原本属于类 0 预测为类 0 的记录数。混淆矩阵记录了分类模型检验记录的结果，但比较起来不够直观。为此，可以使用一些性能度量（Preformance Metric），如准确率（Accuracy），其定义如下

$$准确率=\frac{正确预测数}{预测总数}=\frac{f_{11}+f_{00}}{f_{11}+f_{10}+f_{01}+f_{00}} \tag{4-1}$$

同样，错误率（Error Rate）也可以衡量分类模型的性能，其定义如下

$$错误率=\frac{错误预测数}{预测总数}=\frac{f_{10}+f_{01}}{f_{11}+f_{10}+f_{01}+f_{00}} \tag{4-2}$$

从式（4-2）可以看出，准确率把每个类看得同等重要，因此不适合用来分析不平衡的数据集。而且，在多数不平衡数据集中，稀有类比多数类更有意义。例如，在预测客户是否投诉时，投诉客户在所有客户中所占的比例很少，属于稀有类。但在预测客户是否投诉时，投诉类就比非投诉类更有意义。在二元分类中，通常稀有类记为正类，多数类记为负类。基于不平衡数据的混淆矩阵，通常会用到下列术语：

- 真正（True Positive，TP）对应f_{11}，表示正确预测的正样本数。
- 假负（False Negative，FN）对应f_{10}，表示错误预测为负类的正样本数。
- 假正（False Positive，FP）对应f_{01}，表示错误预测为正类的负样本数。
- 真负（True Negative，TN）对应f_{00}，表示正确预测的负样本数。

针对不平衡数据的性能度量有以下几种：

- 真正率（True Positive Rate，TPR）或灵敏度（Sensitivity）或召回率（Recall）：正确预测的正样本占正样本的比例，即

$$TPR=\frac{TP}{TP+FN} \tag{4-3}$$

具有高召回率的样本，很少将正样本误分类为负样本。

- 真负率（True Negative Rate，TNR）或特指率（Specificity）：正确预测的负样本占负样本的比例，即：

$$TNR=\frac{TN}{TN+FP} \tag{4-4}$$

- 假正率（False Positive Rate，FPR）：错误预测为正类的负样本占负样本的比例，即：

$$FPR=\frac{FP}{TN+FP} \tag{4-5}$$

- 假负率（False Negative Rate，FNR）：错误预测为负类的正样本占正样本的比例，即：

$$FNR=\frac{FN}{TP+FN} \tag{4-6}$$

- 精度（Precision，Pre）：正确预测的正样本占所有预测为正类的样本的比例，即：

$$Pre=\frac{TP}{TP+FP} \tag{4-7}$$

3. 分类模型的性能比较

比较不同分类模型性能好坏时，最常用的一种方法是接受者操作特征（Receiver

Operating Characteristic，ROC）曲线。ROC曲线是显示分类器真正率和假正率之间折中的一种图形化方法。在ROC曲线上，y轴表示真正率，x轴表示假正率。曲线上的每一个点对应一个分类模型的真正率和假正率值。

（1）绘制ROC曲线

为绘制ROC曲线，分类器应当输出连续值，即判为某一类的概率，而不是预测的类标号。具体过程如下：

① 对检验记录的正类的连续输出值递增排序。

② 选择一个小于最小值的一个值为阈值，把高于阈值的记录指派为正类。这种方法等价于把所有的检验实例都分为正类。此时，所有的正样本都被正确分类，同时所有的负样本都被错误分类。所以$TPR=FPR=1$。

③ 增大阈值，这时真正率会减小，假正率也会减小。

④ 重复步骤③，并相应地更新真正率和假正率，直到阈值大于检验记录的最大值（阈值的最大值通常取①。

⑤ 根据记录的真正率和假正率画出ROC曲线。

（2）ROC曲线的物理意义。

图4-3显示了分类器M_1和M_2的ROC曲线。曲线上每个模型都会经过两个点：一个是（$TPR=0$，$FPR=0$），代表把每个实例都预测为负类的模型；另一个是（$TPR=1$，$FPR=1$），表示把每个实例都预测为正类的模型。图4-3中还有一个很特殊的点，位于图中的左上角即（$TPR=1$，$FPR=0$），该点为理想模型，真正率为1，假正率为0，所有正样本都被正确预测为正样本且没有负样本被错误预测为正样本。

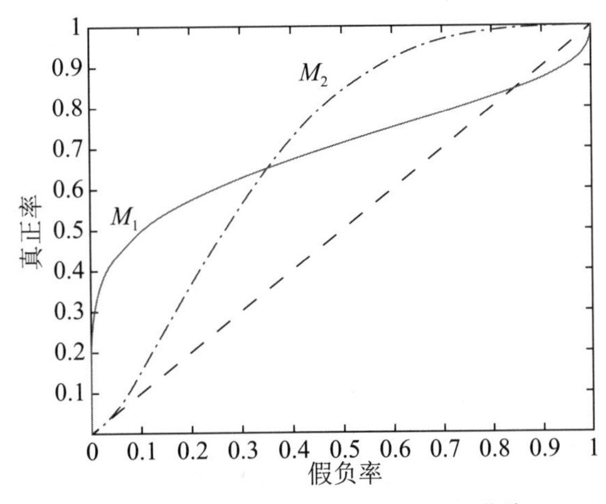

图4-3　两种不同分类模型的ROC曲线

ROC 曲线有助于比较两个分类器的相对性能。如图 4-3 所示当假正率小于 0.35 时分类模型 M_1 要优于 M_2，而当假正率大于 0.35 时模型 M_2 要优于 M_1。用 ROC 曲线下方的面积可以评估分类模型的平均性能。理想模型的 ROC 曲线下方的面积等于 1，对于随机猜测的模型来说，它的 ROC 曲线下方的面积等于 0。其他的分类模型的 ROC 曲线下方面积介于这两者之间。ROC 曲线下方面积较大的，模型的平均性能越好。

通常，ROC 曲线下方的面积用 AVC（Area Under Curre）来表示。

4.3 决策树分析

4.3.1 决策树算法的基本原理

1. 决策树的工作原理

解释决策树分类的工作原理，可考虑上一节中介绍的客户是否流失的分类问题。假如某公司的工作人员拿到一份关于客户的信息，怎么判定它是否会流失呢？一种方法是针对客户的属性提出一系列问题。第一个问题可能是：该客户当月可用余额为多少？如果大于 50，则该客户肯定不可能流失；如果小于 50，该用户可能流失也可能不流失。这个时候就需要继续提问：用户当月的 ARPU 值为多少？如果大于 50，则不会流失，如果小于 50，则可能会流失。然后继续提问。

上面的例子表明，通过一系列精心构思的关于检查记录属性的问题，可以解决分类的问题，每当一个问题得到答案，后续的问题将随之而来，直到得知我们的类标号。将这一系列的问题和回答按照一定的顺序组织起来，就可以构成决策树的形式。

图 4-4 给出了客户流失问题的一个决策树示例，树中包含三种结点。

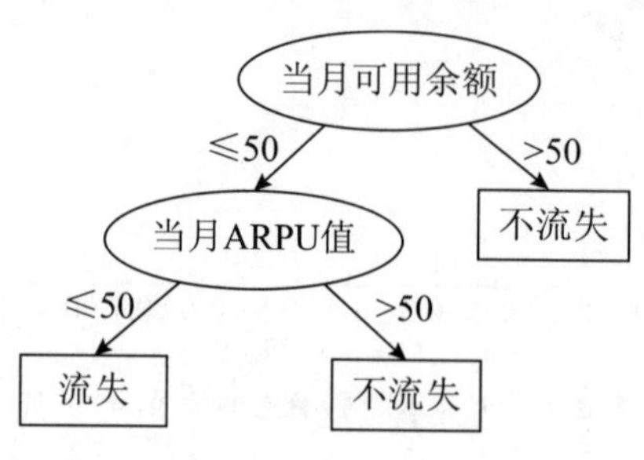

图 4-4 预测客户流失问题的决策树

● 根结点（root node）：没有入边，但有零条或多条出边。

● 内部结点（internal node）：仅有一条入边并有两条或多条出边。

● 叶子结点（leaf node）：仅有一条入边，没有出边。

每个叶子结点都赋予一个类标号。对于根结点和内部结点要包含属性的测试条件，用以分开具有不同特性的记录。一旦构建了决策树，检查记录并预测类标号就相当容易了，从树的根结点开始将决策树的测试条件用于待分类数据，根据数据的属性值选择适当的分支，沿着该分支到达一个内部结点或一个叶子结点，若到达一个内部结点则使用该结点的测试条件继续匹配待分类数据的属性；若达到一个叶子结点，则该叶子结点的类标号就被赋予给该未分类检验记录。

下面通过一个简单的例子介绍决策树的构建过程。

【例 4.1】 以贷款是否是欺骗行为为目标变量构建决策树。

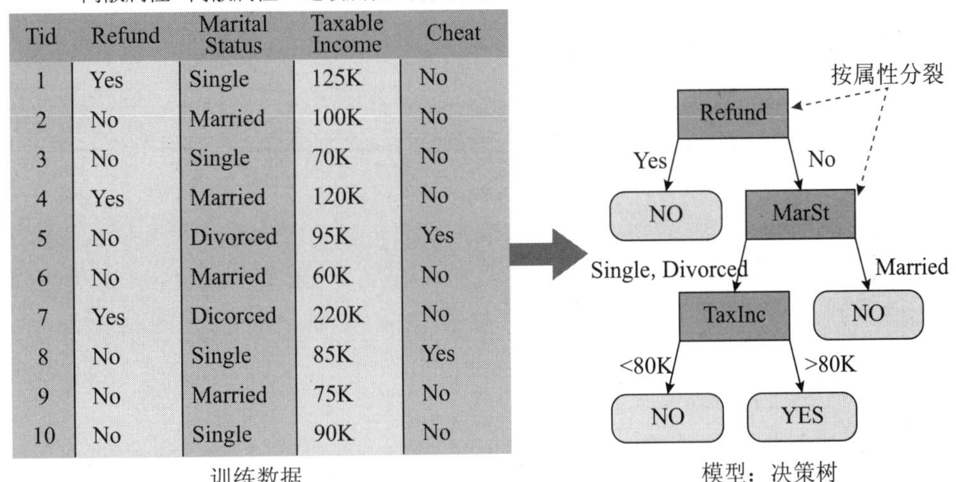

	离散属性	离散属性	连续属性	分类结果
Tid	Refund	Marital Status	Taxable Income	Cheat
1	Yes	Single	125K	No
2	No	Married	100K	No
3	No	Single	70K	No
4	Yes	Married	120K	No
5	No	Divorced	95K	Yes
6	No	Married	60K	No
7	Yes	Dicorced	220K	No
8	No	Single	85K	Yes
9	No	Married	75K	No
10	No	Single	90K	No

训练数据　　模型：决策树

构建决策树过程：

（1）首先选择 Refund 字段作为分裂属性，即根结点，Refund 字段值为 Yes 的其分类结果 Cheat 字段都为 No，不需要继续分裂，值为 No 对应的部分需要继续分裂。

（2）分支 No 对应的数据选择 Marital Status 字段作为分裂依据，其值为 Married 的数据分类结果都为 No，不需要继续分裂，另外一条分支需要继续分裂。

（3）对于第三次分裂，选择 Income 字段作为分裂属性，这里选择 80K 作为分界点可以将数据完全分类。至此，决策树构建结束，我们通过训练数据构建了一个树型分类模型。

2. 使用决策树

决策树具有分类预测功能，现在已知一个客户的基本信息，可以通过前面构建的决策树模型来预测该客户是否有欺骗行为，过程如下：

（1）应用决策树的过程即用待分类数据按树进行分支选择，从根结点开始由上往下选择分支，最终得到分类结果。

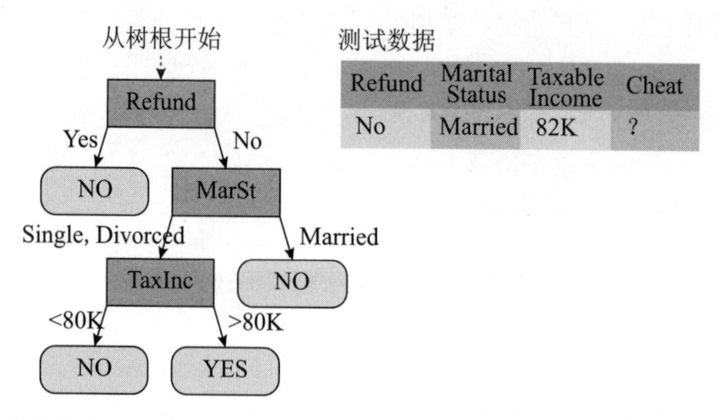

（2）查看根结点 Refund。

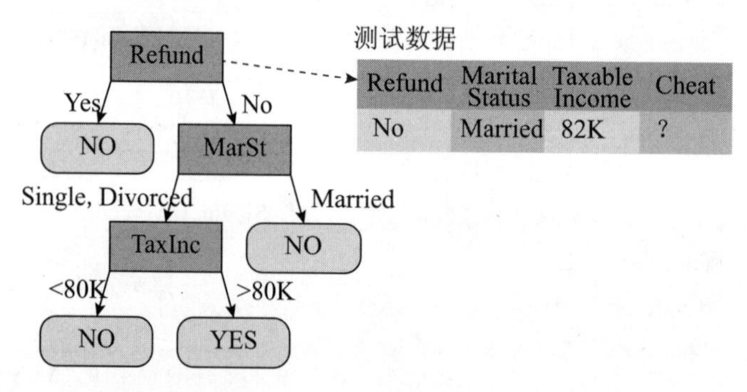

（3）根结点 Refund 值为 No，选择 No 分支。

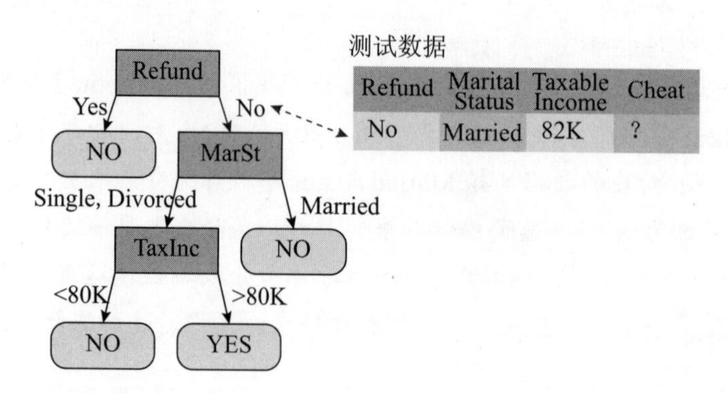

（4）查看分裂属性 Marital Status。

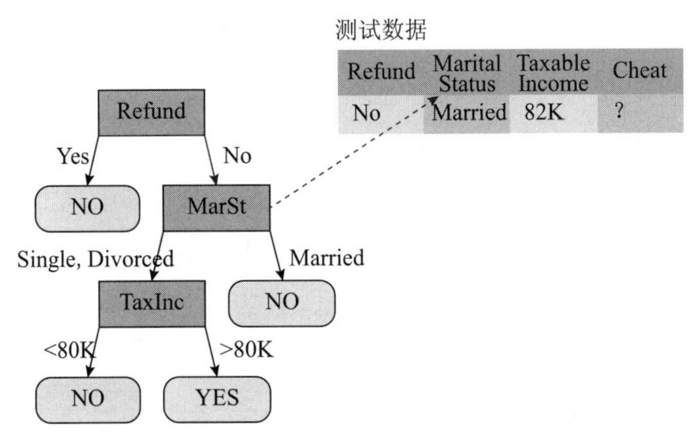

（5）属性 Marital Status 值为 Married，选择右分支。

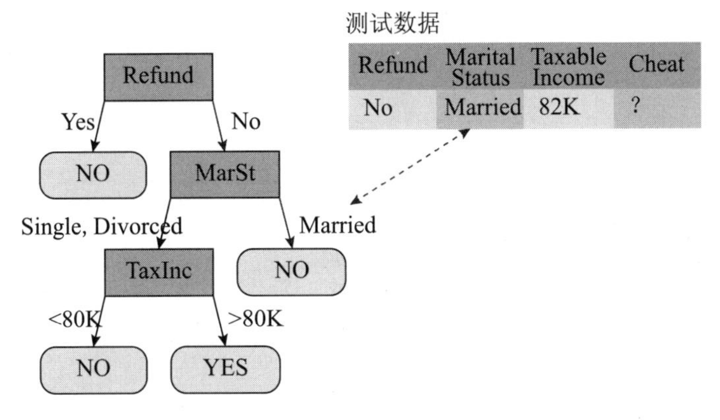

（6）通过字段进行分支选择，最终得到分类预测结果为 No。

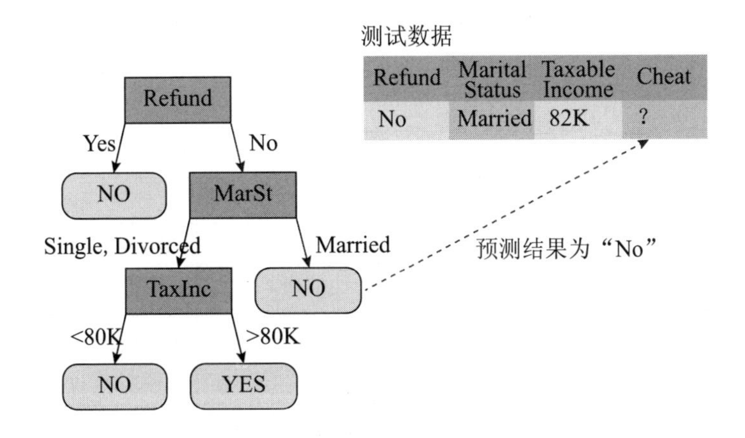

下面是同一个训练数据生成的另一棵决策树，这也就说明对同一个训练数据通过不同的方法和规则可以生成不同的决策树。关于决策树的生成规则，将在后续章节详细介绍。

离散属性 离散属性 连续属性 分类结果

Tid	Refund	Marital Status	Taxable Income	Cheat
1	Yes	Single	125K	No
2	No	Married	100K	No
3	No	Single	70K	No
4	Yes	Married	120K	No
5	No	Divorced	95K	Yes
6	No	Married	60K	No
7	Yes	Divorced	220K	No
8	No	Single	85K	Yes
9	No	Married	75K	No
10	No	Single	90K	Yes

训练数据

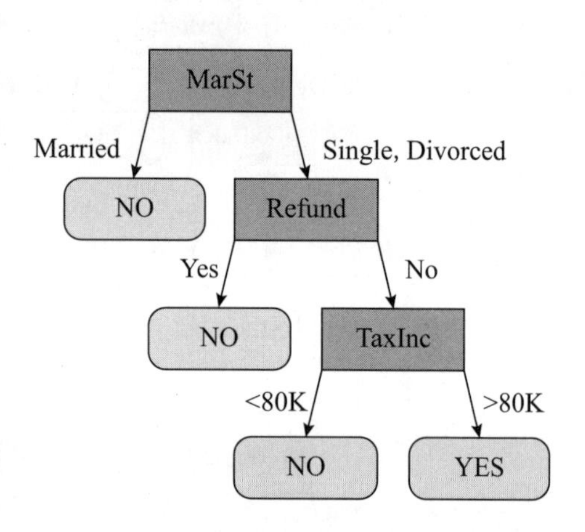

客户流失是运营商非常关注的一个问题。运营商早期在分析客户流失时也用到了分类分析里的决策树方法。我们将流失问题描述如下：输入样本数据（包括字段：职业、年龄、费用、费用变化率、外网费用比、外网转移比、外网查询、投诉情况、流失）。输出的分类模型用于预测目标属性“流失”，数据见表4-3，模型如图4-5所示。

表4-3 输入数据

职　业	年龄	费用变化率	外网费用比	外网转移比	外网查询	投诉情况	流失
无业或学生	20	49%	58%	0	Y	B	Y
高管	46	-16%	48%	20%	N	A	N
教师或公务员	37	20%	36%	0%	N	A	N
教师或公务员	26	47%	67%	10%	Y	A	Y
农民	48	52%	60%	0%	N	B	Y
职员或工人	30	38%	79%	40%	Y	B	Y
职员或工人	41	33%	45%	0	N	A	N
……	……	……	……	……	……	……	……

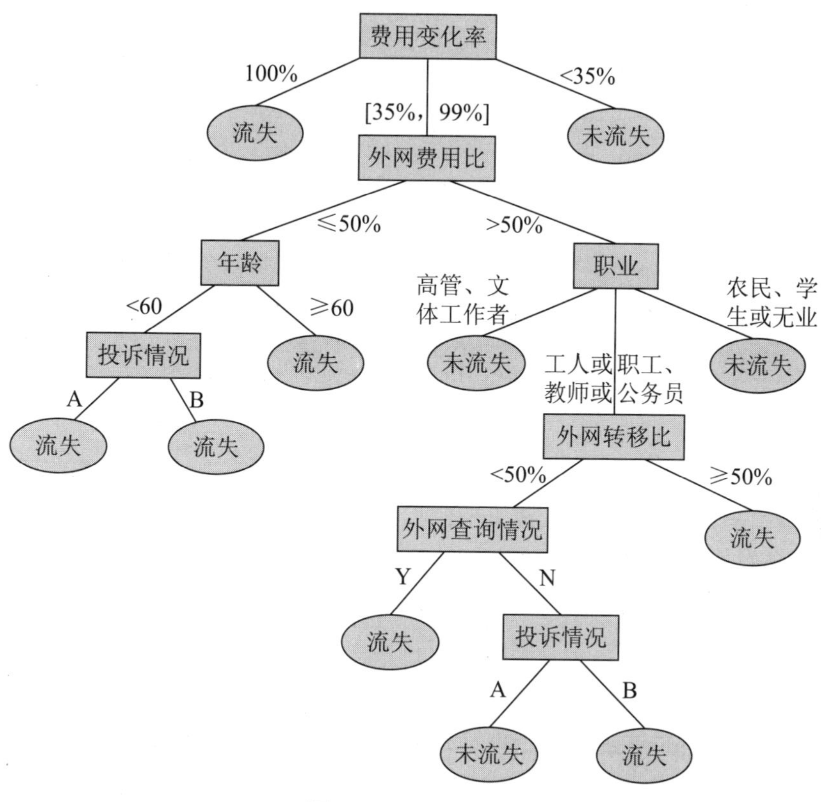

图 4-5 决策树模型

3. 决策树归纳算法

算法 4.1 决策树归纳算法

输入：训练数据集 *E*，属性集 *F*

输出：决策树

I. If stopping_cond（E,F）=true Then

II. leaf=createNode（）

III. leaf.label=Classify（*E*）

IV. Return leaf

V. Else

VI. root=createNode（）

VII. root.test_cond=find_best_split（*E*,*F*）

VIII. 令 V={v|v 是 root.test_cond 的一个可能的输出 }

IX. For 每个 v 属于 V Do

X. Ev={e| root.test_cond（e）=v 并且 e 属于 E}

XI. child=TreeGrowth（Ev, *F*）

XII. 将 child 作为 root 的派生结点添加到树中，并将边（root → child）标记为 v

XIII. End for

XIV. End If

XV. Return root

算法给出了建立决策树的归纳算法的基本框架。算法中使用到的函数的具体功能如下：

（1）函数 creatNode() 为决策树建立新结点，或者是一个测试条件（node.test_cond），或者是一个类标号（node.label）；

（2）函数 find_best_split() 确定划分训练记录的属性；

（3）函数 Classify() 为叶子结点确定类标号。对于每个叶子结点 t, 令 p（$i|t$）表示该结点上属于类 i 的训练记录所占的比例，大多数情况将叶子结点指派到具有多数记录的类；

（4）函数 stopping_cond() 检查是否所有的记录都属于同一个类，或者是否具有相同的属性值，以决定是否终止决策树的生长。

4. 表示属性测试条件的方法

为了使决策树可以处理不同类型的属性，我们必须为每种属性提供测试条件及其对应的输出方法。

（1）二元属性。对二元属性的测试条件只可能产生两种输出，如图 4-6 所示。

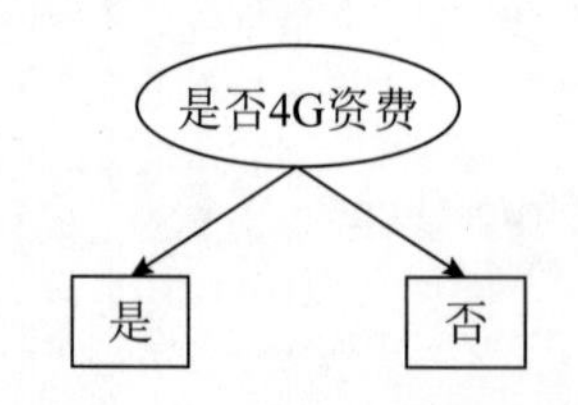

图 4-6　二元属性的测试条件

（2）标称属性。标称属性有多个属性值，但不具有一定的顺序，它的测试条件有两种表示方法。例如，客户使用的终端品牌有多个属性值，以苹果、华为、三星三个属性值为例。一种方式，它的测试条件会产生一个三路划分，如图 4-7（a）所示。另一种方式，对于某些只能产生二元划分的决策树算法来说，它们会考虑创建 k 个属性值的二元划分的所有 $2^{k-1}-1$ 种方法，如图 4-7（b）所示显示了把客户使用的终端品牌属性值划分为两个子集的三种不同的分组方法。

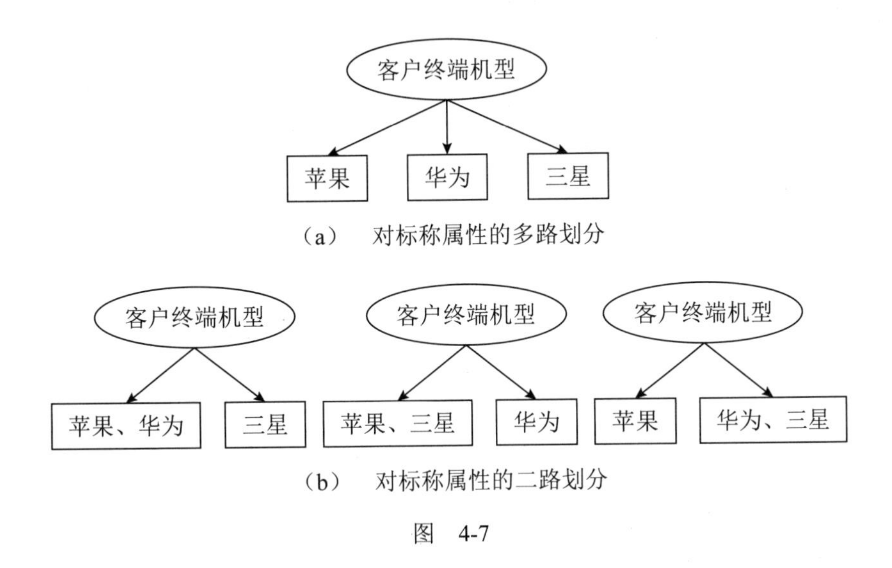

（a）　对标称属性的多路划分

（b）　对标称属性的二路划分

图　4-7

（3）序数属性。序数属性同样也是离散值，也可以产生二元或者多路的划分，但因为序数属性具有自身的顺序，所以在为测试条件进行划分时要注意不要违背序数属性值的有序性。例如，客户的信用等级可以有：一星级、二星级、三星级。如图 4-8（a）所示的两种划分都是正确的，而如图 4-8（b）所示的分组就违反了保持数据属性有序性的原则，因为它把一星级和三星级分为了一组，把二星级作为另一组。

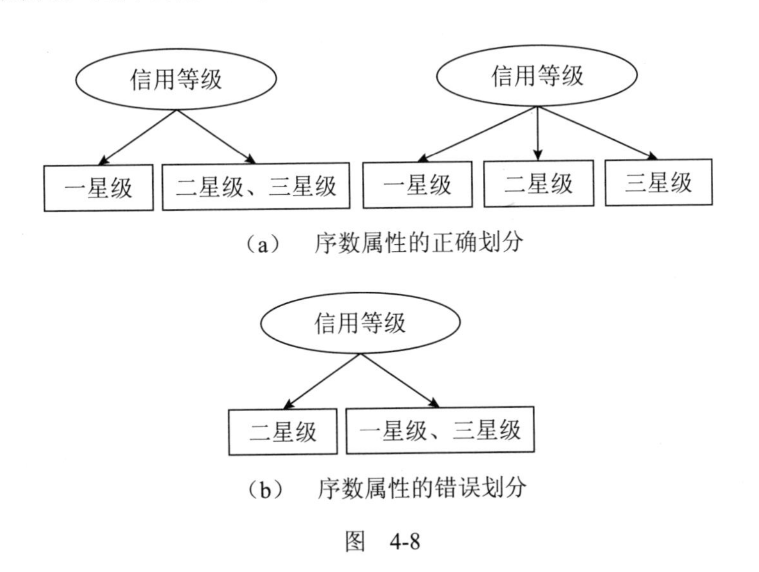

（a）　序数属性的正确划分

（b）　序数属性的错误划分

图　4-8

（4）连续属性。对于连续属性来说，测试条件同样可以是一个二元划分或者是多路划分。对于二元输出就需要比较测试（$A<v$）或（$A \geqslant v$），因此决策树算法必须考虑所有可能的划分点 v，并从中选择出最佳的划分点。对于多路划分，就需要具有形如 $v_i \leqslant A<v_{i+1}$ 输出的范围查询，此时算法必须考虑所有可能的连续区间，而且还要保持有序性，如图 4-9 所示。

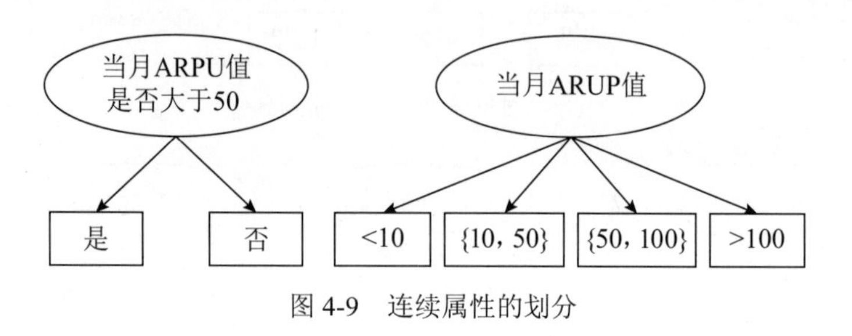

图 4-9　连续属性的划分

4.3.2　CHAID决策树

4.3.2.1　CHAID 算法简介

CHAID 是卡方自动交互检测（CHi-squared Automatic Interaction Detection）的缩写，是一种基于调整后的显著性检验（邦费罗尼检验）决策树技术，它基于 20 世纪六七十年代 US AID（自动交互效应检测）和 THAID（THETA 自动交互检测）程序的扩展，是由戈登 V. 卡斯在 1980 年创建的技术。CHAID 是一个用来发现变量之间关系的工具，可用于预测（类似回归分析，CHAID 最初被称为 XAID）以及分类，并用于检测变量之间的相互作用。在实践中，CHAID 经常使用在直销的背景下，选择消费者群体，并预测他们的反应。和其他决策树一样，CHAID 的优势是它的结果非常直观且易于理解。由于默认情况下 CHAID 采用多路分割，需要相当大的样本量来有效地开展工作，而小样本组受访者会迅速分为更小的组，而无法进行可靠的分析。

4.3.2.2　CHAID 算法原理

CHAID 算法全称是 Chi-squared Automatic Interaction Detector，可以翻译为卡方自动交叉检验。从名称可以看出，它的核心是卡方检验。卡方检验也是 CHAID 决策树用来选择以哪个属性作为分支属性的依据。我们先来了解一下什么是卡方检验。

卡方检验提供了一种在多个自变量中搜索与因变量最具相关性的变量的方案。它通过计算卡方值评估两个变量之间的相关性程度。

表 4-4　X，Y 二维表

	y_1	y_2	总　计
x_1	a	b	$a+b$
x_2	c	d	$c+d$
总计	$a+c$	$b+d$	$n=a+b+c+d$

设变量 X 与 Y 的分布情况如表 4-4 所示，若要推断的论述为 H1：“X 与 Y 有关系”，可以利用卡方值来考察两个二维变量是否有关系，计算公式如下：

$$K^2 = \frac{n(ad-bc)^2}{(a+b)(c+d)(a+c)(b+d)} \tag{4-8}$$

计算的卡方值越大，表明两个变量的相依程度越高。参考卡方检验临界值表，得到卡方与显著性水平 α 的关系如表 4-5 和图 4-10 所示。

表 4-5　卡方值与显著性水平关系表

α	0.500	0.400	0.250	0.150	0.100
K^2	0.455	0.708	1.323	2.072	2.706
α	0.050	0.025	0.010	0.005	0.001
K^2	3.841	5.024	6.635	7.879	10.828

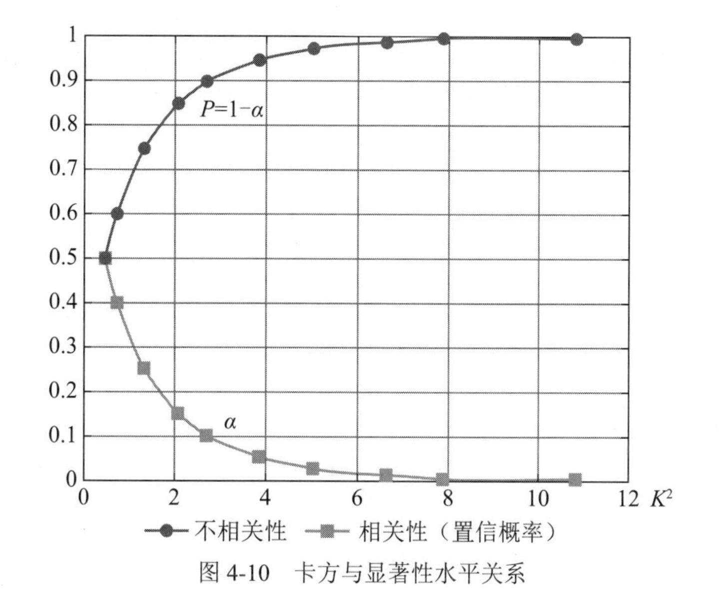

图 4-10　卡方与显著性水平关系

K^2 越大，则 H1 的置信概率 P 越大，表示 X 和 Y 有关系的可能性越强。

例如：请判断表 4-6 中移动用户话费是否超过 200 元和流量是否超过 1G 是否具有相关性。

表 4-6 用户话费和流量使用情况

	流量超过 1G	流量未超过 1G	总 计
话费超过 200 元	40	20	60
话费未超过 200 元	20	30	50
总计	60	50	110

可以算出“流量超过 1G”与“话费超过 200 元”的卡方值为 7.822。根据表 4-6，因为 7.822 ＞ 6.635，所以认为“流量超过 1G”与“话费超过 200 元”有关系成立的概率应大于 0.99，小于 0.995。

公式（4-8）只能计算两个二值变量间的卡方值，然而实际数据大多为多值数据，设两个变量的取值个数分别为 r 和 c，此时卡方值的计算公式如式（4-9）所示。

$$K^2 = n(\frac{A_{x_1 y_1}}{n_{x_1} n_{y_1}} + \frac{A_{x_1 y_2}}{n_{x_1} n_{y_2}} + \cdots + \frac{A_{x_r y_c}}{n_{x_r} n_{y_c}} - 1) \tag{4-9}$$

其中，$A_{x_r y_c}$ 取变量 x 取第 r 个值，变量 y 取第 c 值的样本总数，n_{x_r} 为变量 x 取第 r 个值的数据总量，n_{y_c} 为变量 y 取第 c 个值的样本总数，n 为总样本数。

在构建 CHAID 决策树时，通过计算各个自变量与因变量之间的卡方值进而选择卡方值最大的自变量作为决策树的分支准则。其伪代码如下：

算法 4.2 CHAID 算法

输入：训练集数据 S，训练集数据属性集合 F；
输出：CHAID 决策树
DT（S，F）
I. If 样本 S 全部属于同一个类别 C Then
II. 创建一个叶子结点，并标记类标号为 C；
III. Return；
IV.Else
V. 计算属性集 F 中目标属性与其他每一个属性的卡方值，取卡方值最大的属性 A；
VI. 创建结点，取属性 A 为该结点的决策属性；
VII.For 结点属性 A 的每个可能的取值 V Do

VIII. 为该结点添加一个新的分支，假设 S_v 为属性 A 取值为 V 的样本子集；
IX. If 样本 S_v 全部属于同一个类别 C Then；
X. 为该分支添加一个叶子结点，并标记类标号为 C；
XI.Else；
XII. 递归调用 DT（S_v，F-{A}），为该分支创建子树；
XIII.End If；
XIV.End For；
XV.End If。

4.3.2.3 CHIAD 算法实例分析

【例 4.2】

表 4-7 是外呼 4G 终端是否成功的统计表格，其中“1”表示外呼成功，而“0”表示外呼失败。请根据已有数据分析构建深度为 2 的 CHAID 决策树。

表 4-7 外呼 4G 终端是否成功

Tid	终端制式	当月 MOU	当月 DOU	在网时长	是否成功外呼
1	TD_LTE	多于 30 分钟	大于 1G	少于 1 年	1
2	WCDMA	少于 30 分钟	大于 1G	少于 1 年	0
3	TD_LTE	多于 30 分钟	小于 1G	多于 1 年	0
4	WCDMA	多于 30 分钟	小于 1G	少于 1 年	1
5	TD_LTE	少于 30 分钟	小于 1G	少于 1 年	0
6	WCDMA	少于 30 分钟	大于 1G	多于 1 年	1
7	TD_LTE	多于 30 分钟	小于 1G	少于 1 年	0
8	TD_LTE	少于 30 分钟	大于 1G	多于 1 年	0
9	WCDMA	少于 30 分钟	小于 1G	少于 1 年	1
10	WCDMA	少于 30 分钟	大于 1G	多于 1 年	0
11	WCDMA	多于 30 分钟	大于 1G	少于 1 年	1

第一步：通过列联表计算目标属性与各个属性对应的卡方值。

	外呼不成功	外呼成功	总计
WCDMA	2	4	6
TD_LTE	4	1	5
总计	6	5	11

	外呼不成功	外呼成功	总计
多于30分钟	2	3	5
少于30分钟	4	2	6
总计	6	5	11

	外呼不成功	外呼成功	总计
多于1G	3	3	6
少于1G	3	2	5
总计	6	5	11

	外呼不成功	外呼成功	总计
少于1年	3	4	7
大于1年	3	1	4
总计	6	5	11

通过公式（4-8）计算各属性与目标属性卡方值，计算结果如下：

$$K^2\text{（终端制式）}=2.396$$

$$K^2\text{（当月 MOU）}=1.222$$

$$K^2\text{（当月 DOU）}=0.110$$

$$K^2\text{（在网时长）}=1.060$$

发现终端制式计算出来的卡方值最大，因此选择终端制式属性作为CHAID决策树的根结点能有效地区分外呼是否成功。

第二步：针对TD_LTE分支的数据，进行最优属性选择。通过列联表计算目标属性与各个属性对应的卡方值：

	外呼不成功	外呼成功	总计
多于30分钟	2	1	3
少于30分钟	2	0	2
总计	4	1	5

	外呼不成功	外呼成功	总计
多于1G	1	1	2
少于1G	3	0	3
总计	4	1	5

	外呼不成功	外呼成功	总计
少于1年	2	0	2
大于1年	2	1	3
总计	4	1	5

通过公式（4-8）计算各属性与目标属性卡方值，计算结果如下：

$$K^2（当月\ MOU）=0.833$$

$$K^2（当月\ DOU）=1.875$$

$$K^2（在网时长）=0.833$$

发现当月DOV属性计算出来的卡方值最大，因此选择当月DOV属性作为TD_LTE分支的分裂属性。

第三步：对于WCDMA分支，按照第二步的步骤，最后选择当月MOU属性作为分裂属性（过程略）。最终得到深度为2的决策树，见图4-11。

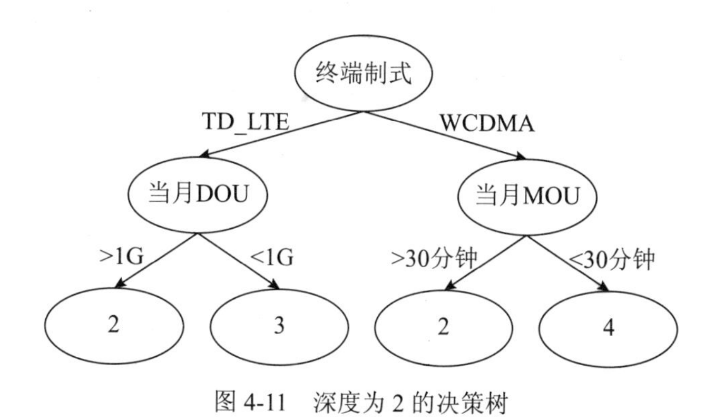

图4-11　深度为2的决策树

【例4.3】

假设某公司人力资源部门欲了解职员的表现是否受到年资、受教育程度、具备相关经验的影响，找出其绩效评级的分类规则，从而建立人才招募系统的知识法则，以应用于后续的招募程序。首先，收集该公司员工的相关数据，抽取10位现职员工为样本，为方便说明如何计算各项分支准则，将年资属性值分为3个区间，分别为5年以下、5年至10年、10年以上，并将教育程度中硕士与博士合并为研究所，转换后的数据如表4-8所示。根据CHAID算法找出最优根结点属性。

表4-8　某公司人力资源部职员表现

职　员	年资（A）	受教育程度（B）	有无相关经验（C）	员工表现
001	5年以下	研究所	是	优等
002	10年以上	研究所	否	普通
003	5年以下	研究所	是	优等
004	5年以下	大专	是	普通

（续表）

职　　员	年资（A）	受教育程度（B）	有无相关经验（C）	员工表现
005	5 年以下	研究所	否	优等
006	10 年以上	研究所	是	优等
007	5 年至 10 年	大专	否	普通
008	5 年至 10 年	研究所	是	优等
009	5 年至 10 年	大专	否	普通
010	5 年以下	研究所	是	普通

卡方统计量$K^2=\sum_{i=1}^{l}\sum_{j=1}^{k}\frac{(x_{ij}-E_{ij})^2}{E_{ij}}$，$E_{ij}=\frac{x_{i\cdot}\cdot x_{\cdot j}}{N}$，其中$E_{ij}$为列联表中第$i$种属性与第$j$种类数目的期望值。列出所有其他属性与目标属性的列联表：

属性：年资

	优秀	普通	总计
5 年以下	3（2.5）	2（2.5）	5
5 年至 10 年	1（1.5）	2（1.5）	3
10 年以上	1（1.0）	1（1.0）	2
总计	5	5	10

属性：受教育程度

	优秀	普通	总计
大专以下	0（1.5）	3（1.5）	3
研究生以上	5（3.5）	2（3.5）	7
总计	5	5	10

属性：有无相关经验

	优秀	普通	总计
是	4（3）	2（3）	6
否	1（2）	3（2）	4
总计	5	5	10

计算卡方统计量：

$$K^2(\text{年资})=\frac{(3-2.5)^2}{2.5}+\frac{(2-2.5)^2}{2.5}+\frac{(1-2.5)^2}{1.5}+\frac{(2-1.5)^2}{1.5}+\frac{(1-1)^2}{1}+\frac{(1-1)^2}{1}$$
$$=0.533$$

$$K^2(\text{受教育程度})=\frac{(0-1.5)^2}{1.5}+\frac{(3-1.5)^2}{1.5}+\frac{(5-3.5)^2}{3.5}+\frac{(2-3.5)^2}{3.5}$$
$$=4.286$$

$$K^2(有无相关经验) = \frac{(4-3)^2}{3} + \frac{(2-3)^2}{3} + \frac{(1-2)^2}{2} + \frac{(3-2)^2}{2} = 1.67$$

由于受教育程度的卡方值最大，可知选受教育程度作为分支属性最能区分员工效绩评级结果。

4.3.3 ID3决策树

4.3.3.1 ID3 算法原理

基本决策树构造算法通常采用贪心策略，即在选择划分数据的属性时，采取一系列局部最优决策来构建决策树，它采用自顶向下的递归方法构造决策树。著名的决策树算法 ID3 的基本策略如下：

（1）以代表训练样本的单个结点开始。

（2）如果样本都在同一个类中，则这个结点称为树叶结点并标记该类别。

（3）否则算法使用信息增益值帮助选择出适合的将样本分类的属性，以便将样本集划分为若干子集，该属性就是相应结点的测试属性（所有属性应当是离散值）。

（4）对选到的测试属性的每个离散值创建一个分支，划分样本。

（5）在决策树中，每一个非叶子结点都将与属性中具有最大信息量的非类别属性相关联。

（6）递归调用上述算法，在每个划分上形成子树。需要注意的是，一个属性一旦出现在某一个结点上，那么它就不能再出现在该结点之后所形成的子树结点中。

（7）当给定结点的所有样本都属于同一类，或者具有相同的属性时停止建树。

ID3 算法的核心是在决策树选择属性时，用信息增益作为属性的选择标准，使得每一个结点在进行测试时，能获得关于测试记录的最大化类别信息。

4.3.3.2 熵和信息增益

为了对样本做出最优的分类，我们需要选择出最佳划分的度量，选择最佳划分的度量通常是根据划分后子女结点不纯性的程度，不纯程度越低，子女结点越纯，类分布就越倾斜，判为某类的准确度就越高。ID3 算法用信息增益值作为划分度量。

设 D 是训练数据集，它包括 k 个类别的样本，这些类别分别用 $C_1, C_2, \cdots, C_k$ 表示，那么 D 的熵（entropy）或者信息量就为

$$Info(D) = -\sum_{i=1}^{k} p_i \log_2(p_i) \tag{4-10}$$

其中，p_i 表示类 C_i 在总训练数据集中出现的概率。*Info*（*D*）表示确定数据集 *D* 中的一个类别需要的信息量。数据集的概率分布越均衡，它的信息量（熵）就越大，确定一个类别需要的信息量就越多，数据集的杂乱程度也就越高。因此，熵可以作为判断训练集不纯度（impurity）的一个度量：熵值越大，不纯度就越高。

若我们根据非类别属性 *A* 的值将数据集 *D* 分成子集合 A_1，A_2，…，A_l，则确定 *D* 中一个元素类的信息量可以通过确定 A_i 的加权平均值来得到，即 *Info*（A_i）的加权平均值为

$$Info_A(D) = \sum_{i=1}^{l} \frac{x_i}{N} Info(A_i) \tag{4-11}$$

其中，A_i 表示根据属性 *A* 划分数据集 *D* 后第 *i* 个子集，x_i 表示 A_i 所包含的训练数据的个数，*N* 表示训练数据集的样本总数。所以 $Info_A$（*D*）表示了已知属性 *A* 的值后，确定数据集 *D* 中的一个元素需要的信息量。

为了确定测试条件的效果，比较父结点（划分前）的不纯度和子女结点（划分后）的不纯程度：它们的差越大，测试条件的效果越好。增益是一种可以用来确定划分效果的标准。熵的差值就是信息增益（Information Measurement）。式（4-12）为信息增益的计算公式，用来衡量熵的期望减少值。

$$Gain(A) = Info(D) - Info_A(D) \tag{4-12}$$

Gain（*A*）是指因为知道属性 *A* 的值后导致熵期望压缩。*Gain*（*A*）越大，说明选择属性 *A* 为测试属性对分类提供的信息越多。按照信息增益的定义信息增益越大，熵的减少量越多，子女结点就趋向于越纯。因此，可以对每个属性按照它的信息增益大小排序，获得最大信息增益的属性被选择为分支属性。

4.3.3.3 ID3 算法伪代码

算法 4.3 ID3 算法

输入：全体样本集 *X*，全体属性集 *Q*；

输出：ID3 决策树

I. 初始化决策树 *T*，使其只包含一个根结点（*X*，*Q*）；

II. If 决策树 *T* 中所有叶子结点（*X*，*Q*）都满足，属于同一类或 Q' 为空 Then

III. 算法停止；

IV. Else；

IV. 任取一个不具有 II 中所述状态的叶子结点（X'，Q'）；

IV. For each Q' 中的属性 A Do 计算信息增益 $Gain$（A，X'）；

VII. 选择具有最高信息增益的属性 B 作为结点（X'，Q'）的测试属性；

VIII.For each B 的取值 b_i；

IX.Do 对 B 值等于 b_i 的子集 X_i，生成相应的叶结点（X_i'，$Q'-\{B\}$）；

X. 转到 II。

4.3.3.4 ID3 算法的特点

ID3 算法的优点：算法的理论清晰，方法简单，易于理解，学习能力较强。

ID3 算法的缺点：

（1）信息增益对可取值数目较多的属性有所偏好，比如通过 ID 号可将每个样本分成一类，但没有意义。

（2）ID3 只能对离散属性的数据集构造决策树。

（3）ID3 是非递增算法。

（4）因为它是一种自顶向下的贪心算法，所以可能会收敛于局部最优解而丢失全局最优解。

（5）ID3 是单变量决策树，没有考虑属性间的相互关系，这就很容易导致子树或属性的重复。

4.3.3.5 ID3 算法的案例分析

【例 4.4】

对于表 4-9 的数据，使用信息增益进行决策树归纳，找出根结点。

表 4-9 顾客数据库标记类的训练元组

RID	age	income	student	credit _rating	Class buys_computer
1	youth	high	no	fair	no
2	youth	high	no	excellent	no
3	middle_aged	high	no	fair	yes
4	senior	medium	no	fair	yes

（续表）

RID	age	income	student	credit _rating	Class buys_computer
5	senior	low	yes	fair	yes
6	senior	low	yes	excellent	no
7	middle_aged	low	yes	excellent	yes
8	youth	medium	no	fair	no
9	youth	low	yes	fair	yes
10	senior	medium	yes	fair	yes
11	youth	medium	yes	excellent	yes
12	middle_aged	medium	no	excellent	yes
13	middle_aged	high	yes	fair	yes
14	senior	medium	no	excellent	no

在这个例子中，每个属性都是离散值的，连续值属性已经被离散化。类标号属性 *buys _computer=yes* 有两个不同值（即 *yes* 或 *no*），因此有两个不同的类（即 *m*=2）。设类 C_1 对应于 *yes*, 而类 C_2 对应于 *no*。类 *yes* 有 9 个元组，类 *no* 有 5 个元组。为 *D* 中的元组创建（根）结点 *N*。为了找出这些元组的分裂准则，必须计算每个属性的信息增益。首先使用式（4-10），计算对 *D* 中元组分类所需要的期望信息为

$$Info(D)=-\frac{9}{14}\log_2\frac{9}{14}-\frac{5}{14}\log_2\frac{5}{14}=0.940$$

下一步，需要计算每个属性的期望信息需求。从属性 *age* 开始。需要对 *age* 的每个类考察 *yes* 和 *no* 元组的 *no* 分布。对于 *age* 的类“*youth*”，有两个 *yes* 元组，3 个 *no* 元组。对于类“*middle_aged*”，有 4 个 *yes* 元组，0 个 *no* 元组。对于类“*senior*”，有 3 个 *yes* 元组，2 个 *no* 元组。使用式（4-11），如果元组根据 *age* 划分，则对 *D* 中的元组进行分类所需要的期望信息为

$$\begin{aligned}Info_{age}(D)&=\frac{5}{14}(-\frac{2}{5}\log_2\frac{2}{5}-\frac{3}{5}\log_2\frac{3}{5})+\frac{4}{14}(-\frac{4}{4}\log_2\frac{4}{4}-\frac{0}{4}\log_2\frac{0}{4})\\&+\frac{5}{14}(-\frac{3}{5}\log_2\frac{3}{5}-\frac{2}{5}\log_2\frac{2}{5})\\&=0.694\end{aligned}$$

因此这种划分的信息增益为

$$Gain(age)=Info(D)-Info_{age}(D)=0.940-0.694=0.246$$

类似的，可以计算

$$Gain(income)=0.029$$

$$Gain(student) = 0.151$$
$$Gain(credit\_rating) = 0.048$$

由于 *age* 在属性中具有最高的信息增益，所以它被选作分裂属性。结点 *N* 用 *age* 标记，并且每个属性值生长出一个分枝。然后元组据此划分，如图 4-12 所示。注意，落在分区 *age=middle_aged* 的元组都属于相同的类。由于它们都属于类“*yes*”，所以要在该分枝的端点创建一个树叶，并用“*yes*”标记。

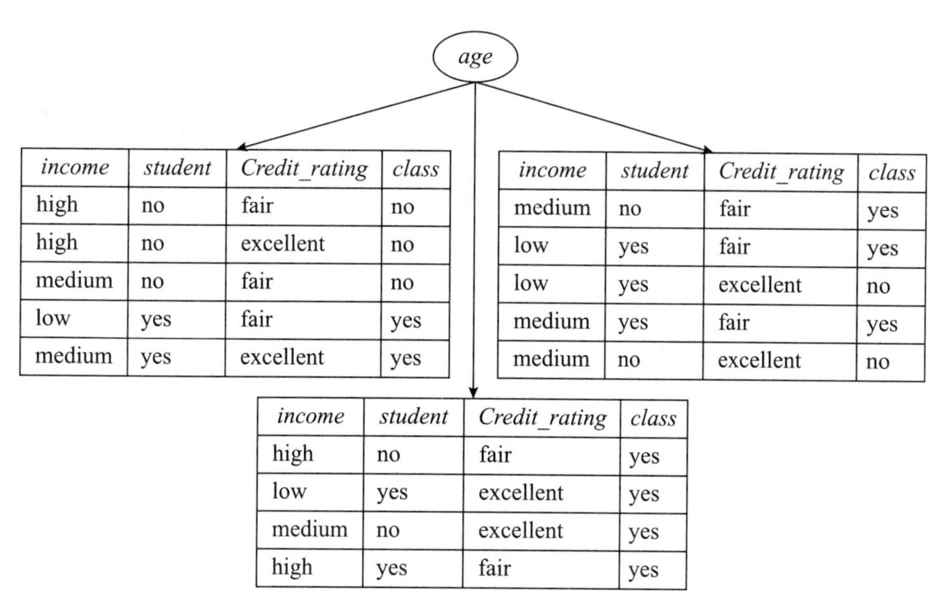

income	*student*	*Credit_rating*	*class*
high	no	fair	no
high	no	excellent	no
medium	no	fair	no
low	yes	fair	yes
medium	yes	excellent	yes

income	*student*	*Credit_rating*	*class*
medium	no	fair	yes
low	yes	fair	yes
low	yes	excellent	no
medium	yes	fair	yes
medium	no	excellent	no

income	*student*	*Credit_rating*	*class*
high	no	fair	yes
low	yes	excellent	yes
medium	no	excellent	yes
high	yes	fair	yes

图 4-12　根结点的选择

4.3.4　C4.5决策树

4.3.4.1　C4.5 算法原理

上文中提到 ID3 还存在许多需要改进的地方，于是，Quinlan 在 1993 年提出了 ID3 算法的改进版本 C4.5。 C4.5 算法的核心思想与 ID3 完全一样，它与 ID3 算法不同的地方包括：

（1）划分度量采用增益率；

（2）能够处理数值属性；

（3）能够处理未知属性；

（4）采用 k 次迭代交叉验证来评估模型的优劣程度；

（5）提供了将决策树模型转换为 If-then 规则的算法。

1. 增益率

信息增益趋向选择具有最大不同取值的属性。因为具有大量不同值的属性被选为分支属性后，能够产生许多小而纯的子集，会很明显地降低子女结点的不纯性，但这种属性很多时候不是一个具有预测性的属性。例如用户 ID，根据这样的属性划分的子集都是单元集，对应的结点当然就是纯结点。即使在不太极端的情况下，也不希望产生大量输出的条件，因为与每个划分相关联的记录太少，以致不能够做出可靠的预测。

解决以上问题的方法有两种。一种方法是限制测试条件的划分个数，例如 CART 算法就限制测试条件只能二元划分；另一种方法是修改度量标准，把划分属性的输出数也考虑进去。Quinlan 提出使用增益率来代替增益比例。

我们先来考虑训练数据集关于属性 A 的信息量（熵）*SplitInfo*（A），这个信息量与训练数据集的类别无关，计算公式如下：

$$SplitInfo(A) = -\sum_{i=1}^{m} \frac{x_i}{N} \log_2 \frac{x_i}{N} \tag{4-13}$$

假设，属性 A 的值将数据集 D 分成子集合 A_1，A_2，…，A_l，那么式子中 x_i 表示 A_i 所包含的训练数据的个数，N 表示训练数据集的样本总数。训练数据集在属性 A 上的分布越均匀 *SplitInfo*（A）的值越大。因此，*SplitInfo*（A）可以用来衡量分裂属性数据的广度和均匀性。关于属性 A 的增益率计算如下：

$$GainRatio(A) = \frac{Gain(A)}{SplitInfo(A)} \tag{4-14}$$

如果某个属性产生了大量的划分，那么数据集关于该属性的信息量就会很大，从而降低了信息率。但是，当某个属性存在一个 $x_i \approx N$ 时，它的 *SplitInfo* 将非常小，从而导致增益率异常大，为了解决此问题 C4.5 算法进行了进一步的改进，它计算每个属性的信息增益，只对超过平均信息增益的属性通过增益率来进一步比较选取。

2. 处理有连续值的属性

C4.5 算法处理具有连续值属性的方法如下：

（1）按照属性值对训练数据集进行排序；

（2）取当前样本的属性值和前一个样本属性值的中点作为一个阈值；

（3）按照步骤（1）中排好的顺序，依次改变当前样本的属性值，重复步骤（2）；

（4）得到所有可能的阈值、增益、增益率。

如此，每个具有连续值的属性就会被划分为两个区间，大于阈值或者小于阈值。

3. 对未知属性值的处理

C4.5 算法在处理训练数据集时，若遇到未知属性值一般会采取以下方法之一：

（1）将未知值用最常用的值代替；

（2）将未知值用该属性所有取值的平均值代替；

（3）采用概率的办法，为未知属性值取每一个值赋予一个概率，这些概率的获取依赖于已知的属性值的分布，在建立决策树时将这些概率分配到子结点中去。

4. *k* 次迭代交叉验证

把数据分为大小相同的 *k* 份，每次运行，选择其中一份作为检验集，其余的全作为训练集，并重复 *k* 次该过程，使得每份数据都用于验证恰好一次。这么做可以使尽可能多的样本用于训练模型，从而更加接近原始样本的分布。另外，也可以减少随机因素对实验结果的影响。

4.3.4.2 C4.5 算法的伪代码

假设用 *S* 代表当前样本集，当前候选属性集用 *A* 表示，C4.5 算法的伪代码如下：

算法 4.4 C4.5 算法

输入：训练样本 *S*；候选属性的集合 *A*。

输出：一棵决策树 *T*。

T（*S*，*A*）

I. 创建根结点 *N*；

II. If *S* 都属于同一类 *C*；

III. 返回 *N* 为叶子结点，标记为类 *C*；

IV. Else if *A* 为空，或者 *S* 中所剩的样本数少于某给定值，则返回 *N* 为叶子结点，标记 *N* 为 *S* 中出现最多的类；

V. For each *A* 中的属性，计算信息增益率；

VI. *N* 的测试属性 *B*=*A* 中具有最高信息增益率的属性；

VII. For each $B=b_i$ 为的数据集 S_i，迭代调用函数 *T*（S_i，*A*-*B*）；

VIII. 计算每个结点的分类错误，进行剪枝。

4.3.4.3 C4.5 算法的特点

C4.5 算法的优点：产生的规则易于理解，准确率较高。

C4.5 算法的缺点：在构造树的过程中需要对数据进行多次顺序扫描和排序，导致算法效率较低。

4.3.4.4　C4.5 算法案例分析

【例 4.5】

假设某公司人力资源部门欲了解职员的表现是否受到年资、受教育程度、具备相关经验的影响，找出其绩效评级的分类规则，建立人才招募系统的知识法则，以应用于后续的招募程序。根据信息增益找到构建 C4.5 决策树分支属性，数据见表 4-10。

表 4-10　某公司人力资源部门职员表现

职员	年资（A）	受教育程度（B）	有无相关经验（C）	员工表现
001	5 年以下	研究所	是	优等
002	10 年以上	研究所	否	普通
003	5 年以下	研究所	是	优等
004	5 年以下	大专	是	普通
005	5 年以下	研究所	否	优等
006	10 年以上	研究所	是	优等
007	5 年至 10 年	大专	否	普通
008	5 年至 10 年	研究所	是	优等
009	5 年至 10 年	大专	否	普通
010	5 年以下	研究所	是	普通

$$SplitInfo(\text{年资}) = -\frac{5}{10}\log_2\frac{5}{10} - \frac{3}{10}\log_2\frac{3}{10} - \frac{2}{10}\log_2\frac{2}{10} = 1.485$$

$$SplitInfo(\text{教育程度}) = -\frac{3}{10}\log_2\frac{3}{10} - \frac{7}{10}\log_2\frac{7}{10} = 0.881$$

$$SplitInfo(\text{有无相关经验}) = -\frac{6}{10}\log_2\frac{6}{10} - \frac{4}{10}\log_2\frac{4}{10} = 0.971$$

由公式（4-12）可得各属性信息增益为：

$$Gain(\text{年资}) = Info(D) - Info_{\text{年资}}(D) = 0.039$$

$$Gain(\text{受教育程度}) = Info(D) - Info_{\text{受教育程度}}(D) = 0.396$$

$$Gain(\text{有无相关经验}) = Info(D) - Info_{\text{有无相关经验}}(D) = 0.125$$

所以信息增益率为：

$$GR(\text{年资}) = \frac{Gain(A)}{SplitInfo(A)} = \frac{0.039}{1.485} = 0.026$$

$$GR(\text{教育程度}) = \frac{Gain(A)}{SplitInfo(A)} = \frac{0.369}{0.881} = 0.449$$

$$GR(\text{有无相关经验}) = \frac{Gain(A)}{SplitInfo(A)} = \frac{0.125}{0.971} = 0.129$$

由于受教育程度的信息增益率最大，所以以受教育程度作为 C4.5 决策树的根结点分支属性能够得到有效的区分职员效绩评级结果。

4.3.5 CART决策树

4.3.5.1 CART 决策树原理介绍

CART 以 *Gini* 系数作为决定分支变量的准则，在每个分支结点进行数据分隔，并建立一个二分式的决策树，以决定最佳分支变量（Breiman et al.，1984）。CART 的特色除了为二元分支算法外，也能处理类别型变量以及连续型变量的分类问题。

首先，给定一个结点 t，以 *Gini* 系数对分支变量进行二元分割，假设属性的分支水平为 s，t_{left} 与 t_{right} 分别为结点 t 的左、右子结点，并比较分支前后的纯度差异，如式：

$$\Delta Gini(s,\ t) = Gini(t) - [Gini(t_{\text{left}}) + Gini(t_{\text{right}})] \tag{4-15}$$

若 $\Delta Gini(s, t) > 0$，表示子结点的纯度比其父结点的纯度高，则不考虑分支；若 $\Delta Gini(s, t) \leqslant 0$ 则表示子结点的纯度比其父结点的纯度低，则作为该变量的候选分支水平，借由穷举搜索所有可能的分支水平，CART 算法在每一个可能的分支变量中会选择具有最大化纯度的分支水平作为候选分支依据，再经由比较所有候选分支变量中具有最大纯度作为结点的分支。

当利用训练数据表完成决策树的构建，CART 利用成本复杂性的修剪方法，以降低不必要的分支。

4.3.5.2　*Gini* 系数

Gini 系数是衡量数据集合对于所有类别的不纯度（impurity）（Breiman 等，1984），如式所示：

$$\Delta Gini(D)=1-\sum_{j=1}^{k}p_j^2 \tag{4-16}$$

各属性值 A_i 下数据集合的不纯度 *Gini*（A_i）如式所示：

$$\Delta Gini(A_i)=1-\left(\frac{x_{i1}}{x_i}\right)^2-\left(\frac{x_{i2}}{x_i}\right)^2-\cdots-\left(\frac{x_{ik}}{x_i}\right)^2=1-\sum_{j=1}^{k}\left(\frac{x_{ij}}{x_i}\right)^2 \tag{4-17}$$

属性 A_i 的总数据不纯度则等于所有属性值分割下的期望平均，如式（4-18）所示：

$$Gini_A(D)=\frac{x_1}{N}Gini(A_1)+\frac{x_2}{N}Gini(A_2)+\cdots+\frac{x_l}{N}Gini(A_l) \tag{4-18}$$

式（4-18）所得之数值即为以属性 A 作为分支属性的不纯度，不纯度越小表示该属性越适合作为分支属性。以此类推，可计算出其他属性作为分支变量所能带来的纯度，通过比较即可找出最适合作为分支的属性，如式（4-19）。拥有最大幅度减少不纯度的属性及其分割子集合，作为该决策树的分支属性。

$$\Delta Gini(A)=Gini(D)-Gini_A(D) \tag{4-19}$$

以范例【4.3】为例，分别根据年资（A）、受教育程度（B）、是否有工作经验（C）三个属性计算其 *Gini* 系数如下。

$$Gini(D)=1-(0.5)^2-(0.5)^2=0.5$$

$$Gini_{年资}(D)=\frac{5}{10}[1-(\frac{3}{5})^2-(\frac{2}{5})^2]+\frac{3}{10}[1-(\frac{1}{3})^2-(\frac{2}{3})^2]+\frac{2}{10}[1-(\frac{1}{2})^2-(\frac{1}{2})^2]=0.473$$

$$Gini_{受教育程度}(D)=\frac{3}{10}[1-(\frac{0}{3})^2-(\frac{3}{3})^2]+\frac{7}{10}[1-(\frac{5}{7})^2-(\frac{2}{7})^2]=0.286$$

$$Gini_{有无相关经验}(D)=\frac{6}{10}[1-(\frac{4}{6})^2-(\frac{2}{6})^2]+\frac{4}{10}[1-(\frac{1}{4})^2-(\frac{3}{4})^2]=0.417$$

$$\Delta Gini(年资)=Gini(D)-Gini_{年资}(D)=0.5-0.473=0.027$$

$$\Delta Gini(受教育程度)=Gini(D)-Gini_{受教育程度}(D)=0.5-0.286=0.214$$

$$\Delta Gini(有无相关经验)=Gini(D)-Gini_{有无相关经验}(D)=0.5-0.286=0.083$$

由 Gini 系数可知，以受教育程度作为分支依据能够得到较多信息。

当考虑二元划分裂时，计算每个结果分区的不纯度的加权和。例如，如果 A 的二元划分将 D 划分成 D_1 和 D_2，则给定该划分，D 的基尼指数为

$$Gini_A(D) = \frac{|D_1|}{|D|}Gini(D_1) + \frac{|D_2|}{|D|}Gini(D_2) \tag{4-20}$$

对于每个属性，考虑每种可能的二元划分。对于离散值属性，选择该属性产生最小基尼指数的子集作为它的分裂子集。

对于连续值属性，必须考虑每个可能的分裂点。其策略类似于前面介绍的信息增益所使用的策略，其中将每对（排序列后的）相邻值的中点作为可能的分裂点。对于给定的（连续值）属性，选择产生最小基尼指数的点作为该属性的分裂点。注意，对于 A 的可能分裂点 *split_poin*，D_1 是 D 中满足 $A<split\_poin$ 的元组集合，而 D_2 是 D 中满足 $A>split\_poin$ 的元组集合。

对离散或连续值属性 A 的二元划分导致的不纯度降低为

$$\Delta Gini(A) = Gini(D) - Gini_A(D) \tag{4-21}$$

最大化不纯度降低（或等价地，具有最小基尼指数）的属性选为分裂属性。该属性和它的分裂子集（对于离散值的分裂属性）或分裂点（对于连续值的分裂属性）一起形成分裂准则。

4.3.5.3　使用基尼系数进行决策树分析案例

【例 4.6】

表 4-11 是顾客数据库的训练数据：

表 4-11　顾客数据库的训练元组

RID	age	income	student	credit -rating	Class buys_computer
1	youth	high	no	fair	no
2	youth	high	no	excellent	no
3	middle_aged	high	no	fair	yes
4	senior	medium	no	fair	yes
5	senior	low	yes	fair	yes
6	senior	low	yes	excellent	no
7	middle_aged	low	yes	excellent	yes

（续表）

RID	age	income	student	credit -rating	Class buys_computer
8	youth	medium	no	fair	no
9	youth	low	yes	fair	yes
10	senior	medium	yes	fair	yes
11	youth	medium	yes	excellent	yes
12	middle_aged	medium	no	excellent	yes
13	middle_aged	high	yes	fair	yes
14	senior	medium	no	excellent	no

对上面的数据以基尼系数构建 CART 决策树。

设 D 是表 4-11 的训练数据，其中 9 个元组属于类 *buy_computer=yes*，而其余 5 个元组属于类 *buy_computer=no*。对 D 中元组创建（根）结点 N。首先使用基尼指数式计算 D 的不纯度：

$$Gini(D)=1-\left(\frac{9}{14}\right)^2-\left(\frac{5}{14}\right)^2=0.459$$

为了找出 D 中元组的分裂准则，需要计算每个属性的基尼指数。从属性 *income* 开始，并考虑每个可能的分裂子集。考虑子集 {*low*，*medium*}。这将导致 10 个满足条件 *income* ∈ {*low*，*medium*} 的元组在分区 D_1 中。D 中的其余 4 个元组将指派到分区 D_2 中。基于该划分计算出的基尼指数值为

$$\begin{aligned}Gini_{income\in\{low,medium\}}(D)&=\frac{10}{14}Gini(D_1)+\frac{4}{14}Gini(D_2)\\&=\frac{10}{14}(1-\left(\frac{7}{10}\right)^2-\left(\frac{3}{10}\right)^2)+\frac{4}{14}(1-\left(\frac{2}{4}\right)^2-\left(\frac{2}{4}\right)^2)\\&=0.443\\&=Gini_{income\in\{high\}}(D)\end{aligned}$$

类似地，用其余子集划分的基尼指数值是：0.458（子集 {*low*，*high*} 和 {*medium*}）和 0.450（子集 {*medium*，*high*} 和 {*low*}）。因此，属性 *income* 的最好二元划分在 {*low*，*medium*}（或者 {*high*}）上，因为它最小化基尼指数。评估属性 *age* 得到 {*young*，*senior*}（或者为 {*middle_aged*}）为 *age* 的最好划分，具有基尼指数 0.375；属性 *student* 和 *credit_rating* 都是二元的，分别具有基尼指数值 0.367 和 0.429。

因此，属性 *age* 和分裂子集 {*young*，*senior*} 产生最小的基尼指数，不纯度降低

0.459−0.357 =0.102。二元划分 $age \in \{young, senior\}$ 导致 D 中元组的不纯度降低最大，并返回作为分裂准则。结点 N 用该准则标记，从它生长出两个分枝，并且相应地划分元组。

4.3.6 决策树中的剪枝问题

决策树的剪枝问题本质上综合了决策树的泛化能力与过度拟合问题。

使用决策树的误差大致分为两种：一种是训练误差，即训练记录上误分类样本的比例；另一种是泛化误差，即模型在未知记录上的期望误差。在建立决策树时，希望分类模型既能够很好地拟合训练数据，以降低训练误差，又希望分类模型可以很好地拟合未知样本，以降低泛化误差。在生成决策树时，如果一味地拟合训练数据以降低训练误差，将出现过度拟合的现象，这种过度拟合可能由噪声导致，也可能由缺乏代表性的样本导致。会致使分类模型过度地拟合了训练数据，从而失去泛化能力，造成决策树性能的降低。因此，训练数据集的命中率与测试数据集的命中率之间并不是简单的正相关性，在某一范围内两者为正相关性，但由于过度拟合等问题，两者也可能存在负相关性。

引起过度拟合的原因有很多，比较普遍认同的是：模型越复杂，出现过度拟合的概率就越高。因此，在处理决策树归纳中的过度拟合问题时，一般采用剪掉最不可靠的分枝的办法。常用的剪枝方法有两种：先剪枝和后剪枝。

（1）先剪枝是一种提前终止规则。在构造决策树时，可以使用信息增益、*Gini* 系数等不纯性度量来评估划分的优劣，如果不纯性度量的增益低于某个确定的阈值时就停止扩展叶子结点。一旦停止，结点就成为叶子结点，此时该叶子结点或标记为子集中最频繁的类，或者持有子集数据的概率分布。然而，选取一个适当的阈值是困难的，高阈值可能导致决策树过分简化，低阈值可能会使得决策树简化太少。

（2）后剪枝，它按照自底而上的方式修剪完全增长的决策树。有两种修剪方法：

①用新的叶子结点替换子树，该叶子结点的类标号由子树的记录中的占多数的类确定；

②用子树中最常使用的分支代替子树。

当模型不能改进时，终止剪枝。

CART 使用的代价复杂度算法是后剪枝的一个实例。该方法把决策树的复杂度看作树中叶子结点的个数和决策树的错误率的函数。它从决策树的底部开始，对每个内部结点 N，计算 N 的子树的代价复杂度和该子树剪枝（用一个叶子结点代替该子树）

后 N 的代价复杂度。比较两个值。如果剪去结点 N 的子树导致较小的代价复杂度，则剪掉该子树；否则，保留该子树。

C4.5 算法使用一种称为悲观剪枝的方法，它类似于代价复杂度方法，因为它也使用错误率评估来决定是否修剪子树。然而悲观剪枝不需要使用剪枝集，仅使用训练集估计错误率，这样的做法对数据集较少时比较有利，但基于训练集评估准确率或者是错误率一般过于乐观，因此悲观剪枝方法通过加上一个复杂度罚项来调节从训练集中得到的错误率，从而抵消乐观估计带来的偏差。决策树 T 的悲观误差估计可以用式（4-22）计算：

$$e_g(T)=\frac{\sum_{i=1}^{k}[e(t_i)+\Omega(t_i)]}{\sum_{i=1}^{k}n(t_i)}=\frac{e(T)+\Omega(T)}{N_t} \tag{4-22}$$

其中，k 是决策树的叶子结点数，$n(t_i)$ 是结点 t_i 分类的训练记录数，$e(t_i)$ 是结点 t_i 被误分类的记录数，$\Omega(t_i)$ 是每个结点 t_i 对应的罚项。

罚项与模型复杂度有关，模型复杂度越高，叶子结点个数越多，总罚项就越大。用相同的训练集建立决策树模型，一般罚项设定得越大，得到的决策树的复杂度越小。因为罚项小，就意味着，只要不增加很大的训练误差，就可以进行剪枝。

4.3.7 决策树在SPSS中的应用

本节简要介绍决策树分析在 SPSS 软件中的操作流程。对于某运营商客户流失数据，我们以客户是否流失为目标变量，通过决策树构建分类预测模型，然后在待预测数据中运用得到的模型，得到分类预测结果。操作步骤如下：

（1）在菜单上依次选择“分析”→“分类”→“树”，如图 4-13 所示。

（2）因变量选择目标变量“是否流失”，自变量选择其他字段（注意要删除明显无关的字段，如用户 ID），增长方法选择 CHAID 算法，如图 4-14 所示。

（3）下面介绍右侧各个选项的作用。在“输出”选项，设置决策树规则保存路径，依次勾选“生成分类规则”和“将规则导出到文件”，单击“浏览”选择保存路径，如图 4-15 所示。

在“条件”选项，单击“设定”可以设置树的深度，默认是自动选择深度；最小个案数的意义：以父结点 100，子结点 50 为例，只有满足“当父结点包含个案数大于等于 100，且划分的子结点包含个案数大于等于 50”这个条件，才进行分支，否则停止分支；如图 4-16 所示。

	月MOU	前三个月平均MOU		月DOU	终端制式	是否	是否流失	变量	变量	变量
1	123000	9721.6700		.5000	FDD-LTE	Y	0			
2	9176	10186.0000		.4000	WCDMA	Y	0			
3	7495	5258.0000		.6000	FDD-LTE	Y	0			
4	7055	4730.6700		9.1000	TD-SCDMA	Y	1			
5	7055	4730.6700		9.1000	TD-SCDMA	Y	1			
6	7055	4730.6700		9.1000	TD-SCDMA	Y	0			
7	6913	6812.0000		2.6000	TD-LTE	Y	0			
8	5339	4559.6700					0			
9	5130	6304.0000					1			
10	5130	6304.0000					0			
11	5086	5689.6700					0			
12	4302	2969.0000					0			
13	4272	4533.3300					0			
14	4164	3993.3300					0			
15	4123	3547.3300		2.3000	WCDMA	Y	1			
16	4123	3547.3300		2.3000	WCDMA	Y	0			
17	3960	2620.3300		4.4000	WCDMA	Y	0			
18	3949	3744.3300		5.1000	TD-LTE	Y	0			
19	3940	3454.3300		2.5000	TD-SCDMA	Y	0			
20	3931	3041.6700	[illegible]	[illegible]1.4000	TD-LTE	Y	0			
21	3858	3574.6700	86104	27811.6000	CDMA	Y	1			
22	3858	3574.6700	86104	27811.6000	CDMA	Y	0			
23	3816	4653.0000	1742087	9849.1000	TD-LTE	Y	0			
24	3816	3975.0000	210529	25518.7000	WCDMA	Y	1			
25	3816	3975.0000	210529	25518.7000	WCDMA	Y	0			
26	3801	2659.3300	89042	5507.4000	WCDMA	Y	0			
27	3790	781.0000	1150818	376575.0000	WCDMA	N	1			
28	3790	781.0000	1150818	376575.0000	WCDMA	N	1			
29	3790	2831.6700	602623	74358.6000	WCDMA	Y	0			
30	3733	1581.6700	143230	17974.3000	WCDMA	Y	0			
31	3705	3508.3300	772868	52160.4000	TD-LTE	Y	1			

图 4-13　选择决策树分析

图 4-14　字段的选择

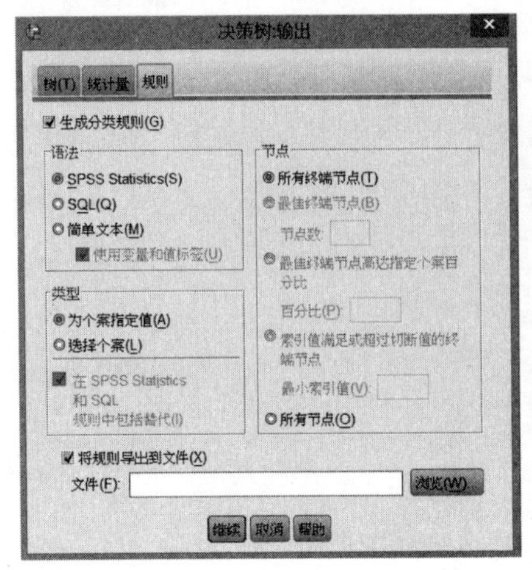

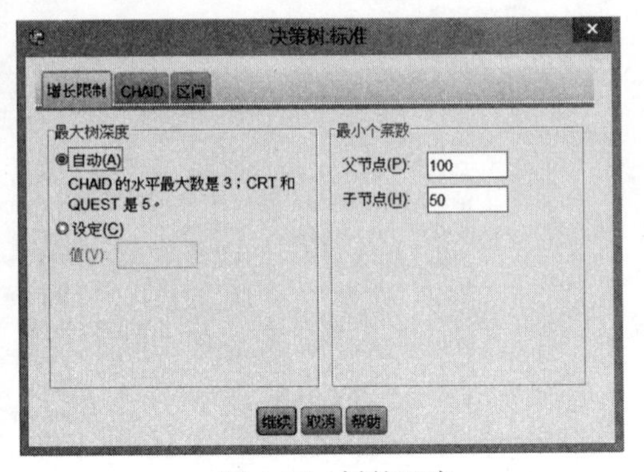

图 4-15 规则的保存

图 4-16 树的深度

在“保存”选项勾选相关属性可以在数据页面生成相关数值，如图 4-17 所示：

在增长方法里，可以选择其他 SPSS 集成的基础上算法，如穷举 Chaid 算法、CRT 算法、QUEST 算法，如图 4-18 所示。

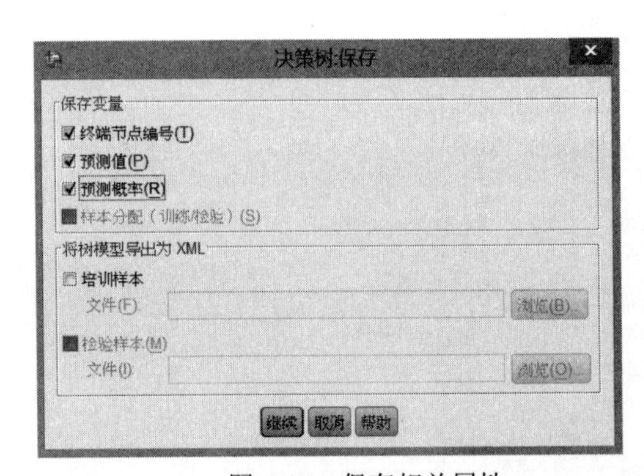

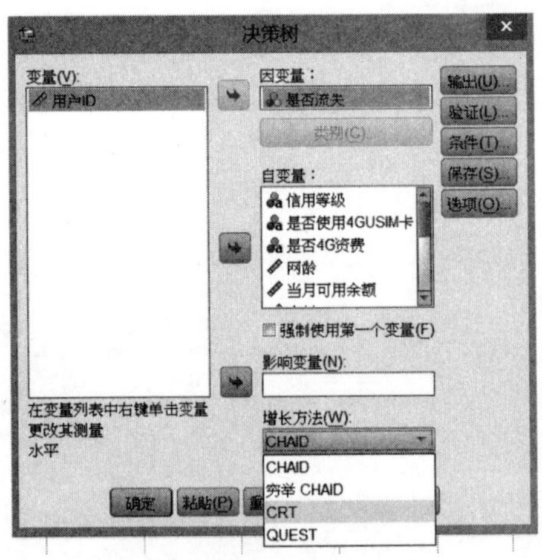

图 4-17 保存相关属性

图 4-18 选择决策树算法

（4）设置完毕后，单击确定进行模型的构建，并输出规则。在输出页面可以看到卡方决策树的输出图形，如图 4-19 所示。

在数据页面，可以看到相关字段的输出，解释如下：

NodeID：结点编号，即该客户落在树中哪个结点；Predicted Value：预测值；Predicted Probability：预测概率，两列概率分别代表预测为 0 或 1 的概率，如图 4-20 所示。

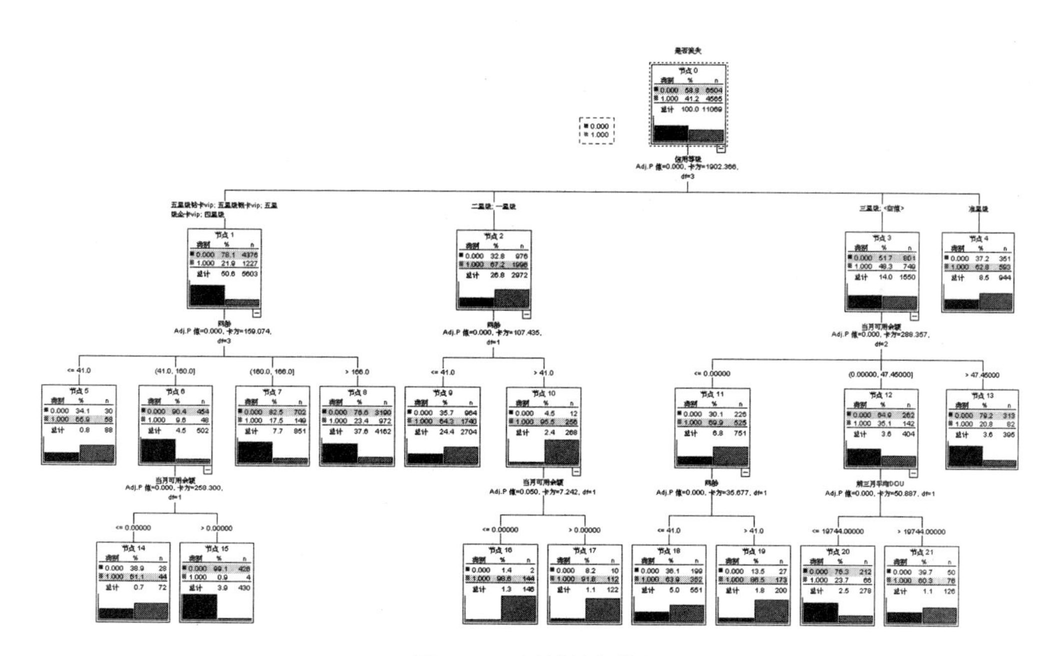

图 4-19 决策树树型图

	前三个月平均MOU	用户ID	当月DOU	前三月平均DOU	终端制式	是否智能机	是否流失	NodeID	PredictedValue	PredictedProbability_1	PredictedProbability_2	变量
1	9721.6700	1107455	336918	24231.5000	FDD-LTE	Y	0	8	0	.77	.23	
2	10186.0000	1101725	322881	14300.4000	WCDMA	Y	0	15	0	.99	.01	
3	5258.0000	1102537	498897	52761.6000	FDD-LTE	Y	0	8	0	.77	.23	
4	4730.6700	1102484	300019	18229.1000	TD-SCDMA	Y	1	8	0	.77	.23	
5	4730.6700	1102484	300019	18229.1000	TD-SCDMA	Y	1	8	0	.77	.23	
6	4730.6700	1102484	300019	18229.1000	TD-SCDMA	Y	0	8	0	.77	.23	
7	6812.0000	1109836	6894015	588442.6000	TD-LTE	Y	0	8	0	.77	.23	
8	4559.6700	1106344	34570	3835.1000	TD-SCDMA	Y	0	7	0	.82	.18	
9	6304.0000	1104427	316761	25774.5000	WCDMA	Y	1	8	0	.77	.23	
10	6304.0000	1104427	316761	25774.5000	WCDMA	Y	0	8	0	.77	.23	
11	5689.6700	1101635	332442	35965.2000	WCDMA	Y	0	8	0	.77	.23	
12	2969.0000	1100186	193305	14681.5000	TD-LTE	Y	0	8	0	.77	.23	
13	4533.3300	1107391	125339	21349.2000	WCDMA	Y	0	8	0	.77	.23	
14	3993.3300	1108296	87417	8480.2000	WCDMA	Y	0	8	0	.77	.23	
15	3547.3300	1108386	501093	30762.3000	WCDMA	Y	1	7	0	.82	.18	
16	3547.3300	1108386	501093	30762.3000	WCDMA	Y	0	7	0	.82	.18	
17	2620.3300	1101532	14624	604.4000	WCDMA	Y	0	15	0	.99	.01	
18	3744.3300	1102676	293301	50985.1000	TD-LTE	Y	0	8	0	.77	.23	
19	3454.3300	1104058	138627	12082.5000	TD-SCDMA	Y	0	8	0	.77	.23	
20	3041.6700	1108217	937304	89271.4000	TD-LTE	Y	0	8	0	.77	.23	
21	3574.6700	1100420	86104	27811.6000	CDMA	Y	1	8	0	.77	.23	
22	3574.6700	1100420	86104	27811.6000	CDMA	Y	0	8	0	.77	.23	
23	4653.0000	1110240	1742087	9849.1000	TD-LTE	Y	0	8	0	.77	.23	
24	3975.0000	1107486	210529	25518.7000	WCDMA	Y	1	8	0	.77	.23	
25	3975.0000	1107486	210529	25518.7000	WCDMA	Y	0	8	0	.77	.23	
26	2659.3300	1110027	89042	5507.4000	WCDMA	Y	0	8	0	.77	.23	
27	781.0000	1110939	1150818	376575.0000	WCDMA	N	1	9	1	.36	.64	
28	781.0000	1110939	1150818	376575.0000	WCDMA	N	1	9	1	.36	.64	
29	2831.6700	1106934	602623	74358.6000	WCDMA	Y	0	8	0	.77	.23	
30	1581.6700	1103010	143230	17974.3000	WCDMA	Y	0	8	0	.77	.23	
31	3508.3300	1103518	772868	52160.4000	TD-LTE	Y	1	8	0	.77	.23	

图 4-20 相关结果输出

（5）通过构建决策树模型得到相应的规则，在待分析数据里就可以运用得到的规则进行分类预测。先将待分析数据导入软件，再依次选择“文件”→“新建”→“语法”，输入语句：“INSERT FILE = 'C:\Users\Test\Desktop\chaid.sps'.”，单引号里即前面保存的规则的路径，如图 4-21 所示。

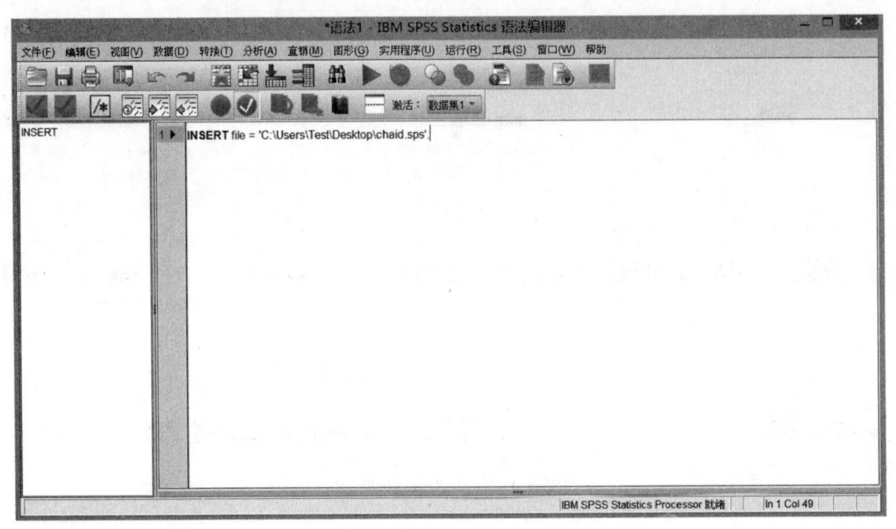

图 4-21　规则的运用

运行语法后，在数据页面得到输出的预测结果（即客户是否流失），解释如下：

nod：该客户被预测到哪个结点；pre：预测值；prb：预测为 0 或 1 的概率，如图 4-22 所示。

文件(F) 编辑(E) 视图(V) 数据(D) 转换(T) 分析(A) 直销(M) 图形(G) 实用程序(U) 窗口(W) 帮助

	当月MOU	前三个月平均MOU	当月DOU	前三月平均DOU	终端制式	是否智能机	nod_001	pre_001	prb_001	变量
1	123000	9721.6700	336918	24231.5000	FDD-LTE	Y	8.00	.00	.77	
2	9176	10186.0000	322881	14300.4000	WCDMA	Y	15.00	.00	.99	
3	7495	5258.0000	498897	52761.6000	FDD-LTE	Y	8.00	.00	.77	
4	7055	4730.6700	300019	18229.1000	TD-SCDMA	Y	8.00	.00	.77	
5	7055	4730.6700	300019	18229.1000	TD-SCDMA	Y	8.00	.00	.77	
6	7055	4730.6700	300019	18229.1000	TD-SCDMA	Y	8.00	.00	.77	
7	6913	6812.0000	6894015	588442.6000	TD-LTE	Y	8.00	.00	.77	
8	5339	4559.6700	34570	3835.1000	TD-SCDMA	Y	7.00	.00	.82	
9	5130	6304.0000	316761	25774.5000	WCDMA	Y	8.00	.00	.77	
10	5130	6304.0000	316761	25774.5000	WCDMA	Y	8.00	.00	.77	
11	5086	5689.6700	332442	35965.2000	WCDMA	Y	8.00	.00	.77	
12	4302	2969.0000	193305	14681.5000	TD-LTE	Y	8.00	.00	.77	
13	4272	4533.3300	125339	21349.2000	WCDMA	Y	8.00	.00	.77	
14	4164	3993.3300	87417	8480.2000	WCDMA	Y	8.00	.00	.77	
15	4123	3547.3300	501093	30762.3000	WCDMA	Y	7.00	.00	.82	
16	4123	3547.3300	501093	30762.3000	WCDMA	Y	7.00	.00	.82	
17	3960	2620.3300	14624	604.4000	WCDMA	Y	15.00	.00	.99	
18	3949	3744.3300	293301	50985.1000	TD-LTE	Y	8.00	.00	.77	
19	3940	3454.3300	138627	12082.5000	TD-SCDMA	Y	8.00	.00	.77	
20	3931	3041.6700	937304	89271.4000	TD-LTE	Y	8.00	.00	.77	
21	3858	3574.6700	86104	27811.6000	CDMA	Y	8.00	.00	.77	

图 4-22　输出结果

4.4 最近邻分析（KNN）

4.4.1 KNN算法的基本原理

K 近邻法也就是 K-Nearest Neighbor 方法，又称为 KNN 分类法。它是一个理论上比较成熟的方法，是由 Cover 和 Hart（1967）提出的。此算法的思想简单直观：若一个样本在特征空间中的 K 个最相似（也就是特征空间中最邻近）的样本中的大多数都属于某一个类别，则此样本也属于这个类别。此方法在分类决策上仅依据最邻近的一个或几个样本的类别来最终决定待分样本所属的类别。K 近邻法是在已知类别的训练样本条件下，按最近距离原则对待此样本分类。

K 近邻分类法是基于类比学习，即通过将给定的检验元组与和它相似的训练元组进行比较来学习。训练元组用 n 个属性描述。每个元组代表 n 维空间的一个点。这样，所有的训练元组都存放在 n 维模式空间中。当给定一个未知元组时，K- 最近邻分类法（K-Nearest Neighbor Classifier）搜索模式空间，找出最接近未知元组的 K 个训练元组。这 K 个训练元组是未知元组的 K 个最近邻居。

“邻近性”用距离度量，如欧几里得距离。两个点或元组 $X_1=(x_{11}, x_{12}, \cdots, x_{1n})$ 和 $X_2=(x_{21}, x_{22}, \cdots, x_{2n})$ 的欧几里得距离是：

$$dist(X_1, X_2)=\sqrt{\sum_{i=1}^{n}(x_{1i}-x_{2i})^2} \tag{4-23}$$

换言之，对于每个数值属性，我们取元组 X_1 和 X_2 该属性对应值的差，取差的平方和，并取其平方根。通常，在使用距离公式之前，我们把每个属性的值规范化。这有助于防止具有较大初始值域的属性（如收入）比具有较小初始值域的属性（如二元属性）的权重过大。例如，可以通过计算式（4-24），使用最小 - 最大规范化把数值属性 A 的值 v 变换到 [0，1] 区间中的 v'

$$v'=\frac{v-\min_A}{\max_A-\min_A} \tag{4-24}$$

其中，$\min_A$，$\max_A$ 分别是属性 A 的最小值和最大值。前面还从数据变换角度介绍了数据规范化的其他方法。

对于K-最近邻分类，未知元组被指派到它的K个最近邻中的多数类。当$K=1$时，未知元组被指派到模式空间中最接近它的训练元组所在的类。最近邻分类也可以用于数值预测，即返回给定未知元组的实数值预测。在这种情况下，分类器返回未知元组的K个最近邻的实数值标号的平均值。

图4-23给出了位于圆圈中心的数据点的1-最近邻、2-最近邻和3-最近邻。该数据点根据其近邻的类标号进行分类。如果数据点的近邻中含有多个类标号，则将该数据点指派到其最近邻的多数类。在图4-23（a）中，数据点的1-最近邻是一个负例，因此该点被指派到负类。如果最近邻是三个，如图4-23（c）所示，其中包括两个正例和一个负例，根据多数表决方案，该点被指派到正类。在最近邻中正例和负例个数相同的情况下（见图4-23（b）），可随机选择一个类标号来分类该点。

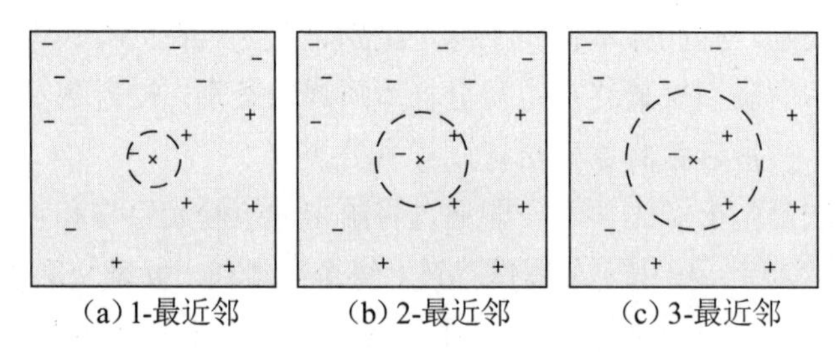

图4-23　1-最近邻、2-最近邻和3-最近邻

4.4.2　KNN算法流程

算法4.5　KNN算法

输入：训练样本集合$D=(X, Y)$，最近邻数目k；

输出：更新类标签之后的数据集D'。

Begin

I. For 每个测试样例$z=(x', y')$ Do;

II. 计算z和每个样例$(x, y)\in D$之间的距离$d(x', x')$；

III. 选择离z最近的K个训练样例的集合$D_z\in D$;

IV. $y'=\arg\max\limits_{v}\sum\limits_{(x_i,y_i)\in D_z} I(v=y_i)$；

V.End For。

一旦得到最近邻列表，测试样例就会根据最近邻中的多数类进行分类：

多数表决：$y' = \arg\max_{v} \sum_{(x_i, y_i) \in D_z} I(v = y_i)$

其中，v 是类标号，y_i 是一个最近邻的类标号，$I(\cdot)$ 是指示函数，如果其参数为真，则返回 1，否则返回 0。

4.4.3 KNN算法的若干问题

（1）“如果属性不是数值的而是标称的（或类别的）如颜色，如何计算距离？”

上面的讨论假定用来描述元组的属性都是数值的。对于标称属性，一种简单的方法是比较元组中 X_1 和 X_2 中对应属性的值。如果两者相同（如，元组 X_1 和 X_2 均为蓝色），则两者之间的差为 0。如果两者不同（如，元组 X_1 是蓝色，而元组 X_2 是红色），则两者之间的差为 1。其他方法可能采用更复杂的方案（如，对蓝色和白色赋予比蓝色和黑色更大的差值）。

（2）“缺失值怎么办？”

通常，如果元组 X_1 或 X_2 在给定属性 A 上的值缺失，则我们假定取最大的可能差。假设每个属性都已经映射到 [0，1] 区间。对于标称属性，如果 A 的一个或两个对应值缺失，则我们取差值为 1。如果 A 是数值属性，并且在元组 X_1 和 X_2 上都缺失，则差值也取 1。如果只有一个值缺失，而另一个存在并且已经规范化（记作 v' ），则取差为 $|1-v'|$ 和 $|0-v'|$ 中的最大者。

（3）“如何确定近邻数 k 的值？”

这可以通过实验来确定。从知 K=1 开始使用检验集估计分类器的错误率。重复该过程，每次 K 增值 1，允许增加一个近邻。可以选取产生最小错误率的 K。一般而言，训练元组越多，K 的值越大（使分类和数值预测决策可以基于存储元组的较大比例）。随着训练元组数趋向于无穷并且 K=1，错误率不会超过贝叶斯错误率的两倍（后者是理论最小错误率）。如果 K 也趋向于无穷，则错误率趋向于贝叶斯错误率。

（4）最近邻分类法使用基于距离的比较，本质上赋予每个属性相等的权重。因此，当数据存在噪声或不相关属性时，它们的准确率可能受到影响。然而，这种方法已经被改进，结合属性加权和噪声数据元组的剪枝。距离度量的选择可能是至关重要的。也可以使用曼哈顿距离或其他距离度量。

（5）最近邻分类法在对检验元组分类时可能非常慢。如果 D 是有 $|D|$ 个元组的训练数据库，而 K=1 则对一个给定的检验元组分类需要 O（$|D|$）次比较。通过预先排序并将排序后的元组安排在搜索树中，比较次数可以降低到 O（$\log|D|$）。并行实现可以把运行时间降低为常数，即 O（1），独立 $|D|$。

4.4.4　KNN分类器的特征

最近邻分类器的特点总结如下：

（1）最近邻分类属于一类更广泛的技术，这种技术被称为基于实例的学习，它使用具体的训练实例进行预测，而不必维护源自数据的抽象（或模型）。基于实例的学习算法需要邻近性度量来确定实例间的相似性或距离，还需要分类函数根据测试实例与其他实例的邻近性返回测试实例的预测类标号。

（2）像最近邻分类器这样的消极学习方法不需要建立模型，然而分类测试样例的开销很大，因为需要逐个计算测试样例和训练样例之间的相似度。相反，积极学习方法通常花费大量计算资源来建立模型，模型一旦建立，分类测试样例就会非常快。

（3）最近邻分类器基于局部信息进行预测，而决策树和基于规则的分类器则试图找到一个拟合整个输入空间的全局模型。正是因为这样的局部分类决策，最近邻分类器（k 很小时）对噪声非常敏感。

（4）最近邻分类器可以生成任意形状的决策边界，这样的决策边界与决策树和基于规则的分类器通常所局限的直线决策边界相比，能提供更加灵活的模型表示。最近邻分类器的决策边界还有很高的可变性，因为它们依赖于训练样例的组合。增加最近邻的数目可以降低这种可变性。

（5）除非采用适当的邻近性度量和数据预处理，否则最近邻分类器可能做出错误的预测。例如，我们想根据身高（以米为单位）和体重（以磅为单位）等属性来对一群人分类。属性高度的可变性很小，从 1.50 米到 1.85 米，而体重范围则可能是从 90 磅到 250 磅。如果不考虑属性值的单位，那么邻近性度最可能被人的体重差异所左右。

4.4.5　KNN算法在SPSS中的应用

本节介绍 KNN 算法在 SPSS 中的应用，分别介绍两个案例：（1）用 KNN 算法预测客户是否流失；（2）用 KNN 算法填充信用等级的缺失值。下面介绍相关步骤。

4.4.5.1　用 KNN 算法预测用户是否流失

现在我们有历史的客户流失数据和当月或未来的客户数据，想要通过历史数据预测分析这些客户是否会流失。KNN 的方法如下：

（1）对于历史数据，首先找出和目标变量“是否流失”相关性最大的若干字段，用于算法计算距离。方法是将字符串字段转换为数值型，再利用双变量相关求出相关系数。如图4-24所示。

（2）依次选择“数据”→“合并文件”→“添加个案”，将历史流失客户数据和待分析数据进行合并（待分析数据“是否流失”字段未知）。

（3）将上一部选出的若干编码后的字段进行归一化操作（此处我们选出的字段是网龄，当月ARPU，当月MOU；归一化即将每个字段数值除以该字段最大值）。

（4）对于合并后的数据进行KNN分析。依次选择“分析”→“分类”→“最近邻元素”，设置目标变量和特征（特征即上一步选出来的相关系数较大的若干字段归一化后的值），如图4-25所示。

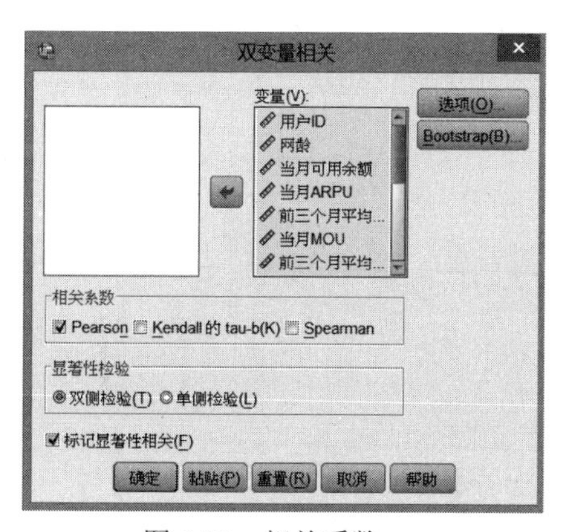

图4-24 相关系数

图4-25 字段设置

“相邻元素”设置*K*值，如图4-26所示。

保存输出结果，如图4-27所示。

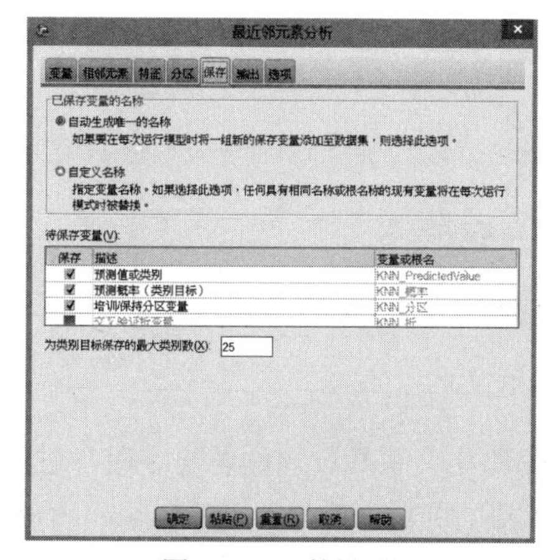

图4-26 *K*的设置

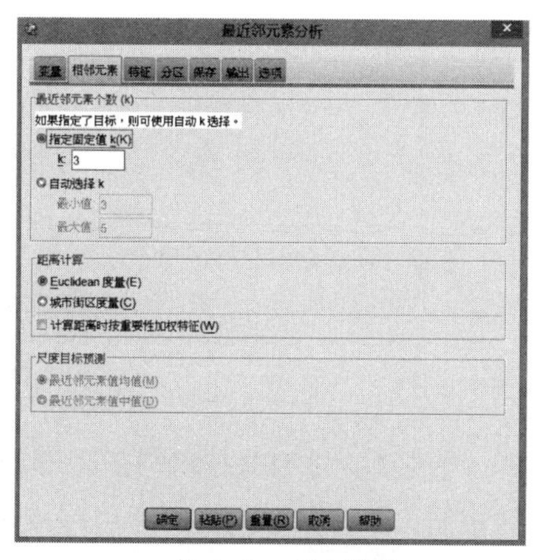

图4-27 保存输出

设置完毕即可输出 KNN 预测结果。

4.4.5.2　用 KNN 算法填充缺失值

（1）现在数据中信用等级字段有少量缺失值，用 KNN 算法可以进行分析得到最接近的预测结果。首先将相关字符串字段重新编码为数值型，便于双变量相关求解相关系数。下面将目标变量信用等级重新编码为数值型，各个星级对应于数值 0,1,2 等，如图 4-28 所示。

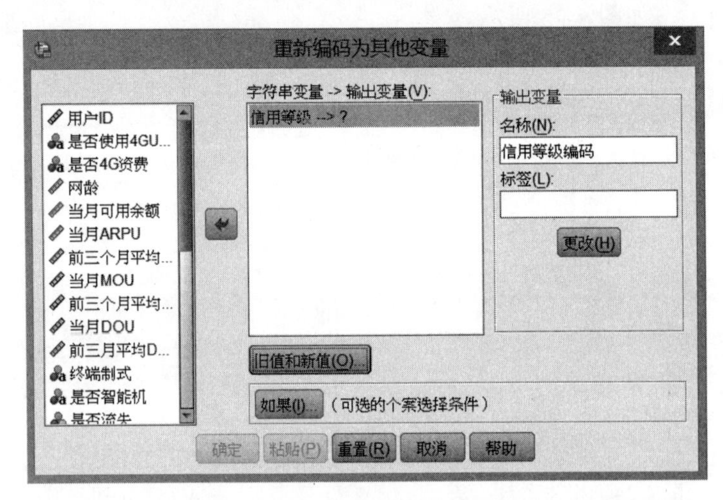

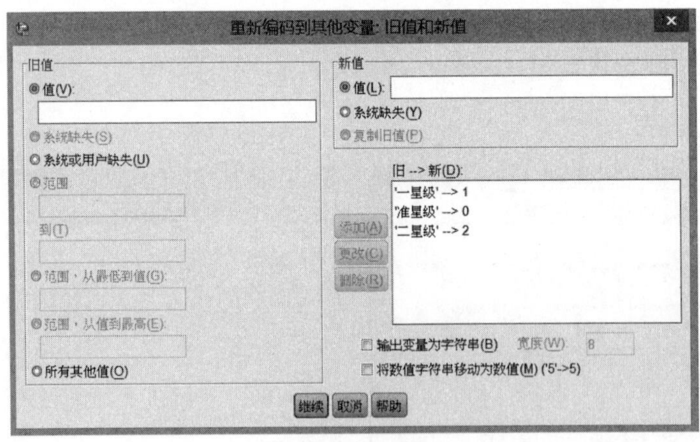

图 4-28　编码

（2）通过双变量相关找出与信用等级编码相关系数较高的若干字段，进行归一化，然后按照第一个例子的步骤即可完成 KNN 的分析，得到信用等级编码的预测值，即完成了默认值的填充。

4.5 贝叶斯分析

4.5.1 贝叶斯定理

贝叶斯定理用 Thomas Bayes 的名字命名。Thomas Bayes 是一位不墨守成规的英国牧师，是 18 世纪概率论和决策论的早期研究者。设 X 是数据元组。在贝叶斯的术语中，X 看作“证据”。通常，X 用 n 个属性集的测量值描述。令 H 为某种假设，如数据元组 X 属于某个特定类 C。对于分类问题，希望确定给定“证据”或观测数据元组 X，假设 H 成立的概率 $P(H|X)$，换言之，给定 X 的属性描述，找出元组 X 属于类 C 的概率。

$P(H|X)$ 是后验概率（Posterior Probability），或在条件 X 下，H 的后验概率。例如，假设数据元组是界于分别由属性 age 和 income 描述的顾客，而 X 是一位 35 岁的顾客；其收入为 4 万美元。令 H 为某种假设，如顾客将购买计算机。则 $P(H|X)$ 反映当我们知道顾客的年龄和收入时，顾客 X 将购买计算机的概率。

相反，$P(H)$ 是先验概率（Prior Probability），或 H 的先验概率。对于我们的例子，它是任意给定顾客将购买计算机的概率，而不管他们的年龄、收入或任何其他信息。后验概率 $P(H|X)$ 比先验概率 $P(H)$ 基于更多的信息（如顾客的信息）。$P(H)$ 独立于 X。

类似地，$P(X|H)$ 是条件 H 下，X 的后验概率。也就是说，它是已知顾客 X 将购买计算机，该顾客是 35 岁并且收入为 4 万美元的概率。

$P(X)$ 是 X 的先验概率。使用我们的例子，它是顾客集合中的年龄为 35 岁并且收入为 4 万美元的概率。

如何估计这些概率？正如下面将看到的，$P(X)$、$P(H)$ 和 $P(X|H)$ 可以由给定的数据估计。贝叶斯定理是有用的，它提供了一种由 $P(X)$、$P(H)$ 和 $P(X|H)$ 计算后验概率 $P(H|X)$ 的方法。贝叶斯定理是：

$$P(H|X)=\frac{P(X|H)P(H)}{P(X)} \tag{4-25}$$

下面，我们将讲解如何在朴素贝叶斯分类中使用贝叶斯定理。

4.5.2 朴素贝叶斯分类

朴素贝叶斯分类法是贝叶斯分类法中最简单有效、实际使用较成功的一种分类器，其性能可与神经网络、决策树分类器相比，且有时会优于其他分类器。朴素贝叶斯分类器的特征是假定每个属性的取值对给定类的影响独立于其他属性的取值，即给定类变量的条件下各个属性变量之间条件独立。

4.5.2.1 条件独立性

在深入研究朴素贝叶斯分类法如何工作的细节之前，让我们先介绍条件独立概念。设 X、Y 和 Z 表示三个随机变量的集合。给定 Z、X 条件独立于 Y，如果下面的条件成立：

$$P(X|Y, Z)=P(X|Z) \tag{4-26}$$

条件独立的一个例子是一个人的手臂长短和他的阅读能力之间的关系。你可能会发现手臂较长的人阅读能力也较强。这种关系可以用另一个因素解释，那就是年龄。小孩子的手臂往往比较短，也不具备成人的阅读能力。如果年龄一定，则观察到的手臂长度和阅读能力之间的关系就消失了。因此，我们可以得出结论，在年龄一定时，手臂长度和阅读能力二者条件独立。

X 和 Y 之间的条件独立也可以写成类似公式（4-27）的形式：

$$\begin{aligned}P(X, Y|Z) &= \frac{P(X,Y,Z)}{P(Z)} = \frac{P(X,Y,Z)}{P(Y,Z)} \times \frac{P(Y,Z)}{P(Z)} \\ &= P(X|Z) \times P(Y|Z)\end{aligned} \tag{4-27}$$

4.5.2.2 朴素贝叶斯分类的工作过程

朴素贝叶斯分类的工作过程如下：

（1）设 D 是训练元组和它们相关联的类标号的集合。每个数据样本用 n 维特征向量 $X=\{x_1, x_2, \cdots, x_n\}$ 表示，描述了对 n 个属性样本 $A_1, A_2, \cdots, A_n$ 对元组的 n 个度量。

（2）若有 m 个类 $c_1, c_2, \cdots, c_m$，一个未知的数据样本（没有类编号），分类器将会预测 X 属于具有最高后验概率（条件 X 下）的类。即，朴素贝叶斯分类将未知的样本分配给类 C_i，当且仅当 $P(C_i|X)=P(C_j|X)$，$1 \leqslant j \leqslant m$，$j \neq i$。这样，最大化的 $P(C_i|X)$ 对应的类 C_i 称为最大的后验假定，而 $P(C_i|X)=\dfrac{P(X|C_i)P(C_i)}{P(X)}$。

（3）由于 $P(X)$ 对于所有类为常数，只需要 $P(X|C_i)P(C_i)$ 最大即可。若类的先验概率未知，则通常假定着这些类是等概率的，即 $P(C_1)=P(C_2)=\cdots=P(C_m)$，因此问题就转换为对 $P(X|C_i)$ 的最大化。类的先验概率可以用 $P(C_i)=|C_{i,D}|/|D|$，其中 $|C_{i,D}|$ 是 D 中 C_i 类的元组个数。

（4）具有很多属性的数据集，计算 $P(X|C_i)$ 开销会变得很大，降低计算的开销，朴素贝叶斯分类法在估计类条件概率时假设属性之间条件独立，即

$$P(X|C_i)=P(x_1|C_i)P(x_2|C_i)\cdots P(x_n|C_i) \quad (4\text{-}28)$$

（5）为了预测 X 的类标号，对每个类 C_i，计算 $P(X|C_i)P(C_i)$，该分类法预测元组 X 的类为 C_i，当且仅当

$$P(X|C_i)P(C_i)>P(X|C_j)P(C_j)\text{，}1\leqslant j\leqslant m, j\neq \mathrm{i} \quad (4\text{-}29)$$

被预测的类标号就是使 $P(X|C_i)P(C_i)$ 最大的 C_i。

朴素贝叶斯分类法使用两种方法估计连续属性的类条件概率。一种方法是把每一个连续属性离散化，然后用相应的离散区间替换连续属性值。另一种方法是假设连续变量服从某种概率分布，然后使用训练数据估计分布的参数。高斯分布通常被用来表示连续属性的类条件概率分布。

4.5.2.3 朴素贝叶斯分类的特征

朴素贝叶斯分类方法有坚实的数学基础，算法相对来说简单易实现，所需估计的参数少，对缺失的数据不敏感，对孤立的噪声点和无关属性有稳定的分类性能。理论上讲，与其他所有分类算法相比，贝叶斯分类法有最小的错误率。然而，实践中并非总是如此。这是由于对其使用的假定（如类条件独立性）的不确定性，以及缺乏可用的概率数据造成的。

4.5.2.4 朴素贝叶斯分类实例分析

【例 4.7】

使用例 4.4 的数据，希望使用朴素贝叶斯分类来预测未知元组的类标号。C_1 对应于 *buys_computer=yes*，C_2 对应 *buys_computer=no*。希望分类的元组为 X=（*age=youth*，*income=medium*，*student=yes*，*credit_rating=fair*）。

需要最大化 $P(X|C_i)P(C_i)$，i=1，2。每个类的先验概率 $P(C_i)$ 可以根据训练元组计算。

$$P(buys\_computer = yes) = \frac{9}{14} = 0.643$$

$$P(buys\_computer = no) = \frac{5}{14} = 0.357$$

为了计算 $P(X|C_i)$，下面计算条件概率：

$$P(age = youth \mid buys\_computer = yes) = \frac{2}{9} = 0.222$$

$$P(age = youth \mid buys\_computer = no) = \frac{3}{5} = 0.600$$

$$P(income = medium \mid buys\_computer = yes) = \frac{4}{9} = 0.444$$

$$P(income = medium \mid buys\_computer = no) = \frac{2}{5} = 0.400$$

$$P(student = yes \mid buys\_computer = yes) = \frac{6}{9} = 0.667$$

$$P(student = yes \mid buys\_computer = no) = \frac{1}{5} = 0.200$$

$$P(credit\_rating = fair \mid buys\_computer = yes) = \frac{6}{9} = 0.667$$

$$P(credit\_rating = fair \mid buys\_computer = no) = \frac{2}{5} = 0.400$$

使用上面的概率得到：

$$\begin{aligned}
&P(X \mid buys_computer = yes) = P(age = youth \mid buys_computer = yes) \\
&\times P(income = medium \mid buys_computer = yes) \\
&\times P(student = yes \mid buys_computer = yes) \\
&\times P(credit_rating = fair \mid buys_computer = yes) \\
&= 0.222 \times 0.444 \times 0.667 \times 0.667 \\
&= 0.044
\end{aligned}$$

类似地

$$P(X \mid buys\_computer = no) = 0.600 \times 0.400 \times 0.200 \times 0.400 = 0.019$$

计算

$$P(X \mid buys\_computer = yes) \times P(buys\_computer = yes) = 0.044 \times 0.643 = 0.028$$

$$P(X \mid buys\_computer = no) \times P(buys\_computer = no) = 0.019 \times 0.357 = 0.007$$

因此，对于元组 X，朴素贝叶斯分类器预测 X 类别为 *buys_computer=yes*。

4.5.3　贝叶斯网络

4.5.3.1　贝叶斯网络原理

朴素贝叶斯分类假定样本的属性取值相互独立，然而，在实际应用中，变量之间可能存在依赖关系。贝叶斯信念网络（Bayesian Belief Network，BBN）说明联合条件的概率分布，允许在变量的子集之间定义类条件，并提供一种因果关系的网络图形，又称信念网络、贝叶斯网络或概念网络。其作为一种不确定性的因果推理模型，在信息检索、医疗诊断、电子技术与工程等诸多方面运用广泛。

信念网络的优缺点：如果其网络结构和数值是给定的，那么可以直接计算，但数据隐藏，只知道其中的依存关系，所以需要条件概率的估算。贝叶斯网络的数据结构可能是未知的，此时需要根据已知数据启发式学习贝叶斯网络结构。

4.5.3.2　模型表示

贝叶斯信念网络，简称贝叶斯网络，用图形表示一组随机变量之间的概率关系。贝叶斯网络有两个主要成分。

（1）一个有向无环图（dag），表示变量之间的依赖关系。

（2）一个概率表，把各结点和它的直接父结点关联起来。

考虑三个随机变量A、B和C，其中A和B相互独立，并且都直接影响第三个变量C。三个变量之间的关系可以用图4-29（a）中的有向无环图概括。图中每个结点表示一个变量，每条弧表示两个变量之间的依赖关系。如果从x到y有一条有向弧，则x是y的父母，y是x的子女。另外，如果网络中存在一条从X到Z的有向路径，则X是Z的祖先，而Z是X的后代。例如，在图4-29（b）中，A是D的后代，D是B的祖先，而且B和D都不是A的后代结点。贝叶斯网络的一个重要性质表述如下：

性质　条件独立贝叶斯网络中的一个结点，如果它的父母结点已知，则它条件独立于它的所有非后代结点。

图4-29（b）中，给定C，A条件独立于B和D，因为B和D都是A的非后代结点。朴素贝叶斯分类器中的条件独立假设也可以用贝叶斯网络来表示，如图4-29（c）所示，其中y是目标类，$\{X_1, X_2, \cdots, X_d\}$是属性集。

除了网络拓扑结构要求的条件独立性外，每个结点还关联一个概率表。

（1）如果结点X没有父母结点，则表中只包含先验概率$P(X)$。

（2）如果结点 X 只有一个父母结点 F，则表中包含条件概率 $P(X|Y)$。

（3）如果结点 X 有多个父母结点 $\{Y_1, Y_2, \cdots, Y_k\}$，则表中包含条件概率 $P(X|Y_1, Y_2, \cdots, Y_k)$。

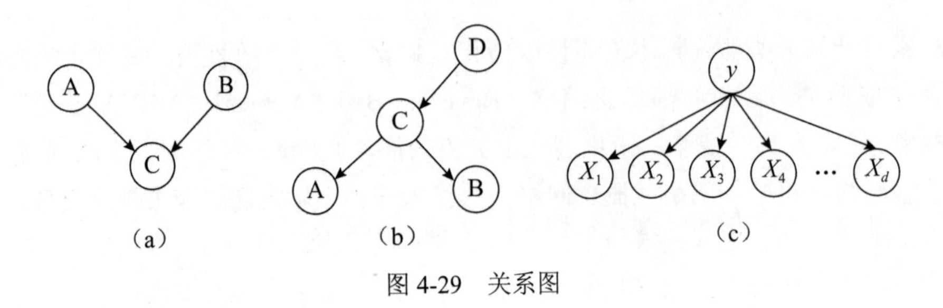

图 4-29　关系图

4.5.3.3　贝叶斯网络实例分析

图 4-30 是贝叶斯网络的一个例子，对心脏病或心口痛患者建模。

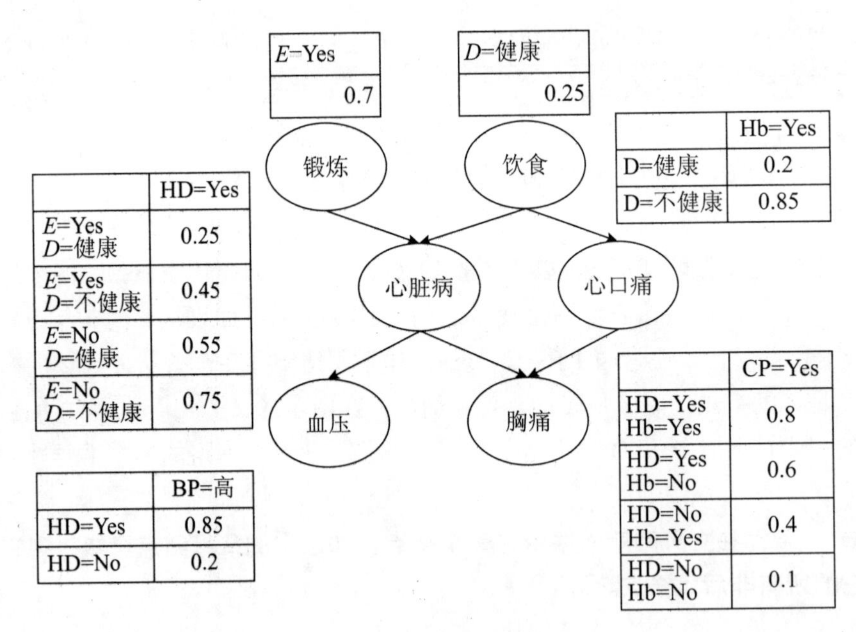

图 4-30　贝叶斯网络

（1）分析

假设图中每个变量都是二值的。心脏病结点（HD）的父母结点对应影响该疾病的危险因素，如锻炼（E）和饮食（D）等。心脏病结点的子结点对应该病的症状，如胸痛（CP）和高血压（BP）等。如图 4-30 所示，心口痛（Hb）可能源于不健康的饮食，同时又可能导致胸痛。

影响疾病的危险因素对应的结点只包含先验概率，而心脏病、心口痛以及它们的相应症状所对应的结点都包含条件概率。为了节省空间，图 4-30 中省略了一些概率。注意 $P(X=\overline{x})=1-P(X=x)$，$P(X=\overline{x}|Y)=1-P(X=x|Y)$，其中$\overline{x}$表示和 x 相反的结果。因此，省略的概率可以很容易求得。例如，条件概率：

$$\begin{aligned}&P(\text{心脏病}=\text{no}\,|\,\text{锻炼}=\text{no},\text{饮食}=\text{健康})\\&=1-P(\text{心脏病}=\text{yes}\,|\,\text{锻炼}=\text{no},\text{饮食}=\text{健康})\\&=1-0.55\\&=0.45\end{aligned}$$

（2）建模

贝叶斯网络的建模包括两个步骤：（1）创建网络结构；（2）估计每一个结点的概率表中的概率值。W 网络拓扑结构可以通过对主观的领域专家知识编码获得。算法给出了归纳贝叶斯网络拓扑结构的一个系统的过程。

算法 4.6 贝叶斯网络拓扑结构

输入：变量的全序 $T=\{C_1, X_2, \cdots, X_d\}$；

输出：贝叶斯网络拓扑结构；

Begin

I.For j=1 *to d Do*；

II. 令 $X_{T(j)}$ 表示 T 中第 j 个次序最高的变量；

III. 令 $\pi(X_{T(j)})=\{X_{T(1)}, X_{T(2)}, \cdots, X_{T(j-1)}\}$ 表示排在 $X_{T(j)}$ 前面的变量的集合；

IV. 从 $\pi(X_{T(j)})$ 中去掉对 X_j 没有影响的变量（使用先验知识）；

V. 在 $X_{T(j)}$ 和 $\pi(X_{T(j)})$ 中 3 的变量之间画弧；

VI.*End for*。

考虑图 4-30 中的变量，执行步骤 1 后，设变量次序为（*E*，*D*，*HD*，*Hb*，*CP*，*BP*）。从变量 *D* 开始，经过步骤 2 到步骤 7，我们得到如下条件概率：

$P(D|E)$ 化简为 $P(D)$；

$P(HD|E, D)$ 不能化简；

$P(Hb|HD, E, D)$ 化简为 $P(Hb|D)$；

P（$CP|Hb$，HD，E，D）化简为 P（$CP|Hb$，HD）；

P（$BP|CP$，Hb，HD，E，D）化简为 P（$BP|HD$）。

基于以上条件概率，创建结点之间的弧（E，HD），（D，HD），（D，Hb），（HD，CP），（Hb，CP），（HD，BP）。这些弧构成了图 4-30 的网络结构。

算法保证生成的拓扑结构不包含环，这一点也很容易证明。如果存在环，那么至少有一条弧从低序结点指向高序结点，并且至少存在另一条弧从高序结点指向低序结点。由于算法不允许从低序结点到高序结点的弧存在，因此拓扑结构中不存在环。

然而，如果我们对变量采用不同的排序方案，得到的网络拓扑结构可能会有变化。某些拓扑结构可能质量很差，因为它在不同的结点对之间产生了很多条弧。从理论上讲，可能需要检查所有 $d!$ 种可能的排序才能确定最佳的拓扑结构，这是一项计算开销很大的任务。替代的方法是把变量分为原因变量和结果变量，然后从各原因变量向其对应的结果变量画弧。这种方法简化了贝叶斯网络结构的建立。

一旦找到了合适的拓扑结构，与各结点关联的概率表就确定了。对这些概率的估计比较容易，与朴素贝叶斯分类器中所用的方法类似。

（3）使用 BBN 进行推理举例

假设我们对使用图 4-30 中的 BBN 来诊断一个人是否患有心脏病感兴趣，下面阐释在不同的情况下如何做出诊断。

情况一：没有先验信息

在没有任何先验信息的情况下，可以通过计算先验概率 P（HD=yes）和 P（HD=no）来确定一个人是否可能患心脏病。为了表述方便，设 $\alpha \in =\{\text{yes}, \text{no}\}$ 表示锻炼的两个值，$\beta \in =\{$ 健康，不健康 $\}$ 表示饮食的两个值。

$$\begin{aligned}P(HD=\text{yes}) &= \sum_{\alpha}\sum_{\beta} P(HD=\text{yes}\mid E=\alpha,\ D=\beta)P(E=\alpha,\ D=\beta)\\ &= \sum_{\alpha}\sum_{\beta} P(HD=\text{yes}\mid E=\alpha,\ D=\beta)P(E=\alpha)P(D=\beta)\\ &= 0.25\times0.7\times0.25+0.45\times0.7\times0.75+0.55\times0.3\times0.25+0.75\times0.3\times0.75\\ &= 0.49\end{aligned}$$

因为 P（HD=no）=1-P（HD=yes）=0.51，所以此人不得心脏病的概率略大一些。

情况二：高血压

如果一个人有高血压，可以通过比较后验概率 P（HD=yes|BP= 高）和 P（HD=no|BP= 高）来诊断他是否患有心脏病。为此，我们必须先计算 P（BP= 高）：

$$P(BP=\text{高})=\sum_{\gamma}P(BP=\text{高}\mid HD=\gamma)P(HD=\gamma)$$
$$=0.85\times0.49+0.25\times0.51=0.5185$$

其中 $\gamma\in$ {yes，no}。因此，此人患心脏病的后验概率是：

$$P(HD=\text{yes}\mid BP=\text{高})=\frac{P(BP=\text{高}\mid HD=\text{yes})P(HD=\text{yes})}{P(BP=\text{高})}$$
$$=\frac{0.85\times0.49}{0.5185}=0.8033$$

同理，P（HD=no|BP= 高）=1- 0.8033=0.1967。所以，当一个人有高血压时他患心脏病的概率就增加了。

4.5.3.4 BBN 的特点

下面是 BBN 模型的一般特点。

（1）BBN 提供了一种用图形模型来捕获特定领域的先验知识的方法。网络还可以用来对变量间的因果依赖关系进行编码。

（2）构造网络可能既费时又费力。然而一旦网络结构确定下来，添加新变量就变得十分容易。

（3）贝叶斯网络很适合处理不完整的数据。对有属性遗漏的实例可以通过对该属性的所有可能取值的概率求和或求积分来加以处理。

（4）因为数据和先验知识以概率的方式结合起来了，所以该方法对模型的过分拟合问题是非常具有鲁棒性的。

4.6 神经网络

人工神经网络（ANN）的研究是由试图模拟生物神经系统而激发的。人类的大脑主要由称为神经元（Neuron）的神经细胞组成，神经元通过叫作轴突（Axon）的纤维丝连在一起。当神经元受到刺激时，神经脉冲通过轴突从一个神经元传到另一个神经元。一个神经元通过树突（Dendrite）连接到其他神经元的轴突，树突是神经元细胞体的延伸物。树突和轴突的连接点叫作神经键（Synapse）。神经学家发现，人的大脑通过在同一个脉冲反复刺激下改变神经元之间的神经键连接强度来进行学习。

类似于人脑的结构，ANN 由一组相互连接的结点和有向链构成。本节将分析一系列 ANN 模型，从介绍最简单的模型——感知器（Perceptron）开始，看看如何训练这种模型来解决分类问题。

4.6.1　感知器

考虑图 4-31 中的图表。上边的表显示一个数据集，包含三个布尔变量（x_1，x_2，x_3）和一个输出变量 y，当三个输入中至少有两个是 0 时，y 取 -1；而至少有两个大于 0 时，y 取 1。

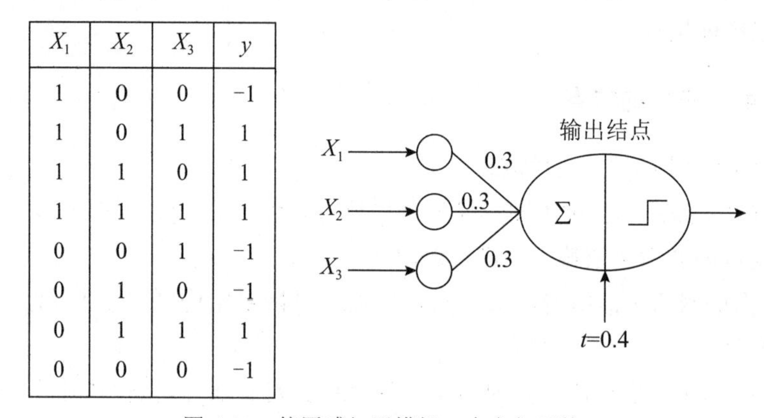

X_1	X_2	X_3	y
1	0	0	−1
1	0	1	1
1	1	0	1
1	1	1	1
0	0	1	−1
0	1	0	−1
0	1	1	1
0	0	0	−1

图 4-31　使用感知器模拟一个布尔函数

图 4-31 展示了一个简单的神经网络结构——感知器。感知器包含两种结点：几个输入结点，用来表示输入属性；一个输出结点，用来提供模型输出。神经网络结构中的结点通常叫作神经元或单元。在感知器中，每个输入结点都通过一个加权的链连接到输出结点。这个加权的链用来模拟神经元间神经键连接的强度。像生物神经系统一样，训练一个感知器模型就相当于不断调整链的权值，直到能拟合训练数据的输入输出关系为止。

感知器对输入加权求和，再减去偏置因子 t，然后考察结果的符号，得到输出值 $\hat{y}$。图 4-31 中的模型有三个输入结点，各结点到输出结点的权值都等于 0.3，偏置因子 $t=0.4$。模型的输出计算公式如下：

$$\hat{y}=\begin{cases}1\ , & \text{如果}\ 0.3x_1+0.3x_2+0.3x_3-0.4>0\\ -1, & \text{如果}\ 0.3x_1+0.3x_2+0.3x_3-0.4<0\end{cases}$$

例如，如果 $x_1=1$，$x_2=2$，$x_3=3$，那么 $\hat{y}=+1$，因为 $0.3x_1+0.3x_2+0.3x_3-0.4$ 是正的。另外，如果 $x_1=0$，$x_2=1$，$x_1=0$，那么 $\hat{y}=-1$，因为加权和减去偏置因子值为负。

注意感知器的输入结点和输出结点之间的区别。输入结点简单地把接收到的值传送给输出链，而不做任何转换。输出结点则是一个数学装置，计算输入的加权和，减去偏置项，然后根据结果的符号产生输出。更具体的，感知器模型的输出可以用如下数学方式表示：

$$\hat{y} = sign(w_d x_d + w_{d-1} x_{d-1} + \cdots + w_2 x_2 + w_1 x_1 - t) \tag{4-30}$$

其中，w_1，w_2，…，w_d 是输入链的权值，而 x_1，x_2，…，x_d 是输入属性值。符号函数，作为输出神经元的激活函数（Activation Function），当参数为正时输出 +1，参数为负时输出 -1。感知器模型可以写成下面更简洁的形式：

$$\begin{aligned} \hat{y} &= sign(w_d x_d + w_{d-1} x_{d-1} + \cdots + w_1 x_1 + w_0 x_0) \\ &= sign(w \cdot x) \end{aligned} \tag{4-31}$$

其中，$w_0=-t$，$x_0=1$，$\boldsymbol{w} \cdot \boldsymbol{x}$ 是权值向量 $\boldsymbol{w}$ 和输入属性向量 $\boldsymbol{x}$ 的点积。

4.6.2　多重人工神经网络

4.6.2.1　多重人工神经网络介绍

人工神经网络结构比感知器模型更复杂。这些额外的复杂性来源于多个方面。

（1）网络的输入层和输出层之间可能包含多个中间层，这些中间层叫作隐藏层（Hidden Layer），隐藏层中的结点称为隐藏结点（Hidden Node）。这种结构称为多层神经网络（见图 4-32）。在前馈（Feed-Forward）神经网络中，每一层的结点仅和下一层的结点相连。感知器就是一个单层的前馈神经网络，因为它只有一个结点层 - 输出层来进行复杂的数学运算。在递归（Recurrent）神经网络中，允许同一层结点相连或一层的结点连到前面各层中的结点。

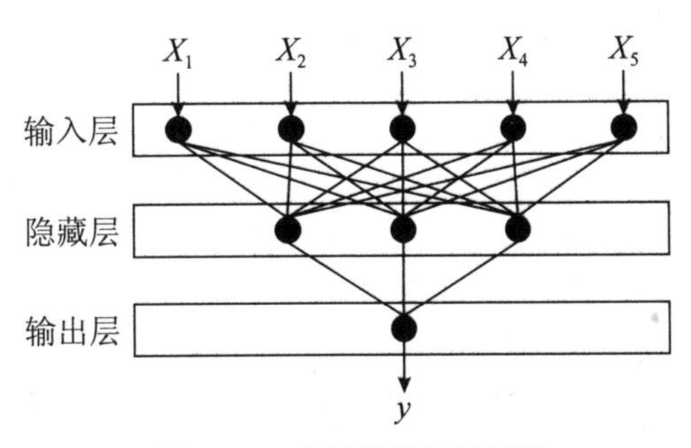

图 4-32　多层前馈神经网络

（2）除了符号函数外，网络还可以使用其他激活函数，如图 4-33 所示的线性函数、S 形（逻辑斯缔）函数、双曲正切函数等。这些激活函数允许隐藏结点和输出结点的输出值与输入参数呈非线性关系。

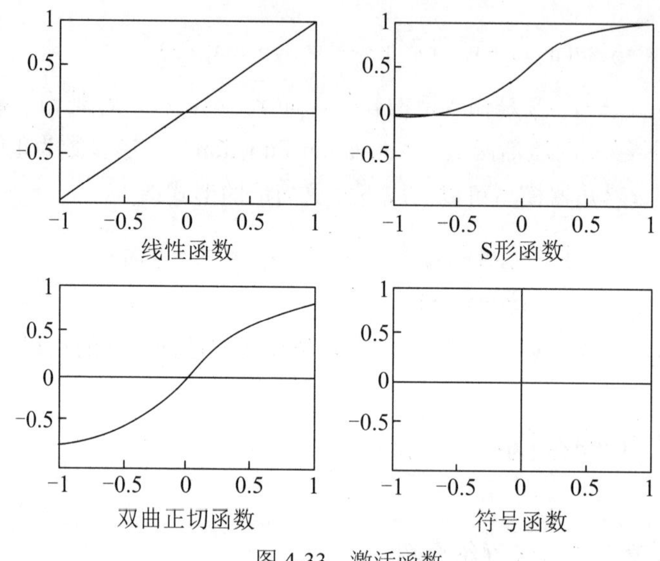

图 4-33　激活函数

4.6.2.2　多层前馈神经网络

后向传播算法在多层前馈神经网络上学习。它迭代地学习用于元组类标号预测的一组权重。多层前馈（Multilayer Feed-Forward）神经网络由一个输入层、一个或多个隐藏层和一个输出层组成。多层前馈网络的例子如图 4-34 所示。

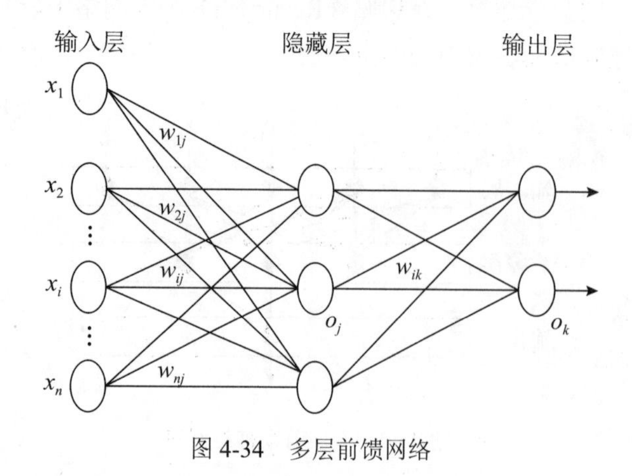

图 4-34　多层前馈网络

每层由一些单元组成。网络的输入对应对每个训练元组的观测属性。输入同时提供给构成输入层的单元。这些输入通过输入层，然后加权同时地提供给称作隐藏层的“类神经元的”第二层。该隐藏层单元的输出可以输入到另一个隐藏层，诸如此类。隐藏层的数量是任意的，尽管实践中通常只用一层。最后一个隐藏层的权重输出作为构成输出层的单元的输入。输出层发布给定元组的网络预测。

输入层的单元称作输入单元。隐藏层和输出层的单元，由于其源自生物学基础，有时称作神经结点（Neurodes），或称输出单元。如图 4-34 所示的多层神经网络具有两层输出单元。因此，我们称之为两层神经网络。（不计算输入层，因为它只用来传递输入值到下一层）类似地，包含两个隐藏层的网络称作三层神经网络等。网络是前馈的，因为其权重都不回送到输入单元，或前一层的输出单元。因为每个单元都向下一层的每个单元提供输入。

每个输出单元取前一层单元输出的加权和作为输入。它应用一个非线性（激活）函数作用于加权输入。多层前馈神经网络可以将类预测作为输入的非线性组合建模。从统计学的观点来讲，它们进行非线性回归。给定足够的隐藏单元和足够的训练样本，多层前馈神经网络可以逼近任意函数。

4.6.2.3　定义网络拓扑

“如何设计神经网络的拓扑结构？”在开始训练之前，用户必须确定网络拓扑，说明输入层的单元数、隐藏层数（如果多于一层）、每个隐藏层的单元数和输出层的单元数。

对训练元组中每个属性的输入测量值进行规范化将有助于加快学习过程。通常，对输入值规范化，使得它们落入 0.0 和 1.0 之间。离散值属性可以重新编码，使得每个域值有一个输入单元。例如，如果属性 A 有 3 个可能的或已知的值 $\{a_0, a_1, a_2\}$ 则可以分配三个输入单元表示 A，即我们可以用 I_0，I_1，I_2 作为输入单元。每个单元都初始化为 0。如果 $A=a_0$，则 I_0 置为 1，其余为 0；如果 $A=a_1$，则 I_1 置 1，其余为 0；诸如此类。

神经网络可以用于分类（预测给定元组的类标号）和数值预测（预测连续值输出）。对于分类，一个输出单元可以用来表示两个类（其中值 1 代表一个类，而值 0 代表另一个类）。如果多于两个类，则每个类使用一个输出单元。

4.6.3　人工神经网络的特点

人工神经网络的一般特点概括如下：

（1）至少含有一个隐藏层的多层神经网络是一种普适近似（Universal Approximator），即可以用来近似任何目标函数。由于 ANN 具有丰富的假设空间，因此对于给定的问题，选择合适的拓扑结构来防止模型的过分拟合是很重要的。

（2）ANN 可以处理冗余特征，因为权值在训练过程中自动学习。冗余特征的权值非常小。

（3）神经网络对训练数据中的噪声非常敏感。处理噪声问题的一种方法是使用确认集来确定模型的泛化误差，另一种方法是每次迭代把权值减少一个因子。

（4）ANN 权值学习使用的梯度下降方法经常会收敛到局部极小值。避免局部极小值的方法是在权值更新公式中加上一个动量项（Momentum Term）。

（5）训练 ANN 是一个很耗时的过程，特别是当隐藏结点数量很大时。然而，测试样例分类时非常快。

4.7 支持向量机

4.7.1 支持向量机简介

支持向量机（Support Vector Machine，SVM）已经成为一种倍受关注的分类技术。支持向量机的第一篇论文由 Vladimir Vapnik 和他的同事 Bernhard Boser 及 Isabelle Guyon 于 1992 年发表，尽管其基础工作早在 20 世纪 60 年代就已经出现（包括 Vapnik 和 Alexei Chervonenkis 关于统计学习理论的早期工作）。简要地说，SVM 是一种算法，它按以下方法工作：它使用一种非线性映射，把原训练数据映射到较高的维上。在新的维上，它搜索最佳分离超平面（即将一个类的元组与其他类分离的“决策边界”）。使用到足够高维上的、合适的非线性映射，两个类的数据总可以被超平面分开。SVM 使用支持向量（“基本”训练元组）和边缘（由支持向量定义）发现该超平面。

这种技术具有坚实的统计学理论基础，并在许多实际应用（如手写数字的识别、文本分类等）中展示了大有可为的实践效用。SVM 可以用于数值预测和分类。它们已经用在许多领域，包括手写数字识别、对象识别、演说人识别以及基准时间序列预测检验。此外，SVM 可以很好地应用于高维数据，避免了维灾难问题。这种方法具有一个独特的特点，它使用训练实例的一个子集来表示决策边界，该子集称作支持向量（Support Vector）。

为了解释SVM的基本思想，首先介绍最大边缘超平面（Maximal Margin Hyperplane）的概念以及选择它的基本原理。然后，描述在线性可分的数据上怎样训练一个线性的SVM，从而准确地找到这种最大边缘超平面。最后，介绍如何将SVM方法扩展到非线性可分的数据上。

4.7.2　最大边缘超平面

图4-35显示了一个数据集，包含两个不同类的样本，分别用方块和圆圈表示。这个数据集是线性可分的，即可以找到这样一个超平面，使所有的方块位于这个超平面的一侧，而所有的圆圈位于它的另一侧。然而，正如图4-35所示，可能存在无穷多个那样的超平面。虽然它们的训练误差都等于零，但不能保证这些超平面在未知实例上运行得同样好。根据在检验样本上的运行效果，分类器必须从这些超平面中选择一个来表示它的决策边界。

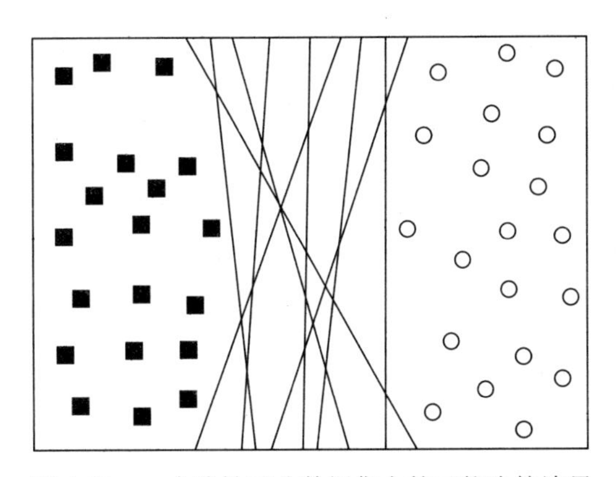

图4-35　一个线性可分数据集上的可能决策边界

为了更好地理解不同的超平面对泛化误差的影响，考虑两个决策边界，如图4-36所示。这两个决策边界都能准确无误地将训练样本划分到各自的类中。每个决策边界都对应着一对超平面，分别记为b_{i1}和b_{i2}。其中，b_{i1}是这样得到的：平行移动一个和决策边界平行的超平面，直到触到最近的方块为止。类似地，平行移动一个和决策边界平行的超平面，直到触到最近的圆圈，可以得到b_{i2}。这两个超平面之间的间距称为分类器的边缘。通过图4-36中的图解，注意到B_1的边缘显著大于B_2的边缘。在这个例子中，B_1 就是训练样本的最大边缘超平面。

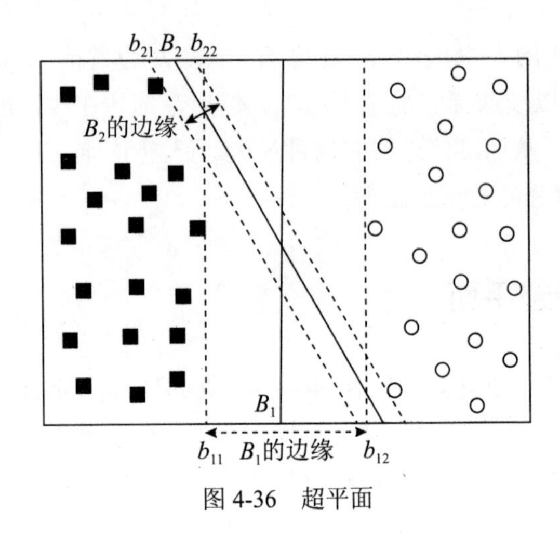

图 4-36 超平面

4.7.3 数据线性可分的情况

为了解释 SVM，让我们首先考察最简单的情况——两类问题，其中两个类是线性可分的。设给定的数据集 D 为（X_1，y_1），（X_2，y_2），…，（$X_{|D|}$，$y_{|D|}$），其中 X_i 是训练元组，具有类标号 y_i。每个 y_i 可以取值 +1 或 -1，分别对应类 *buys_computer*= yes 和 *buys_computer*= no，为了便于可视化，让我们考虑一个基于两个输入属性 A_1 和 A_2 的例子，如图 4-37 所示。从该图可以看出，该二维数据是线性可分的（或简称"线性的"），因为可以画一条直线，把类 +1 的元组与类 -1 的元组分开。

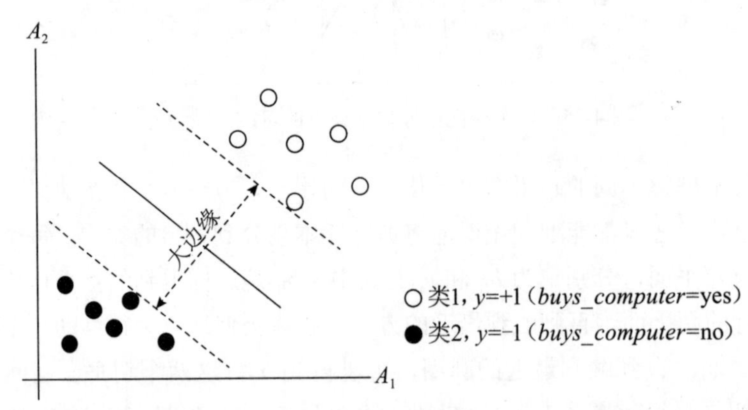

图 4-37 支持向量。SVM 发现最大分离超平面，即与最近的训练元组有最大距离的超平面。支持向量用加粗的圆圈显示

可以画出无限多条分离直线。我们想找出“最好的”一条，即（我们希望）在先前未见到的元组上具有最小分类误差的那一条。如何找到这条最好的直线？注意，如果我们的数据是3-D的（即具有3个属性），则我们希望找出最佳分离平面。推广到n维，我们希望找出最佳超平面。我们将使用术语“超平面”表示我们寻找的决策边界，而不管输入属性的个数是多少。这样，换一句话说，我们如何找出最佳超平面？

SVM通过搜索最大边缘超平面（Maximum Marginal Hyperplane，MMH）来处理该问题。考虑图4-38，它显示了两个可能的分离超平面和它们相关联的边缘。在给出边缘的定义之前，让我们先直观地考察该图。两个超平面都对所有的数据元组正确地进行了分类。然而，直观地看，我们预料具有较大边缘的超平面在对未来的数据元组分类上比具有较小边缘的超平面更准确。这就是为什么（在学习或训练阶段）SVM要搜索具有最大边缘的超平面，即最大边缘超平面。MMH相关联的边缘给出两类之间的最大分离性。

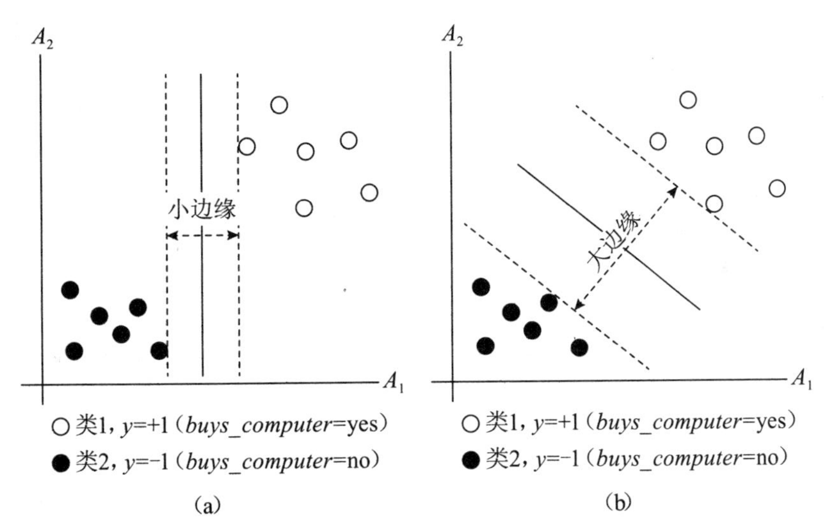

图4-38 这里，我们看到两个可能的分离超平面和它们的边缘。哪一个更好？图（b）所示的具有分离超平面应当具有更高的泛华准确率和边缘

关于边缘的非形式化定义，我们可以说从超平面到其边缘的一个侧面的最短距离等于从该超平面到其边缘的另一个侧面的最短距离，其中边缘的“侧面”平行于超平面。事实上，在处理MMH时，这个距离是从MMH到两个类最近的训练元组的最短距离。

分离超平面可以记为

$$\boldsymbol{W} \cdot \boldsymbol{X} + b = 0 \tag{4-32}$$

其中，W是权重向量，即$W=\{w_1, w_2, \cdots, w_n\}$；$n$是属性数；$b$是标量，通常称作偏倚（bias）。为了便于观察，让我们考虑两个输入A_1和A_{21}，如图 4-38（b）所示。训练元组是二维的，$X=(x_1, x_2)$，其中x_1和x_2分别是X在属性A_1和A_2上的值。如果我们把b看作附加的权重w_0，则我们可以把分离超平面改写成

$$w_0+w_1x_1+w_2x_2=0 \tag{4-33}$$

这样，位于分离超平面上方的点满足

$$w_0+w_1x_1+w_2x_2>0 \tag{4-34}$$

类似地，位于分离超平面下方的点满足

$$w_0+w_1x_1+w_2x_2<0 \tag{4-35}$$

可以调整权重，使得定义边缘“侧面”的超平面可以记为

$$\begin{aligned} H_1: w_0+w_1x_1+w_2x_2 \geqslant 1 \quad \text{对于} y_i=+1 \\ H_2: w_0+w_1x_1+w_2x_2 \leqslant 1 \quad \text{对于} y_i=-1 \end{aligned} \tag{4-36}$$

也就是说，落在H_1上或上方的元组都属于类 + 1，而落在H_2上或下方的元组都属于类 -1。结合上述两个不等式，我们得到

$$y_i(w_0+w_1x_1+w_2x_2) \geqslant 1, \forall i \tag{4-37}$$

落在超平面H_1或H_2（即定义边缘的“侧面”）上的任意训练元组都使上式的等号成立，称为支持向量（Support Vector）。也就是说，它们离 MMH 一样近。在图 4-39 中，支持向量用加粗的圆圈显示。本质上，支持向量是最难分类的元组，并且给出了最多的分类信息。

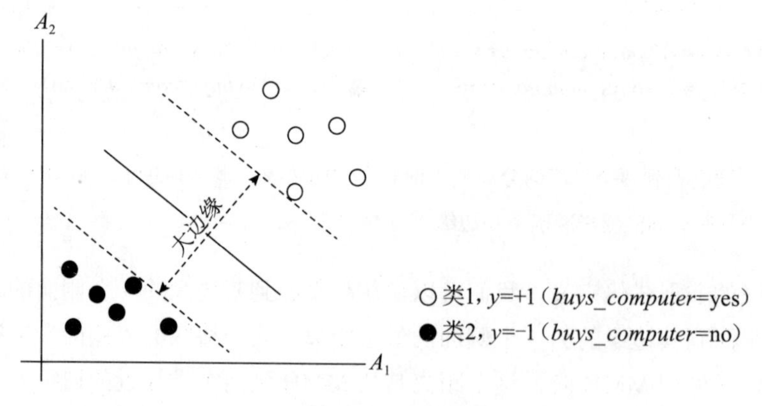

图 4-39　支持向量

由上，我们可以得到最大边缘的计算公式。从分离超平面到H_1上任意点的距离

是$\frac{1}{\|W\|}$，其中$\|W\|$是欧几里得范数，即$\sqrt{W \cdot W}$。根据定义，它等于H_2上任意点到分离超平面的距离。因此，最大边缘是$\frac{2}{\|W\|}$。

“一旦我们得到训练后的支持向量机，如何用它对检验元组（即新元组）分类？”根据上面提到的拉格朗日公式，最大边缘超平面可以改写成决策边界

$$d(X^{\mathrm{T}})=\sum_{i=1}^{l} y_i \alpha_i X_i X^{\mathrm{T}}+b_0 \tag{4-38}$$

其中，y_i是支持向量组$\boldsymbol{X}_i$的类标号；$\boldsymbol{X}^{\mathrm{T}}$是检验元组；$\alpha_i$和$b_0$是由上面的最优化或SVM算法自动确定的数值参数；而l是支持向量的个数。

给定检验元组$\boldsymbol{X}^{\mathrm{T}}$，组我们将它代入式（4-36），然后检查结果的符号。这将告诉我们检验元组落在超平面的哪一侧。如果该符号为正，则$\boldsymbol{X}^{\mathrm{T}}$落MMH上或上方，因而SVM预测$\boldsymbol{X}^{\mathrm{T}}$属于类+1（在此情况下，代表*bwys_computef*= yes）。如果该符号为负，则$\boldsymbol{X}^{\mathrm{T}}$落MMH下或下方，因而SVM预测$\boldsymbol{X}^{\mathrm{T}}$属于类-1（代表*buys_computer* = no）。

在考虑非线性可分的情况之前，还有两件重要的事情需要注意。学习分类器的复杂度由支持向量数而不是由数据的维数刻画。因此，与其他方法相比，SVM不太容易过分拟合。支持向量是基本或临界的训练元组——它们距离决策边界（MMH）最近。如果删除其他元组并重新训练，则将发现相同的分离超平面。此外，找到的支持向量数可以用来计算SVM分类器的期望误差率的上界，这独立于数据的维度。具有少量支持向量的SVM可以有很好的泛化性能，即使数据的维度很高时也是如此。

4.7.4　数据非线性可分的情况

在4.7.3节，我们学习了对线性可分数据分类的线性SVM。但是，如果数据不是线性可分的（见图4-40中的数据）怎么办？在这种情况下，不可能找到一条将这些类分开的直线。我们上面研究的线性SVM不可能找到可行解，怎么办？

好消息是，可以扩展上面介绍的线性SVM，为线性不可分的数据（也称非线性可分的数据，或简称非线性数据）的分类创建非线性的SVM。这种SVM能够发现输入空间中的非线性决策边界（即非线性超曲面）。

你可能会问：“如何扩展线性方法？”我们按如下扩展线性SVM的方法，得到非线性的SVM。有两个主要步骤：第一步，我们用非线性映射把原输入数据变换到较高维空间。这一步可以使用多种常用的非线性映射。第二步，一旦将数据变换到较高维空间，就在新的空间搜索分离超平面。我们又遇到二次优化问题，可以用线性

SVM 公式求解。在新空间找到的最大边缘超平面对应原空间中的非线性分离超曲面。

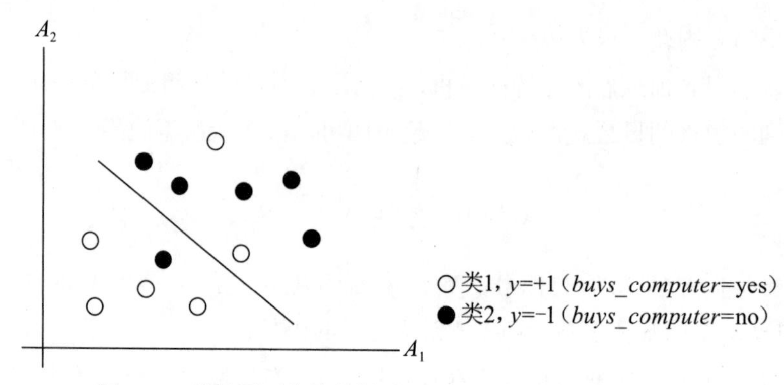

图 4-40　线性不可分简单例子，不能画一条直线将两个类分开

4.7.5　支持向量机的特征

SVM 具有许多很好的性质，因此它已经成为广泛使用的分类算法之一。下面简要总结一下 SVM 的一般特征：

（1）SVM 学习问题可以表示为凸优化问题，因此可以利用已知的有效算法发现目标函数的全局最小值。而其他的分类方法（如基于规则的分类器和人工神经网络）都采用一种基于贪心学习的策略来搜索假设空间，这种方法一般只能获得局部最优解。

（2）SVM 通过最大化决策边界的边缘来控制模型的能力。尽管如此，用户必须提供其他参数，如使用的核函数类型、为了引入数据变化所需的代价函数 C 等。

（3）通过对数据中每个分类属性值引入一个哑变量，SVM 可以应用于分类数据。例如，如果婚姻状况有三个值 { 单身，已婚，离异 }，可以对每一个属性值引入一个二元变量。

参考文献

[1] K. Alsabti, S. Ranka, and V. Singh. CLOUDS: A Decision Tree Classifier for Large Datasets. In Proc. of the 4th Intl. Conf. on Knowledge Discovery and Data Mining，pages 2-8, New York, NY, August 1998.

[2] C. M. Bishop. Neural Networks for Pattern Recognition. Oxford University Press, Oxford, U.K., 1995.

[3] L. Breiman, J. H. Friedman, R. Olshen, and C. J. Stone. Classification and Regression Trees. Chapman & Hall, New York, 1984.

[4] L. A. Breslow and D. W. Aha. Simplifying Decision Trees: A Survey. Knowledge Engineering Review, 12（1）: 1-40, 1997.

[5] P. Domingos. The Role of Occam's Razor in Knowledge Discovery. Data Mining and Knowledge Discovery，3 (4) : 409 - 425, 1999.

[6] R. O. Duda，P. E. Hart, and D. G. Stork. Pattern Classification. John Wiley & Sons, Inc., New York, 2nd edition, 2001.

[7] B. Efron and R. Tibshirani. Cross-validation and the Bootstrap: Estimating the Error Rate of a Prediction Rule. Technical report, Stanford University, 1995.

[8] F. Esposito, D. Malerba and G. Semeraro. A Comparative Analysis of Methods for Pruning Decision Trees. IEEE Trans. Pattern Analysis and Machine Intelligence，19（5）: 476 - 491，May 1997.

[9] R. A. Fisher. The use of multiple measurements in taxonomic problems. Annals of Eugenics, 7:179 - 188，1936.

[10] K. Fukunaga. Introduction to Statistical Pattern Recognition. Academic Press, New York, 1990.

[11] J. Gehrke, R. Ramakrishnan and V. Ganti. RainForest—A Framework for Fast Decision Tree

[12] Construction of Large Datasets. Data Mining and Knowledge Discovery，4（2/3）: 127-162, 2000.

[13] T. Hastie，R. Tibshirani, and J. H. Friedman. The Elements of Statistical Learning:Data Mining, Inference, Prediction, Springer, New York, 2001.

[14] D. Heath, S. Kasif and S. Salzberg. Induction of Oblique Decision Trees. In Proc. of the 13th Intl. Joint Conf. on Artificial Intelligence，pages 1002 - 1007, Chambery, France, August 1993.

[15] A, K. Jain, R. P. W. Duin, and J. Mao. Statistical Pattern Recognition: A Review./ £ £ £ Tran. Patt. Anal, and Mach. Intellig, 22（1）: 4 - 37，2000.

[16] D. Jensen and P. R. Cohen. Multiple Comparisons in Induction Algorithms. Machine Learning, 38（3）: 309 - 338, March 2000.

[17] M. V. Joshi, G. Kaiypis, and V. Kumar. ScalParC: A New Scalable and Efficient Parallel Classification Algorithm for Mining Large Datasets. In Proc. of 12th Intl.Parallel Processing Symp.（WPS/SPDP）' pages 573 - 579，Orlando, FL, April 1998.

[18] B. Kim and D. Landgrebe. Hierarchical decision classifiers in high-dimensional and large class data. IEEE Trans, on Geoscience and Remote Sensing, 29(4):518-528, 1991.

[19] R. Kohavi. A Study on Cross-Validation and Bootstrap for Accuracy Estimation and Model Selection. In Proc. of the 15th Intl. Joint Conf. on Artificial Intelligence' pages 1137 - 1145, Montreal, Canada, August 1995.

[20] S. R. Kulkami, G. Lugosi and S. S. Venkatesh. Learning Pattern Classification—A Survey. IEEE Tran. Inf. Theory, 44（6）: 2178 - 2206，1998.

[21] V. Kumar, M. V. Joshi, E.-H. Han, P. N. Tan, and M. Steinbach. High Performance Data Mining. In High Performance Computing for Computational Science （VECPAR 2002）, pages 111 - 125. Springer, 2002.

[22] G. Landcweerd, T. Timmers, E. Gersema, M. Bins and M. Halic. Binary tree versus single level tree classification of white blood cells. Pattern Recognition, 16:571 - 577，1983.

[23] M. Mehta, R. Agrawal, and J. Rissanen. SLIQ: A Fast Scalable Classifier for Data Mining. In Proc. of the 5th Intl. Conf. on Extending Database Technology，pages 18 - 32, Avignon, France, March 1996.

[24] R. S. Michalski. A theory and methodology of inductive learning. Artificial Intelligence, 20:111 - 116，1983.

[25] D. Michic, D. J. Spiegelhalter, and C. C. Taylor. Machine Learning, Neural and Statistical Classification. Ellis Horwood, Upper Saddle River, NJ, 1994.

[26] J. Mingers. Expert Systems—Rule Induction with Statistical Data. J Operational Research Society, 38:39 - 47, 1987.

[27] J. Mingers. An empirical comparison of pruning methods for decision tree induction. Machine Learning, 4:227 - 243, 1989.

[28] T. Mitchell. Machine Learning. McGraw-Hill, Boston, MA, 1997.

[29] B. M. E. Moret. Decision Trees and Diagrams. Computing Surveys, 14（4）: 593 - 623，1982.

[30] S. K. Murthy. Automatic Construction of Decision Trees from Data: A Multi-Disciplinary Survey. Data Mining and Knowledge Discovery, 2（4）: 345 - 389，1998.

```
MIRROR_X":
_mod.use_x = True
_mod.use_y = False
_mod.use_z = False
ation == "MIRROR_Y":
_mod.use_x = False
_mod.use_y = True
_mod.use_z = False
ation == "MIRROR_Z":
_mod.use_x = False
_mod.use_y = False
_mod.use_z = True

ion at the end -add back the desel
ob.select= 1
ob.select=1
t.scene.objects.active = modifier_ob
cted" + str(modifier_ob)) # modif
_ob.select = 0
context.selected_objects[0]
bjects[one.name].select = 1

("please select exactly two objects,

OPERATOR CLASSES ----------------

.Operator):
X mirror to the selected object"""
t.mirror_mirror_x"
X"

):  ject is not None
```

第5章

回归分析

Big Data, Data Mining
And Intelligent Operation

分类算法因具有预测功能而在实际生产生活中具有十分广泛的应用。本章将介绍另外一种同样具有预测功能的数据挖掘方法——回归分析。5.1 节引入回归分析的概念及功能；5.2 节介绍一元线性回归的原理及实际操作；5.3 节在一元线性回归的基础上讲解多元线性回归；5.4 节介绍多种不同的非线性回归以扩充可能的各种模型；5.5 节介绍逻辑回归的算法模型及实际操作。

5.1 回归分析概述

回归分析是确定两种或两种以上变量间相互依赖的定量关系的一种统计分析方法，是应用极其广泛的数据分析方法之一。作为一种预测建模技术，它基于观测数据建立变量间适当的依赖关系，以分析数据内在规律，并可用于预报、控制等问题。

回归分析按照涉及的变量多少，分为一元回归和多元回归分析；按照自变量和因变量之间的关系类型，可分为线性回归分析和非线性回归分析；在线性回归中，按照因变量的多少，可分为简单回归分析和多重回归分析；如果在回归分析中，只包括一个自变量和一个因变量，且二者的关系可用一条直线近似表示，这种回归分析称为一元线性回归分析。如果回归分析中包括两个或两个以上的自变量，且自变量之间存在线性相关，则称为多元线性回归分析。逻辑回归模型其实仅在线性回归的基础上，套用了一个逻辑函数，用于预测二值型因变量，但其在机器学习领域有着特殊的地位，并且是计算广告学的核心。

在运营商的智慧运营案例中，多元线性回归可以用来预测用户下个月的通话及流量费用，以便给用户精准推送套餐或者流量包；逻辑回归可以通过历史数据预测用户未来可能发生的购买行为，通过模型推送的精准性降低营销成本以扩大利润。

5.2 一元线性回归

当两个变量间存在线性相关关系时，常常希望在两者间建立定量关系，两个相关变量间的定量关系的表达即是一元线性回归方程。

5.2.1　一元线性回归的基本原理

将两个变量的值绘制到散点图，从散点图上看，n 个点在一条直线附近波动，一元线性回归方程便是对这条直线的一种估计。在估计出这条直线后，就可以利用这一直线方程根据给定的自变量来预测因变量，这就是一元线性回归分析要解决的问题。

下面我们假设自变量 x 是一般变量，因变量 y 是随机变量，对于固定的 x 值、y 值也有可能不同。假定 y 的均值是 x 的线性函数，并且波动是一致的。此外总假定 n 组数据的搜集是独立进行的。在这些假定的基础上，建立如下的一元线性回归模型：

$$E(y)=\beta_0+\beta_1 x \tag{5-1}$$

其中 x 为自变量；y 为因变量；β_0 和 β_1 是该模型的参数，称为回归系数。做这件事的标准方法是使用最小二乘法。该方法试图找出这两个参数。

5.2.1.1　最小二乘法

一元线性回归的表达式描述了 y 的平均值或期望值如何依赖于自变量 x。现在给出了 n 对样本数据（x_i，y_i），i=1，2，…，n，要我们根据这些样本数据去估计 β_0 和 β_1，估计值记为 $\hat{\beta}_0$ 和 $\hat{\beta}_1$。如果 $\hat{\beta}_0$ 和 $\hat{\beta}_1$ 已经估计出来，那么在给定的 x_i 值上，回归直线上对应的点的纵坐标为：

$$\hat{y}_i=\hat{\beta}_0+\hat{\beta}_1 x_i \tag{5-2}$$

称 $\hat{y}_i$ 为回归值，实际的观测值 y_i 与 $\hat{y}_i$ 之间存在偏差，记偏差为 $\mathrm{V}y=\sum\left(y_i-\hat{y}_i\right)^2$，我们希望 V$y$ 最小。可以证明，根据微分学的原理，可以证明要使 Vy 最小，$\hat{\beta}_0$ 和 $\hat{\beta}_1$ 的值应为：

$$\hat{\beta}_1=\frac{n\sum_{i=1}^{n}x_i y_i-\left(\sum_{i=1}^{n}x_i\right)\left(\sum_{i=1}^{n}y_i\right)}{n\sum_{i=1}^{n}x_i^2-\left(\sum_{i=1}^{n}x_i\right)^2} \tag{5-3}$$

$$\hat{\beta}_0=\overline{y}-\hat{\beta}_1\overline{x}$$

这一组解称为最小二乘估计，其中 $\hat{\beta}_1$ 是回归直线的斜率；$\hat{\beta}_0$ 是回归直线的截距，二者可以统称为回归系数。

5.2.1.2 回归系数

通过以上介绍的最小二乘法，就可以通过样本数据求得$\hat{\beta}_0$和$\hat{\beta}_1$这两个回归系数，也就能找到回归方程。在不致混淆的情况下，下文将回归系数的最佳估计值$\hat{\beta}_0$和$\hat{\beta}_1$全部记为β_0和β_1，即

$$E(y)=\beta_0+\beta_1 x \tag{5-4}$$

完成回归分析的主要任务。

5.2.2 一元线性回归性能评估

一元线性回归得到的模型即为回归方程，该模型可以用回归直线的拟合优度来进行评价。所谓拟合优度，是指回归直线对观测值的拟合程度。显然若观测点离回归直线近，则拟合程度好；反之，则拟合程度差。度量拟合优度的统计量是可决系数（也称判定系数）R^2。可决系数是回归平方（SSR）占误差平方和（SST）的比例，计算公式为：

$$R^2=\frac{SSR}{SST}=\frac{\sum_{i=1}^{n}\left(\hat{y}_i-\bar{y}\right)^2}{\sum_{i=1}^{n}\left(y_i-\bar{y}\right)^2} \tag{5-5}$$

R^2的取值范围是[0，1]。R^2的值越接近1，说明回归直线对观测值的拟合程度越好；反之，R^2的值越接近0，说明回归直线对观测值的拟合程度越差。在进行回归分析时，首先观察判定系数的大小，如果判定系数太小，说明自变量对因变量的线性解释程度太小，即模型的现实意义不大，可以考虑使用别的分析方法进行分析，或者使用多元线性回归和曲线回归分析方法。

5.2.3 SPSS软件中一元线性回归应用案例

本节内容主要介绍如何在SPSS中确定并建立一元线性回归方程，进行回归分析。下面以某地区的用户前三月平均通话分钟数（MOU）和前三月平均话费（ARPU）统计的一元线性回归为例，讲解其操作步骤和分析过程。

5.2.3.1 一元线性回归分析的操作步骤

1. 在菜单上依次选择“分析”→“回归”→“线性”，如图5-1所示。

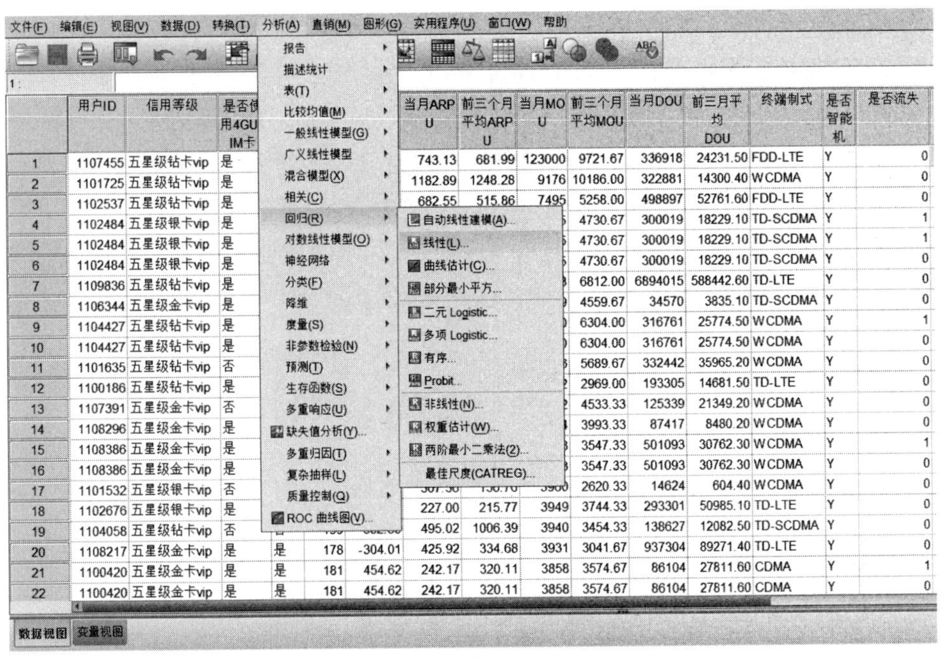

图 5-1 选择“线性”

2. 在打开的“线性”对话框中，将变量“前三个月平均 ARPU”移入“因变量（D）”中，将“前三个月平均 MOU”移入“自变量（I）”列表框中。在“方法（M）”选项框中选择“进入”选项，表示所选的自变量全部进入回归模型，如图 5-2 所示。

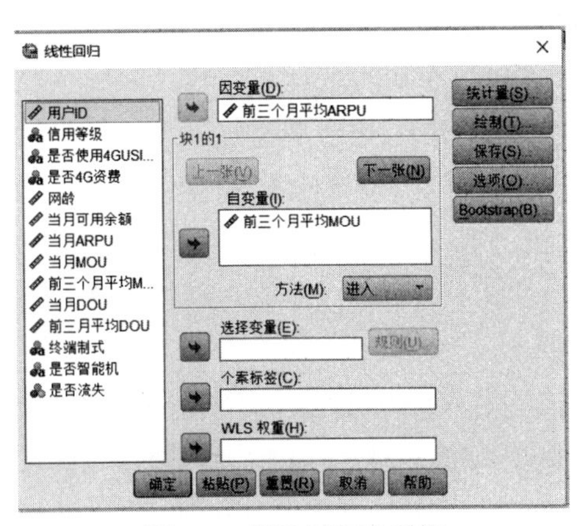

图 5-2 线性回归对话框

此对话框中其余内容简要介绍如下：

（1）选择变量框用来对样本数据进行筛选，挑选满足一定条件的样本数据进行线性回归分析。

（2）个案标签框用来表示作图时，以哪个变量作为各样本数据点标志变量。

（3）WSL Weight（加权）选项是存在异方差时，利用加权最小二乘法替代普通最小二乘法估计回归模型参数。通过 WSL 可以选定一个变量作为权重变量。在实际问题中，如果无法自行确定权重变量，可以用 SPSS 的权重估计来实现。

3. 单击“统计量（S）”按钮，在统计量子对话框中，设置要输出的统计量。这里选中“估计（E）”“模型拟合度（M）”和“Durbin-Watson（U）”复选框，如图 5-3 所示。

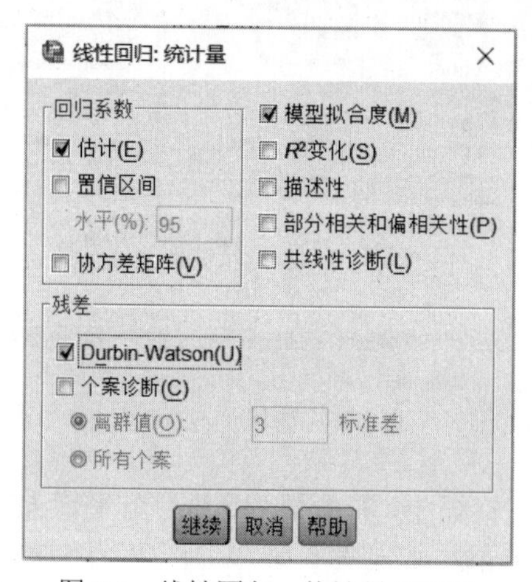

图 5-3　线性回归：统计量子对话

此对话框中的内容介绍如下：

（1）估计：输出有关回归系数的统计量，包括回归系数、回归系数的标准差、标准化的回归系数、t 统计量及其对应的 P 值等。

（2）置信区间：输出每个回归系数 95% 的置信度估计区间。

（3）协方差矩阵：输出解释变量的相关系数矩阵和协方差阵。

（4）模型拟合度：输出可决系数、调整的可决系数、回归方程的标准误差、回归方程 F 检验的方差分析。

（5）R^2 变化：表示当回归方程中引入或剔除一个自变量后 R^2、F 值产生的变化量。

（6）描述性：输出自变量和因变量的均值、标准差、相关系数矩阵及单侧检验概率。

（7）部分相关和偏相关性：输出方程中各自变量与因变量之间的简单相关系数、偏相关系数与部分相关系数。

（8）共线性诊断：多重共线性分析，输出各自变量的容限度、方差膨胀因子、最小容忍度、特征值、条件指标、方差比例等。

残差栏是有关残差分析的选择项，内容介绍如下：

（1）Durbin-Watson：输出 Durbin-Watson 检验值；*DW* 检验用来检验残差的自相关。自相关是指随机误差项的各期望值之间存在着相关关系。在回归分析中，残差最好不存在自相关。

（2）个案诊断：输出标准化残差绝对值≥ 3 的样本数据点的相关信息，包括标准化残差、观测值、预测值、残差。其中分离到外部，用来设置奇异值判据，默认为≥ 3 倍标准差的数据被放弃；所有观测量，表示输出所有样本数据的有关残差值。

4. 单击“绘制（T）”按钮，弹出“线性回归：图”子对话框，该对话框用来设置对残差序列做图形分析，从而检验残差序列的正态性、随机性和是否存在异方差现象。本例勾选“直方图”“正态概率图”用于分析残差的正态性，如图 5-4 所示。

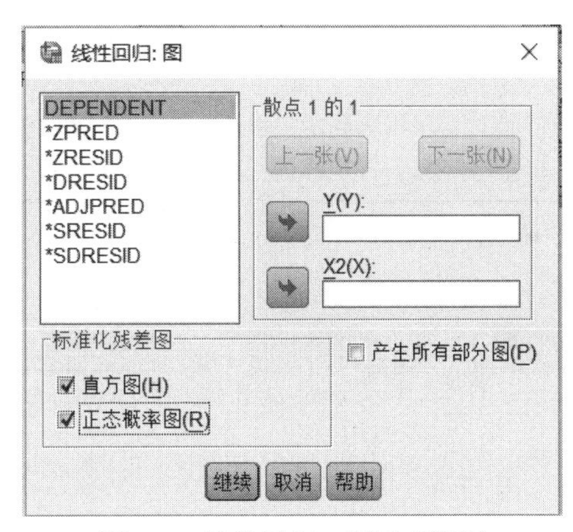

图 5-4　线性回归：图子对话框

此对话框中的内容介绍如下：

（1）在左上角的变量框中，选择 DEPENDENT（因变量）使之添加到 Y 轴变量框，再选择其他变量使之添加到：*X* 轴变量框。可以作为轴变量的其余参数如下：① DEPENDENT 选项：因变量；② ZPRED 选项：标准化预测值；③ ZRESID 选项：标准化残差；④ DRESID 选项：剔除残差；⑤ ADJPRED 选项：修正后预测值；⑥ SRESID 选项：学生化残差；⑦ SDRESID 选项：学生化剔除残差。

（2）选中“产生所有部分图”选项，将输出每个自变量残差相对于因变量残差散点图，用于残差分析。

（3）标准化残差图栏中可选择使用直方图正态概率图。①直方图，输出带有正态曲线的标准化残差的直方图；②正态概率图，检查残差的正态性。

5. 单击“保存”按钮，弹出“保存”子对话框，在该对话框中能够设置将回归分析的结果保存到 SPSS 数据编辑窗口的变量中，或某个 SPSS 的数据文件中。在残差选项栏中选中任意一复选框，这样可以在数据文件中生成一个对应项的残差变量，以便对残差进行进一步分析。本例不做介绍，感兴趣的读者可以自行进行分析。

此对话框中的内容简要介绍如下。

（1）预测值栏中选项有四个。①未标准化：保存非标准化预测值；②标准化：保存标准化预测值；③调整：保存调节预测值；④平均标准误差预测：保存预测值得标准误差。

（2）距离栏中选项有三个。① Mahalanobis 距离：保存 Mahalanobis 距离；② Cook 距离：保存 Cook 距离；③杠杆值：保存中心点杠杆值。

（3）预测区间栏中选项有三个。①均值：保存预测区间高低限的平均值；②单值：保存一个观测量上限与下限的预测区间；③置信区间：可确定置信区间，默认值为 95%。

（4）残差栏中选项有五个。①未标准化：保存非标准化残差；②标准化：标准化残差；③学生化：学生化残差，也叫 T 化残差，它比用标准残差判断异常点更适用；④删除：剔除残差；⑤学生化已删除：学生剔除残差。

（5）影响统计量栏中选项有五个。① DfBeta：因排除一个特定的观测值所引起的回归系数的变化。一般情况下，该值如果大于 2，则被排除的观测值有可能是影响点；②标准化 DfBeta；③ DfFit：因排除一个特定的观测值所引起的预测值的变化；④标准化 DfFit；⑤协方差比率：剔除一个影响点观测量的协方差矩阵与全部观测量的协方差矩阵比。

（6）系数统计栏中，选中“创建系数统计”选项，可将回归系数结果保存到一个指定的文件中。

（7）输出模型信息到 XML 文件栏，表示将模型的有关信息输出到一个 XML 文件中。

5.2.3.2 一元线性回归分析的结果解读

SPSS 的一元线性回归分析的输出结果中共输出五个表和两个图，五个表为输入 / 移去的变量表、模型汇总表、ANOVA 方差分析表、回归系数表、残差统计表，两个图为标准化残差的直方图和正态分布图（P-P 图）。

1. 输入 / 移去的变量表

表 5-1 是拟合过程中变量输入 / 移去模型的情况记录，由于我们只引入了一个自变量，所以只出现了一个模型 1（在多元回归中就会依次出现多个回归模型），该模型中“前三个月平均 MOU”为输入的变量，因变量为“前三个月平均 ARPU”没有

移出的变量，具体的输入 / 移去方法为“进入”。

表 5-1　输入／移去的变量 [b]

模　型	输入的变量	移去的变量	方法
1	前三个月平均 MOU	.	输入
b. 因变量：　前三个月平均 ARPU			

2. 模型汇总表

表 5-2 为所拟合模型的情况汇总，反映的是一元线性回归模型拟合的情况，相关系数 R=0.680，决定系数（拟合优度）R^2=0.463，回归估计的标准差 S=65.54，Durbin-Watson=1.367，模型拟合效果很理想。

表 5-2　模型汇总 [b]

模型	R	R^2	调整 R^2	标准估计的误差	Durbin-Watson
1	0.680[a]	0.463	0.463	62.54655	1.367
a. 预测变量：（常量），前三个月平均 MOU。 b. 因变量：　前三个月平均 ARPU					

3. ANOVA 方差分析表

表 5-3 中可以看出离差平方和（Total）=80628442，残差平方和（Residual）=43294892，而回归平方和（Regression）=37333550。回归方程的显著性检验中，统计量为 9543，对应的置信水平为 0.000，远比常用的置信水平 0.05 要小，因此可以认为方程是极显著的。

表 5-3　ANOVA[b]

模　型	平方和	df	均方	F	Sig.
回归	37333550.113	1	37333550.113	9543.167	0.000[a]
残差	43294892.343	11067	3912.071		
总计	80628442.456	11068			
a. 预测变量：（常量），前三个月平均 MOU。 b. 因变量：前三个月平均 ARPU					

4. 回归系数分析表

回归系数分析表（见表 5-4），是回归系数以及对回归方程系数的检验结果，系数显著性检验采用 t 检验。从表中可以看出，非标准化系数回归方程的常数项 β_1=47.515，回归系数 β_1=0.091。回归系数检验统计量 t=62.552，Sig 为相伴概率值

$p<0.001$。由此可知回归方程：

$$y=47.515+0.091x$$

常数项显著水平为 0.005，回归系数为 0.000，表明用 t 统计检验量假设回归系数等于 0 的概率为 0.000，远比常用的置信水平 0.05 要小，因此可以认为两个变量之间的线性关系是极为显著的，建立的回归方程是有效的。

表 5-4 系数[a]

模　型	非标准化系数		标准系数	t	Sig.
	B	标准误差	试用版		
（常量）1	47.515	0.760		62.552	0.000
前三个月平均 MOU	0.091	0.001	0.680	97.689	0.000
a. 因变量： 前三个月平均 ARPU					

5. *残差统计量表*

残差是指观测值与预测值（拟合值）之间的差，即是实际观察值与回归估计值的差。残差统计量表（见表 5-5）反映的是拟合值和残差的极大值、极小值及均值。标准化残差的均值为 0，标准偏差为 0.999，接近 1，也就是说标准化残差近似标准正态分布。初步说明预测值是观测无偏估计的假设合理。

表 5-5 残差统计量[a]

	极小值	极大值	均值	标准偏差	N
预测值	47.5150	974.6458	93.7058	58.07846	11069
残差	−353.27109	2079.07227	0.00000	62.54373	11069
标准预测值	−0.795	15.168	0.000	1.000	11069
标准残差	−5.648	33.240	0.000	1.000	11069
a. 因变量： 前三个月平均 ARPU					

5.3 多元线性回归

前面介绍的一元线性回归分析所反映的是一个因变量与一个自变量之间的关系。但是，在实际的经济活动中，某一现象的变动常受多种现象变动的影响。在回归分析中，如果有两个或两个以上的自变量，就称为多元回归。例如，用户的信用等级这一变量就不是和某个单一变量有线性关系，而是和消费水平、是否欠费、历史信用记录等多个因素存在内在的某种关系。再比如，家庭消费支出，除了受家庭可支配收入的影响外，还受诸如家庭所有的财富、物价水平、金融机构存款利息等多种因素的影响。

事实上，一种现象常常是与多个因素相联系的，由多个自变量的最优组合共同来预测或估计因变量，比只用一个自变量进行预测或估计更有效，更符合实际。在许多场合，仅仅考虑单个变量是不够的，还需要就一个因变量与多个自变量的联系来进行考察，才能获得比较满意的结果。这就产生了测定多因素之间相关关系的问题。因此多元线性回归比一元线性回归的实用意义更大。

5.3.1 多元线性回归基本原理

研究在线性相关条件下，两个和两个以上自变量对一个因变量的数量变化关系，称为多元线性回归分析，表现这一数量关系的数学公式，称为多元线性回归模型。多元线性回归模型是一元线性回归模型的扩展，其基本原理与一元线性回归模型类似，只是在计算上比较麻烦一些而已。

假定因变量 Y 与 n 个自变量 x_1, x_2, …, x_n 之间的关系可以近似用线性函数来反映。那么，多元线性回归模型的一般形式如下：

$$Y=\beta_0+\beta_1x_1+\beta_2x_2+\cdots+\beta_nx_n+\varepsilon \tag{5-6}$$

其中，ε 是随机扰动项；β_0，β_1，…，β_n 是总体回归系数。

定性来看，回归系数 β_i 的正负，表征的是对应自变量 x_i 与因变量 Y 关系是否是正相关。如果 β_i 为正，那么 x_i 和 Y 之间为正相关；如果 β_j 为正，那么 x_j 和 Y 之间为负相关。回归系数 β_i 定量来看，这些回归系数 β_i 表示在其他自变量保持不变的情况下，自变量 x_i 变动一个单位所引起的因变量 Y 平均变动的单位数，因而又叫偏回归参数。

回归系数 β_i 的求解方法也是用广义的最小二乘法进行估计，与一元线性回归有类似之处。由于计算较为复杂且在实际应用时也可以使用 SPSS 或其他软件计算，在此处就不再赘述，感兴趣的读者可以自行查阅相关资料。

5.3.2 自变量选择方法

在进行多元线性回归的时候，会遇到一个自变量选择的问题。即当数据中字段较多，比如超过 1000 甚至更多的时候，把所有字段都拿来做多元线性回归的自变量是不可行的：一方面，回归公式过长不易操作且计算量过大；另一方面，会存在很多与因变量没什么太大关系，甚至对问题解决有干扰的自变量。所以，选择合适的数据字段作为多元线性回归模型的自变量是很有必要的。

具体的选择方法就是找出和因变量 Y 最相关的几个自变量 x，因为多元回归分析的内涵就是用多个自变量去解释因变量。那么和因变量越相关的自变量也就能更好地解释因变量，在曲线拟合上就可以更好地描述因变量的统计或其他特性。作为描述变量之间线性相关性大小特征的变量，双变量相关算出的皮尔森相关性系数可以帮助我们找出和因变量更加相关的自变量。

5.3.2.1　双变量相关

双变量相关可以通过对于二者之间相关性系数的计算，分析任意两个变量的线性相关程度。皮尔森相关性系数是最常见的用于表征相关性大小的变量。对于任意两个变量 X 和 Y，其皮尔森相关性系数计算方法如下：

$$r=\frac{1}{n-1}\sum_{i=1}^{n}\left(\frac{X_i-\bar{X}}{s_X}\right)\left(\frac{Y_i-\bar{Y}}{s_Y}\right) \tag{5-7}$$

r 描述的是两个变量间线性相关强弱的程度，其范围是 [-1,1]。r 绝对值越大表明相关性越强。式中，$\bar{X}$ 表示 X 的均值，$\bar{Y}$ 表示 Y 的均值，s_X 表示 X 的标准差，s_Y 表示 Y 的标准差。

在为多元线性回归选择合适的自变量时，我们只需要先求出所有自变量 x 和因变量 Y 之间的相关性系数 r，再取绝对值较大的几个 r 对应的自变量即可。这样选出的自变量可以更好地解释因变量，回归模型效果更好。具体的操作步骤会在 5.3.3 节中进行详细的讲解。

5.3.3　SPSS软件中的多元线性回归应用案例

在计算机技术发达的今天，多元回归分析的计算已经变得相当简单。利用 SPSS，只要将有关数据输入计算机，并指定因变量和相应的自变量，立刻就能得到计算结果。因此，对于从事应用研究的人们来说，更为重要的是要能够理解输入和输出之间相互对应的关系，以及对软件输出的结果做出正确的解释、分析与评价。

5.3.3.1　多元线性回归预测用户信用等级

1. 寻找合适的多元线性回归自变量

（1）对用户信用等级进行编码（因为回归分析和双变量相关只能处理数值型变

量）。在菜单上依次选择“转换”→“重新编码为不同变量”。并通过输入旧值和新值，把信用等级编码为 0 ～ 7 的数值型变量，如图 5-5 所示。

文件(F) 编辑(E) 视图(V) 数据(D) 转换(T) 分析(A) 直销(M) 图形(G) 实用程序(U) 窗口(W) 帮助

计算变量(C)...
对个案内的值计数(O)...
转换值(F)...
重新编码为相同变量(S)...
重新编码为不同变量(R)...
自动重新编码(A)...
可视离散化(B)...
最优离散化(I)...
准备建模数据(P)
个案排秩(K)...
日期和时间向导...
创建时间序列(M)...
替换缺失值(V)...
随机数字生成器(G)...
运行挂起的转换(T) Ctrl+G

1：信用等级 五星级钻卡vip

	用户ID	信用等级					当月ARPU	前三个月平均ARPU	当月MOU	前三个月平均MOU	当月DOU	前三月平均DOU	终端制式	是否智能机	是否流失
1	1107455	五星级钻卡vip					43.13	681.99	123000	9721.67	336918	24231.50	FDD-LTE	Y	0
2	1101725	五星级钻卡vip					82.89	1248.28	9176	10186.00	322881	14300.40	WCDMA	Y	0
3	1102537	五星级钻卡vip					82.55	515.86	7495	5258.00	498897	52761.60	FDD-LTE	Y	0
4	1102484	五星级银卡vip					14.04	124.83	7055	4730.67	300019	18229.10	TD-SCDMA	Y	1
5	1102484	五星级银卡vip					14.04	124.83	7055	4730.67	300019	18229.10	TD-SCDMA	Y	1
6	1102484	五星级银卡vip					14.04	124.83	7055	4730.67	300019	18229.10	TD-SCDMA	Y	0
7	1109836	五星级钻卡vip					55.60	1292.52	6913	6812.00	6894015	588442.60	TD-LTE	Y	0
8	1106344	五星级金卡vip					71.51	557.75	5339	4559.67	34570	3835.10	TD-SCDMA	Y	0
9	1104427	五星级钻卡vip					83.99	642.74	5130	6304.00	316761	25774.50	WCDMA	Y	1
10	1104427	五星级钻卡vip					83.99	642.74	5130	6304.00	316761	25774.50	WCDMA	Y	0
11	1101635	五星级钻卡vip					52.34	748.61	5086	5689.67	332442	35965.20	WCDMA	Y	0
12	1100186	五星级钻卡vip	是	是	184	516.04	306.59	358.00	4302	2969.00	193305	14681.50	TD-LTE	Y	0
13	1107391	五星级金卡vip	否	否	206	5757.22	210.59	251.36	4272	4533.33	125339	21349.20	WCDMA	Y	0
14	1108296	五星级金卡vip	是	否	174	343.04	451.60	438.44	4164	3993.33	87417	8480.20	WCDMA	Y	0
15	1108386	五星级金卡vip	是	是	166	311.59	284.01	298.09	4123	3547.33	501093	30762.30	WCDMA	Y	1
16	1108386	五星级金卡vip	是	是	166	311.59	284.01	298.09	4123	3547.33	501093	30762.30	WCDMA	Y	0
17	1101532	五星级银卡vip	否	否	146	34.68	307.36	156.76	3960	2620.33	14624	604.40	WCDMA	Y	0
18	1102676	五星级银卡vip	是	是	191	808.81	227.00	215.77	3949	3744.33	293301	50985.10	TD-LTE	Y	0
19	1104058	五星级钻卡vip	否	否	199	-682.38	495.02	1006.39	3940	3454.33	138627	12082.50	TD-SCDMA	Y	0
20	1108217	五星级金卡vip	是	是	178	-304.01	425.92	334.68	3931	3041.67	937304	89271.40	TD-LTE	Y	0
21	1100420	五星级金卡vip	是	是	181	454.62	242.17	320.11	3858	3574.67	86104	27811.60	CDMA	Y	1
22	1100420	五星级金卡vip	是	是	181	454.62	242.17	320.11	3858	3574.67	86104	27811.60	CDMA	Y	0

数据视图 变量视图

重新编码为不同变量(R)... IBM

图 5-5 单击“重新编码为不同变量”

（2）双变量相关分析。在菜单上依次选择“分析”→“相关”→“双变量”，如图 5-6 所示。

文件(F) 编辑(E) 视图(V) 数据(D) 转换(T) 分析(A) 直销(M) 图形(G) 实用程序(U) 窗口(W) 帮助

报告
描述统计
表(T)
比较均值(M)
一般线性模型(G)
广义线性模型
混合模型(X)
相关(C)
回归(R)
对数线性模型(O)
神经网络
分类(F)
降维
度量(S)
非参数检验(N)
预测(T)
生存函数(S)
多重响应(U)
缺失值分析(Y)...
多重归因(T)
复杂抽样(L)
质量控制(Q)
ROC 曲线图(V)...

双变量(B)...
偏相关(R)...
距离(D)...

	用户ID	信用等级	是否使用4GUSIM卡				当月ARPU	前三个月平均ARPU	当月MOU	前三个月平均MOU	当月DOU	前三月平均DOU	终端制式	是否智能机	是否流失
1	1107455	五星级钻卡vip	是				743.13	681.99	123000	9721.67	336918	24231.50	FDD-LTE	Y	0
2	1101725	五星级钻卡vip	是				1182.89	1248.28	9176	10186.00	322881	14300.40	WCDMA	Y	0
3	1102537	五星级钻卡vip	是						7495	5258.00	498897	52761.60	FDD-LTE	Y	0
4	1102484	五星级银卡vip	是						7055	4730.67	300019	18229.10	TD-SCDMA	Y	1
5	1102484	五星级银卡vip	是						7055	4730.67	300019	18229.10	TD-SCDMA	Y	1
6	1102484	五星级银卡vip	是				114.04	124.83	7055	4730.67	300019	18229.10	TD-SCDMA	Y	0
7	1109836	五星级钻卡vip	是				2055.60	1292.52	6913	6812.00	6894015	588442.60	TD-LTE	Y	0
8	1106344	五星级金卡vip	是				471.51	557.75	5339	4559.67	34570	3835.10	TD-SCDMA	Y	0
9	1104427	五星级钻卡vip	是				383.99	642.74	5130	6304.00	316761	25774.50	WCDMA	Y	1
10	1104427	五星级钻卡vip	是				383.99	642.74	5130	6304.00	316761	25774.50	WCDMA	Y	0
11	1101635	五星级钻卡vip	否				652.34	748.61	5086	5689.67	332442	35965.20	WCDMA	Y	0
12	1100186	五星级钻卡vip	是				306.59	358.00	4302	2969.00	193305	14681.50	TD-LTE	Y	0
13	1107391	五星级金卡vip	否				210.59	251.36	4272	4533.33	125339	21349.20	WCDMA	Y	0
14	1108296	五星级金卡vip	是				451.60	438.44	4164	3993.33	87417	8480.20	WCDMA	Y	0
15	1108386	五星级金卡vip	是				284.01	298.09	4123	3547.33	501093	30762.30	WCDMA	Y	1
16	1108386	五星级金卡vip	是				284.01	298.09	4123	3547.33	501093	30762.30	WCDMA	Y	0
17	1101532	五星级银卡vip	否				307.36	156.76	3960	2620.33	14624	604.40	WCDMA	Y	0
18	1102676	五星级银卡vip	是				227.00	215.77	3949	3744.33	293301	50985.10	TD-LTE	Y	0
19	1104058	五星级钻卡vip	否				495.02	1006.39	3940	3454.33	138627	12082.50	TD-SCDMA	Y	0
20	1108217	五星级金卡vip	是	是	178	-304.01	425.92	334.68	3931	3041.67	937304	89271.40	TD-LTE	Y	0
21	1100420	五星级金卡vip	是	是	181	454.62	242.17	320.11	3858	3574.67	86104	27811.60	CDMA	Y	1
22	1100420	五星级金卡vip	是	是	181	454.62	242.17	320.11	3858	3574.67	86104	27811.60	CDMA	Y	0

数据视图 变量视图

双变量(B)... IBM

图 5-6 单击“双变量”

（3）将所有自变量放入“变量（V）”中，相关系数选择“Pearson”，显著性检验选择“双侧检验”，单击“确定”。

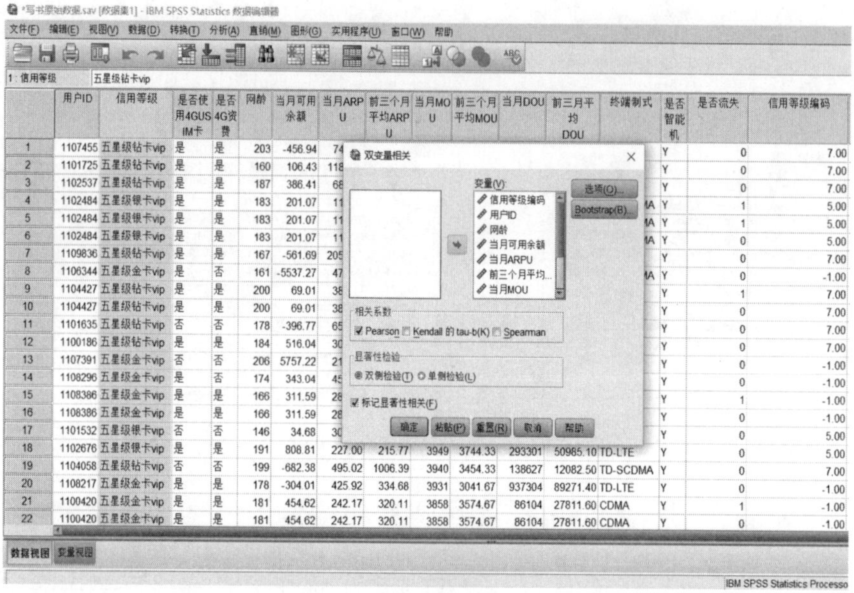

图 5-7 双变量相关对话窗

（4）在输出文件中得到相关性系数表，如下表所示。找出和信用等级编码相关性系数绝对值较大的几个，本例中选取 3 个，即：“网龄”“前三个月平均 MOU”“当月 ARPU”。分别记为 x_1，x_2，x_3。

表 5-6 相关性

		信用等级编码	网龄	当月可用余额	当月 ARPU	前三个月平均 ARPU	当月 MOU	前三个月平均 MOU	当月 DOU	前三月平均 DOU
信用等级编码	Pearson 相关性	1	0.524**	0.014	0.126**	0.103**	0.097**	0.156**	−0.005	−0.038**
	显著性（双侧）		0.000	0.154	0.000	0.000	0.000	0.000	0.593	0.000
	N	11069	11069	11069	11069	11069	11069	11069	11069	11069
网龄	Pearson 相关性	0.524**	1	0.108**	0.388**	0.296**	0.267**	0.490**	0.066**	−0.162**
	显著性（双侧）	0.000		0.000	0.000	0.000	0.000	0.000	0.000	0.000
	N	11069	11069	11069	11069	11069	11069	11069	11069	11069

（续表）

		信用等级编码	网龄	当月可用余额	当月ARPU	前三个月平均ARPU	当月MOU	前三个月平均MOU	当月DOU	前三月平均DOU
当月可用余额	Pearson相关性	0.014	0.108**	1	0.047**	0.034**	0.035**	0.078**	0.006	−0.018
	显著性（双侧）	0.154	0.000		0.000	0.000	0.000	0.000	0.547	0.065
	N	11069	11069	11069	11069	11069	11069	11069	11069	11069
当月ARPU	Pearson相关性	0.126**	0.388**	0.047**	1	0.818**	0.399**	0.656**	0.183**	0.045**
	显著性（双侧）	0.000	0.000	0.000		0.000	0.000	0.000	0.000	0.000
	N	11069	11069	11069	11069	11069	11069	11069	11069	11069
前三个月平均ARPU	Pearson相关性	0.103**	0.296**	0.034**	0.818**	1	0.361**	0.680**	0.139**	0.095**
	显著性（双侧）	0.000	0.000	0.000	0.000		0.000	0.000	0.000	0.000
	N	11069	11069	11069	11069	11069	11069	11069	11069	11069
当月MOU	Pearson相关性	0.097**	0.267**	0.035**	0.399**	0.361**	1	0.567**	0.065**	−0.020*
	显著性（双侧）	0.000	0.000	0.000	0.000	0.000		0.000	0.000	0.038
	N	11069	11069	11069	11069	11069	11069	11069	11069	11069
前三个月平均MOU	Pearson相关性	0.156**	0.490**	0.078**	0.656**	0.680**	0.567**	1	0.122**	−0.014
	显著性（双侧）	0.000	0.000	0.000	0.000	0.000	0.000		0.000	0.130
	N	11069	11069	11069	11069	11069	11069	11069	11069	11069
当月DOU	Pearson相关性	−0.005	0.066**	0.006	0.183**	0.139**	0.065**	0.122**	1	0.100**
	显著性（双侧）	0.593	0.000	0.547	0.000	0.000	0.000	0.000		0.000
	N	11069	11069	11069	11069	11069	11069	11069	11069	11069
前三月平均DOU	Pearson相关性	−0.038**	−0.162**	−0.018	0.045**	0.095**	−0.020*	−0.014	0.100**	1
	显著性（双侧）	0.000	0.000	0.065	0.000	0.000	0.038	0.130	0.000	
	N	11069	11069	11069	11069	11069	11069	11069	11069	11069

**. 在 0 .01 水平（双侧）上显著相关

*. 在 0.05 水平（双侧）上显著相关

2. 得到多元线性回归模型

（1）在菜单上依次选择“分析”→“回归”→“线性”，如图 5-8 所示。

文件(F) 编辑(E) 视图(V) 数据(D) 转换(T) 分析(A) 直销(M) 图形(G) 实用程序(U) 窗口(W) 帮助

报告 / 描述统计 / 表(T) / 比较均值(M) / 一般线性模型(G) / 广义线性模型 / 混合模型(X) / 相关(C) / 回归(R) / 对数线性模型(O) / 神经网络 / 分类(F) / 降维 / 度量(S) / 非参数检验(N) / 预测(T) / 生存函数(S) / 多重响应(U) / 缺失值分析(Y)... / 多重归因(T) / 复杂抽样(L) / 质量控制(Q) / ROC 曲线图(V)...

自动线性建模(A)... / 线性(L)... / 曲线估计(C)... / 部分最小平方... / 二元 Logistic... / 多项 Logistic... / 有序... / Probit... / 非线性(N)... / 权重估计(W)... / 两阶最小二乘法(2)... / 最佳尺度(CATREG)...

1：信用等级 五星级钻卡vip

	用户ID	信用等级	是否使用4GUSIM卡	是否4G资费	网龄	当月可用余额	当月ARPU	前三个月平均ARPU	当月MOU	前三个月平均MOU	当月DOU	前三月平均DOU	终端制式	是否智能机	是否流失	信用等级编码
1	1107455	五星级钻卡vip	是				743.13	681.99	123000	9721.67	336918	24231.50	FDD-LTE	Y	0	7.00
2	1101725	五星级钻卡vip	是				1182.89	1248.28	9176	10186.00	322881	14300.40	WCDMA	Y	0	7.00
3	1102537	五星级钻卡vip	是				682.55	515.86	7495	5258.00	498897	52761.60	FDD-LTE	Y	0	7.00
4	1102484	五星级银卡vip	是							4730.67	300019	18229.10	TD-SCDMA	Y	1	5.00
5	1102484	五星级银卡vip	是							4730.67	300019	18229.10	TD-SCDMA	Y	1	5.00
6	1102484	五星级银卡vip	是							4730.67	300019	18229.10	TD-SCDMA	Y	0	5.00
7	1109836	五星级钻卡vip	是							6812.00	6894015	588442.60	TD-LTE	Y	0	7.00
8	1106344	五星级金卡vip	是							4559.67	34570	3835.10	TD-SCDMA	Y	0	-1.00
9	1104427	五星级钻卡vip	是							6304.00	316761	25774.50	WCDMA	Y	1	7.00
10	1104427	五星级钻卡vip	是							6304.00	316761	25774.50	WCDMA	Y	0	7.00
11	1101635	五星级钻卡vip	否							5689.67	332442	35965.20	WCDMA	Y	0	7.00
12	1100186	五星级钻卡vip	是							2969.00	193305	14681.50	TD-LTE	Y	0	7.00
13	1107391	五星级金卡vip	否							4533.33	125339	21349.20	WCDMA	Y	0	-1.00
14	1108296	五星级金卡vip	是							3993.33	87417	8480.20	WCDMA	Y	0	-1.00
15	1108386	五星级金卡vip	是							3547.33	501093	30762.30	WCDMA	Y	1	-1.00
16	1108386	五星级金卡vip	是							3547.33	501093	30762.30	WCDMA	Y	0	-1.00
17	1101532	五星级银卡vip	否				[illegible]	[illegible]	[illegible]	2620.33	14624	604.40	WCDMA	Y	0	5.00
18	1102676	五星级银卡vip	是				227.00	215.77	3949	3744.33	293301	50985.10	TD-LTE	Y	0	5.00
19	1104058	五星级钻卡vip	否				495.02	1006.39	3940	3454.33	138627	12082.50	TD-SCDMA	Y	0	7.00
20	1108217	五星级金卡vip	是	是	178	-304.01	425.92	334.68	3931	3041.67	937304	89271.40	TD-LTE	Y	0	-1.00
21	1100420	五星级金卡vip	是	是	181	454.62	242.17	320.11	3858	3574.67	86104	27811.60	CDMA	Y	1	-1.00
22	1100420	五星级金卡vip	是	是	181	454.62	242.17	320.11	3858	3574.67	86104	27811.60	CDMA	Y	0	-1.00

数据视图 变量视图

线性(L)... IBM SPSS Statistics Processo

图 5-8 单击“线性”进行回归分析

（2）在线性回归对话框中将“信用等级编码”放入因变量，依照双变量相关选出的三个属性“网龄”“当月 ARPU”和“前三个月平均 MOU”放入自变量，如图 5-9 所示。

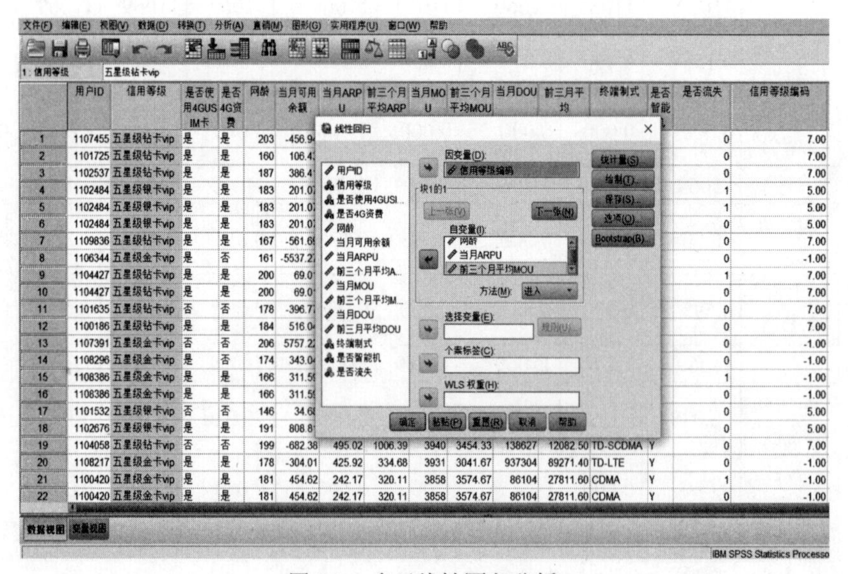

图 5-9 多元线性回归分析

（3）在输出文件中得到“回归系数分析表”，找到自变量对应的回归系数以及常数项，如下表所示。双击该表，即可得到：常数项为 1.399671，“网龄”对应系数为 0.014240，“当月 ARPU”对应系数为 -5.865939E-4，“前三个月平均 MOU”对应系数为 -3.570898E-4（注意：表 5-7 显示的是保留三位小数的结果）。

表 5-7　系数[a]

模型		非标准化系数		标准系数	t	Sig.
		B	标准误差	试用版		
1	（常量）	1.400	0.027		51.688	0.000
	网龄	.014	0.000	0.591	63.897	0.000
	当月 ARPU	-0.001	0.000	-0.027	-2.527	0.012
	前三个月平均 MOU	0.000	0.000	-0.116	-10.234	0.000

a. 因变量：信用等级编码

（4）通过上面算出的总体回归系数，即可得到多元线性回归的模型，即：

$$y=1.399671+0.014240x_1-(5.865939\text{E}-4)x_2+(3.570898\text{E}-4)x_3 \tag{5-8}$$

3. 应用该模型预测用户信用等级

（1）依次单击“转换”→“计算变量”，新建一个叫“信用等级预测值”的变量，其计算方法就是应用上一步得到的多元线性回归模型，按照（5-8）式算出“信用等级预测值”。

（2）单击“确定“之后，在数据表格的最后一列就会出现新的“信用等级预测值”变量，即为我们利用多元线性回归模型预测出来的用户信用等级。

4. 模型的解释与评价

在输出文件中得到模型汇总表，如表 5-8 所示。

表 5-8　模型汇总[b]

模型	R	R^2	调整 R^2	标准估计的误差	Durbin-Watson
1	0.537[a]	0.288	0.288	1.66390	1.452

a. 预测变量：（常量），前三个月平均 MOU，网龄，当月 ARPU。
b. 因变量：信用等级编码

此表为所拟合模型的情况汇总，反映的是多元线性回归模型拟合的情况，相关系数 R=0.537，决定系数（拟合优度）R^2=0.288，回归估计的标准差 S=1.66390，Durbin-Watson=1.452，模型拟合效果很理想。

为了进一步更直观地评价模型，我们可以将预测出的信用等级取整，然后与原始用户信用等级做比较，看看多元回归分析究竟预测对了多少用户的信用等级。具体操作步骤为：先将“信用等级预测值”取整后与原始“信用等级”作差，差值为 0 即表示预测值与实际值一致，差值不为 0 即表示预测值存在偏差。

5.3.3.2　多元线性回归预测用户是否流失

用户的信用等级一般为 0-*n*，我们可以把它看作连续变量。作为一种有预测功能的算法，回归分析也可以用来预测用户是否流失这种二值型变量。具体的操作步骤与预测用户的信用等级完全一致，此处不再一一赘述。简略步骤如下：

（1）通过双变量相关，寻找合适的多元线性回归自变量。相关性系数绝对值最大的 5 个对应的属性即为本次多元线性回归的自变量。

（2）得到多元线性回归模型，即：

$$y=\beta_0+\beta_1x_1+\beta_2x_2+\beta_3x_3+\beta_4x_4+\beta_5x_5 \tag{5-9}$$

（3）应用该模型预测用户是否流失。

用“计算变量”通过回归模型算出的预测结果全部为小数，为连续性变量。为了得到最终的用户是否流失这个二值型变量，我们需要定义一个阈值，即回归预测结果大于该阈值的我们认为它会流失，小于该阈值的我们默认它不会流失。

5.4　非线性回归

前面讨论过的线性回归模型有这样的特点，即因变量 Y 的均值 $E(Y)$ 不仅是自变量 X 的线性函数，而且同时也是参数 β_i 的线性函数。但是，在现实问题中，变量之间的关系往往不是这样的线性关系，而是非线性的。变量之间的非线性回归模型可以分为三类：

第一类是变量为非线性参数为线性的模型，如抛物线方程和双曲线方程；

第二类是参数为非线性变量为线性的模型，如指数曲线方程；

第三类是变量和参数都是非线性的模型。

这三类非线性模型的回归分析是不同的。这里仅考虑可线性化的非线性回归模型。在对实际的经济现象进行定量分析时，选择恰当的模型形式是很重要的。选择模型具体形式时，必须以经济理论为指导，使模型具体形式与经济学的基本理论相一致，而且模型必须具有较高的拟合优度和尽可能简单的数学形式。

5.4.1　非线性回归基本原理

对具有非线性关系的因变量与自变量的数据进行的回归分析，处理非线性回归的基本方法是：通过变量变换，将非线性回归化为线性回归，然后用线性回归方法处理。假定根据理论或经验，已获得输出变量与输入变量之间的非线性表达式，但表达式的系数是未知的，要根据输入 / 输出的 n 次观察结果来确定系数的值。按最小二乘法原理来求出系数值，所得到的模型为非线性回归模型。

5.4.2　幂函数回归分析

幂函数模型的一般形式为：

$$Y=\beta_0 x_1^{\beta_1} x_x^{\beta_2} \cdots x_n^{\beta n} \mathrm{e}^{\varepsilon} \qquad (5\text{-}10)$$

这类函数的优点在于：方程中的参数可以直接反映因变量 Y 对于某一个自变量 X 的弹性。所谓 Y 对于 X 的弹性，是指在其他情况不变的条件下，X 变动 1% 时所引起 Y 变动的百分比。弹性是一个无量纲的数值，它是经济定量分析中常用的一个尺度。它在生产函数分析和需求函数分析中，得到了广泛的应用。其中，常见的二次、三次函数就是幂函数的特例。常见幂函数如图 5-10 所示。

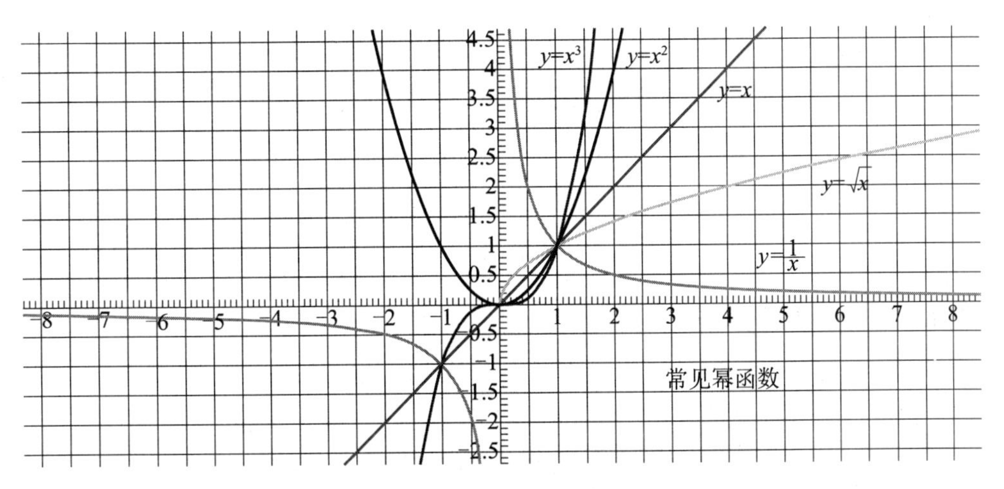

图 5-10　幂函数图像

5.4.3 指数回归分析

指数函数模型为：

$$Y=\beta_0 e^{\beta_1+\varepsilon} \tag{5-11}$$

这种曲线被广泛应用于描述社会经济现象的变动趋势。例如产值、产量按一定比率增长，成本、原材料消耗按一定比例降低。

在移动运营商的案例中，服从指数分布的数据字段并不少见，比如用户的投诉或是流失率，与网络环境质量的关系就近似服从指数分布。因为随着网络质量的下降，用户的投诉率会上升；并且网络质量下降得越多，用户的投诉率加速上升，流失率也是一样。常见指数函数如图 5-11 所示：

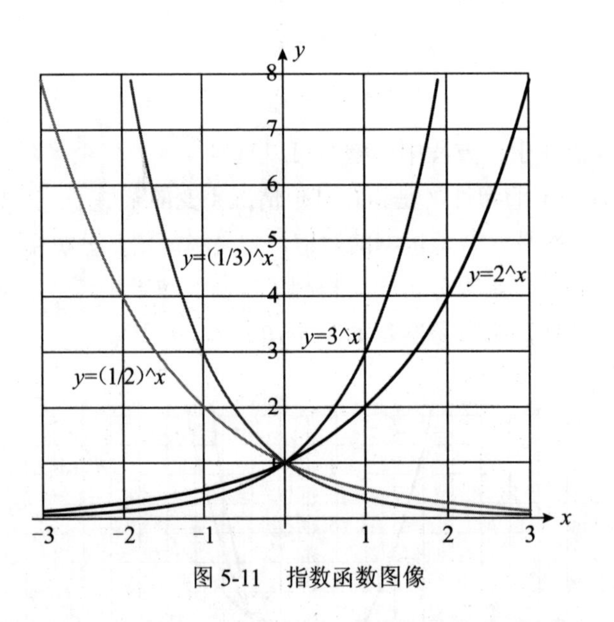

图 5-11 指数函数图像

5.4.4 对数回归分析

对数函数是指数函数的反函数，其方程形式为：

$$Y=\beta_0+\beta_1 \ln X+\varepsilon \tag{5-12}$$

式（5-12）中，ln 表示取自然对数。对数函数的特点是随着 X 的增大，X 的单位变动对因变量 Y 的影响效果不断递减，如图 5-12 所示。

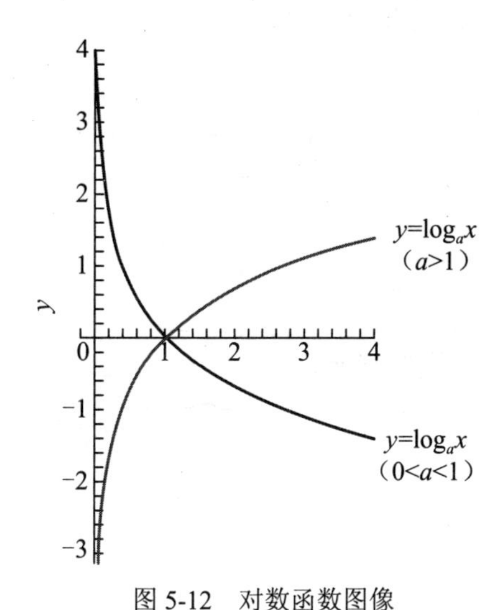

图 5-12 对数函数图像

5.4.5 多项式回归分析

多项式模型在非线性回归分析中占有重要的地位。因为根据数学上级数展开的原理，任何曲线、曲面、超曲面的问题，在一定的范围内都能够用多项式任意逼近。所以，当因变量与自变量之间的确实关系未知时，可以用适当幂次的多项式来近似反映。

当所涉及的自变量只有一个时，所采用的多项式方程称为一元多项式，其一般形式如下：

$$Y=\beta_0+\beta_1x+\beta_2x^2+\cdots+\beta_nx^n+\varepsilon \tag{5-13}$$

前面介绍过的一元线性模型和多元逻辑回归模型都是一元多项式模型的特例。

当所涉及的自变量在两个以上时，所采用的多项式称为多元多项式。例如，二元二次多项式模型的形式如下：

$$Y=\beta_0+\beta_1x_1+\beta_2x_2+\beta_3x_1x_2+\beta_4x_1^2+\beta_5x_2^2+\varepsilon \tag{5-14}$$

一般来说，涉及的变量越多，变量的幂次越高，计算量就越大。因此，在实际的经济定量分析中，尽量避免采用多元高次多项式。

5.4.6　非线性模型线性化和曲线回归

曲线方程	曲线图形	变换公式	变换后的线性函数
$y=ax^{b}$	y　b>1　b=1　0<b<1　1　O　1　x （a=1，b>0） y　b<−1　1　−1<b<0　b=−1　O　1　x （a=1，b<0）	$c=\ln a$ $v=\ln x$ $u=\ln y$	$u=c+bv$
$y=ae^{bx}$	y　a　O　x （a>0，b>0） y　a　O　x （a>0，b<0）	$c=\ln a$ $u=\ln y$	$u=c+bv$
$y=a\frac{b}{e^{x}}$	y　a　O　x （a>0，b>0） y　a　O　x （a>0，b<0）	$c=\ln a$ $v=\frac{1}{x}$ $u=\ln y$	$u=c+bv$
$y=a+b\ln x$	y　a　O　1　x （b>0） y　a　O　1　x （b<0）	$v=\ln x$ $u=y$	$u=a+bv$

5.5 逻辑回归

5.5.1 逻辑回归基本原理

线性回归模型的一个局限性是要求因变量是定量变量（定距变量、定比变量）而不能是定性变量（定序变量、定类变量）。但在许多实际问题中，经常出现因变量是定性变量（分类变量）的情况。可用于处理分类因变量的统计分析方法有：判别分别、逻辑回归分析和对数线性模型等。

逻辑回归和多重线性回归实际上有很多相似之处，最大的区别就在于它们的因变量不同。正因为如此，这两种回归可以归为同一个家族，即广义线性模型。这一家族的模型形式基本都差不多，不同的就是因变量不同。

- 如果是连续的，就是多重线性回归；
- 如果是二项分布，就是逻辑回归；
- 如果是泊松分布，就是泊松回归；
- 如果是负二项分布，就是负二项回归。

而逻辑回归，根据因变量的取值不同，又可分为二元逻辑回归和多元逻辑回归。二元逻辑回归中的因变量只能取 1 和 0 两个值（虚拟因变量），而多元逻辑回归中的因变量可以取多个值（多分类问题）。下面将讲述逻辑回归的具体步骤和数学方法。

5.5.1.1 Logistic 函数

逻辑回归虽然名字里带“回归”，但它实际是一种分类方法，主要用于二分类问题。它利用了 Logistic 函数（或称为 Sigmoid 函数），其函数形式为：

$$g(z)=\frac{1}{1+e^{-z}} \tag{5-15}$$

Logistic 函数有个很漂亮的“S”型，如图 5-13 所示。

对于线性边界的情况，边界形式如下：

$$\theta_0+\theta_1x_1+\cdots+\theta_nx_n=\sum_{i=1}^{n}\theta_ix_i=\theta^Tx \tag{5-16}$$

构造预测函数为：

$$h_\theta(x) = g(\theta^T x) = \frac{1}{1+\mathrm{e}^{-\theta^T x}} \tag{5-17}$$

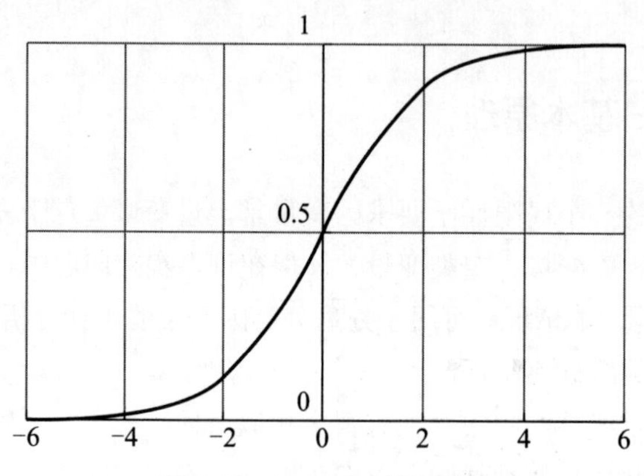

图 5-13　Logistic 函数图像

函数 h_θ（x）的值有特殊含义，它表示结果取 1 的概率，因此对于输入 x 的分类结果为 1 和 0 的概率分别为：

$$\begin{aligned} P(y=1|x;\theta) &= h_\theta(x) \\ P(y=0|x;\theta) &= 1-h_\theta(x) \end{aligned} \tag{5-18}$$

5.5.1.2　损失函数

在构造完成预测函数之后，我们需要构造损失函数 J。基于最大似然估计可以推导得到 Cost 函数和 J 函数。

$$\mathrm{Cost}[h_\theta(x),\ y] = \begin{cases} -\log[h_\theta(x)] & ,\ y=1 \\ -\log[1-h_\theta(x)] & ,\ y=0 \end{cases} \tag{5-19}$$

$$J(\theta) = \frac{1}{m}\sum_{i=1}^{n}\mathrm{Cost}[h_\theta(x_i),\ y_i] = -\frac{1}{m}\left[\sum_{i=1}^{1} y_i \log h_\theta(x_i) + (1-y_i)\log[1-h_\theta(x_i)]\right] \tag{5-20}$$

下面详细说明推导过程。

之前讲述的概率函数综合起来可以写成：

$$P(y|x;\theta) = [h_\theta(x)]^y[1-h_\theta(x)]^{1-y} \tag{5-21}$$

取似然函数为：

$$L(\theta)=\prod_{i=1}^{m}P(y_i|x_i;\theta)=\prod_{i=1}^{m}[h_\theta(x_i)]^{y_i}[1-h_\theta(x_i)]^{1-y_i} \tag{5-22}$$

对数似然函数为：

$$l(\theta)=\log L(\theta)=\sum_{i=1}^{m}\{y_i\log h_\theta(x_i)+(1-y_i)\log[1-h_\theta(x_i)]\} \tag{5-23}$$

最大似然估计就是求使 $l(\theta)$ 取最大值时的 θ，其实这里可以使用梯度上升法求解，求得的 θ 就是要求的最佳参数。但是，若将 $J(\theta)$ 取为下式，即：

$$J(\theta)=-\frac{1}{m}l(\theta) \tag{5-24}$$

因为乘了一个负的系数 $-\frac{1}{m}$，所以取 $J(\theta)$ 最小值时的 θ 为要求的最佳参数。

5.5.1.3　梯度下降法

θ 更新过程：

$$\theta_j:=\theta_j-\alpha\frac{\delta}{\delta_{\theta_j}}J(\theta) \tag{5-25}$$

$$\begin{aligned}
\frac{\delta}{\delta_{\theta_j}}J(\theta)&=-\frac{1}{m}\sum_{i=1}^{m}\left(y_i\frac{1}{h_\theta(x_i)}\frac{\delta}{\delta_{\theta_j}}h_\theta(x_i)-(1-y_i)\frac{1}{1-h_\theta(x_i)}\frac{\delta}{\delta_{\theta_j}}h_\theta(x_i)\right)\\
&=-\frac{1}{m}\sum_{i=1}^{m}\left(y_i\frac{1}{g(\theta^Tx_i)}\frac{\delta}{\delta_{\theta_j}}h_\theta(x_i)-(1-y_i)\frac{1}{1-g(\theta^Tx_i)}\right)\frac{\delta}{\delta_{\theta_j}}g(\theta^Tx_i)\\
&=-\frac{1}{m}\sum_{i=1}^{m}\left(y_i\frac{1}{g(\theta^Tx_i)}\frac{\delta}{\delta_{\theta_j}}h_\theta(x_i)-(1-y_i)\frac{1}{1-g(\theta^Tx_i)}\right)g(\theta^Tx_i)\left[1-g(\theta^Tx_i)\right]\frac{\delta}{\delta_{\theta_j}}\theta^Tx_i\\
&=-\frac{1}{m}\sum_{i=1}^{m}\left\{y_i\left[1-g(\theta^Tx_i)\right]-(1-y_i)g(\theta^Tx_i)\right\}x_i^j\\
&=-\frac{1}{m}\sum_{i=1}^{m}\left[y_i-g(\theta^Tx_i)\right]x_i^j\\
&=\frac{1}{m}\sum_{i=1}^{m}[h_\theta(x_i)-y_i]x_i^j
\end{aligned} \tag{5-26}$$

θ 更新过程也可以写成：

$$\theta_j:=\theta_j-\alpha\frac{1}{m}\sum_{i=1}^{m}[h_\theta(x_i)-y_i]x_i^j \tag{5-27}$$

5.5.2 二元逻辑回归

逻辑回归需要做的，就是利用一系列包括 Logistic 函数在内的数学表达式或方法建立回归模型。进一步说，也就是用历史数据对分类边界建立回归公式，依此边界进行二元或是多元的分类。

图 5-14 为二元逻辑回归的线性决策边界的实例，图中的曲线也就是逻辑回归希望求得的模型结果。

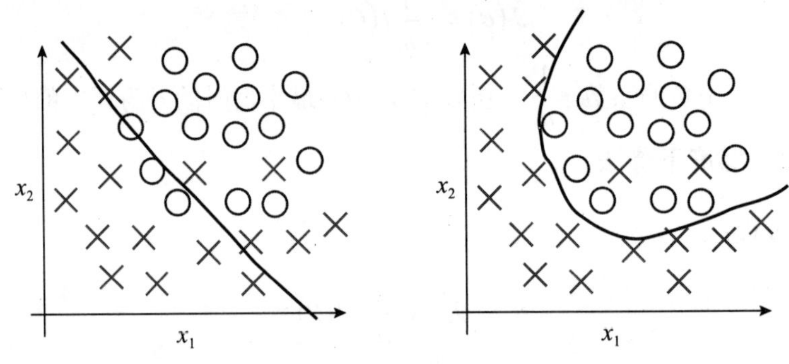

图 5-14 逻辑回归模型

5.5.3 多元逻辑回归

多元逻辑回归与二元逻辑回归十分相似，唯一的不同点就在于：多元逻辑回归的因变量是多值的，比如用户的信用等级可以分为 1 ～ 5 星级和金银钻卡；而二元逻辑回归的因变量只能为二值型变量，比如用户是否购买终端或用户是否流失。由于其数学分析方法较为复杂，但在软件中的实现却简单很多，在此不再赘述多元逻辑回归的数学表达及证明方法，在下一节将重点讲述逻辑回归在 SPSS 软件中的实际应用。

5.5.4 SPSS软件中的逻辑回归应用案例

1. 界面介绍

在菜单上选择“分析”→“回归”→“二元 Logistic”，系统弹出的逻辑回归参数设置窗口如图 5-15 所示。

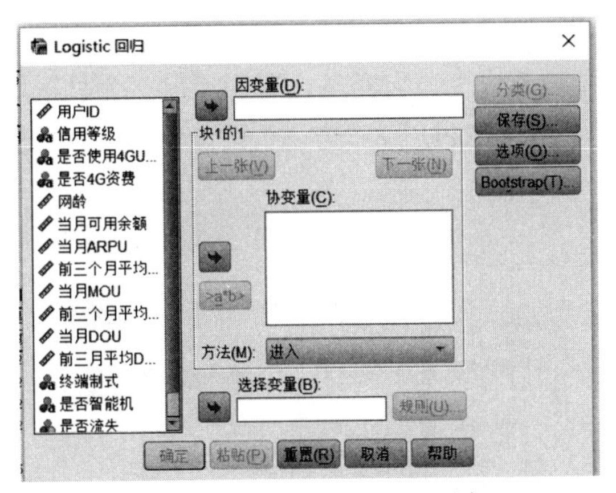

图 5-15　“逻辑回归”对话窗

左侧是候选变量框，右上角是应变量框，选入二分类的应变量，下方的协变量框是用于选入自变量的，只不过这里按国外的习惯被称为协变量。中下部的“> a*b >”框是用于选入交互作用的，功能性不强，此处不再详细展开。下方的“方法（M）”列表框用于选择变量进入方法，有进入法、前进法和后退法三大类，三类之下又有细分。右边的四个按钮中，“选项”较为重要，此处作详细讲解，如图 5-16 所示。

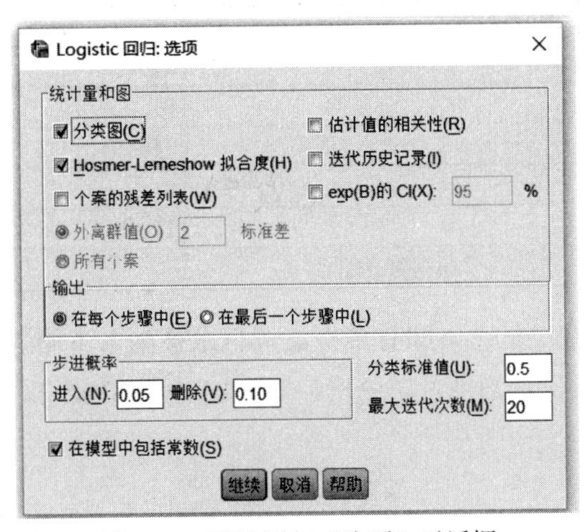

图 5-16　逻辑回归“选项”对话框

上图中，“统计量和图”中的“分类图”是非常重要的模型预测工具，“估计值的相关性”则是重要的模型诊断工具，“迭代历史记录”可以看到迭代的具体情况，从而得知模型是否在迭代时存在病态，下方则可以确定进入和排除的概率标准，这在逐步回归中是非常有用的。

2. 实操步骤

因变量设置为“是否流失”，自变量设置为“前三个月平均 MOU”“前三月平均 DOU”和“前三个月平均 ARPU”，“方法”设置为默认的“进入”，单击“确定”，如图 5-17 所示。

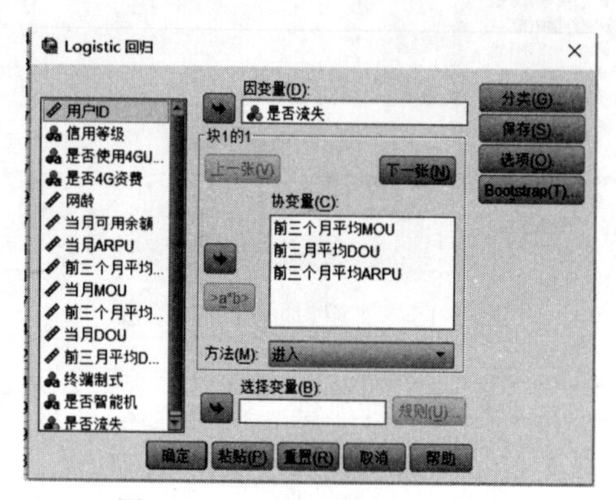

图 5-17 “逻辑回归”实操图

3. 结果解释

表 5-9 案例处理汇总

未加权的案例[a]		*N*	%
选定案例	包括在分析中	11069	100.0
	缺失案例	0	0.0
	总计	11069	100.0
未选定的案例		0	0.0
总计		11069	100.0
a. 如果权重有效，请参见分类表以获得案例总数。			

上表为记录处理情况汇总，即有多少案例记录被纳入下面的分析，可见此处因不存在缺失值，11069 条记录均纳入了分析，表 5-10 中为 SPSS 软件对逻辑回归的分析。

块 0: 起始块

表 5-10 分类表[a,b]

已观测			已预测		
			是否流失		百分比校正
			0	1	
步骤 0	是否流失	0	6504	0	100.0
		1	4565	0	0
	总计百分比				58.8
a. 模型中包括常量。					
b. 切割值为 0 .500					

此处已经开始了拟合，块 0 拟合的是只有常数的无效模型，上表为分类预测表，可见在 6504 例观察值为 0 的记录中，共有 6504 例被预测为 0，4565 例 1 也都被预测为 0，总预测准确率为 58.8%，这是不纳入任何解释变量时的预测准确率，相当于比较基线。

表 5-11 方程中的变量

		B	S.E,	Wals	df	Sig.	Exp（B）
步骤 0	常量	-0.354	0.019	336.137	1	0.000	0.702

上表为块 0 的变量系数，可见常数的系数值为 -0.354。

表 5-12 不在方程中的变量

			得分	df	Sig.
步骤 0	变量	前三个月平均 ARPU	202.256	1	0.000
		前三个月平均 MOU	642.547	1	0.000
		前三月平均 DOU	52.841	1	0.000
	总统计量		700.295	3	0.000

上表为在块 0 处尚未纳入分析方程的候选变量，所做的检验表示如果分别将它们纳入方程，则方程的改变是否会有显著意义（根据所用统计量的不同，可能是拟合优度、方差值等）。可见如果将“前三个月平均 MOU”这一变量纳入方程，则方程的改变是有显著意义的，“前三个月平均 ARPU”这一变量也是如此，由于 Stepwise 方法（逐步阶梯法）是一个一个的进入变量，下一步将会先纳入得分最高的变量，然后再重新计算该表，再做选择。

块 1: 方法 = 输入

表 5-13 模型系数的综合检验

		卡方	df	Sig.
步骤 1	步骤	879.393	3	0.000
	块	879.393	3	0.000
	模型	879.393	3	0.000

此处开始了块 1 的拟合，根据我们的设定，采用的方法为 Forward（我们只设定了一个块，所以后面不会再有块 2）。上表为全局检验，对步骤 1 做了步骤、块和模型的检验。

表 5-14 分类表 [a]

已观测			已预测		
			是否流失		百分比校正
			0	1	
步骤 1	是否流失	0	5243	1261	80.6
		1	2354	2211	48.4
	总计百分比				67.3
a. 切割值为 0.500					

上表为经过块 1 的预测情况汇总，可见准确率由块 0 的 58% 上升到了 67%，效果有比较明显的提升。

参考文献

[1] 孙振宇 . 多元回归分析与 Logistic 回归分析的应用研究 [D]. 南京：南京信息工程大学，2008.

[2] 白欣，贾旭 . 最小二乘法的创立及其思想方法 [J]. 西北大学学报：自然科学版，2006；36（3）: 507-11.

[3] 汤启义，唐洁 . 偏最小二乘回归分析在均匀设计试验建模分析中的应用 [J]. 数理统计与管理，2005,（5）.

[4] 李欣 , 刘万军 . 回归分析数据挖掘技术 [J]. 海军航空工程学院学报，2006,（3）.

[5] 白其峥 . 数学建模案例分析 [M]. 北京：海洋出版社，2000.

[6] 王慧文 . 偏最小二乘回归方法及其应用 [J]. 北京：国防工业出版社，2000.

[7] 谭永基 , 蔡志杰 , 余文刺 . 数学模型 [M]. 上海：复旦大学出版社，2004.

[8] 林彬 . 多元性性回归及其分析应用 [J]. 中国科技信息，2010，36（5）: 10-12.

[9] 韩萍 . 近代回归分析及其应用 [J]. 新疆师范大学学报：自然科学版，2007，20（2）: 12-16.

[10] 杨虎 , 刘琼荪 , 钟波 . 概率论与数理统计 [M]. 重庆：重庆大学出版社，2007.30-50.

[11] 王孝仁 , 王松桂 . 实用多元统计分析 [M]. 上海：上海科学技术出版社，1990，195-264.

[12] 上海师范大学数学系概率统计教研组 . 回归分析及其实验设计 [M]. 上海: 上海教育出版社，1978.

[13] 汪奇生，杨德宏，杨根新 . 考虑自变量误差的线性回归迭代算法 [J]. 大地测量与地球动力

学，2014（05）.

[14] 全国工科院校应用概率统计委员会概率统计教材编写组 . 概率论与数理统计 [M]. 上海：上海科学技术出版社，1991.

[15] 王全众 . 两类分析相关数据的 Logistic 回归模型 [J]. 统计研究，2007（02）.

[16] Appice A, Ceci M, Malerba D. An Iterative Learnging Algorithm for Within-Network Regression in the Transductive Setting. //Discovery Science. Springer Berlin Heidelberg, 2009:36-50.

[17] Tibshirani, R. （1996）. Regression Shrinkage and Selection Via the Lasso. J. Royal. Statist. Soc B., Vol. 58, No. 1, pages 267-288.

[18] Regularized logistic Regression and Multiobjective Variable Selection for Classifying MEG data. Biological Cybernetics . 2012 （6）.

[19] Jia-Jyun Dong,Yu-Hsiang Tung,Chien-Chih Chen,Jyh-Jong Liao,Yii-Wen Pan. Logistic Regression Model for Predicting the Failure Probability of a Landslide dam. Engineering Geology . 2010 （1）.

[20] Ujjwal Das,Tapabrata Maiti,Vivek Pradhan. Bias Correction In logistic Regression with Missing Categorical Covariates. Journal of Statistical Planning and Inference . 2010 （9）.

第6章 关联分析

Big Data, Data Mining And Intelligent Operation

关联分析是一种简单、实用的分析技术，用来发现存在于大量数据集中的关联性或相关性，从而描述一个事物中某些属性同时出现的规律和模式。本章6.1节使用了关联分析中一个非常典型的例子——购物篮事务，向读者形象地阐述了关联分析是什么。6.2节介绍衡量关联强度的度量标准以及衡量算法优劣的复杂度指标。6.3节介绍Apriori算法规则以及生成规则过程中用到的频繁项集、先验原理、基于支持度剪枝、候选项集产生和基于置信度剪枝的概念。6.4节介绍频繁模式树的生成规则，并与Apriori算法进行了性能对比。6.5节介绍如何在SPSS软件中使用关联算法分析数据。

6.1　关联分析概述

关联分析（Association Analysis）用于发现隐藏在大型数据集中的有意义的联系。所发现的联系可以用关联规则（Association Rule）或频繁项集的形式表示。例如，从表6-1所示的数据中可以提取如下规则：

$$\{尿布\} \rightarrow \{啤酒\}$$

该规则表明尿布和啤酒的销售之间存在着很强的联系，因为许多购买尿布的顾客也购买啤酒。零售商们可以使用这类规则，帮助他们发现新的交叉销售商机。

表6-1　购物篮事务的例子

TID	项　　集
1	{面包，牛奶}
2	{面包，尿布，啤酒，鸡蛋}
3	{牛奶，尿布，啤酒，可乐}
4	{面包，牛奶，尿布，啤酒}
5	{面包，牛奶，尿布，可乐}

除了购物篮数据外，关联分析也可以应用于其他领域，如生物信息学、医疗诊断、网页挖掘和科学数据分析等。例如，在地球科学数据分析中，关联模式可以揭示海洋、陆地和大气过程之间的有趣联系。这样的信息能够帮助地球科学家更好地理解地球系统中不同的自然力之间的相互作用。尽管这里提供的技术一般都可以用于更广泛的数据集，但为了便于解释，讨论将主要集中在购物篮数据上。

商业企业在日复一日的运营中积聚了大量的数据。例如，食品商店的收银台每天都收集大量的顾客购物数据。表 6-1 给出一个这种数据的例子，通常称作购物篮事务（market basket transaction）。表中每一行对应一个事务，包含一个唯一标识 TID 和给定顾客购买的商品的集合。零售商对分析这些数据很感兴趣，以便了解他们的顾客的购买行为。可以使用这种有价值的信息来支持各种商务应用，如市场促销、库存管理和顾客关系管理等。

在对购物篮数据进行关联分析时，需要处理两个关键的问题：第一，从大型事务数据集中发现模式可能在计算上要付出很高的代价；第二，所发现的某些模式可能是虚假的，因为它们可能是偶然发生的。这就需要一些评估指标了。

关联规则是形如 $X \to Y$ 的蕴含表达式，X 和 Y 是不相交的项集，即 $X \cap Y = \varnothing$。关联规则的强度可以用它的支持度和置信度度量。支持度确定规则可以给定数据集的频繁程度，而置信度确定 Y 在包含 X 的事务中出现的频繁程度。

6.2　关联分析的评估指标

6.2.1　支持度

什么样的关联规则值得关注呢？要讨论这个问题就必须提到几个评估指标。首先来介绍两个概念：项集和支持度计数。

项集令 $I=\{t_1, t_2, \cdots, t_d\}$ 是购物篮数据中所有项的集合，而 $T=\{t_1, t_2, \cdots, t_N\}$ 是所有事务的集合。每个事务 t_i 包含的项集都是 I 的子集。在关联分析中，包含 0 个或多个项的集合被称为项集（item set）。如果一个项集包含 k 个项，则称它为 k- 项集。例如，{ 啤酒，尿布，牛奶 } 是一个 3- 项集。空集是指不包含任何项的项集。

支持度计数事务的宽度定义为事务中出现项的个数。如果项集 X 是事务 t 的子集，则称事务 t 包括项集 X。例如，在表 6-2 中第二个事务包括项集 { 面包，尿布 }，但不包括项集 { 面包，牛奶 }。项集的一个重要性质是它的支持度计数，即包含特定项集的事务个数。数学上，项集 X 的支持度计数 $\sigma(X)$ 可以表示为式（6-1）：

$$\sigma(X)=\left|\{t_i \mid X \subseteq t_i,\ t_i \in T\}\right| \tag{6-1}$$

其中，符号 |•| 表示集合中元素的个数。在表 6-2 显示的数据集中，项集 { 啤酒，

尿布，牛奶}的支持度计数为 2，因为只有 2 个事务同时包含这 3 个项。

支持度（s）的形式定义如式（6-2）：

$$s(X \to Y) = \frac{\sigma(X \cup Y)}{N} \tag{6-2}$$

【例 6.1】

如上面举的例子，考虑规则{牛奶，尿布}→{啤酒}。由于项集{牛奶，尿布，啤酒}的支持度计数是 2，而事务的总数是 5，所以规则的支持度为 2/5=0.4。

为什么使用支持度？支持度是一种重要度量，因为支持度很低的规则可能只是偶然出现。从商务角度来看，低支持度的规则多半也是无意义的，因为对顾客很少同时购买的商品进行促销可能并无益处。因此，支持度通常用来删去那些无意义的规则。此外，支持度还具有一种期望的性质，可以用于关联规则的有效发现。

6.2.2 置信度

置信度（c）的形式定义如式（6-3）：

$$c(X \to Y) = \frac{\sigma(X \cup Y)}{\sigma(X)} \tag{6-3}$$

【例 6.2】

如例【6.1】中，规则的置信度是项集{牛奶，尿布，啤酒}的支持度计数与项集{牛奶，尿布}支持度计数的商。由于存在 3 个事务同时包含牛奶和尿布，所以该规则的置信度为 2/3=0.67。

为什么使用置信度？

置信度度量通过规则进行推理具有可靠性。对于给定的规则 $X \to Y$，置信度越高，Y 在包含 X 的事务中出现的可能性就越大，置信度也可以估计 Y 在给定 X 下的条件概率。

6.2.3 算法复杂度

同一问题可用不同算法解决，而一个算法的质量优劣将影响到算法乃至程序的效率。算法分析的目的在于选择合适的算法和改进算法。算法评价主要应从时间复杂度和空间复杂度两方面来考虑。

一个算法执行所耗费的时间，从理论上是不能算出来的，必须上机运行测试才能知道。但我们不可能也没有必要对每个算法都上机测试，而只需知道哪个算法花费的时间多、哪个算法花费的时间少就可以了。并且一个算法花费的时间与算法中语句的执行次数近似成正比，哪个算法中语句执行次数多，它花费时间就多。一个算法中的语句执行次数称为语句频度或时间频度，记为 $T(n)$。算法的时间复杂度是指执行算法所需要的计算工作量。

在刚才提到的时间频度中，n 称为问题的规模，当 n 不断变化时，时间频度 $T(n)$ 也会不断变化。但有时我们想知道它变化时呈现什么规律。为此，我们引入时间复杂度概念。

一般情况下，算法中基本操作重复执行的次数是问题规模 n 的某个函数，用 $T(n)$ 表示，若有某个辅助函数 $f(n)$，使得当 n 趋近于无穷大时，$T(n)/f(n)$ 的极限值为不等于零的常数，则称 $f(n)$ 是 $T(n)$ 的同数量级函数。记作 $T(n)=o[f(n)]$，称 $o[f(n)]$ 为算法的渐进时间复杂度，简称时间复杂度。

在各种不同算法中，若算法中语句执行次数为一个常数，则时间复杂度为 $o(1)$；另外，在时间频度不相同时，时间复杂度有可能相同，如 $T(n)=n^2+3n+4$ 与 $T(n)=4n^2+2n+1$，它的频度不同，但时间复杂度相同，都为 $o(n^2)$。

与时间复杂度类似，空间复杂度是指算法在计算机内执行时所需存储空间的度量。记作：$S(n)=o[f(n)]$。

算法执行期间所需要的存储空间包括3个部分：

（1）算法程序所占的空间；

（2）输入的初始数据所占的存储空间；

（3）算法执行过程中所需要的额外空间。

在许多实际问题中，为了减少算法所占的存储空间，通常采用压缩存储技术。

6.3 Apriori 算法

6.3.1 频繁项集的定义与产生

在讨论 Apriori 算法之前，必须提到频繁项集的概念。

频繁项集（frequent item set）：满足最小支持度阈值的所有项集，这些项集称作频繁项集。

大多数关联规则挖掘算法通常采用的一种策略是，将关联规则挖掘任务分解为如下两个主要的子任务。

（1）频繁项集产生：其目标是发现满足最小支持度阈值的所有项集，即频繁项集。

（2）规则的产生：其目标是从上一步发现的频繁项集中提取所有高置信度的规则，这些规则称作强规则（strong rule）。

通常，频繁项集产生所需的计算开销远大于产生规则所需的计算开销。

怎么产生频繁项集呢？格结构（lattice structure）常常被用来枚举所有可能的项集。图 6-1 显示 I={a，b，c，d，e} 的项集格。一般来说，一个包含 k 个项的数据集可能产生 2^k-1 个频繁项集，不包括空集在内。由于在许多实际应用中 k 的值可能非常大，需要探查的项集搜索空间可能是指数规模的。

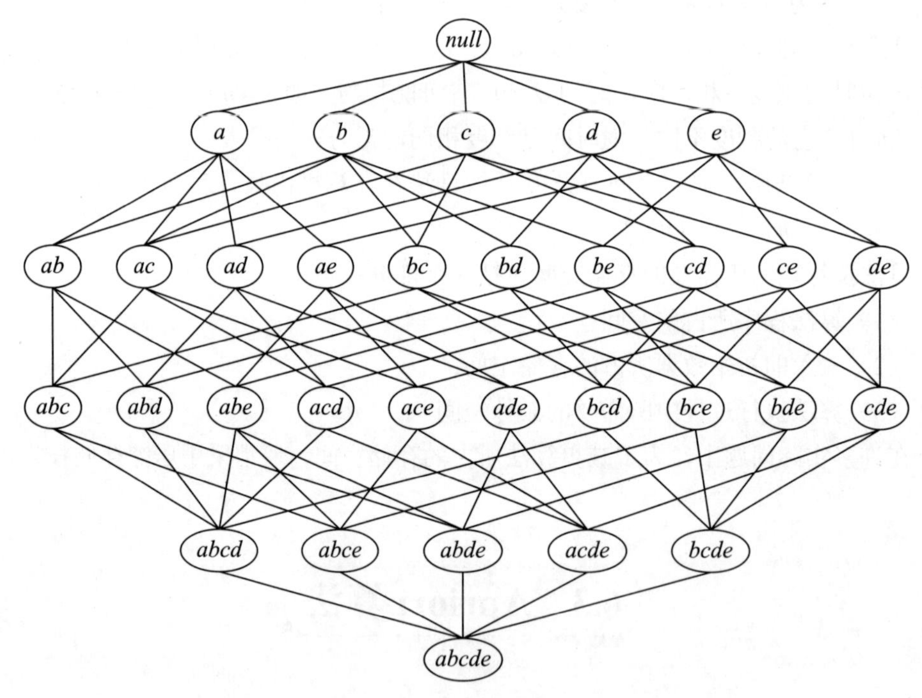

图 6-1　项集的格

发现频繁项集的一种原始方法是确定格结构中每个候选项集（candidate item set）的支持度计数。为了完成这一任务，必须将每个候选项集与每个事务进行比较，如图 6-2 所示。如果候选项集包含在事务中，则候选项集的支持度计数增加。例如，由于项集 { 面包，牛奶 } 出现在事务 1、4 和 5 中，其支持度计数将增加 3 次。这种方法的开销可能非常大，因为它需要进行 o（NMw）次比较；其中 N 是事务数；$M=2^k-1$ 是候选项集数；而 w 是事务的最大宽度。

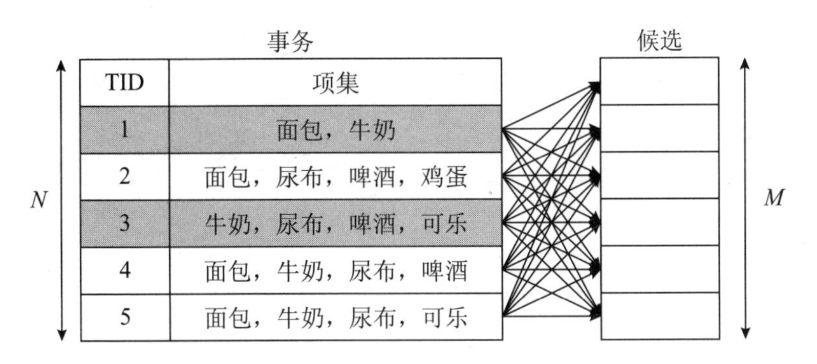

图 6-2　计算候选项集的支持度

有两种方法可以降低产生频繁项集的计算复杂度：

（1）减少候选项集的数目（M）。接下来要介绍的先验（Apriori）原理，是一种不用计算支持度值而删除某些候选项集的有效方法。

（2）减少比较次数。替代将每个候选项集与每个事务相匹配，可以使用更高级的数据结构，或者存储候选项集或者压缩数据集，来减少比较次数。

6.3.2　先验原理

本节描述如何使用支持度度量，帮助减少频繁项集产生时需要探查的候选项集个数。使用支持度对候选项集剪枝基于如下原理。

定理 6.1：先验原理，如果一个项集是频繁的，则它的所有子集一定也是频繁的。

为了解释先验原理的基本思想，考虑图 6-3 所示的项集格。假定 $\{c, d, e\}$ 是频繁项集。显而易见，任何包含项集 $\{c, d, e\}$ 的事务一定包含它的子集 $\{c, d\}$，$\{c, e\}$，$\{d, e\}$，$\{c\}$，$\{d\}$ 和 $\{e\}$。这样，如果 $\{c, d, e\}$ 是频繁的，则它的所有子集（图 6-3 中的阴影项集）一定也是频繁的。

相反，如果项集 $\{a, b\}$ 是非频繁的，则它的所有超集也一定是非频繁的。因此一旦发现 $\{a, b\}$ 是非频繁的，则整个包含 $\{a, b\}$ 超集的子图可以被立即剪枝。如图 6-3 所示。

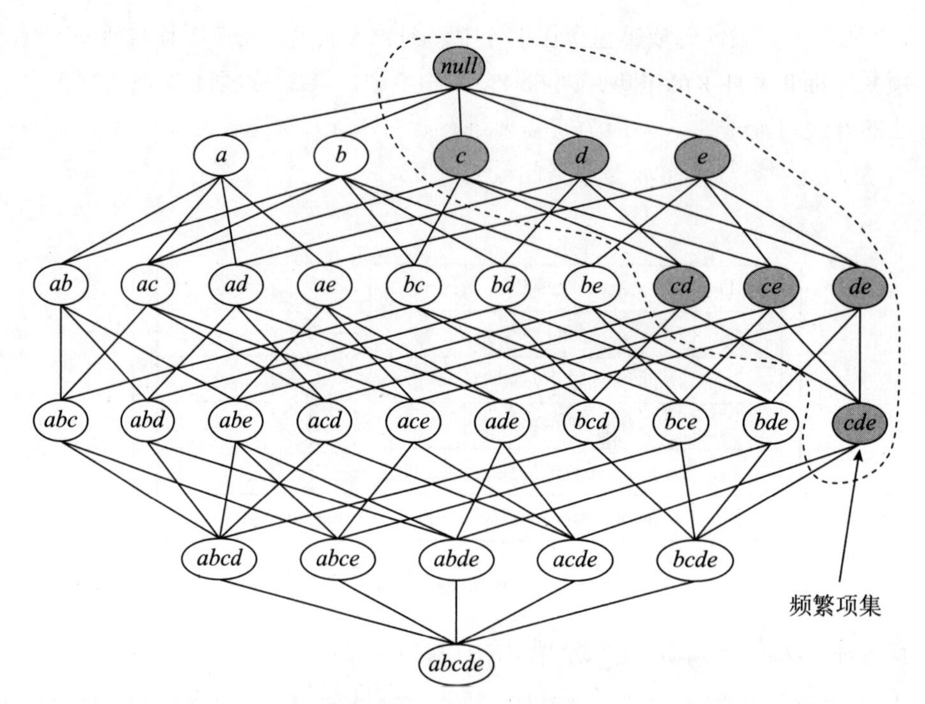

图 6-3　先验原理的图示

如果 $\{c, d, e\}$ 是频繁的，则它的所有子集也是频繁的。

6.3.3　基于支持度的计数与剪枝

在上面我们提到过，如果项集 $\{a, b\}$ 是非频繁的，则它的所有超集也一定是非频繁的。如图 6-4 所示，一旦发现 $\{a, b\}$ 是非频繁的，则整个包含 $\{a, b\}$ 超集的子图可以被立即剪枝。这种基于支持度度量修剪指数搜索空间的策略称为基于支持度的剪枝（support-basedpruning）。这种剪枝策略依赖于支持度度量的一个关键性质，即一个项集的支持度决不会超过它的子集的支持度。这个性质也称支持度度量的反单调性（anti-monotone）。

定理 6.2：单调性令 I 是项的集合，$J=2^I$ 是 I 的幂集。度量 f 是单调的（或向上封闭的），如果

$$\forall X,\ Y \in J:(X \subseteq Y) \rightarrow f(X) \leqslant f(Y) \tag{6-4}$$

这表明如果 X 是 Y 的子集，则 $f(X)$ 一定不超过 $f(Y)$。另一方面，f 是反单调的（或向下封闭的），如果

$$\forall X,\ Y \in J:(X \subseteq Y) \rightarrow f(Y) \leqslant f(X) \qquad (6\text{-}5)$$

这表明如果 X 是 Y 的子集，则 f（Y）一定不超过 f（X）。

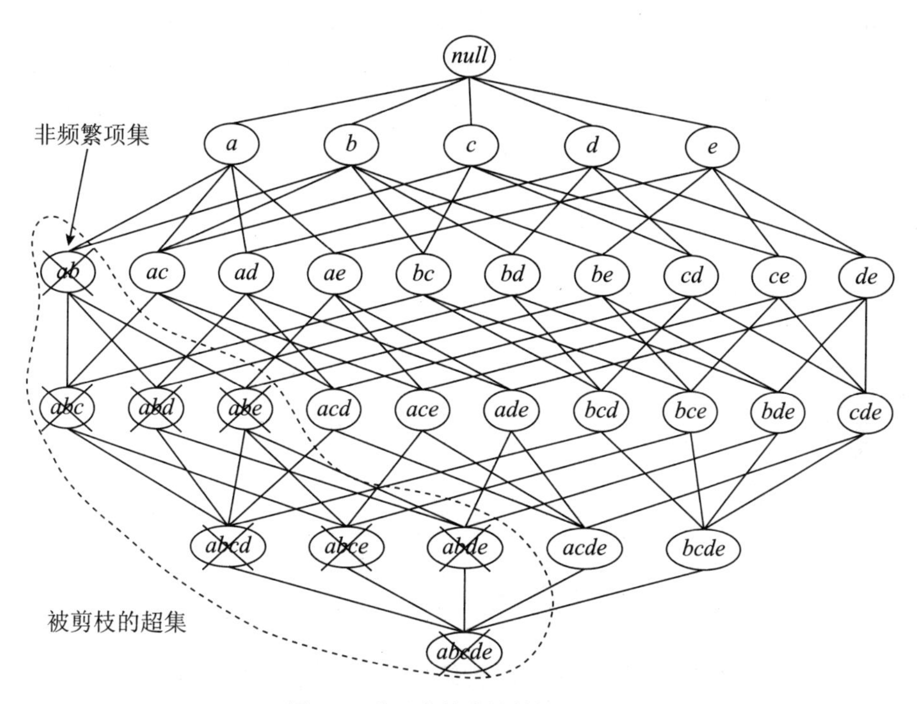

图 6-4　基于支持度的剪枝的图示

如果 $\{a，b\}$ 是非频繁的，则它的所有超集也是非频繁的。

任何存在反单调性的度量都能够直接结合到挖掘算法中，可以对候选项集的指数搜索空间进行有效的剪枝。

6.3.4　候选项集生成

Apriori 算法是第一个关联规则挖掘算法，它开创性地使用基于支持度的剪枝技术，系统地控制候选项集指数增长。对于表 6-1 中所示的事务，图 6-5 给出 Apriori 算法频繁项集产生部分的一个高层实例。假定支持度阈值是 60%，相当于最小支持度计数为 3。

初始时每个项都被看作候选 1- 项集。对它们的支持度计数之后，候选项集｛可乐｝和｛鸡蛋｝被丢弃，因为它们出现的事务少于 3 个。在下一次迭代，仅使用频繁 1- 项集来产生候选 2- 项集，因为先验原理保证所有非频繁的 1- 项集的超集都是非频繁的。由于只有 4 个频繁 1- 项集，因此算法产生的候选 2- 项集的数目为 C_4^2=6。计算它们的支持度值之后，发现这 6 个候选项集中的 2 个——{ 啤酒，面包 } 和 { 啤酒，牛奶 } 是非频繁的。剩下的 4 个候选项集是频繁的，因此用来产生候选 3- 项集。不使用基于支持度的剪枝，使用该例给定的 6 个项，将形成 C_6^3=20 个候选 3- 项集。依据先验原理，只需要保留其子集都频繁的候选 3- 项集。具有这种性质的唯一候选是 { 面包，尿布，牛奶 }。

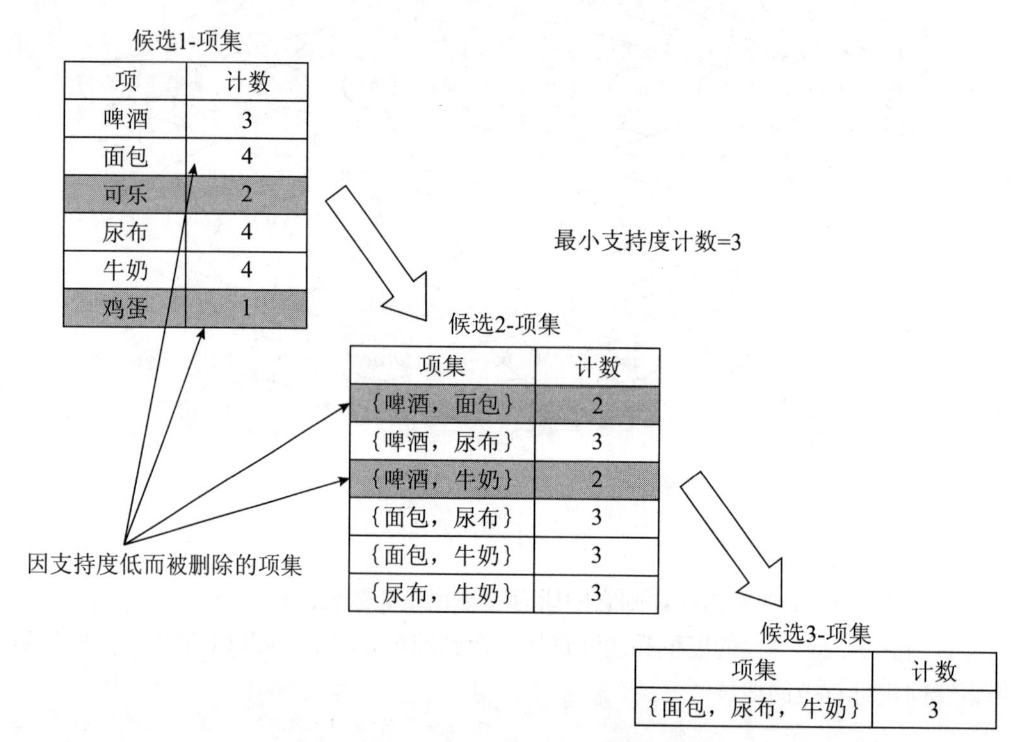

图 6-5　使用 Apriori 算法产生频繁项集的例子

通过计算产生的候选项集数目，可以看出先验剪枝策略的有效性。枚举所有项集（到 3- 项集）的蛮力策略将产生 $C_6^1+C_6^2+C_6^3$=6+15+20=41 个候选；而使用先验原理，将减少为 $C_6^1+C_4^2$+1=6+6+1=13 个候选。甚至在这个简单的例子中，候选项集的数目也降低了 68%。

算法 6.1 中给出了 Apriori 算法产生频繁项集部分的伪代码。令 C_k 为候选 k- 项集的集合，而 F_k 为频繁 k- 项集的集合，算法细节如下所述。

（1）该算法初始通过单遍扫描数据集，确定每个项的支持度。一旦完成这一步，就得到所有频繁 1- 项集的集合 F_1（步骤 1 和步骤 2）。

（2）接下来，该算法将使用上一次迭代发现的频繁（k-1）- 项集，产生新的候选 k-项集（步骤 5）。候选的产生使用 apriori-gen 函数实现，将在后面章节进行介绍。

（3）为了对候选项的支持度计数，算法需要再次扫描一遍数据集（步骤 6~ 步骤 10）。使用子集函数确定包含在每一个事务 t 中的 C_k 中的所有候选 k- 项集。计算候选项的支持度计数之后，算法将删去支持度计数小于最小支持度的所有候选项集（步骤 12）。

（4）当没有新的频繁项集产生，即 F_k=∅时，算法结束（步骤 13）。

Apriori 算法的频繁项集产生的部分有两个重要的特点：第一，它是一个逐层（level-wise）算法，即从频繁 1- 项集到最长的频繁项集，它每次遍历项集格中的一层；第二，它使用产生 - 测试（generate-and-test）策略来发现频繁项集。在每次迭代之后，新的候选项集都由前一次迭代发现的频繁项集产生，然后对每个候选的支持度进行计数，并与最小支持度阈值进行比较。该算法需要的总迭代次数是 $k_{max}+1$，其中 k_{max} 是频繁项集的最大长度。

算法 6.1 Apriori 算法的频繁项集产生

输入：数据集；

输出：频繁项集；

Begin

I.k=1；

II.$F_k=\{i|i \in I \wedge \sigma([i]) \geqslant N \times minsup\}$｛发现所有的频繁 1- 项集｝；

III.Repeat；

IV. $k=k+1$；

V.C_k= apriori-gen(F_k) ｛产生候选项集｝；

VI. For 每个事务 $t \in T$ Do；

VII.C_i=subset(C_k, t)｛识别属于 t 的所有候选｝；

VIII.For 每个候选项集 $c \in C_t$ Do；

IX. $\sigma(c)=\sigma(c)+1$｛支持度计数增值｝；

X.EndFor；

XI.Endfor；

XII.$F_k=\{c|c \in C_k \wedge \sigma([c]) \geqslant N \times minsup\}$｛提取频繁 k- 项集｝；

XIII.Until F_k=∅；

XIV.Result = ∪ F_k。

END

算法 6.1 步骤 5 的 apriori-gen 函数通过如下两个操作产生候选项集：

（1）候选项集的产生。该操作由前一次迭代发现的频繁（k-1）- 项集产生新的候选 k- 项集。

（2）候选项集的剪枝。该操作采用基于支持度的剪枝策略，删除一些候选 k- 项集。

为了解释候选项集剪枝操作，考虑候选 k- 项集算法必须确定它的所有真子集 $X-\{i_j\}|(\forall j=1, 2, \cdots, k)$ 是否都是频繁的，如果其中一个是非频繁的，则 X 将会被立即剪枝。这种方法能够有效地减少支持度计数过程中所考虑的候选项集的数量。对于每一个候选 k- 项集，该操作的复杂度是 $O(k)$。然而，随后我们将明白，并不需要检查给定候选项集的所有 k 个子集。如果 k 个子集中的 m 个用来产生候选项集，则在候选项集剪枝时只需要检查剩下的 k–m 个子集。

理论上，存在许多产生候选项集的方法。下面列出了对有效的候选项集产生过程的要求：

（1）它应当避免产生太多不必要的候选。一个候选项集是不必要的，如果它至少有一个子集是非频繁的。根据支持度的反单调属性，这样的候选项集肯定是非频繁的。

（2）它必须确保候选项集的集合是完全的，即候选项集产生过程没有遗漏任何频繁项集。为了确保完全性，候选项集的集合必须包含所有频繁项集的集合，即 $\forall k: F_k \subseteq C_k$。

（3）它应该不会产生重复候选项集。例如：候选项集 $\{a, b, c, d\}$ 可能会通过多种方法产生，如合并 $\{a, b, c\}$ 和 $\{d\}$，合并 $\{b, d\}$ 和 $\{a, c\}$，合并 $\{c\}$ 和 $\{a, b, d\}$ 等。候选项集的重复产生将会导致计算的浪费，因此为了效率应该避免。

接下来，将简要地介绍几种候选产生过程，其中包括 apriori-gen 函数使用的方法。

1. *蛮力方法*

蛮力方法把所有的 k- 项集都看作可能的候选，然后使用候选剪枝除去不必要的候选（见图 6-6）。第 k 层产生的候选项集的数目为 O_d^k，其中 d 是项的总数。虽然候选产生是相当简单的，但候选剪枝的开销极大，因为必须考察的项集数量太大。设每一个候选项集所需的计算量 $O(k)$，这种方法的总复杂度为$O(\sum_{k=1}^{d} kC_d^k)=O(d\times 2^{d-1})$。

2. $F_{k-1}\times F_1$ *方法*

另一种的产生候选项集的方法是用其他频繁项来扩展每个频繁（k-1）- 项集。图 6-7 显示了如何用频繁项（如面包）扩展频繁 2- 项集 { 啤酒，尿布 }，产生候选 3- 项集 { 啤酒，尿布，面包 }。这种方法将产生 $O(\sum_k k|F_{k-1}||F_1|)$ 个候选 k- 项集，其中 $|F_j|$ 表示频繁 j- 项集的个数。这种方法总复杂度是 $O(\sum_k k|F_{k-1}||F_1|)$。

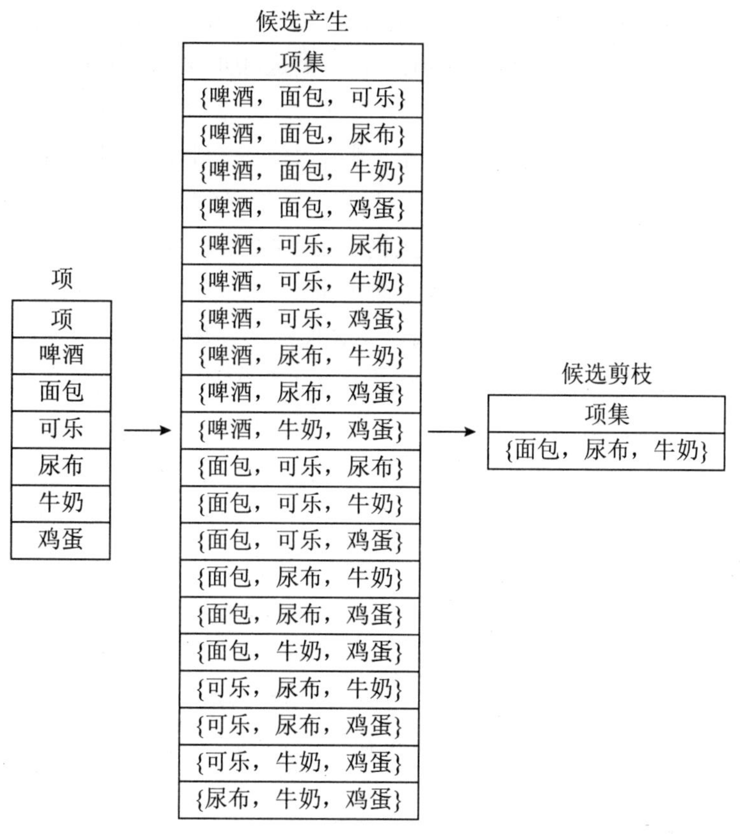

图 6-6 产生候选 3- 项集的蛮力方法

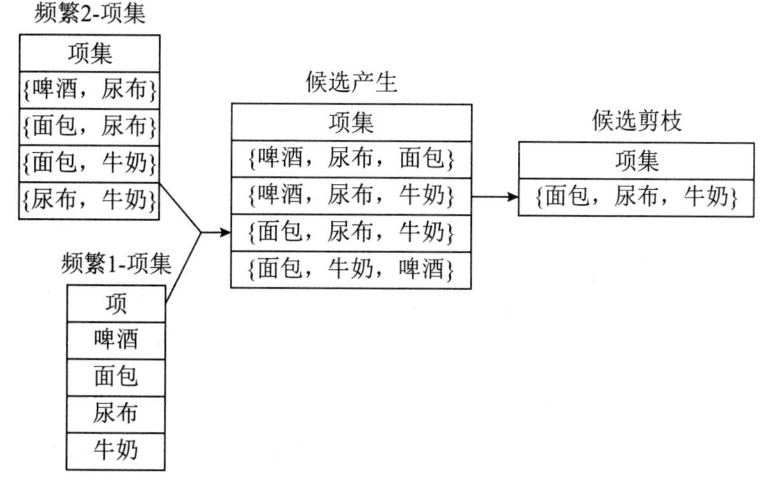

图 6-7 通过合并频繁（k-）- 项集和频繁 1- 项集生成和剪枝候选 k- 项集

注意：某些候选是不必要，因为它们的子集是非频繁的

这种方法是完备的，因为每一个频繁 k- 项集都是由一个频繁（k-1）- 项集和一个频繁 1- 项集组成的。因此，所有的频繁 k- 项集是这种方法所产生的候选 k- 项集的一部分。然而，这种方法很难避免重复地产生候选项集。例如，项集｛面包，尿布，牛奶｝不仅可以由合并项集｛面包，尿布｝和｛牛奶｝得到，而且还可以由合并｛面包，牛奶｝和｛尿布｝得到，或者由合并｛尿布，牛奶｝和｛面包｝得到。避免产生重复的候选项集的一种方法是确保每个频繁项集中的项以字典序存储，每个频繁（k-）-项集 X 只用字典序比 X 中所有的项都大的频繁项进行扩展。例如，项集｛面包，尿布｝可以用项集｛牛奶｝扩展，因为"牛奶"（Milk）在字典序下比"面包"（Bread）和"尿布"（Diapers）都大。然而，不应当用｛面包｝扩展｛尿布，牛奶｝或用｛尿布｝扩展｛面包，牛奶｝，因为它们违反了字典序条件。

尽管这种方法比蛮力方法有明显改进，但仍会产生大量不必要的候选。例如，通过合并｛啤酒，尿布｝和｛牛奶｝而得到的候选是不必要的，因为它的一个子集｛啤酒，牛奶｝是非频繁的。有几种启发式方法能够减少不必要的候选数量。例如，对于每一个幸免于剪枝的候选 k- 项集，它的每一个项必须至少在 k−1 个（k−1）- 项集中出现，否则，该候选就是非频繁的。再例如，项集｛啤酒，尿布，牛奶｝是一个可行的候选 3- 项集，仅当它的每一个项（包括"啤酒"）都必须在两个频繁 2- 项集中出现。由于只有一个频繁 2- 项集包含"啤酒"，因此所有包含"啤酒"的候选都是非频繁的。

3. $F_{k-1} \times F_{k-1}$ 方法

函数 apriori-gen 的候选产生过程合并一对频繁（k−1）- 项集，仅当它们的前 k−2 个项都相同。令 $A=\{a_1, a_2, \cdots, a_{k-1}\}$ 和 $B=\{b_1, b_2, \cdots, b_{k-1}\}$ 是一对频繁（k−1）- 项集，合并 A 和 B，如果它们满足如下条件：

$$a_i=b_i\ (i=1, 2, \cdots, k-2)\ \text{并且}\ a_{k-1} \neq b_{k-1}$$

在图6-7中，频繁项集｛面包，尿布｝和｛面包，牛奶｝合并，形成了候选3-项集｛面包，尿布，牛奶｝。算法不会合并项集｛啤酒，尿布｝和｛尿布，牛奶｝，因为它们的第一个项不相同。实际上，如果｛啤酒，尿布，牛奶｝是可行的候选，则它应当由｛啤酒，尿布｝和｛啤酒，牛奶｝合并得到。这个例子表明了候选项产生过程的完全性和使用字典序避免重复候选的优点。然而，由于每个候选都由一对频繁（k−1）- 项集合并而成，因此需要附加的候选剪枝步骤来确保该候选的其余 k−2 个子集是频繁的。

6.3.5　基于置信度的剪枝

不像支持度度量，置信度不具有任何单调性。例如：规则 $X \to Y$ 的置信度可能大于、小于或等于规则 $\tilde{X} \to \tilde{Y}$ 的置信度，其中 $\tilde{X} \subseteq X$ 且 $\tilde{Y} \subseteq Y$。尽管如此，当比较由频繁项集 Y 产生的规则时，下面的定理对置信度度量成立。

定理 6.2：如果规则 $X \to Y-X$ 不满足置信度阈值，则形如 $X' \to Y'-X'$ 的规则一定也不满足置信度阈值，其中 X' 是 X 的子集。

为了证明该定理，考虑如下两个规则：$X' \to Y-X'$ $\sigma(Y)/\sigma(X')$ 和 $X \to Y-X$。这两个规则的置信度分别为 $\sigma(Y)/\sigma(X')$ 和 $\sigma(Y)/\sigma(X)$。由于 X' 是 X 的子集，所以 $\sigma(X') \geqslant \sigma(X)$。因此，前一个规则的置信度不可能大于后一个规则。

6.3.6　Apriori算法规则生成

Apriori 算法使用一种逐层方法来产生关联规则，其中每层对应于规则后件中的项数。初始，提取规则后件只含一个项的所有高置信度规则，然后，使用这些规则来产生新的候选规则。例如，如果 $\{acd\} \to \{b\}$ 和 $\{abd\} \to \{c\}$ 是两个高置信度的规则，则通过合并这两个规则的后件产生候选规则 $\{ad\} \to \{bc\}$。图 6-8 显示了由频繁项集 $\{a, b, c, d\}$ 产生关联规则的格结构。如果格中的任意结点具有低置信度，则根据定理 6.2，可以立即剪掉该结点生成的整个子图。假设规则 $\{bcd\} \to \{a\}$ 具有低置信度，则可以丢弃后件包含 a 的所有规则，包括 $\{cd\} \to \{ab\}$，$\{bd\} \to \{ac\}$，$\{bc\} \to \{ad\}$ 和 $\{d\} \to \{abc\}$。

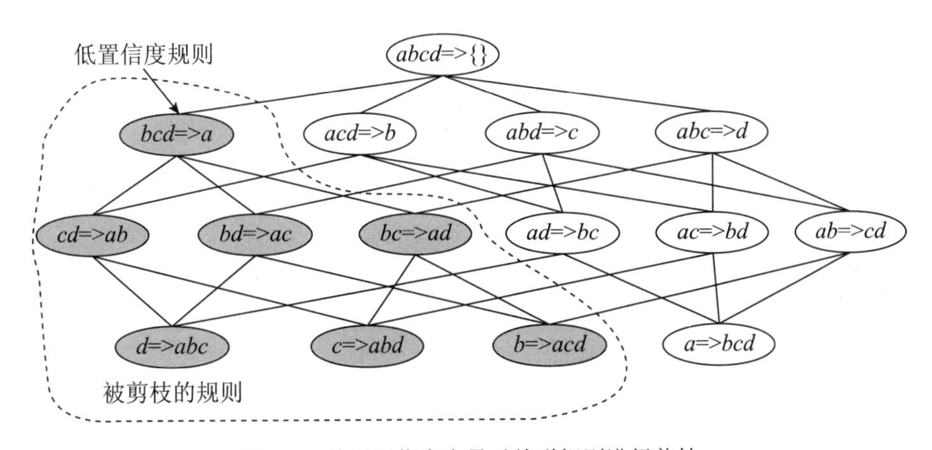

图 6-8　使用置信度度量对关联规则进行剪枝

算法 6.2 和算法 6.3 给出了关联规则产生的伪代码。注意，算法 6.3 中的 ap-genrules 过程与算法 6.1 中的频繁项集产生的过程类似。二者唯一的不同是：在规则产生时，不必再次扫描数据集来计算候选规则的置信度，而是使用在频繁项集产生时计算的支持度计数来确定每个规则的置信度。

算法 6.2 Apriori 算法中的规则产生

Begin

I.For 每一个频繁 k- 项集 f_k，$k \geqslant 2$ Do；

II.$H_1=\{i|i \in f_k\}$ { 规则的 1- 项后件 }；

III.Call ap-genrules(f_k，H_1)；

IV. EndFor。

End

算法 6.3 过程 ap-genrules(f_k，H_m)

I.$k=|f_k|$ { 频繁项集的大小 }；

II.$m=|H_m|$ { 规则后件的大小 }；

III.If $k>m+1$ then；

IV.H_{m+1}=apriori-gen(H_m)；

V.For 每个 $h_{m+1} \in H_{m+1}$ Do；

VI.$conf=\sigma(f_k)/\sigma(f_k-h_{m+1})$；

VII. If $conf \geqslant$ min $conf$ Then；

VIII.output: 规则 $(f_k-h_{m+1}) \rightarrow h_{m+1}$；

IX. Else；

X. 从 H_{m+1} delete h_{m+1}；

XI. End If；

XII. End For；

XIII Call ap-genrules(f_k，H_{m+1})；

XIV.End If。

6.4 FP-tree 算法

6.4.1 频繁模式树

你用过搜索引擎会发现这样一个功能：输入一个单词或者单词的一部分，搜索引擎就会自动补全查询词项，用户甚至都不知道搜索引擎推荐的东西是否存在，反而会去查找推荐词项，比如在百度输入“为什么”开始查询时，会出现诸如“为什么我有了变身器却不能变身奥特曼”之类滑稽的推荐结果。为了给出这些推荐查询，搜索引擎公司的研究人员使用了FP-tree算法，他们通过查看互联网上的用词来找出经常在一块出现的词对，这需要一种高效发现频繁集的方法。FP-tree算法比Apriori算法要快，它基于Apriori构建，但在完成相同任务时采用了一些不同的技术。不同于Apriori算法的“产生-测试”，这里的任务是将数据集存储在一个特定的称作FP树的结构之后发现频繁项集或者频繁项对，即常在一块出现的元素项的集合FP树，这种做法使算法的执行速度要快于Apriori，通常性能要好两个数量级以上。

频繁模式树（Frequent Pattern tree，FP-tree），是满足下列条件的一个树结构：它由一个根结点（值null）、项前缀子树（作为子女）和一个频繁项头表组成。项前缀子树中的每个结点包括三个域：item_name、count和node_link，其中：

（1）item_name记录结点表示的项的标识；

（2）count记录到达该结点的子路径的事务数；

（3）node_link用于连接树中相同标识的下一个结点，如果不存在相同标识下一个结点，则值为“null”。

FP树是一种输入数据的压缩表示，它通过逐个读入事务，并把事务映射到FP树中的一条路径来构造。由于不同的事务可能会有若干个相同的项，因此它们的路径可能部分重叠。路径相互重叠越多，使用FP树结构获得的压缩效果越好。如果FP树足够小，能够存放在内存中，就可以直接从这个内存中的结构提取频繁项集，而不必重复地扫描存放在硬盘上的数据。如表6-2显示的数据集，它包含10个事务和5个项。（可以把一条事务直观理解为超市的顾客购物记录，我们利用算法来发掘那些物品或物品组合频繁地被顾客所购买。）

表 6-2 事务数据集

TID	项
1	$\{a,b\}$
2	$\{b,c,d\}$
3	$\{a,c,d,e\}$
4	$\{a,d,e\}$
5	$\{a,b,c\}$
6	$\{a,b,c,d\}$
7	$\{a\}$
8	$\{a,b,c\}$
9	$\{a,b,d\}$
10	$\{b,c,e\}$

图 6-9 绘制了读入三个事务之后的 FP 树的结构以及最终完成构建的 FP 树，初始，FP 树仅包含一个根结点，用符号 null 标记，随后，用如下方法扩充 FP 树：

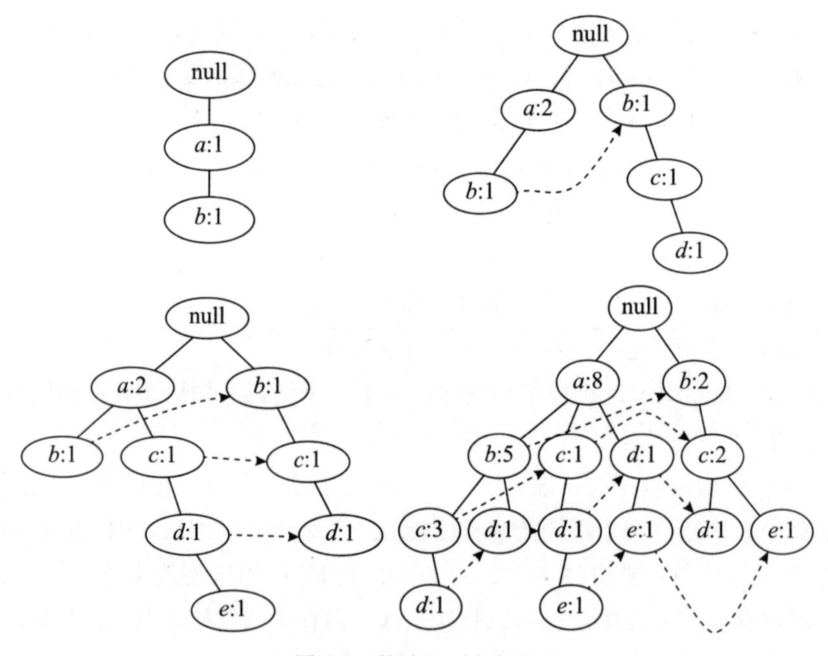

图 6-9 构建 FP 树过程

通常，FP 树的大小比未压缩的数据小，因为购物篮数据的事务常常共享一些共同项，在最好的情况下，所有的事务都具有相同的项集，FP 树只包含一条结点路径；当每个事务都具有唯一项集时，导致最坏情况发生，由于事务不包含任何共同项，

FP 树的大小实际上与原数据的大小一样。然而，由于需要附加的空间为每个项存放结点间的指针和技术，FP 树的存储需求增大。

FP 树还包含一个连接具有相同项的结点的指针列表，这些指针在图 6-9 中用虚线表示，有助于快速访问树中的项。

6.4.2　FP-tree算法频繁项集的产生

首先我们来了解几个定义：

（1）支持度：L1 属于 L，L1 在事务数据库 D 所占的百分比。

（2）频繁项目集：对于项目集 L 和事务数据库 D，所有满足用户指定的最小支持度的项目集。

（3）在频繁项目集中所有不被其他元素包含的频繁项目集。

举例来说，在如下项目集中，表 6-3 表示了依照对应的后缀排序的频繁项集。

假设用户规定支持度为 2。

表 6-3　依照对应的后缀排序的频繁项集

编　号	项目集
1	A，B，C，D
2	B，C，E
3	A，B，C，E
4	B，D，E
5	A，B，C，D

讨论项目 A：A 出现的次数有 3 次，大于 2，属于频繁项目集。

讨论项目 AB：AB 出现次数也是 3 次，大于 2，也属于频繁项目集。

类似的，出现次数大于等于用户支持度的项目集都称为频繁项目集。寻找最大频繁项目集：首先列举所有项目集{A，B，C，D，E，AB，AC，AD，BC，BD，BE，CD，CE，ABC，ABD，ACD，BCE，ABCD}，按照最大频繁项目集的定义，ABCD、BCE 都没有被其他元素包含，所以最大频繁项目集为{ABCD，BCE}。反之，ABC 被 ABCD 包含，所以它并不是最大频繁项目集。

6.4.3　FP-tree算法规则生成

接下来我们来谈谈 FP-tree 算法的具体规则。

表 6-3 展示了一个数据集，它包含 10 个事务和 5 个项。图 6-9 绘制了读入前 3 个事务之后 FP 树的结构。树中每一个结点都包括一个项的标记和一个计数，计数显示映射到给定路径的事务个数。开始，FP 树仅包含一个根结点，用符号 null 标记。随后，用如下方法扩充 FP 树：

（1）扫描一次数据集，确定每个项的支持度计数。丢弃非频繁项，而将频繁项按照支持度递减排序。对于图中的数据集，*a* 是最频繁的项，接下来依次是 *b*，*c*，*d* 和 *e*。

（2）算法第二次扫描数据集，构建 FP 树。读入第一个事务 {*a*, *b*} 之后，创建标记为 *a* 和 *b* 的结点。然后形成 null 到 *a* 再到 *b* 的路径，对该事务编码。该路径上的所有结点的频度计数为 1。

（2）读入第二个事务 {*b*，*c*，*d*} 之后，为项 *b*，*c* 和 *d* 创建新的结点集。然后，连接结点 null—*b*—*c*—*d*，形成一条代表该事务的路径。该路径上的每个结点的频度计数也等于 1。尽管前两个事务具有一个共同项 *b*，但它们的路径不相交，因为这两个事务没有共同的前缀。

（4）第三个事务 {*a*，*c*，*d*，*e*} 与第一个事务共享一个共同前缀项 *a*，所以第三个事务的路径 null—*a*—*c*—*d*—*e* 与第一个事务的路径 null—*a*—*b* 部分重叠。因为它们的路径重叠，所以结点 *a* 的频度计数增加为 2，而新创建的结点 *c*，*d* 和 *e* 的频度计数等于 1。

（5）继续该过程，直到每个事务都映射到 FP 树的一条路径。读入所有的事务后形成的 FP 树显示在底部。

此外，对于包含在 FP-tree 中某个结点上的项 α，将会有一个从根结点到达 α 的路径，该路径中不包含 α 所在结点的部分路径称为 α 的前缀子路径，α 称为该路径的后缀。在一个 FP-tree 中，有可能有多个包含 α 的结点存在，其中每个包含 α 的结点可以形成 α 的一个不同的前缀子路径，所有的这些路径组成 α 的条件模式基。

6.4.4　算法性能对比与评估

这个例子解释了 FP 增长算法中使用的分治方法，每一次递归，都要通过更新前缀路径中的支持度计数和删除非频繁的项来构建条件 FP 树，由于子问题不相交，因此 FP 增长不会产生任何重复的项集，此外，与结点相关联的支持度计数允许算法在产生相同的后缀项时进行支持度计数。FP 增长是一个有趣的算法，它展示了如何使用事务数据集的压缩表示来有效地产生频繁项集，此外对于某些事务数据集，FP 增长算法比标准的 Apriori 算法要快几个数量级，FP 增长算法的运行性能取决于数据集的"压缩因子"。如果生成的FP树非常茂盛（在最坏的情况下，是一颗完全二叉树）则算法的性能显著下降，因为算法必须产生大量的子问题，并且需要合并每个子问题返回的结果。

6.5 SPSS Modeler 关联分析实例

本节将介绍一个基于Apriori算法的关联分析实例。本节用到的软件是SPSS Modeler自带的关联分析数据，关联分析用到的数据集是SPSS Modeler自带的关联分析数据。具体步骤如下：

（1）打开并查看数据文件。利用"可变文件"结点将"Demos"下的"BASKETS1n"添加结点中。然后使用"输出"选项卡下的"表"查看数据，如图6-10所示。这里的数据是某商场中的购买记录，共18个字段，1000条记录，在后面的列中，值"T"表示已购买该商品，值"F"表示没有购买该商品。

表（18 个字段，1,000 条记录）

文件 编辑 生成

表 注解

	cardid	value	pmethod	sex	homeown	income	age	fruitveg	freshmeat	dairy	cannedveg	cannedmeat	frozenmeal	beer	wine	softdrink	fish	confectionery
1	39808	42.712	CHEQUE	M	NO	27000	46	F	T	T	F	F	F	F	F	F	F	T
2	67362	25.357	CASH	F	NO	30000	28	F	T	F	F	F	F	F	F	F	F	T
3	10872	20.618	CASH	M	NO	13200	36	F	F	F	T	F	T	T	F	F	T	F
4	26748	23.688	CARD	F	NO	12200	26	F	F	T	F	F	F	F	T	F	F	F
5	91609	18.813	CARD	M	YES	11000	24	F	F	F	F	F	F	F	F	F	F	F
6	26630	46.487	CARD	F	NO	15000	35	F	T	F	F	F	F	F	T	F	T	F
7	62995	14.047	CASH	F	YES	20800	30	T	F	F	F	F	F	F	F	T	F	F
8	38765	22.203	CASH	M	YES	24400	22	F	F	F	F	F	F	T	F	F	F	F
9	28935	22.975	CHEQUE	F	NO	29500	46	T	F	F	F	F	T	F	F	F	F	F
10	41792	14.569	CASH	M	NO	29600	22	T	F	F	F	F	F	F	F	F	T	F
11	59480	10.328	CASH	F	NO	27100	18	T	T	T	T	F	F	F	T	F	T	F
12	60755	13.780	CASH	F	YES	20000	48	T	F	F	F	F	F	F	F	F	T	F
13	70998	36.509	CARD	M	YES	27300	43	F	F	T	F	T	T	F	F	F	T	F
14	80617	10.201	CHEQUE	F	YES	28000	43	F	F	F	F	F	F	F	F	T	T	F
15	61144	10.374	CASH	F	NO	27400	24	T	F	T	F	F	F	F	F	T	T	F
16	36405	34.822	CHEQUE	F	YES	18400	19	F	F	F	F	F	T	T	F	T	F	F
17	76567	42.248	CARD	M	YES	23100	31	T	F	F	T	F	F	F	F	F	T	F
18	85699	18.169	CASH	F	YES	27000	29	F	F	F	F	F	F	F	F	F	T	F
19	11357	10.753	CASH	F	YES	23100	26	F	F	F	F	F	F	T	F	F	T	F
20	97761	32.318	CARD	F	YES	25800	38	T	F	F	T	F	F	F	T	F	T	T
21	20362	31.720	CASH	M	YES	25100	38	F	F	F	F	F	T	F	F	F	T	F
22	33173	36.833	CASH	F	YES	24700	43	F	F	F	F	F	F	F	T	F	F	T
23	69934	31.179	CHEQUE	F	YES	21300	41	F	F	F	F	F	F	F	F	F	T	F
24	14743	21.681	CASH	M	YES	12400	48	T	T	T	T	T	T	T	T	F	F	F
25	83071	29.854	CASH	M	YES	18100	31	F	F	F	F	F	F	T	F	F	F	T
26	17571	15.270	CARD	F	YES	22900	23	T	F	T	F	F	T	T	F	F	F	F
27	37917	32.232	CHEQUE	F	NO	27000	32	F	T	F	F	F	F	F	T	F	F	T
28	11236	42.567	CARD	M	YES	26800	34	F	F	F	F	F	F	F	F	F	F	F
29	47914	44.591	CASH	F	YES	24700	32	F	T	F	F	F	F	F	T	F	T	T
30	58154	49.137	CHEQUE	M	NO	21300	50	F	F	F	F	T	F	F	F	F	F	F
31	35197	40.340	CASH	M	NO	27400	38	F	F	F	F	F	T	T	T	F	T	F
32	64892	39.000	CASH	F	YES	12900	46	F	F	F	F	F	T	F	T	F	F	F
33	1024...	13.762	CARD	F	YES	26700	48	F	F	F	T	T	F	T	T	F	F	F
34	56677	30.310	CASH	F	NO	27800	42	T	F	F	F	F	F	F	F	F	F	F
35	94105	10.372	CARD	M	YES	24100	44	F	T	F	F	F	F	F	F	T	F	F
36	63817	29.175	CHEQUE	M	YES	19600	28	F	F	F	F	F	F	F	F	F	F	F

确定

图6-10 "表"窗口

（2）确定关联分析字段。本例中，需要对购买商品进行关联分析，即确定客户购买商品之间是否存在关联性，也就是说客户在购买一种商品时，购买另一种商品的概率是多少。所以，在这里，将选择记录中能够体现是否购买某商品的字段进行关联分析，因此采用的是 18 个字段的后 11 个字段。其中有 fruitveg，freshmeat，dairy，cannedveg，canned meat，frozen meal，beer，wine，soft drink，fish，confectionery。

（3）读入分析字段的类型。在工作区生成“类型”结点，并双击“编辑”，将上一步骤选出的 11 个字段的角色设定为“两者”，如图 6-11 与图 6-12 所示。

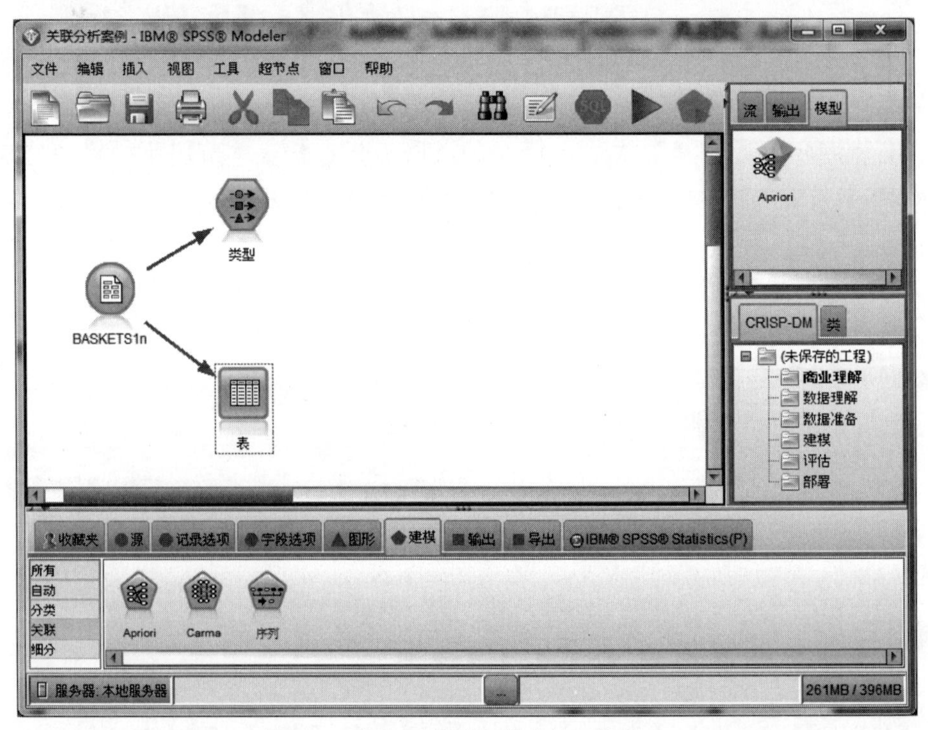

图 6-11　添加“类型”结点的工作窗口

（4）添加模型结点。分别在“类型”之后添加“Apriori”模型结点，如图 6-13 所示。其中，“Apriori”模型是基于“最低支持度”和“最小置信度”进行关联性分析。

（5）运行并查看“Apriori”关联模型结果。运行“Apriori”模型的数据流，在右上侧生成数据模型，通过单击右键查看，如图 6-14 所示。通过窗口可以看出，客户同时购买 frozenmeal、beer、cannedveg 的概率很高。因此，商家可以将这三种商品放在相邻的位置，以促进销量。

字段	测量	值	缺失	检查	角色
cardid	连续	<读取>		无	输入
value	连续	<读取>		无	输入
pmethod	分类	<读取>		无	输入
sex	分类	<读取>		无	输入
homeown	分类	<读取>		无	输入
income	连续	<读取>		无	输入
age	连续	<读取>		无	输入
fruitveg	分类	<读取>		无	两者
freshmeat	分类	<读取>		无	两者
dairy	分类	<读取>		无	两者
cannedveg	分类	<读取>		无	两者
cannedmeat	分类	<读取>		无	两者
frozenmeal	分类	<读取>		无	两者
beer	分类	<读取>		无	两者
wine	分类	<读取>		无	两者
softdrink	分类	<读取>		无	两者
fish	分类	<读取>		无	两者
confectionery	分类	<读取>		无	两者

图 6-12　“类型”结点编辑窗口

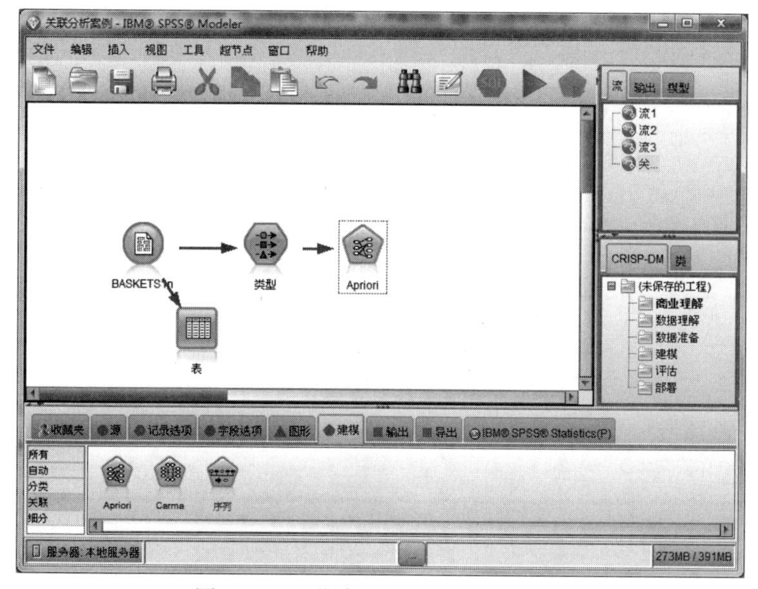

图 6-13　工作窗口的“Apriori”模型

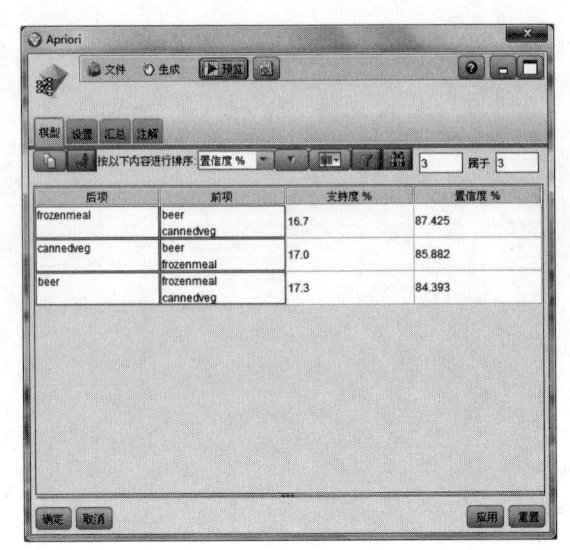

图 6-14　“Apriori”窗口模型查看器

（6）利用“网络”图进行定性关联分析。选定“类型”结点，双击“图形”选项卡下的“网络”，即可添加“网络结点”。然后，需双击编辑“网络”结点，将步骤（5）中选择的 11 个字段选定为分析字段。运行该“网络”结点，则右上区域生成关联模型，查看该关联模型，如图 6-15 所示。图 6-15 表明，两点之间的线越粗，表示两者相关性越强。同时可以通过调节下面的滑动点，查看其相关性。

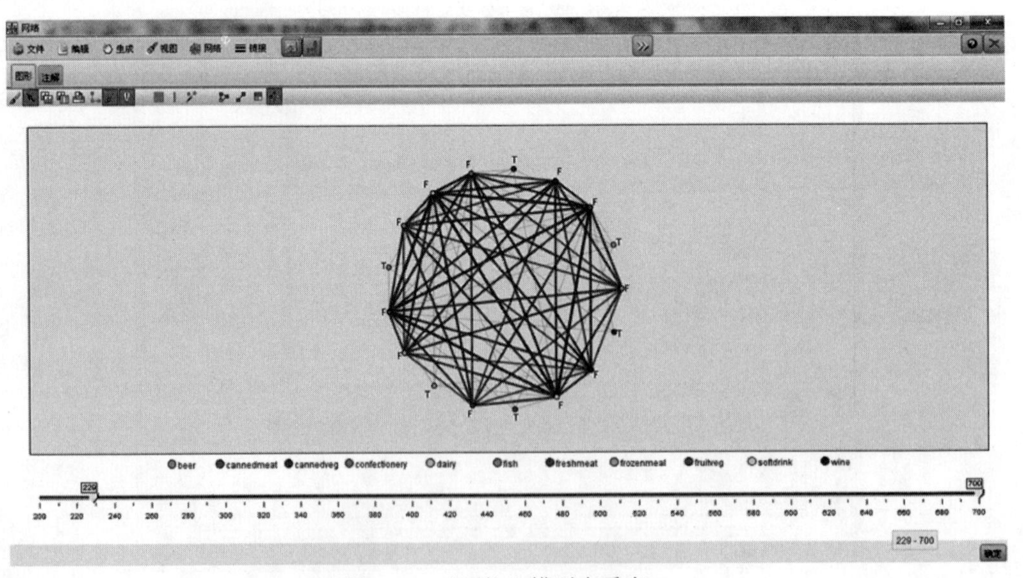

图 6-15　“网络”模型查看窗口

参考文献

[1] R. Agrawal and R. Srikant. Fast Algorithms for Mining Association Rules. In VLDB Conference, 1994.

[2] R. Aerawaland R. Srikant. Minine Seauential Uatterns:Generalizations and Performance Improvements. In EDBT,1996.

[3] E. G. Coffrnan and 1. Eve. File Structures Using Hashing Functions. Comm. Assoc. Comp. Mach., 1970.

[4] L. Dehaspe, H. Toivonen, and R. King. Finding Frequentsubstruclures in Chemical Compounds. In KDD. 1998.

[5] S. Djoko et al. Analyzing the Benefits of Domain Knowledge in Substructure Discovery. In KDD, 1995.

[6] Dougherty, R.Kohavi. and M. Sahami. Supervised and Unsupervised Discretization of Continuous Features. In ICML, 1995.

[7] A. Lain and R. Dubs.Algorithms for Clustering Data. Prentice Hall, 1988.

[8] Kim et al. Identification of Navel Multi-transmembrane Proteins from Genomic Databases Using Quasi-periodic Structural Properties. In Bioinformarics, 2002.

[9] R. King et al. Genome Scale Prediction of Protein Functional Class from Sequence Using Data Mining. In KDD, 2000.

[10] K. Kaperski. I. Han, and N. Stefanovic. An Efficient Two-step Method for Classification of Spatial Data. In Proceedings ofthe I d . Symposium on Spatial Data Handling, 1998.

[11] H. Li and S. Parthasarathy. Automatically Deriving Multi-level Protein Structures Through Data Mining. In HiPC Conference Workhop on Bioinformnrics and Computational Biology, Hyderabad, India, 2001.

[12] H. Mannila and H. Toivonen. Discovering Generalized Episodes Using Minimal Occurrences. In KDD, 1996.

[13] W. Pan. 1. Lin. and C. Le. Model-based Cluster Analysis of Microarray Gene-expression Data. Genome Biology, 2002.

[14] S. Parthasarathy and M. Coatney. Efficient Discovery of Common Substructures in Macromolecules. Technical Re-port OSU-CISRC-8/02-TR20. Ohio State University, 2002.

[15] S. Parthasarathy et al. Incremental and Interactive Sequence Mining. In ACM CIKM, 1999.
[16] Quinlan. Induction of Decision Trees. Machine Learning,5（1）:71-100, 1996.1191 L. D. Raedt and S. Kramer. The Level-wise Version Space Algorithm and Its Application to Molecular Fragment Finding.In JCA1, 2001.
[17] X. Wang et al. Automated Discovery of Active Motifs in Three Dimensional Molecules. In KDD, 1997.

第7章 增强型数据挖掘算法

Big Data, Data Mining And Intelligent Operation

7.1 增强型数据挖掘算法概述

本书介绍过的分类算法，除最近邻算法以外都是从训练数据得到一个分类器，然后再使用这个分类器去预测未知样本的类标号。本节将再介绍一些可以提高分类准确率的技术。这些技术聚集了多个分类器的预测，称为组合（Ensemble）方法。

7.1.1 组合方法的优势

考虑 k 个二元分类器的组合，其中每个分类器的误差为 ε，组合分类器通过对这些及分类器的预测进行多数表决的方法来预测检验样本的类标号。首先，先考虑一个极端情况，就是所有基分类器都相同，这时，组合分类器对基分类器预测错误的样本误分类组合分类器的错误率同样也是 ε。考虑一般情况，假设基分类器互相独立，即它们的误差不相关。只要多于一半的基分类器预测正确，组合分类器就能够做出正确的预测。即便是超过一半的基分类器预测错误，此时，组合分类器的误差率为 $e=\sum_{i=t}^{k} C_k^i \varepsilon^i (1-\varepsilon)^{k-i}$，也远低于基分类器的误差率，其中，$t$ 为大于 $\frac{k}{2}$ 的最小整数。

7.1.2 构建组合分类器的方法

构建组合分类器的基本思想是，先构建多个分类器，称为基分类器，然后通过对每个基分类器的预测进行投票来进行分类。下面介绍几种构建组合分类器的方法。

1. 处理训练数据集

这种方法通过对原始数据进行再抽样来得到多个不同的训练集，然后，使用某一特定的学习算法为每个训练集建议一个分类器。对原始数据再抽样时，遵从一种特定的抽样原则，这种原则决定了某一样本选为训练集的可能性的大小。后面章节中介绍的装袋（Bagging）和提升（Boosting）就是两种处理训练数据集的组合方法。

2. 处理输入特征

这种方法通过随机或有标准地选择输入特征的子集，得到每个训练集。这种方法非常适用于含有大量冗余特征的数据集，随机森林（Random forest）就是一种处理输入特征的组合方法。

3. 处理类标号

当类数目足够多时，把这些类标号随机划分成两个不相交的子集 A_0 和 A_1。此时，训练数据就变成了一个二类问题，类标号属于 A_0 的训练样本即为类 0，类标号属于 A_1 的训练样本即为类 1。把重新标记过的数据作为一个训练集，得到一个基分类器。多次重复上述操作，就可以得到一组基分类器。在预测未知样本的类标号时，先使用每个基分类器预测它的类标号，预测为类 0 时，所有属于 A_0 的类都得一票，反之亦然。最后统计所有类得到的选票，将得票最多的类判为未知样本的类标号。

4. 处理学习算法

在同一个训练集上多次执行不同的算法从而得到不同的基分类器。

7.2　随机森林

什么是随机森林？顾名思义，是用随机的方式建立一个森林，森林由很多的决策树组成，随机森林的每一棵决策树之间是没有关联的。在得到森林之后，当有一个新的输入样本进入的时候，就让森林中的每一棵决策树分别进行一下判断，看看这个样本应该属于哪一类（对于分类算法），然后看看哪一类被选择最多，就预测这个样本为那一类。随机森林是一种多功能的机器学习算法，能够执行回归和分类的任务。同时，它也是一种数据降维手段，用于处理缺失值、异常值以及其他数据探索中的重要步骤，并取得了不错的成效。另外，它还担任了集成学习中的重要方法，在将几个低效模型整合为一个高效模型时大显身手。

7.2.1　随机森林的原理

决策树相当于一个大师，通过自己在数据集中学到的知识对于新的数据进行分类。但俗话说得好：一个诸葛亮，玩不过三个臭皮匠。随机森林就是希望构建多个“臭皮匠”，希望最终的分类效果能够超过单个大师的一种算法。

那随机森林具体如何构建呢？有两个方面：数据的随机性选取，以及待选特征的随机选取。

1. 随机选择数据

给定一个训练样本集，数量为 N，我们使用有放回采样得到 N 个样本，构成一个新的训练集。注意这里是有放回的采样，所以会采样到重复的样本。详细来说，就是采样 N 次，每次采样一个，放回，继续采样。即得到了 N 个样本。然后我们把这个样本集作为训练集，进入下一步。数据样本选择过程如图 7-1 所示。

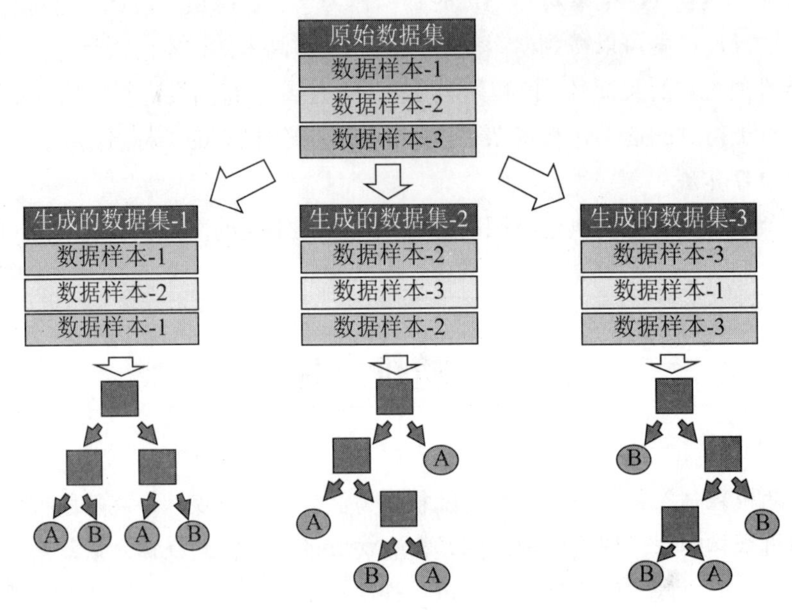

图 7-1　随机森林数据样本的随机选择过程

2. 随机选择特征

在构建决策树的时候，我们前面已经讲过如何在一个结点上，计算所有特征的 Information Gain（ID3）或者 Gain Ratio（C4.5），然后选择一个最大增益的特征作为划分下一个子结点的走向。但是，在随机森林中，我们不计算所有特征的增益，而是从总量为 M 的特征向量中，随机选择 m 个特征，其中 m 可以等于 sqrt（M），然后计算 m 个特征的增益，选择最优特征（属性）。这样能够使得随机森林中的决策树都能够彼此不同，提升系统的多样性，从而提升分类性能。注意，这里的随机选择特征是无放回的选择。如图 7-2 所示，蓝色的方块代表所有可以被选择的特征，也就是目前的待选特征。黄色的方块是分裂特征。左边是一棵决策树的特征选取过程，通过在待选特征中选取最优的分裂特征（别忘了前文提到的 ID3 算法、C4.5 算法、CART 算法等），完成分裂。右边是一个随机森林中的子树的特征选取过程。

3. 构建决策树

有了上面随机产生的样本集，我们就可以使用一般决策树的构建方法，得到一棵分类（或者预测）的决策树。需要注意的是，在计算结点最优分类特征的时候，我们要使用上面的随机选择特征方法。而选择特征的标准可以是我们常见的 Information Gain（ID3）或者 Gain Ratio（C4.5）。

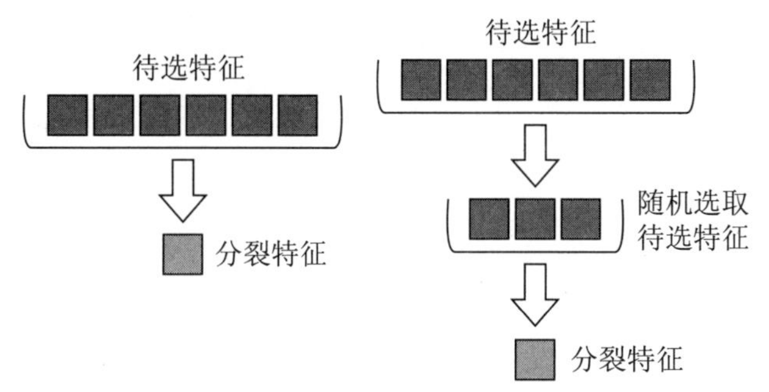

图 7-2　决策树、随机森林子树分裂特征过程对比

4. 随机森林投票分类

通过上面的三步走，可以得到一棵决策树，我们重复这样的过程 k 次，就得到了 k 棵决策树。然后来了一个测试样本，我们就可以用每一棵决策树都对它分类一遍，得到了 k 个分类结果。这时，我们可以使用简单的投票机制，或者该测试样本的最终分类结果，如图 7-3 所示，展示随机森林的构建过程。

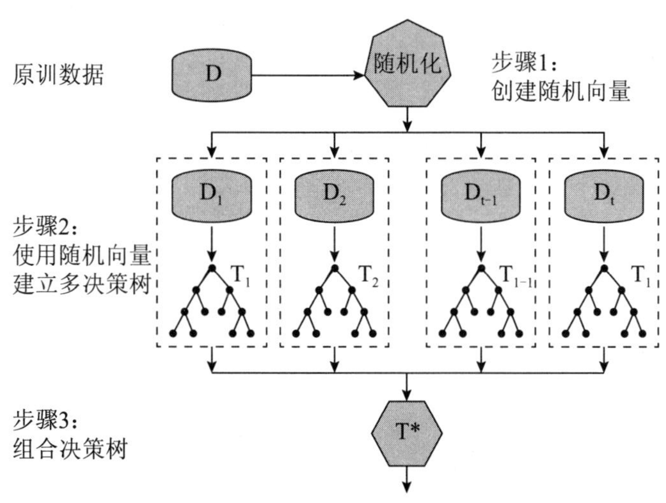

图 7-3　随机森林构建过程

随机森林是一种专门为决策树分类器设计的组合方法。它的生成和组合规则如下所示：

（1）给定一个训练样本集，数量为 N，按照有放回采样得到 N 个样本，构成一个新的训练集。

（2）从总量为 M 的特征向量中，随机且无放回地选择 m 个特征，构成样本子集 T_1。重复 k 次得到 k 个样本子集 T_1，T_2，…，T_k。

（3）在已有的样本子集上，按常规的方法建立决策树，重复建立 k 棵决策树，每棵树完全生长，不剪枝。

（4）此时，输入一个检验集，用每一棵决策树都对它分类一遍，得到了 k 个分类结果。使用简单的投票机制得到最后的预测结果。

7.2.2 随机森林的优缺点

1. 随机森林的优点

（1）在当前很多数据集中，随机森林相对其他算法有很大的优势，表现良好。

（2）很适合处理高维度的数据，且不需要进行特征选择（特征子集是随机选择的）。

（3）当存在分类不平衡的情况时，随机森林能够提供平衡数据集误差的有效方法。

（4）在每个结点仅考虑特征的一个子集，显著减少算法的运行时间。

（5）对噪声更加鲁棒。

（6）在训练完后，它能够给出哪些特征比较重要。

（7）在创建随机森林的时候，对泛化误差使用的是无偏估计。

（8）训练速度快。

（9）在训练过程中，能够检测到特征间的互相影响。

（10）因为树与树之间是相互独立的，所以容易做成并行化方法。

2. 随机森林的缺点

（1）很容易产生过拟合。

（2）对于有不同取值属性的数据，取值划分较多的属性会对随机森林产生更大的影响，所以随机森林在这种数据上产出的属性权值是不可信的。

7.2.3 随机森林的泛化误差

已从理论上证明，当树的数目足够大时，随机森林的泛化误差的上界收敛于下面的表达式：

$$\text{泛化误差} \leqslant \frac{\overline{\rho}(1-s^2)}{s^2} \tag{7-1}$$

其中，$\bar{\rho}$ 表示树之间的平均相关系数；s 是度量树形分类器性能的量。性能以分类器的余量（M）表示

$$M(\boldsymbol{X}, Y) = P(\hat{Y}_{\theta} = Y) - \max_{Z \neq Y} P(\hat{Y}_{\theta} = Z) \tag{7-2}$$

其中，$\hat{Y}_{\theta}$ 表示根据某一个随机向量 θ 构建的分类器对检验集 X 做出的预测类。余量越大表示分类器正确预测检验集 X 的可能性越大。可以看出，随机森林泛化误差的上界随着树之间的相关性的增加或组合分类器性能的降低而增加。

7.2.4 输入特征的选择方法

每颗决策树都使用一个从固定概率分布产生的随机向量。可以使用多种方法将随机向量合并到树的增长过程中。常用的方法有以下两种：

1. Forest-RI

随机选择 F 个输入特征对决策树的结点进行分裂，这种方法称为 Forest-RI，其中 RI 指随机输入选择。此时，随机森林的树之间的相关性 $\bar{\rho}$ 和分类器的余量 M 都取决于 F 的大小。一方面，如果 F 足够小，那么树的相关性就会趋于减弱；另一方面，树分类器的强度趋于随着输入特征数 F 的增加而提高。折中考虑，一般选取特征数目为 F=log d+1，其中 d 是样本集输入的总特征数。

2. Forest-RC

这是一种加大特征空间的方法。因为如果原始数据集的总特征数 d 太小，就很难选出一个独立的随机特征集合。此时，可以采取这种方法来加大特征空间。在每个结点随机选择 L 个输入特征构建新特征。这 L 个输入特征用区间 [-1,1] 上的均匀分布产生的系数进行线性组合，在每个结点产生 F 个这种随机组合的新特征，然后从中选择最好的来分裂结点。

7.3 Bagging 算法

Bagging 算法又称袋装算法，是机器学习领域的一个团体学习算法，最初由 Leo Breiman 于 1994 年提出。Bagging 算法可以与其他分类回归算法结合，提高其准确率、稳定性，同时降低方差，避免过拟合。

先直观地考察装袋如何作为一种提高准确率的方法。假设你是一个病人，希望根据你的症状做出诊断，你可能选择看多个医生，而不是一个。如果某种诊断比其他诊断出现的次数多，则你可能将它作为最终或最好的诊断。也就是说，最终诊断是根据多数表决做出的，其中每个医生都具有相同的投票权重。现在，将医生换成分类器，你就可以得到装袋的基本思想。直观地，更多医生的多数表决比少数医生的多数表决更可靠。

给定 d 个元组的集合 D，装袋过程如下：对于迭代 i（i=1，2，…，k），d 个元组的训练集 D_i 采用有放回抽样，由原始元组集 D 抽取。注意，术语装袋表示自助聚集（bootstrap aggregation）。每个训练集都是一个自助样本。由于使用有放回抽样 D 的某些元组可能不在 D_i 中出现，而其他元组可能出现多次。由每个训练集 D_i 学习，得到一个分类模型 M_i。为了对一个未知元组 X 分类，每个分类器 M_i 返回它的类预测，算作一票。装袋分类器统计得票，并将得票最高的类赋予 X。通过取给定检验元组的每个预测的平均值。装袋也可以用于连续值的预测。算法汇总如下：

算法 7.1　装袋算法——为学习方案创建组合分类模型，其中每个模型给出等权重预测。

输入：D：d 个训练元组的集合；k：组合分类器中的模型数；一种学习方案（如决策树算法、后向传播等）；

输出：组合分类器——复合模型 M^*；

Begin

I.For i= 1 to k Do // 创建 k 个模型；

II. 通过对 D 有放回抽样，创建训练样本 D_i；

III. 使用 D_i 和学习方法导出模型；

IV.End For；

V. 使用组合分类器对元组 X 分类：让 k 个模型都对 X 分类并返回多数表决。

End

装袋分类器的准确率通常显著高于从原训练集 D 导出的单个分类器的准确率。对于噪声数据和过拟合的影响，它也不会很差甚至更棒。准确率的提高是因为复合模型降低了个体分类器的方差。

为了说明装袋如何进行，考虑表 7-1 给出的数据集。设 x 表示一维属性，y 表示类标号。假设使用这样一个分类器，它是仅包含一层的二叉决策树，具有一个测试条件 $x \leqslant k$，其中 k 是使得叶子结点熵最小的分裂点。这样的树也称为决策树桩（Decision Stump）。

表 7-1　用子构建装袋组合分类器的数据集例子

x	0.1	0.2	0.3	0.4	0.5	0.6	0.7	0.8	0.9	1
y	1	1	1	-1	-1	-1	-1	1	1	1

不进行装袋，能产生的最好的决策树桩的分裂点为客 $x \leqslant 0.35$ 或 $x \leqslant 0.75$。无论选择哪一个，树的准确率最多为 70%。假设我们在数据集上应用 10 个自助样本集的装袋过程，图 7-4 给出了每轮装袋选择的训练样本。在每个表的右边，给出了分类器产生的决策边界。

袋装第 1 轮

x	0.1	0.2	0.2	0.3	0.4	0.4	0.5	0.6	0.9	0.9
y	1	1	1	1	-1	-1	-1	-1	1	1

$x \leqslant 0.35 \Rightarrow y=1$
$x>0.35 \Rightarrow y=-1$

袋装第 2 轮

x	0.1	0.2	0.3	0.4	0.5	0.8	0.9	1	1	1
y	1	1	1	-1	-1	1	1	1	1	1

$x \leqslant 0.65 \Rightarrow y=1$
$x>0.65 \Rightarrow y=-1$

袋装第 3 轮

x	0.1	0.2	0.3	0.4	0.4	0.5	0.7	0.7	0.8	0.9
y	1	1	1	-1	-1	-1	-1	-1	1	1

$x \leqslant 0.35 \Rightarrow y=1$
$x>0.35 \Rightarrow y=-1$

袋装第 4 轮

x	0.1	0.1	0.2	0.4	0.4	0.5	0.5	0.7	0.8	0.9
y	1	1	1	-1	-1	-1	-1	-1	1	1

$x \leqslant 0.3 \Rightarrow y=1$
$x>0.3 \Rightarrow y=-1$

袋装第 5 轮

x	0.1	0.1	0.2	0.5	0.6	0.6	0.6	1	1	1
y	1	1	1	-1	-1	-1	-1	1	1	1

$x \leqslant 0.35 \Rightarrow y=1$
$x>0.35 \Rightarrow y=-1$

袋装第 6 轮

x	0.2	0.4	0.5	0.6	0.7	0.7	0.7	0.8	0.9	1
y	1	-1	-1	-1	-1	-1	-1	1	1	1

$x \leqslant 0.75 \Rightarrow y=1$
$x>0.75 \Rightarrow y=-1$

袋装第 7 轮

x	0.1	0.4	0.4	0.6	0.7	0.8	0.9	0.9	0.9	1
y	1	-1	-1	-1	-1	1	1	1	1	1

$x \leqslant 0.75 \Rightarrow y=1$
$x>0.75 \Rightarrow y=-1$

袋装第 8 轮

x	0.1	0.2	0.5	0.5	0.5	0.7	0.7	0.8	0.9	1
y	1	1	-1	-1	-1	-1	-1	1	1	1

$x \leqslant 0.75 \Rightarrow y=1$
$x>0.75 \Rightarrow y=-1$

袋装第 9 轮

x	0.1	0.3	0.4	0.4	0.6	0.7	0.7	0.8	1	1
y	1	1	-1	-1	-1	-1	-1	1	1	1

$x \leqslant 0.75 \Rightarrow y=1$
$x>0.75 \Rightarrow y=-1$

袋装第 10 轮

x	0.1	0.1	0.1	0.1	0.3	0.3	0.8	0.8	0.9	0.9
y	1	1	1	1	1	1	1	1	1	1

$x \leqslant 0.05 \Rightarrow y=1$
$x>0.05 \Rightarrow y=-1$

图 7-4　装袋的例子

通过对每个基分类器所做的预测使用多数表决来分类，表 7-1 给出了整个数据集。表 7-2 给出了预测结果。由于类标号是 −1 或 1，因此应用多数表决等价于对 y 的预测值求和，然后考察结果的符号（参看表 7-2 中的第二行到最后一行）。注意，组合分类器完全正确地分类了原始数据集中的 10 个样本。

表 7-2 使用装袋方法构建组合分类器的例子

轮	x=0.1	x=0.2	x=0.3	x=0.4	x=0.5	x=0.6	x=0.7	x=0.8	x=0.9	x=1.0
1	1	1	1	−1	−1	−1	−1	−1	−1	−1
2	1	1	1	1	1	1	1	1	1	1
3	1	1	1	−1	−1	−1	−1	−1	−1	−1
4	1	1	1	−1	−1	−1	−1	−1	−1	−1
5	1	1	1	−1	−1	−1	−1	−1	−1	−1
6	−1	−1	−1	−1	−1	−1	−1	1	1	1
7	−1	−1	−1	−1	−1	−1	−1	1	1	1
8	−1	−1	−1	−1	−1	−1	−1	1	1	1
9	−1	−1	−1	−1	−1	−1	−1	1	1	1
10	1	1	1	1	1	1	1	1	1	1
和	2	2	2	−6	−6	−6	−6	2	2	2
符号	1	1	1	−1	−1	−1	−1	1	1	1
实际类	1	1	1	−1	−1	−1	−1	1	1	1

前面的例子也说明了使用组合方法的又一个优点：增强了目标函数的表达功能。即使每个基分类器都是一个决策树桩，组合的分类器也能表示一棵深度为 2 的决策树。

装袋通过降低基分类器方差改善了泛化误差。装袋的性能依赖于基分类器的稳定性。如果基分类器是不稳定的，装袋有助于降低训练数据的随机波动导致的误差；如果基分类器是稳定的，即对训练数据集中的微小变化是很棒的，则组合分类器的误差主要是由基分类器的偏倚所引起的。

最后，由于每一个样本被选中的概率都相同，因此装袋并不侧重于训练数据集中的任何特定实例。因此，用于噪声数据，装袋不太受过拟合的影响。

7.4 AdaBoost 算法

现在考察组合分类方法提升。假设你是一位患者，有某些症状，你选择咨询多位医生，而不是一位。假设你根据医生先前的诊断准确率，对每位医生的诊断赋予一个权重，然后将这些加权诊断的组合作为最终的诊断，这就是 AdaBoosts 算法的基本思想。

7.4.1 AdaBoost算法简介

AdaBoost 是一种迭代算法，其核心思想是针对同一个训练集训练不同的分类器（弱分类器），然后把这些弱分类器集合起来，构成一个更强的最终分类器（强分类器）。其算法本身是通过改变数据分布来实现的，它根据每次训练集之中每个样本的分类是否正确，以及上次的总体分类的准确率，来确定每个样本的权值，从而自适应地改变训练样本的分布。将修改过权值的新数据集送给下层分类器进行训练。目的是使基分类器聚焦在那些很难分的样本上。最后将每次训练得到的分类器融合起来，作为决策分类器。

7.4.2 AdaBoost算法原理

本节描述一个算法，它利用样本的权值来确定其训练集的抽样分布。开始时，所有样本都赋予相同的权值 $1/N$ 从而使得它们被选作训练的可能性都一样。根据训练样本的抽样分布来抽取样本，得到新的样本集。然后，由该训练集归纳一个分类器，并用它对原数据集中的所有样本进行分类。每一轮提升结束时更新训练样本的权值。增加被错误分类的样本的权值，而减小被正确分类的样本的权值。这迫使分类器在随后迭代中关注那些很难分类的样本。表 7-3 给出了数据集。

表 7-3　用于构建提升组合分类器的数据集例子

x	0.1	0.2	0.3	0.4	0.5	0.6	0.7	0.8	0.9	1
y	1	1	1	−1	−1	−1	−1	1	1	1

表 7-4 给出了每轮提升选择的样本。

表 7-4　每轮提升选择的样本

提升（第一轮）	7	3	2	8	7	9	4	10	6	3
提升（第二轮）	5	4	9	4	2	5	1	7	4	2
提升（第三轮）	4	4	8	10	4	5	4	6	3	4

开始，所有的样本都赋予相同的权值 2。然而，由于抽样是有放回的，因此某些样本可能被选中多次，如样本 3 和 7。然后，使用由这些数据建立的分类器对所有样本进行分类。假定样本 4 很难分类，随着它被重复地误分类，该样本的权值在后面的迭代中将会增加。同时，前一轮没有被选中的样本（如样本 1 和样本 5）也有更好的机会在下一轮被选中，因为前一轮对它们的预测多半是错误的。随着提升过程的进行，最难分类的那些样本将有更大的机会被选中。通过聚集每个提升轮得到的基分类器，就得到最终的组合分类器。

在过去的几年里，已经开发了几个提升算法的实现。这些算法的差别在于：（1）每轮提升结束时如何更新训练样本的权值；（2）如何组合每个分类器的预测。下面，主要考察称为 AdaBoost 的实现。

AdaBoost 是英文“Adaptive Boosting”（自适应提升）的缩写，是一种流行的提升算法，由 Yoav Freund 和 Robert Schapire 提出。AdaBoost 方法的自适应在于：前一个分类器分错的样本会被用来训练下一个分类器。假设我们想提升某种学习方法的准确率。给定数据集 D，它包含 d 个类标记的元组（x_1，y_1），（x_2，y_2），…，（x_d，y_d）其中 y_i 是元组 X_i 的类标号。开始，AdaBoost 对每个训练元组赋予相等的权重 $1/d_c$ 为组合分类器产生 k 个基分类器需要执行算法的其余部分 k 轮。在第 i 轮，从 D 中元组抽样，形成大小为 d 的训练集 D_i。使用有放回抽样——同一个元组可能被选中多次。每个元组被选中的机会由它的权重决定。从训练集导出分类器 M_i，然后使用 D_i 作为检验集计算 M_i 的误差。训练元组的权重根据它们的分类情况调整。

如果元组不正确地分类，则它的权重增加；如果元组正确分类，则它的权重减少。元组的权重反映对它们分类的困难程度——权重越高，越可能被错误地分类。然后，使用这些权重，为下一轮的分类器产生训练样本。其基本思想是：当建立分类器时，希望它更关注上一轮误分类的元组。某些分类器对某些“困难”元组分类可能比其他分类器好。这样，建立了一个互补的分类器系列。

现在考察改算法涉及的数学问题。令 {（X_i），$y_j|j$=1，2，…，N} 表示包含 N 个训练样本的集合。在 AdaBoost 算法中，基分类器 C_i 的重要性依赖于它的错误率。错误率 ε_i 定义为：

$$\varepsilon_i = \frac{1}{N}\left[\sum_{j=1}^{N} w_j I(C_i(X_j) \neq y_j)\right] \tag{7-3}$$

其中，如果谓词 p 为真，则 I（p）=1，否则为 0。基分类器 C_i 的重要性由如下参数给出：

$$\alpha_i = \frac{1}{2}\ln(\frac{1-\varepsilon_i}{\varepsilon_i}) \tag{7-4}$$

注意，如果错误率接近 0，则 α_i 具有一个很大的正值；而当错误率接近 1 时，α_i 有一个很大的负值，如图 7-5 所示。

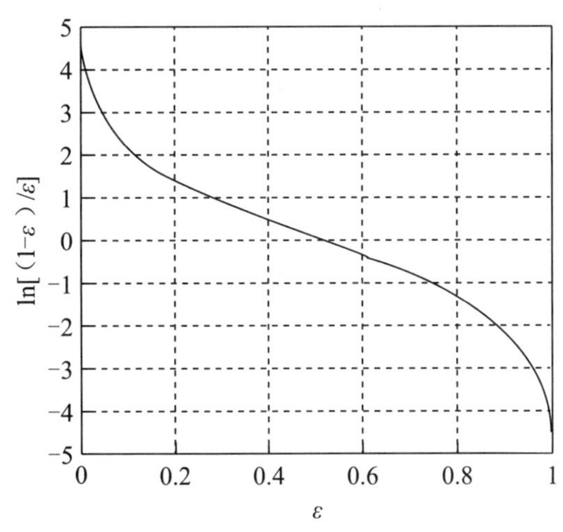

图 7-5　作为训练误差的函数绘制曲线

参数 α_i 也被用来更新训练样本的权值。为了说明这一点，假定 w_i 表示在第 j 轮提升迭代中赋予样本（X_i，y_i）的权值。AdaBoost 的权值更新机制由式（7-5）给出：

$$w_i^{(j+1)} = \frac{w_i^{(j)}}{Z_j} \times \begin{cases} e^{-\alpha_j} & 如果C_j(X_i) = y_i \\ e^{\alpha_j} & 如果C_j(X_i) \neq y_i \end{cases} \tag{7-5}$$

其中，Z_j 是一个正规因子，用来确保 $\sum_i w_i^{(j+1)} = 1$。式（7-5）给出的权值更新增加那些被错误分类样本的权值，并减少那些已经被正确分类的样本的权值。

AdaBoost 算法将每一个分类器 C_j 的预测值根据 α_j 进行加权，而不是使用多数表决的方案。这种机制有助于 AdaBoost 惩罚那些准确率很差的模型，如那些在较早的提升轮产生的模型。另外，如果任何中间轮产生高于 50% 的误差，则权值将被恢复为开始的一致值 w_i=1/N，并重新进行抽样。下面给出了 AdaBoost 算法的描述。

算法 7.2　AdaBoost 算法

输入：训练数据集 D；一个决策树算法；

输出：AdaBoost 算法的决策结果；

Begin

I. $W=\{w_j=1/N|j=1, 2, \cdots, N\}$（初始化 N 个样本的权值）；

II. 令 k 表示提升的轮数；

III. For i=1 to k Do；

IV. 根据 w，通过对 D 进行抽样（有放回）产生训练集 D_i；

V. 在 D_i 上训练基分类器 C_i；

VI. 用 C_i 对原训练集 D 中的所有样本分类；

VII. $\varepsilon_i=\dfrac{1}{N}\left[\sum_j w_j\delta(C(x_j)\neq y_i)\right]$，计算加权误差；

VIII. If ε_i>0.5 Then；

IX. $W=\{w_j=1/N|j=1, 2, \cdots, N\}$（重新设置 N 个样本的权）；

X. 返回步骤 IV；

XI. End If；

XII. $\alpha_i=\dfrac{1}{2}\ln\dfrac{1-\varepsilon_i}{\varepsilon_i}$；

XIII. 根据式（5-69）更新每个样本的权值；

XIV. End For；

XV. $C^*(X)=\arg\max\sum_{j=1}^{T}\alpha_j\delta(C_j(X)=y)$。

End

现在看提升方法在表 7-3 给出的数据集上是怎么工作的。最初，所有的样本具有相等的权值。三轮提升后，选作训练的样本如表 7-5（a）所示。在每轮提升结束时使用权值公式来更新每一个样本的权值。

不使用提升，决策树桩的准确率至多达到 70%。使用 AdaBoost, 预测结果在表 7-6（b）给出。组合分类器的最终预测结果通过取每个基分类器预测的加权平均得到，显示在表 7-6（b）的最后一行。注意，AdaBoost 完全正确地分类了训练数据集中的所有样本。

表 7-5　提升的例子

（a）提升选择的训练记录

第 1 轮提升

x	0.1	0.4	0.5	0.6	0.6	0.7	0.7	0.7	0.8	1
y	1	−1	−1	−1	−1	−1	−1	−1	1	1

第 2 轮提升

x	0.1	0.1	0.2	0.2	0.2	0.2	0.3	0.3	0.3	0.3
y	1	1	1	1	1	1	1	1	1	1

第 3 轮提升

x	0.2	0.2	0.4	0.4	0.4	0.4	0.5	0.6	0.6	0.7
y	1	1	−1	−1	−1	−1	−1	−1	−1	−1

（b）训练记录的权值

轮	x=0.1	x=0.2	x=0.3	x=0.4	x=0.5	x=0.6	x=0.7	x=0.8	x=0.9	x=1.0
1	0.1	0.1	0.1	0:1	0.1	0.1	0.1	0.1	0.1	0.1
2	0.311	0.311	0.311	0.01	0.01	0.01	0.01	0.01	0.01	0.01
3	0.029	0.029	0.029	0.228	0.228	0.228	0.228	0.009	0.009	0.009

表 7-6　使用 AdaBoost 方法构建的组合分类器的例子

（a）

轮	划分点	左类	右类	α
1	0.75	-1	1	1.738
2	0.05	1	1	2.7784
3	0.3	1	-1	4.1195

（b）

轮	x=0.1	x=0.2	x=0.3	x =0.4	x=0.5	x =0.6	x=0.7	x =0.8	x=0.9	x=1.0
1	−1	−1	−1	−1	−1	−1	−1	1	1	1
2	1	1	1	1	1	1	1	1	1	1
3	1	1	1	−1	−1	−1	−1	−1	−1	−1
和	5.16	5.16	5.16	−3.08	−3.08	−3.08	−3.08	0.397	0.397	0.397
符号	1	1	1	−1	−1	−1	−1	1	1	1

7.4.3　AdaBoost算法的优缺点

1. AdaBoost 算法的优点

（1）很好地利用了弱分类器进行级联。

（2）可以将不同的分类算法作为弱分类器。

（3）AdaBoost 具有很高的精度。

（4）相对于 Bagging 算法和 Random Forest 算法，AdaBoost 充分地考虑了每个分类器的权重。

（5）弱分类器的构造极其简单。

（6）计算结果容易理解。

（7）不会过拟合。

2. AdaBoost 算法的缺点

（1）AdaBoost 迭代次数也就是弱分类器数目不太好设定，但可以使用交叉验证来进行确定。

（2）数据不平衡导致分类精度下降。

（3）训练时间过长。

（4）执行效果依赖于弱分类器的选择。

7.5 提高不平衡数据的分类准确率

分类问题是机器学习领域的重要研究内容之一，现有的一些分类方法都已经相对成熟，用它们来对平衡数据进行分类一般都能取得较好的分类性能。然而，现有的分类器的设计都是基于各类分布大致平衡这一假设的，通常假定用于训练的数据集是平衡的，即各类所含的样本数大致相当，然而这一假设在很多现实问题中是不成立的，数据集中某个类别的样本数可能会远远少于其他类别。为便于读者更清晰地了解数据不平衡分类问题的研究现状和未来研究的动向，本节对相关的研究进行综述和展望。

7.5.1 不平衡数据

7.5.1.1 不平衡数据的介绍

在数据集中，某一类的样本数量远远少于其他类样本数量，即数据集中不同类别样本的数量是非平衡的，这样的数据称为不平衡数据。通常，将数量上占多数的类称为“多数类”，而占少数的类称为“少数类”。

许多实际应用领域中都存在不平衡数据集，如欺骗信用卡检测、医疗诊断、信息检索、文本分类等，其中少数类的识别率更为重要。在医疗诊断中如果把正常人误诊为病人固然会给他带来精神上的负担，但如果把一个病人误诊为正常，就可能会错过最佳治疗时期，从而造成严重的后果。传统的分类方法倾向于对多数类有较高的识别率，对于少数类的识别率很低。因此，不均衡数据集分类问题的研究需要寻求新的分类方法和判别准则。

鉴于解决不平衡学习问题有着很深远的意义，因此研究者对该问题进行了大量的研究。相关研究主要围绕以下三个方面展开：（1）改变数据的分布；（2）设计新的分类方法；（3）设计新的分类器评价标准。为便于读者更加清晰地了解数据不平衡分类问题的研究现状和未来研究动向，本节对此做一个概要性介绍并进行了展望。

7.5.1.2　不平衡数据分类问题的难点

不同于均衡数据的分类，不平衡数据的分类问题求解相对较难，其主要原因为如下：

（1）经典的分类精度评价准则不能适用于不平衡数据的分类器性能判别。在传统机器学习中通常采用分类精度作为评价准则，当对不平衡数据进行学习时，少数类对分类精度的影响可能会远远小于多数类。研究表明，以分类精度为准则的分类学习通常会导致少数类样本的识别率较低，这样的分类器倾向于把一个样本预测为多数类样本。若训练数据是极端不平衡的，学习的结果可能没有针对少数类的分类规则，因此对于不平衡数据的分类，以高分类精度为目标是不合适的，需要引入更加合理的评价标准。

（2）仅有很少的少数类样本数据。仅有很少的少数类样本分两种情况：少数类样本绝对缺乏和少数类样本相对缺乏。无论哪种情况，我们称类分布的不平衡程度为少数类中的样本数与支撑类中的样本数之比。在实际应用中，该比例可以达到 1:100、1:1000，甚至更大。本章参考文献 [30] 对该比例与分类性能之间的关系进行了深入的研究，研究结果表明，很难明确地给出何种比例会降低分类器的性能，因为分类器的性能还与样本数和样本的可分性有关。在某些应用下，1:35 的比例就会使某些分类方法无效，甚至 1:10 的比例也会使某些分类方法无效。

对于少数类样本绝对缺乏的情况，因少数类所包含的信息很有限，从而难以确定少数类数据的分布，即在其内部难以发现规律，进而造成少数类的识别率低；对于少数类样本相对缺乏的情况，少数类样本数据相对缺乏不同于少数类样本数据的绝对缺乏，相对缺乏是指少数类样本在绝对数量上并不少，但相对于多数类来说它的样本数目很少。在样本相对缺少的情况下，同样不利于少数类的判别，因为多数类样本会模糊少数类样本的边界，且使用贪心搜索法（贪心算法是指，在对问题求解时，总是做出在当前看来是最好的选择。也就是说，不从整体最优上加以考虑，它所做出的是在某种意义上的局部最优解。贪心算法不是对所有问题都能得到整体最优解。关键是贪心策略的选择，选择的贪心策略必须具备无后效性，即某个状态以前的过程不会影响以后的状态，只与当前状态有关）难以把少数类样本与多数类区分开来，而更全局性的方法通常难以处理。

（3）数据碎片。从算法设计角度来看，很多分类算法采用分治法，这些算法将原始的问题逐渐分为越来越小的一系列子问题，因而导致原空间被划分为越来越小的一系列子空间。样本空间的逐渐划分会导致数据碎片问题，这样只能在各个独立的子空间中寻找数据的规律，对于少数类来说每个子空间中包含了很少的数据信息，一些跨子空间的数据规律就不能被挖掘出来。数据碎片问题也是影响少数类样本学习的一个突出的问题。

（4）不恰当的归纳偏置（当分类器去预测其未遇到过的输入结果时，会做一些假设，而学习算法中归纳偏置则是这些假设的集合）。根据特定样本的归纳需要一个合理的偏置，否则学习就不能实现。归纳偏置对算法的性能有着很大的影响，为了获得较好的性能并避免过拟合，许多学习算法使用的偏置往往不利于对少数类样本的学习。许多归纳推理系统在存在不确定时往往倾向于把样本分类为多数类。可见，不恰当的归纳偏置对不平衡数据的学习是不利的。

此外，大多数分类器的性能都会受噪声的影响。在不平衡问题中，由于少数类的数量很少，因此分类器有可能难以正确区分少数类和噪声，故噪声对少数类的影响要大于对多数类的影响。噪声的存在使防止过拟合技术变得非常重要，如何抑制噪声、强化少数类样本的作用是具有挑战性的研究工作。

7.5.2　不平衡数据的处理方法——数据层面

7.5.2.1　过抽样

过抽样是处理不平衡数据的最常用方法，其基本思想是通过改变训练数据的分布来消除或减小数据的不平衡。过抽样方法通过增加少数类样本来提高少数类的分类性能。

（1）最简单的过抽样办法是简单复制少数类样本，缺点是引入了额外的训练数据，但却没有给少数类增加任何新的信息，而且可能会导致过拟合。改进的过抽样方法通过在少数类中加入随机高斯噪声或产生新的合成样本等方法，在一定程度上可以解决上述问题，如 Chawla 等人提出的 SMOTE 算法。

（2）SMOTE 算法。SMOTE 过抽样技术是一种有别于传统过抽样算法的新技术。传统过抽样是通过简单复制样本并加入原数据集的，而 SMOTE 算法是使用合成方法产生新的少数类样本以改变数据集样本的分布特点，在避免了数据集内样本大量重复情况的同时，减缓了类别的不平衡程度，基本原理如图 7-6 所示。从 SMOTE 技术的合成新样本特性可以看出，它能够在一定程度上解决传统过抽样容易出现的过拟合问题，在目前十分常用。

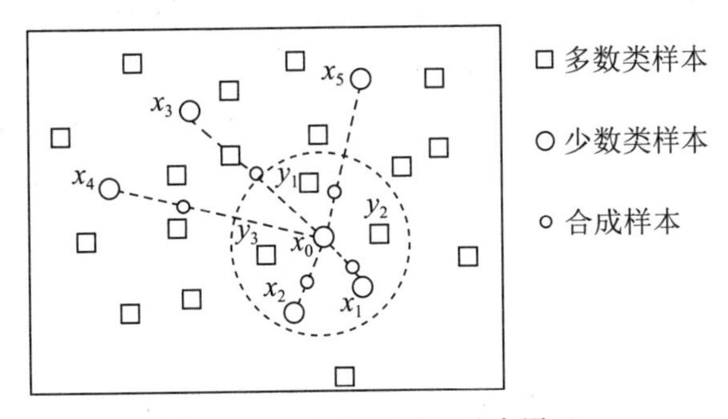

图 7-6　SMOTE 算法的基本原理

SMOTE 技术合成新样本的方法如图 7-6 所示。以少数类样本 x_0 为例，首先计算其同类 k- 近邻（k=5）样本由 $\{x_1, x_2, \cdots, x_5\}$ 组成，从图 7-6 中可以看出，少数类样本 x_0 附近的样本被异类（多数类）样本包围的程度更大，这也就是用传统分类算法解决不平衡数据分类问题不能取得很好效果的原因。从 5- 邻近同类样本中随机选择一个样本，假设为 x_1，然后计算样本 x_0 与 x_1 对应属性上的属性值之差，则 x_0 与 x_1 对应属性 i 上的差值 V_i=x_{1i}−x_{0i}，其中 x_{1i} 表示样本 x_1 的第 i 个属性值。设该数据集有 n 维属性，然后按照式（7-6）的计算方法，将差值 Vi 乘以 [0，1] 中的一个随机数，再加上样本 x_1 的对应的属性值 x_{1i}，就可以生成一个新的属性值 f_{0i}。对于少数类样本 x_0，每一维都能得到这样一个新的属性值，这些属性值按照对应的顺序，可以组成一个新的少数类样本 f_0。

$$f_{0i}=x_{0i}+V_i*\text{rand}[0,\ 1] \tag{7-6}$$

然后根据事先设置的采样率，反复执行以上过程，合成新的少数类样本，将其加入少数类样本集，组成新的样本集作为新的训练集。从图 7-6 中可以直接看出，该合成技术的实质是在当前样本和其随机的一个 k- 邻近样本的连线上随机插入新的样本，使用该方法生成的新样本能够扩展少数类的分布空间，使得在此新训练集上训练的分类器有更好的泛化能力和分类性能。

总的来说，SMOTE 方法是对于每一个少数类样本寻找其最近邻的 k 的同类，连线并在连线上取任意一点作为新生成的少数类。重复上述插值过程，使得新生成的训练数据集达到均衡，最后利用新的样本进行训练。其优点是：有助于打破简单复制造成的过拟合以及少数类信息量没有增加的问题，并且可以使分类器的学习能力得到显著提升。

（3）此外，还有一种基于初分类的过抽样算法。其基本思想是：一个多数类样本，若它在训练集中的 n 个近邻也都属于多数类，根据最近邻的思想则该样本离分类边界较远，对分类是相对安全的。将多数类中满足上述条件的所有样本放入集合 E，将少数类与集合 E 合并记为训练集 A，利用训练集 A 对多数类样本进行最近邻分类，而误分类的多数类样本则放入集合 H。将少数类和集合 H 合并为第二个新的训练集 B。

7.5.2.2　欠抽样

欠抽样方法通过减少多数类样本来提高少数类的分类性能。

（1）最简单的欠抽样方法是通过随机地去掉一些多数类样本来减小多数类的规模，缺点是有可能会丢失多数类的一些重要信息，不能够充分利用已有的信息。因此人们提出了许多改进的欠抽样方法。

（2）单边选择算法（One-sided selection）尽可能地不删除有用的样本，多数类样本被分为“噪声样本”“边界样本”和“安全样本”，将边界样本和噪声样本从多数类中删除，得到的分类效果会比随机欠抽样理想一些。也可以把对少数类的过抽样与对多数类的欠抽样两者结合起来。单边选择算法是通过判断样本间的距离的方式来把多数类划分为“噪声样本”“边界样本”和“安全样本”的。

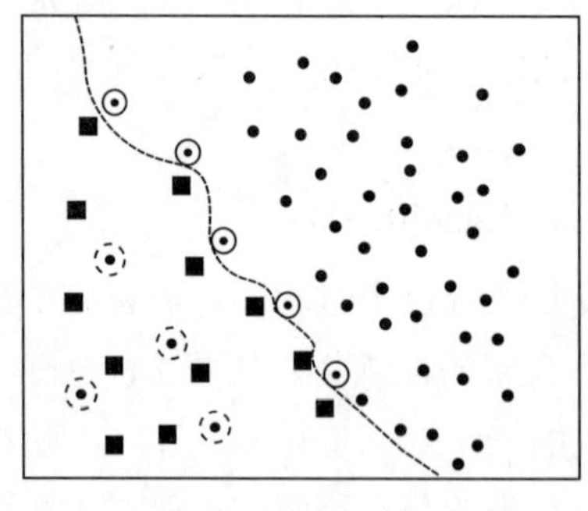

图 7-7　单边采样方法过程

该算法的采样过程如下：对于任意两个不同类别的样本（x_i，y_j），其中 x_i 和 y_j 分别为多数类和少数类样本，首先计算它们之间的距离 d（x_i，y_j），然后判断是否存在某个样本 z，使得 z 到 x_i 或 y_j 距离小于 d（x_i，y_j）。如果不存在这样的样本点，则

说明样本点 x_i 是边界点或噪声点，就把该样本点从多数类样本集中删除。综上所述，单边采样算法的实质就是寻找距离最近的异类样本对，然后把其中的多数类样本点删除。单边采样方法过程如图 7-7 所示。图中圆实点表示多数类样本，方形样本点表示少数类样本，虚线表示多数类和少数类的分界面大致位置。实线圆圈和虚线圆圈内的多数类样本分别表示多数类的边界点和噪声点。单边采样算法就是在识别出边界点和噪声点之后，把其从多数类样本集剔除，处理后的结果如图 7-8 所示。

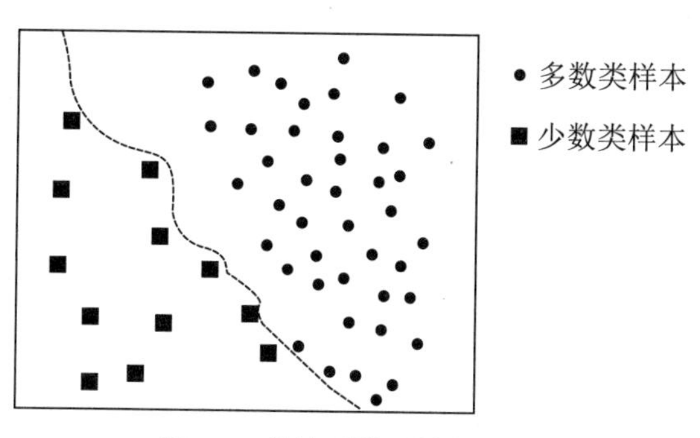

图 7-8　单边采样后样本分布

（3）最近邻规则。因为随机欠抽样方法未考虑样本的分布情况，采样具有很大的随机性，可能会删除重要的多数类样本信息。针对以上不足，研究者提出了一种最近邻规则（Edited Nearest Neighbor，ENN）。其基本思想是，删除那些类别与其最近的三个近邻样本中的两个或两个以上类别不同的样本。但其缺点在于：因为大多数的多数类样本附近都是多数类，所以该方法所能删除的多数类样本十分有限。

（4）领域清理规则（NCL）。该算法的整体流程如图 7-9 所示。该算法的主要思想是：针对训练样本集中的每个样本找出其三个最近邻样本，若该样本是多数类样本且其三个最近邻中有两个以上是少数类样本，则删除它；反之，当该样本是少数类并且其三个最近邻中有两个以上是多数类样本，则删除近邻中的多数类样本。其缺陷在于：未能考虑到在少数类样本中存在的噪声样本，而且第二种方法删除的多数类样本大多属于边界样本，删除这些样本，对后续分类器的分类将产生很大的不良影响。

（5）还有一种基于聚类的欠抽样算法，先用聚类的方法将训练集划分成几个簇，每个簇都包含一定数目的多数类和少数类。对每个簇，取出其中所有的少数类，然后按照一定规则对该簇中的多数类进行欠抽样，最后将从每个簇中取出的样本进行合并，得到一个新的训练集，对其进行训练。

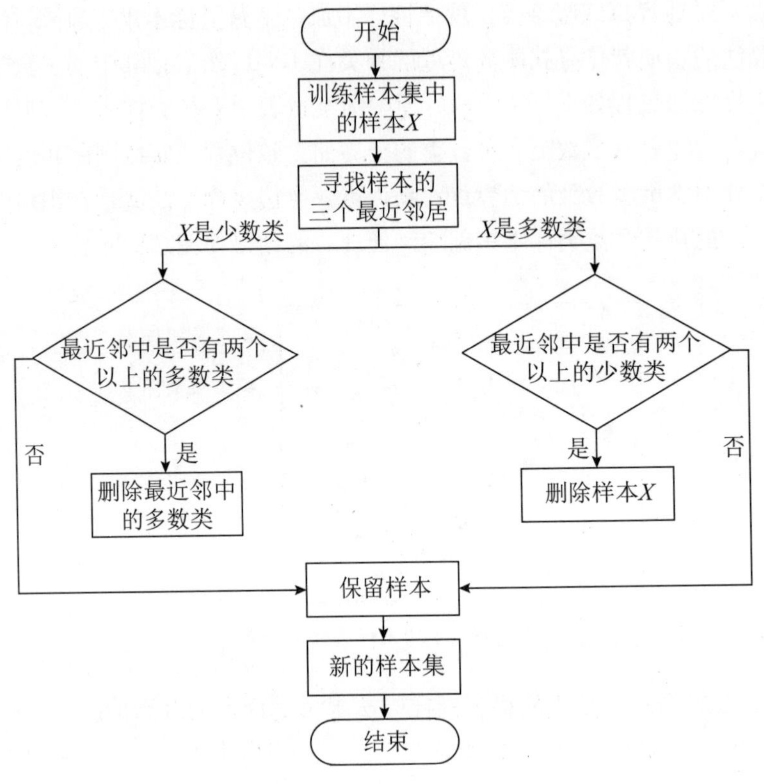

图 7-9　领域清理规则流程

7.5.3　不平衡数据的处理方法——算法层面

除了数据层面，对于不平衡数据集的解决办法还可以从算法层面考虑，具体包括：代价敏感方法、集成学习方法、单类分类器方法、面向单个正类的 FLDA 方法、多类数据不平衡问题的解决方法，以及其他方法。本节着重讲述代价敏感方法。

1. 代价敏感方法

在处理不平衡问题时，传统的分类器对少数类的识别率很低，对多数类的识别率却很高，然而在现实生活中往往是少数类的识别率更为重要。因此，少数类的错分代价要远远大于多数类。例如，在入侵检测中，可能在 1000 次通信中只有少数几次是攻击，但将攻击误报为正常和将正常误报为攻击所引起的代价是截然不同的。在代价敏感方法中，代价信息通常由领域专家给出，在进行学习时假设各个类别的代价信息是已知的，在整个学习过程中固定不变。

以二元分类问题举例，我们用阳性类（+ 或 +1）表示少数类，用阴性类（- 或 -1）表示多数类。设 $c(i, j)$ 是预测某实例属于 i 类而实际上它属于 j 类带来的成本；成本矩阵被定义于表 7-7。

表 7-7　成本矩阵

成本矩阵		预测值	
		正	负
实际值	正	$C(+,+)$	$C(-,+)$
	负	$C(+,-)$	$C(-,-)$

给定的成本矩阵，如示例 x 可以被分类为类别 i 的预期成本最小，通过使用贝叶斯风险准则（有条件的风险）：

$$\mathrm{H}(x) = \arg\min\left(\sum_{j\in\{-,+\}} P(j|x)C(i,j)\right) \tag{7-7}$$

其中，$P(j|x)$ 是 x 作为 j 类分类例子的后验概率，假设我们没有正确分类的成本。所以说成本矩阵可由成本比描述：

$$\text{CostRatio}=C(-,+)/C(+,-) \tag{7-8}$$

CSL 的目的是建立一个模型，具有最小的误分类成本（总成本）：

$$\text{TotalCost}=C(-,+)\cdot FN+C(+,-)\cdot FP \tag{7-9}$$

FN 和 FP # 数量分别为假阴性和假阳性的例子。

目前对代价敏感方法的研究主要集中在以下两个方面：

（1）根据样本的不同错分代价重构训练集，不改变已有的学习算法。重构训练集的方法是根据样本的不同错分代价给训练集中的每一个样本加权，接着按权重对原始样本集进行重构。其存在的缺点是重构的过程中丢失了一些有用样本的信息。

（2）在传统的分类算法的基础上引入代价敏感因子，设计出代价敏感的分类算法。代价敏感方法中不同类的错分代价是不同的，通常多数类的代价比少数类要大得多，对小样本赋予较高的代价，大样本赋予较小的代价，期望以此来平衡样本之间的数目差异。

2. 集成学习方法

按照基本分类器之间的种类关系可以把集成学习方法划分为异态集成学习和同态集成学习两种。异态集成学习，指的是使用各种不同的分类器进行集成。同态集成学习，是指集成的基本分类器都是同一种分类器，只是这些基本分类器之间的参数有所不同。在不平衡数据的分类问题上，由于异态集成学习的每个基本算法都有独到之处，因而某种基本算法会对某类特定数据样本比其余的基本算法更为有效。同态集成学习方法中针对不平衡数据的多数是把抽样与集成结合起来，对原始训练集进行一系列抽样，产生多个分类器，然后用投票或合并的方式输出最终结果。

AdaBoost 应用于不平衡数据分类可取得较好效果，但有实验结果表明 AdaBoost 提高正类样本识别率的能力有限，因为 AdaBoost 是以整体分类精度为目标的，负类样本由于数目多所以对精度的贡献大，而正类样本由于数目很少因此贡献相当小，故分类决策是不利于正类的。为此，一些改进相继被提出，如 AdaCost、RareBoost，主要策略是改变权值更新规则，使分类错误的正类样本比负类样本有更高的权值。还可以将过抽样与集成方法进行融合，既能利用过抽样的优点增加少数类样本的数量，使分类器能够更好地提高少数类的分类性能，又能利用集成方法的优点提高不平衡数据集的整体分类性能。

3. 单类分类器方法

在实际应用中，有时想要获取两类或多类样本是很难的，或者就是需要很高的成本，否则只能获取单类样本集。在这种情况下，对只含有单一类的数据进行训练是唯一可能的解决办法。单分类器是用来对只有一种类别的训练集进行分类的，它是一个能有效解决不平衡数据问题的办法。在实际算法中，可以用 SVM 来对正类进行训练，实验表明该方法是有效的。单类分类器由于只需要一类数据集作为训练样本，训练数据量变小了，从而减少了构建分类器所需要的时间，节约了开销，因此在很多领域都有着良好的应用前景。

4. 其他方法

主动学习、随机森林、子空间方法、特征选择方法和 SVM 模型下的后验概率求解方法等，也是学习不平衡数据集的有效方法。

总而言之，不平衡数据的存在是妨碍机器学习被广泛使用的一个重要原因。近年来这个问题引起了广泛关注。不平衡问题普遍存在于许多实际应用领域中，其中研究者特别关注少数类的分类性能的提高。针对数据不平衡分类问题，人们提出了很多的解决方法，并且取得了一定的进展，但仍有很多问题需要进行深入研究，如关于算法的效率和时间开销方面研究、如何自适应地确定最好的抽样比例等。目前，绝大多数的不平衡问题的研究都是针对数据数目比例失衡的情况来考虑的，不平衡数据还有另外一种情况，就是两类数据数目相当，但类分布差别较大，一类比较集中；另一类比较分散，目前关于类分布差异的研究较少。此外，如何将特征选择方法融入不平衡分类算法中也是今后需要进一步研究的问题。

7.6　迁移学习

数据挖掘技术对海量的电信运营商客户数据进行挖掘分析的例子中，有个非常典型的案例就是，通过如五、六月的数据来预测七、八月客户的行为（是否流失、倾向于订购何种套餐）。但这种方式忽略了一个非常重要的时间因素。5 月、6 月的数据可能已经不能够非常精准地对一部分用户进行画像。例如，一些大学生可能因为放暑假从学校回家，环境因素的变化对套餐的使用情况会产生很大的影响。因此，我们需要改进我们的算法，从而能够解决这种使用相关数据集解决目标任务的问题。

7.6.1　迁移学习的基本原理

在传统的机器学习的框架下，学习的任务首先就是在给定充分训练数据的基础上来学习一个分类模型，然后利用这个学习到的模型对测试文档进行分类与预测。然而，我们看到机器学习算法在当前的 Web 挖掘研究中存在着一个关键的问题：一些新出现领域中的大量训练数据非常难得到。我们看到 Web 应用领域的发展非常迅速。大量新的领域不断涌现，从传统的新闻，到网页、图片，再到博客、播客，等等。传统的机器学习需要对每个领域都标定大量训练数据，这将会耗费大量的人力与物力。而没有大量的标注数据，会使得很多与机器学习相关的研究与应用无法开展。其次，传统的机器学习假设训练数据与测试数据服从相同的数据分布，然而，在许多情况下，这种同分布假设并不满足。通常可能发生如训练数据过期的情况。这往往需要我们去重新标注大量的训练数据以满足我们训练的需要，但标注新数据成本是非常昂贵的，需要大量的人力与物力。从另一个角度来看，如果我们有了大量的、在不同分布下的训练数据，完全丢弃这些数据也是非常浪费的。如何合理地利用这些数据就是迁移学习主要解决的问题。迁移学习可以从现有的数据中迁移知识，用来帮助将来的学习。迁移学习（Transfer Learning）的目标是将从一个环境中学到的知识用来帮助新环境中的学习任务。因此，迁移学习不会像传统机器学习那样做同分布假设。

图 7-10 显示了传统机器学习与迁移学习之间的关系。从图中可以看出，传统的算法都是试图从头开始学习，而迁移学习算法试图将以前学习到的知识迁移到目标任务。这一方法在目标任务的数据较少时，效果尤为明显。

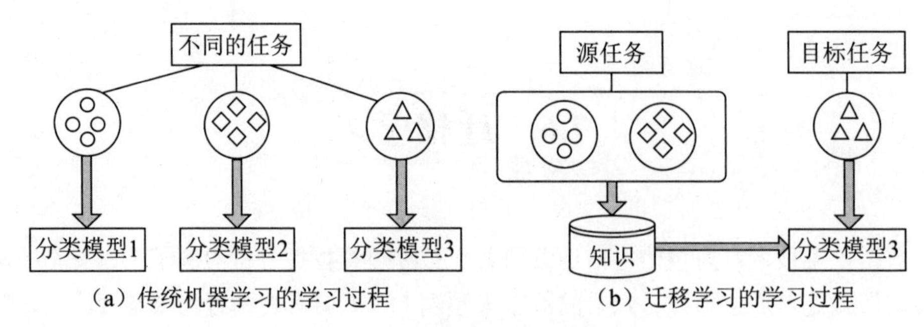

（a）传统机器学习的学习过程　　（b）迁移学习的学习过程

图 7-10　迁移学习与传统机器学习对比

首先定义域的概念。$D=\{\chi, P(X)\}$，由两部分组成，χ 表示特征空间，$P(X)$ 表示边缘概率分布，其中 $X=\{x_1, \cdots, x_n\} \in \chi$。接下来定义任务的概念。$T=\{Y, f(\cdot)\}$，同样由两部分组成，类标签 $Y=\{y_1, \cdots, y_m\}$ 和通过学习 $\{x_i, y_i\}$ 对得到的目标预测函数 $f(\cdot)$。

定义迁移学习：给定一个源域 D_S 和源域的学习任务 T_S，一个目标域 D_t 和学习任务 T_t。迁移学习的目的就是使用 D_S 和 T_S 的知识，提升 D_t 中目标预测函数 $f_t(\cdot)$ 的学习能力，这里 $D_S \neq D_t$ 或者 $T_S \neq T_t$。

在上面的定义中，$D_S \neq D_t$ 可以是 $\chi_S \neq \chi_t$，也可以是 $P_S(X) \neq P_t(X)$。同样地，$T_S \neq T_t$ 可以是 $Y_S \neq Y_t$，也可以是 $f_S(\cdot) \neq f_t(\cdot)$。

7.6.2　迁移学习的分类

我们在迁移学习方面的工作目前可以分为以下三个部分：同构空间下基于实例的迁移学习、同构空间下基于特征的迁移学习与异构空间下的迁移学习。研究指出，基于实例的迁移学习有更强的知识迁移能力，基于特征的迁移学习具有更广泛的知识迁移能力，而异构空间的迁移具有广泛的学习与扩展能力。这三种方法各有各自的优点，现将这三种方法介绍如下。

1. 同构空间下基于实例的迁移学习

基于实例的迁移学习的基本思想是，尽管辅助训练数据和源训练数据或多或少会有些不同，但辅助训练数据中应该还是会存在一部分比较适合用来训练一个有效的分类模型，并且适应测试数据。于是，我们的目标就是从辅助训练数据中找出那些适合测试数据的实例，并将这些实例迁移到源训练数据的学习中。在基于实例的迁移学习方面，我们推广了传统的 AdaBoost 算法，提出一种具有迁移能力的 Boosting 算法：TrAdaBoosting，使之具有迁移学习的能力，从而能够最大限度地利用辅助训练数据来帮助目标域的分类。我们的关键想法是，利用 Boosting 技术来过滤掉辅助数据中那些与源训练数据最不像的数据。其中，Boosting 的作用是建立一种自动调整权重的机制，于是重要的辅助训练数据的权重将会增加，不重要的辅助训练数据的权重将会减小。调整权重之后，这些带权重的辅助训练数据将会作为额外的训练数据，与源训练数据一起来提高分类模型的可靠度。

基于实例的迁移学习只能发生在源数据与辅助数据非常相近的情况下。但是，当源数据和辅助数据差别比较大的时候，基于实例的迁移学习算法往往很难找到可以迁移的知识。但我们发现，即便有时源数据与目标数据在实例层面上并没有共享一些公共的知识，它们可能会在特征层面上有一些交集。因此，我们研究了基于特征的迁移学习，它讨论的是如何利用特征层面上公共的知识进行学习的问题。

2. 同构空间下基于特征的迁移学习

在基于特征的迁移学习研究方面，我们提出了多种学习的算法，如 CoCC 算法、TPLSA 算法、谱分析算法与自学习算法等。其中利用互聚类算法产生一个公共的特征表示，从而帮助学习算法。我们的基本思想是，使用互聚类算法同时对源数据与辅助数据进行聚类，得到一个共同的特征表示，这个新的特征表示优于只基于源数据的特征表示。通过把源数据表示在这个新的空间里，以实现迁移学习。应用这个思想，我们提出了基于特征的有监督迁移学习与基于特征的无监督迁移学习。

（1）基于特征的有监督迁移学习

我们在基于特征的有监督迁移学习方面的工作是基于互聚类的跨领域分类，这个工作考虑的问题是：当给定一个新的、不同的领域，标注数据极其稀少时，如何利用原有领域中含有的大量标注数据进行迁移学习的问题。在基于互聚类的跨领域分类这个工作中，我们为跨领域分类问题定义了一个统一的信息论形式化公式，其中基于互聚类的分类问题转化成对目标函数的最优化问题。在我们提出的模型中，目标函数被定义为源数据实例，公共特征空间与辅助数据实例间相互信息的损失。

（2）基于特征的无监督迁移学习：自学习聚类

我们提出的自学习聚类算法属于基于特征的无监督迁移学习方面的工作。这里我们考虑的问题是：现实中可能有标记的辅助数据都难以得到，在这种情况下如何利用大量无标记数据辅助数据进行迁移学习的问题。自学习聚类的基本思想是，通过同时对源数据与辅助数据进行聚类得到一个共同的特征表示，而这个新的特征表示由于基于大量的辅助数据，所以会优于仅基于源数据而产生的特征表示，从而对聚类产生帮助。

上面提出的两种学习策略（基于特征的有监督迁移学习与无监督迁移学习）解决的都是源数据与辅助数据在同一特征空间内的基于特征的迁移学习问题。当源数据与辅助数据所在的特征空间中不同时，我们还研究了跨特征空间的基于特征的迁移学习，它也属于基于特征的迁移学习的一种。

3. 异构空间下的迁移学习：翻译学习

翻译学习致力于解决源数据与测试数据，分别属于两个不同的特征空间下的情况。使用大量容易得到的标注过文本数据去帮助仅有少量标注的图像分类的问题，如图 7-10 所示。我们的方法基于使用那些用有两个视角的数据来构建沟通两个特征空间的桥梁。虽然这些多视角数据可能不一定能够用来做分类用的训练数据，但它们可以用来构建翻译器。通过这个翻译器，我们把近邻算法和特征翻译结合在一起，将辅助数据翻译到源数据特征空间里去，用一个统一的语言模型来进行学习与分类。

7.6.3 迁移学习与数据挖掘

数据挖掘的学习技术已经在知识工程领域包括分类、回归和聚类等取得了相当大的成功。但是，当数据分布规律改变的时候，大多数统计模型需要使用新的训练数据来重建。在现实世界的许多应用中，这样做付出的代价是非常大的，甚至是不可能的。所以，减小重新收集训练数据的必要性和工作量就成了非常有必要的一件事。也就是说，在不同任务领域间的知识转换或迁移学习能取得令人满意的成效。接下来，介绍两种迁移学习和数据挖掘相结合的算法。

1. 决策树中的迁移学习（Transfer Learning in Decision Tree，TDT）

如图 7-11 所示，任务 1 代表以前学习到的任务，任务 2 代表一个新的学习任务。把任务 1 和任务 2 的关系分为以下几类。类型 1 表示两种任务共享一部分相同的特征。类型 2 表示任务 1 是任务 2 的子集。类型 3 表示任务 2 是任务 1 的子集。类型 4 表示两个任务集的关系不能进行迁移。

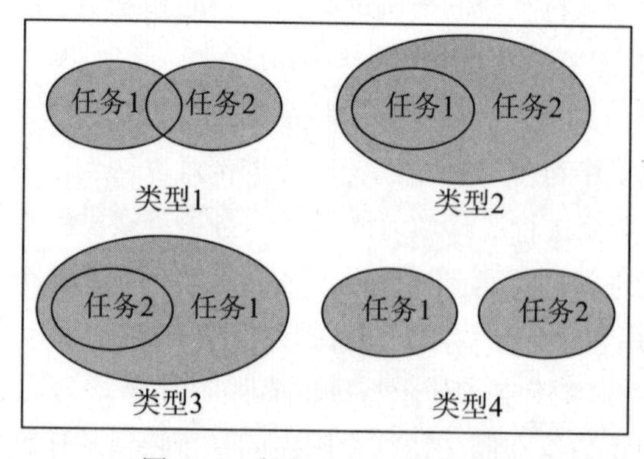

图 7-11 任务 1 和任务 2 关系

算法 7.3 使用迁移算法生成决策树

输入：源树 T_{source}，目标任务训练集 S；

输出：目标树 $T_{t\arg et}$；

I.$T_{t\arg et} \leftarrow T_{source}$；

II.$Q \leftarrow T_{t\arg et}$ 中存在，S 中不存在的属性；

III.For Q 中的每个属性 A；

IV. For S 中的每个实例 I；

V. 用 $T_{t\arg et}$ 分类 S；

VI. If 分类正确；

VII 什么也不做；

VIII. Else；

IX. 用表示 A 的新结点替换 $T_{t\arg et}$ 的类结点；

X. 向结点 A 添加新分支，标记为 A 在 I 中的值；

XI 将叶子结点添加到新分支，标记为 I 的目标类标签；

XII. End For；

XIII. For S 中的每个实例 I；

XIV. 用 $T_{t\arg et}$ 分类 S；

XV. If 分类正确；

XVI. 什么也不做；

XVII. Else；

XVIII. 向结点 A 添加新分支，标记为 A 在 I 中的值；

XIX. 将叶子结点添加到新分支，标记为 I 的目标类标签；

XX. End For；

XXI. Return $T_{t\arg et}$。

TDT 算法建立在类型 2 的基础上，算法的伪代码如算法 7.3 所示。可以注意到对于每个属性，决策树对每个实例判决了两次。这是因为这颗决策树随着匹配实例的过程发生了一系列的改变。判决两次可以防止一些实例被预先正确匹配而被跳过的情况发生。

2. 基于协变量的迁移森林（Transfer Forest Based on Covariate Shift，TFCS）

这是一个数据层面的迁移学习，我们有目标域和源域的样本集分别为 D_t 和 D_s。

源域的样本分布 $p_s(x)$ 一般情况下是不同于目标域的分布 $p_t(x)$ 。我们使用条件概率分布 $P(y|x)$ 来衡量源域的数据样本是否适合于目标域。对于那些与目标域条件概率相差太远的源域样本，在这里视为噪声。因此，定义协损变量：

$$\lambda = \frac{p_t(y|x)}{p_s(y|x)} \tag{7-10}$$

用协损变量来给每一个源域样本一个合适的权重。训练迁移森林的步骤如图 7-12 所示，具体过程为：

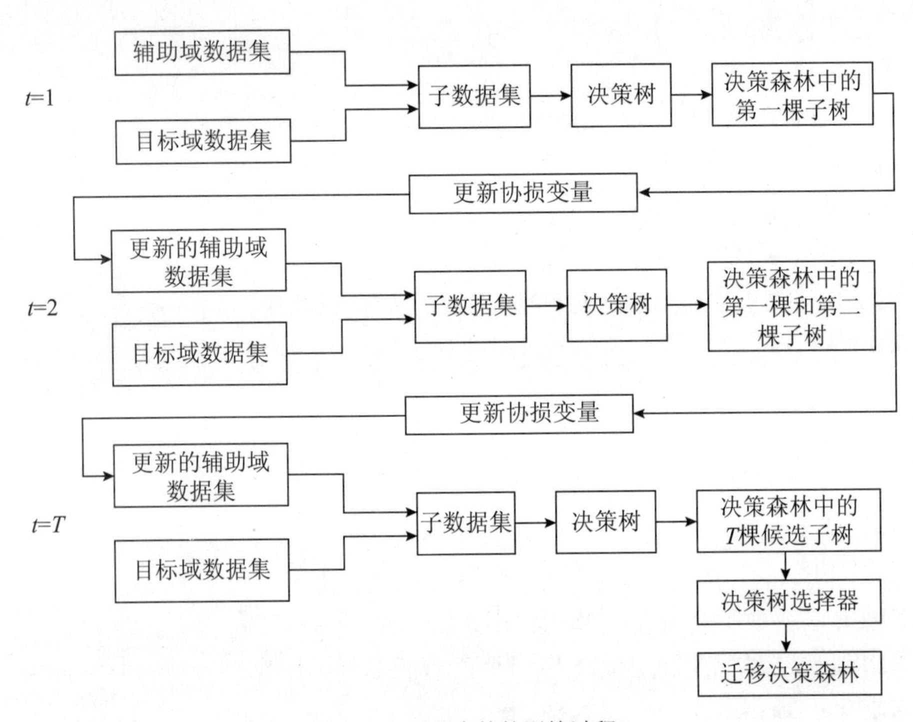

图 7-12　迁移森林的训练过程

（1）从源域样本集和目标域样本集中分别随机挑选相同数量的样本，创建一个子集。

（2）子集中的每个样本被协损变量 λ 赋予一个权重，然后训练一棵决策树。

（3）第 2 步建立的决策树，作为迁移森林的一棵候选树。并用迁移森林和用源域样本建立的随机森林更新协损变量 λ。

（4）重复以上几步，直到获得较大数量的迁移森林的候选树。

（5）选中候选树的后半部分作为迁移森林。

7.6.4 迁移学习的发展

在人工智能应用的通用性不断增强的背景下，迁移学习异军突起。作为国内迁移学习研究的先行者，杨强教授于 2010 年在 IEEE Transactions on knowledge and data engineering 上发表了一篇详细解释迁移学习的论文：A Survey on Transfer Learning，其中对迁移学习的概念、与机器学习几个传统方法的区别以及一些常用的迁移学习方法都做出了解释。杨强教授作为首位美国人工智能协会（AAAI）华人 Fellow，并于 2016 年 6 月，成为 AAAI 首位华人执行委员会委员，唯一 AAAI 华人 Councilor，国际顶级学术会议 KDD、IJCAI 等大会主席，香港科技大学计算机与工程系主任，在国内外机器学习界声誉卓著，并作为国内人工智能创业公司第四范式首席科学家，积极推广人工智能技术在国内的发展。

自动化、智能化的机器学习的关键技术之一就是将深度学习、强化学习和迁移学习有机结合（Reinforcement Transfer Learning，RTL）。杨强认为，人工智能成功的五个必要条件包括大数据、问题边界清晰、外部反馈、计算资源和顶级数据科学家，强化学习和迁移学习分别能够提供的反馈和适应性是单独的深度学习模型所不具备的，同时深度学习的重心已经从研究转向工业应用，深度学习、强化学习和迁移学习关系如图 7-13 所示。

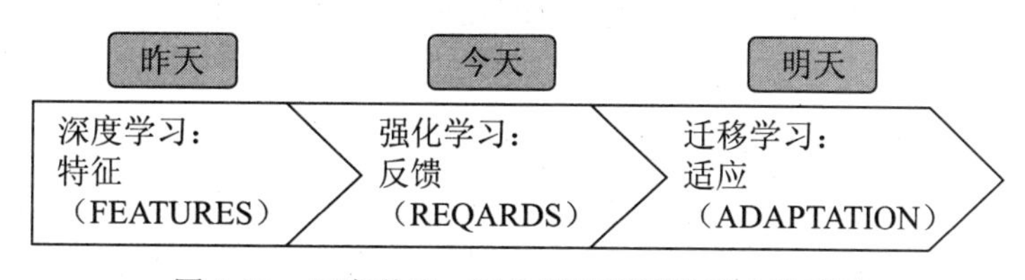

图 7-13　深度学习、强化学习和迁移学习关系图

迁移学习主要解决两个问题。

（1）小数据的问题。例如，某老板计划在新开的网店中售卖一种新的糕点，由于缺少历史销售数据，无法建立模型筛选目标客户进行精准推荐。但客户在购物中商品间存在一定的关联关系，因此在购物中可以根据客户在其他商品中的行为习惯，如对饮品的购买数据，构建客户对饮品的偏好模型。再根据商品间的关联关系，即糕点与饮品见的关联关系，将对饮品的推荐模型迁移到糕点模型中，这样，在小数据的情况下，可以提升商品的推荐成功率。这个例子说明，当有两个领域，一个领域已经积累大量的数据，能成功构建模型，而另一个领域数据缺失时，若两个领域存在关联关系，该模型是可迁移应用的。

（2）个性化的问题。例如，每个人都希望自己的手机能够记住一些习惯，这样不用每次都去设定它，但是怎样才能让手机记住这一点呢？其实可以通过迁移学习把一个通用用户使用手机的模型迁移到个性化的数据上面。未来这种场景将会普遍存在。

目前迁移学习的一个难点是跨领域迁移。一般的迁移学习是在领域里不同的业务之间的迁移，然而跨领域迁移，例如，网络搜索迁移到推荐，图像识别迁移到文本识别，这些仅在学术界有较为深入研究，但是如何把它应用到工业界，还需拭目以待。跨领域的迁移是要有耐心和足够的积累才可以发现不同领域之间的关联。以医疗企业为例，在基因检测领域已经累积了大量数据，体检也累积了大量数据，但基因检测和体检是两个不同的领域，所以它们之间的关联很少，但当我们有了用户的行为数据，对用户有长期的跟踪，就可以把这两个数据领域关联起来。

另外，迁移学习还需要关注偏数据的处理。例如，在室外有 GPS，室内没有，怎么办呢？要定位一个很大的商场，其中一个办法是用 Wi-Fi 来定位，拿一个手机 App 收集很多的信号数据用来训练，但这个数据很容易偏，即数据收集的时候和下一刻分布是不一样的，是不是需要重新地收集一遍？从时间和成本角度考虑，不可能每个小时收集一遍室内的数据，此时对收集的数据用迁移学习方法消除偏差，用点到点的距离，通过校正的方法，或者称为加权法，即对历史数据加权，使得历史数据和现在数据比较近的那些数据的权重比较大，比较远的数据的权重逐渐变小，在迭代多次以后，剩下的数据就是跟现在的数据类似的数据了。现在迁移学习在室内定位的领域已有较多应用。

形象来说，目前对迁移学习的研究主要集中在，可以从其他已经学习到的知识，应用到目标任务，目标任务在此基础上进行学习，而不是从头学习。类似于人在学会了一款游戏后，可以很容易得上手类似的游戏。当人类看到一个恐龙的图片，之后给的恐龙多么古怪，毛发，颜色，特征都不一样，但是人类依然可以相当轻松地知道这是恐龙。接下来，学习算法还希望能够像人们一样可以举一反三，目前已经有一些学术研究，称之为泛化学习（Generative learning）。继续发展，就是一种称为分层学习的简算法（Hierarchical learning）。其大致想法是希望机器能跟人类一样从 1+1=2 慢慢学会微积分。从而真正达到强人工智能。

参考文献

[1] R. O. Duda, P. E. Hart, and D. G. Stork. Pattern Classification. John Wiley & Sons, Inc., New

York, 2nd edition, 2001.

[2] M. H. Dunham. Data Mining: Introductory and Advanced Topics. Prentice Hall, 2002.

[3] C. Elkan. The Foundations of Cost-Sensitive Learning. In Proc. of the 17th Intl. Joint Conf. on Artificial Intelligence, pages 973 - 978，Seattle, WA, August 2001.

[4] W. Fan, S. J. Stolfo, J. Zhang, and P. K. Chan. AdaCost: Misclassification Costsensitive Boosting. In Proc. of the 16th Intl. Conf. on Machine Learning, pages 97 - 105, Bled, Slovenia, June 1999.

[5] J. FlimkTanz and G. Widmer. Incremental Reduced Error Pruning. In Proc. of the 11th Intl. Conf. on Machine Learning, pages 70 - 77, New Brunswick, NJ, July 1994.

[6] C. Fcrri, P. Flach, and J. Hemandez-Orallo. Learning Decision Trees Using the Area Under the ROC Curve. In Proc. of the 19th Intl. Conf. on Machine Learning, pages 139 - 146, Sydney, Australia, July 2002.

[7] Y. Freund and R. E. Schapire. A Decision-theoretic Generalization of On-line Learning and an Application to Boosting. Journal of Computer and System Sciences，55（1）: 119 - 139, 1997.

[8] K. Fukunaga. Introduction to Statistical Pattern Recognition. Academic Press, New York, 1990.

[9] E.-H. Han, G. Karypis, and V. Kumar. Text Categorization Using Weight Adjusted k-Nearest Neighbor Classification. In Proc. of the 5th Pacific-Asia Conf. on Knowledge Discovery and Data Mining, Lyon, France, 2001.

[10] J. Han and M. Kamber. Data Mining: Concepts and Techniques. Morgan Kaufmann Publishers, San Francisco, 2001.

[11] D. J. Hand, H. Mannila, and P. Smyth. Principles of Data Mining. MIT Press, 2001.

[12] T. Hastie and R. Tibshirani. Classification by pairwise coupling. Annals of Statistics, 26（2）: 451 - 471，1998.

[13] T. Hastie, R. Tibshirani, and J. H. Friedman. The Elements of Statistical Learning: Data Mining, Inference, Prediction. Springer, New York, 2001.

[14] M. Hearst. Trends & Controversies: Support Vector Machines. IEEE Intelligent Systems, 13(4): 18 - 28，1998.

[15] D.Heckerman. Bayesian Networks for Data Mining. Data Mining and Knowledge Discovery, 1（1）: 79- 119，1997.

[16] R. C. Holte. Very Simple Classification Rules Perform Well on Most Commonly Used Data sets. Machine Learning, 11:63 - 91, 1993.

[17] N. Japkowicz. The Class Imbalance Problem: Significance and Strategies. In Proc. of the 2000 Intl. Conf. on Artificial Intelligence: Special Track on Inductive Learning, volume 1，pages

111 - 117, Las Vegas, NV, June 2000.

[18] M. V. Joshi. On Evaluating Performance of Classifiers for Rare Classes. In Proc. of the 2002 IEEE Intl. Conf. on Data Mining, Maebashi City, Japan, December 2002.

[19] M. V. Joshi, R. C. Agarwal, and V. Kumar. Mining Needles in a Haystack: Classifying Rare Classes via Two-Phase Rule Induction. In Proc. of 2001 A CM-SIGMOD Intl. Conf. on Management of Data, pages 91 - 102, Santa Barbara, CA, June 2001.

[20] M. V. Joshi, R. C. Agarwal, and V. Kumar. Predicting Rare Classes: Can Boosting Make Any Weak Learner Strong? In Proc. of the 8th Intl. Conf. on Knowledge Discovery and Data Mining, pages 297 - 306，Edmonton, Canada, July 2002.

[21] M. V. Joshi and V. Kumar. CREDOS: Classification Using Ripple Down Structure （A Case for Rare Classes）. In Proc. of the SIAM Intl. Conf. on Data Mining, pages 321 - 332, Orlando, FL, April 2004.

[22] E.B. Kong and T. G. Dietterich. Error-Correcting Output Coding Corrects Bias and Variance. In Proc. of the 12th Intl. Conf. on Machine Learning, pages 313 - 321, Tahoe City, CA, July 1995.

[23] M. Kubat and S. Matwin. Addressing the Curse of Imbalanced Training Sets: One Sided Selection. In Proc. of the 14th Intl. Conf. on Machine Learning, pages 179 - 186, Nashville, TN, July 1997.

[24] P. Langley, W. Iba, and K. Thompson. An Analysis of Bayesian Classifiers. In Proc. of the 10th National Conf. on Artificial Intelligence, pages 223 _ 228, 1992.

[25] D. D. Lewis. Naive Bayes at Forty: The Independence Assumption in Information Retrieval. In Proc. of the 10th European Conf. on Machine Learning （ECML 1998），pages 4 - 15，1998.

[26] O.Mangasarian. Data Mining via Support Vector Machines. Technical Report Technical Report 01-05, Data Mining Institute, May 2001.

[27] D. D. Margineantu and T. G. Dietterich. Learning Decision Trees for Loss Minimization in Multi-Class Problems. Technical Report 99-30-03，Oregon State University, 1999.

[28] R. S. Michalski, I. Mozetic, J. Hong, and N. Lavrac. The Multi-Purpose Incremental Learning System AQ15 and Its Testing Application to Three Medical Domains. In Proc. of 5th National Conf. on Artificial Intelligence, Orlando, August 1986.

[29] T. Mitchell. Machine Learning. McGraw-Hill, Boston, MA, 1997.

[30] S. Muggleton. Foundations of Inductive Logic Programming. Prentice Hall, Englewood Cliffs, NJ, 1995.

第8章 数据挖掘在运营商智慧运营中的应用

Big Data, Data Mining
And Intelligent Operation

本章围绕数据挖掘技术具体应用展开。前六节针对运营商在智慧运营的过程中需要解决的合约机外呼营销、多种互联网业务的精准推送、套餐精准适配、客户保有和投诉预警问题分别进行了详细的分析、建模、落地及优化。8.7 节介绍了数据栅格化的原理，以及在四网协同问题中的具体应用。8.8 节主要介绍了几种数据挖掘技术在无线室内定位方面的应用。

8.1 概　述

面对电信市场竞争的加剧和信息技术的发展，运营商必须建立“以客户为中心”的管理模式。因此，利用数据挖掘技术对海量的客户数据进行挖掘分析，从中发现各种潜在的、有价值的规律性的知识，是当前运营商提升客户关系管理（Customer Relation Management，CRM）水平的重要手段，具有较大的理论意义和应用价值。数据挖掘技术在运营商的智慧运营中主要有如下四个方面的应用。

1. 精准营销

在移动互联网时代，基于数据的商业智能应用为运营商带来巨大价值。通过大数据挖掘和处理，可以改善用户体验，及时准确地进行业务推荐和客户关怀；提升网络质量，调整资源配置；助力市场决策，快速准确地确定公司管理和市场竞争策略。例如，对使用环节如流量日志数据的分析可帮助区分不同兴趣关注的人群，对设置环节如 HLR/HSS 数据的分析可帮助区分不同活动范围的人群，对购买环节如 CRM 的分析可帮助区分不同购买力和信用度的人群，这样针对新的商旅套餐或导航服务的营销案就可以更精准地向平时出行范围较大的人士进行投放。

2. 网络提升

互联网技术在不断发展，基于网络的信令数据也在不断增长，这给运营商带来了巨大的挑战，只有不断提高网络服务质量，才有可能满足客户的存储需求。在这样的外部刺激下，运营商不得不尝试大数据的海量分布式存储技术、智能分析技术等先进技术，努力提高网络维护的实时性，预测网络流量峰值，预警异常流量，防止网络堵塞和宕机，为网络改造、优化提供参考，从而提高网络服务质量，提升用户体验。

3. 互联网金融

通信行业的大数据应用于金融行业目前是征信领域。中国联通与招商银行成立的“招联消费金融公司”即是较好案例。这种合作模式的优势主要体现在招商银行有对客户信用评级的迫切需求，而联通拥有大量真实而全面的用户信息。当招行需要了解某位潜在客户的信用或个人情况时，可向联通发起申请获得数据，或者给出某些标签。类似于此的商业模式将会在互联网金融大发展时期获得更多重视。目前，国内互联网金融发展的一大壁垒即是信用体系的缺失，而运营商拥有的宝贵大数据将是较好的解决渠道之一。

4. 合作变现

随着大数据时代的来临，数据量和数据产生的方式发生了重大的变革，运营商掌握的信息更加全面和丰满，这无疑为运营商带来了新的商机。目前运营商主要掌握的信息包括移动用户的位置信息、信令信息等。就位置信息而言，运营商可以通过位置信息的分析，得到某一时刻某一地点的用户流量，而流量信息对于大多数商家具有巨大的商业价值。通过对用户位置信息和指令信息的历史数据和当前信息分析建模可以服务于公共服务业，指挥交通、应对突发事件和重大活动，也可以服务于现代的零售行业。运营商可以在数据中心的基础上，搭建大数据分析平台，通过自己采集或者第三方提供等方式汇聚数据，并对数据进行分析，为相关企业提供分析报告。在未来，这将是运营商重要的利润来源之一。例如，通过系统平台对使用者的位置和运动轨迹进行分析，实现热点地区的人群分布的概率性有效统计，对景区、商场、学校等场景的人流量进行监测和管控。

8.2　单个业务的精准营销——合约机外呼营销

数字化转型浪潮席卷全球，推动价值流动模式的转变，跨界竞争导致各行业必须以生态建设为主导，重视和依靠数据挖掘，对内提升企业运营效率，对外拓展盈利空间，以应对激烈竞争。同时，大数据热浪的推进，为手握大把数据资源的运营商带来了机遇。运营商如何抓住这难得的机会，挖掘出“数据金矿”的价值，选对应用方向很重要。

移动互联网时代掌控手机终端成为各大运营商维系客户与扩大市场的战略重心，各运营商在终端营销上均面临着通信市场日趋饱和、被互联网异质业务管道化、客户转化质量与效益较低等问题，迫切需要挖掘海量客户及行为数据的价值，提升精细化管理水平。数据挖掘的引入将成为重要抓手。

8.2.1 总结历史营销规律

以某一通用样本数据分析为例，该数据为某运营商外呼营销 4G 终端的历史数据，共记录了 2 万位客户的 18 个属性字段，包括客户的基本信息及营销状态（1 代表营销成功；0 代表营销未成功），表 8-1 为 4G 终端营销数据的所有字段信息。如何通过这部分历史营销数据，利用数据挖掘的方法，挖掘出 4G 终端营销潜在的客户群体是本节主要内容。

由于本节建模的目标是挖掘出业务营销目标客户的特征，结合本书第一章到第七章所论述的原理与方法，考虑到模型的可解释性，拟采用分类分析中的决策树算法作为预测模型构建的基础算法。依据数据挖掘的基本流程，数据预处理是模型构建前必不可少的步骤。回顾第二章的内容，数据预处理主要包括奇异值（或噪声数据）处理、字段缺失处理、字段相关性分析以及字段类型转换（如字符串型转化为数值型）等。不同数据所需要的预处理工作要依据建模目标和数据自身特征进行选择性操作。本节所涉及的数据预处理工作主要包括奇异值（或噪声数据）处理和无意义字段处理。由于本节的样本数据仅有 18 个属性字段，因此本节暂不考虑基于相关性分析对字段进行筛选与降维。

表 8-1 4G 终端营销数据示例

字段名称	字段类型	示　　例
客户编号	字符串	10942
套餐品牌	字符串	全球通
信用等级	字符串	五星级钻卡 vip
是否使用 4GUSIM 卡	字符串	否
是否 4G 资费	字符串	是
网龄	数值	204
当月 ARPU	数值	2201.08
当月 MOU	数值	2611
当月停机天数	数值	0
当月停机次数	数值	0
当月 DOU	数值	54557
随意玩编号	数值	Null（为空）
终端制式	字符串	WCDMA
是否智能机	字符串	Y
终端使用时间（月）	数值	22
当月省内漫游时长	数值	42
当月省际漫游时长	数值	1528
外呼营销 4G 终端是否成功	数值	0

1. 数据预处理相关操作

1）奇异值（或噪声数据）的删除

（1）将样本数据导入 SPSS 软件中，依次单击“文件（F）→打开（O）→数据（A）”。在“查找范围（L）”下拉菜单中找到样本数据所在文件夹（注意，SPSS 软件默认文件类型为 .sav 格式），在“文件类型（T）”下拉菜单中找到样本数据的存储类型，如图 8-1 所示，打开“样本数据 1.xlsx”文件即可。

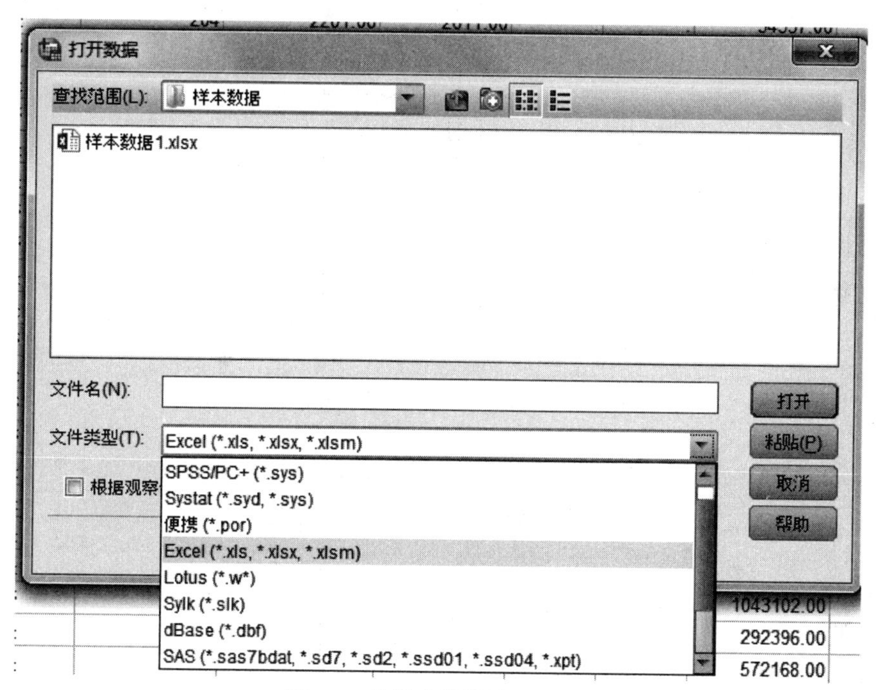

图 8-1　将样本数据导入 SPSS

（2）基于图形观察数据字段当月 MOU 和当月 DOU 中的奇异值，依次单击“图形（G）→图表构建程序（C）”，根据预览提示，单击选中“库”选项卡中的“双轴”，后双击右侧“点图”，得到如图 8-2 所示结果。在此仅需要一个纵轴，单击“基本元素”选项卡，双击“选择轴”目录下第二项单纵轴选项，将“变量”中“当月 MOU”拖动到预览框中的 X 轴区域，“当月 DOU”拖动到预览框中的 Y 轴区域，效果如图 8-3 所示，最后单击“确定”即可。

（3）在输出窗口观察图形分布结果，发现“当月 DOU”存在明显的奇异值，双击图片进入图表编辑器，单击选中奇异值点，右键选择“转至个案”，如图 8-4 所示，即可在数据窗口找到该条记录，选中记录并删除。

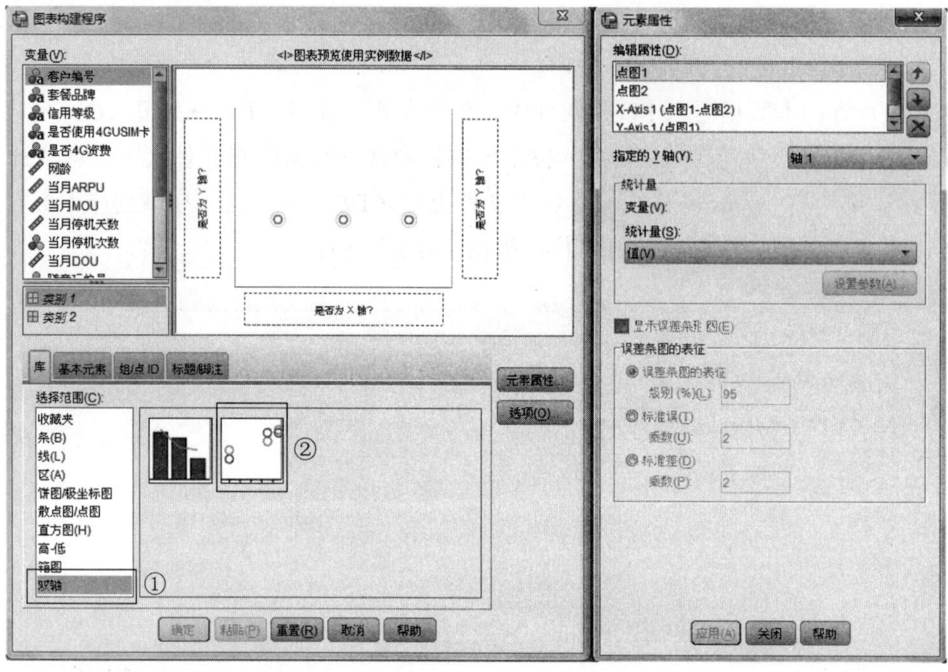

图 8-2 绘制“当月 MOU”和“当月 DOU”分布图形 1

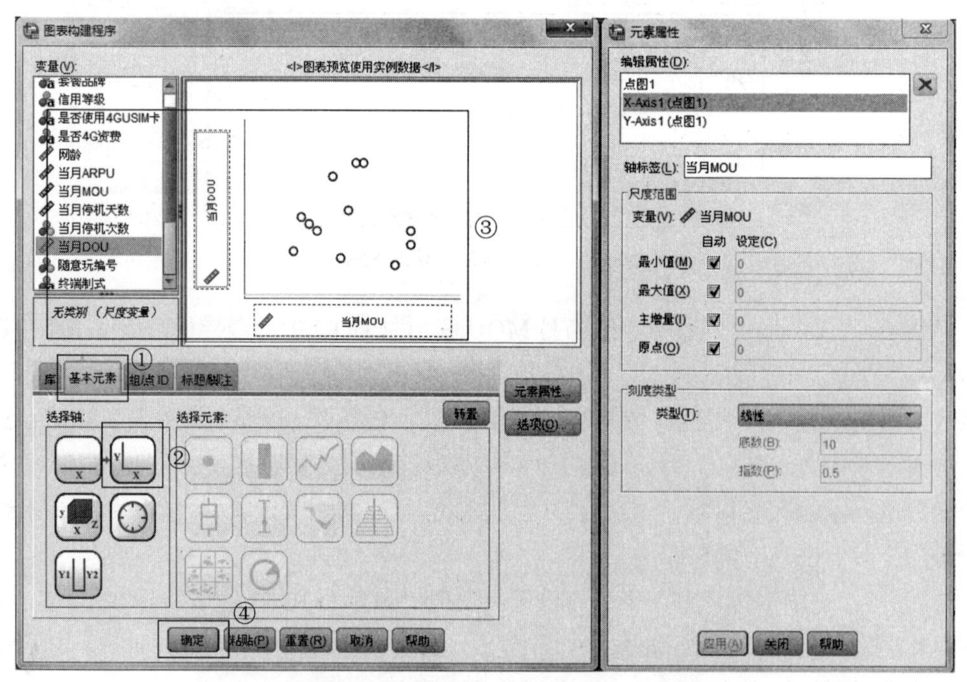

图 8-3 绘制“当月 MOU”和“当月 DOU”分布图形 2

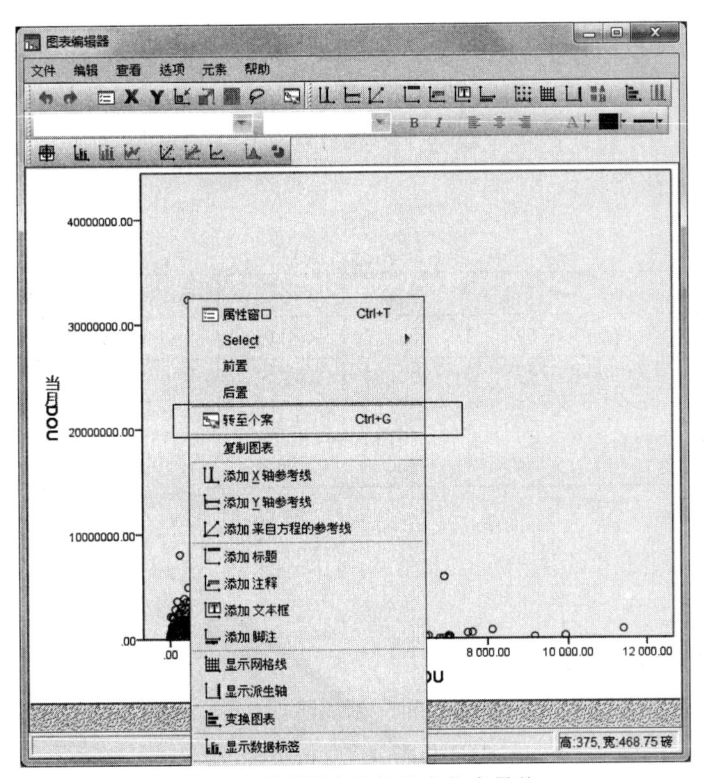

图 8-4　利用图表编辑器定位奇异值

其他奇异值的删除操作同上，不再赘述。

2）无意义字段删除

（1）基于对数据的统计分析，对数据字段进行筛选，依次单击菜单栏中“分析（A）→描述统计→频率（F）”，选中所有字段放入右侧“变量（V）”栏，其他参数为默认值，如图 8-5 所示，单击确定。

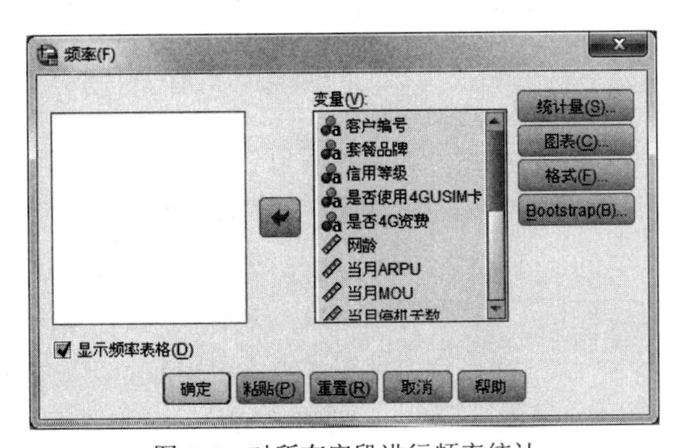

图 8-5　对所有字段进行频率统计

（2）所有字段的频率统计结果呈现在输出窗口，发现“随意玩编号”字段仅有两种有效值 600000061474 和 600000061478，如图 8-6 所示，且该字段的缺失率在 83.9%，缺失较为严重，故该字段对于后续分类建模没有实际意义，为降低生成模型的计算量，可直接删除该字段。

随意玩编号

		频率	百分比	有效百分比	累积百分比
有效	600000061474	3122	15.6	97.0	97.0
	600000061478	96	0.5	3.0	100.0
	合计	3218	16.1	100.0	
缺失	系统	16781	83.9		
合计		19999	100.0		

图 8-6　“随意玩编号”统计结果

注意：以上操作仅仅是数据预处理相关操作的极小部分，在实际应用中要结合建模需求和数据特征选择匹配的预处理步骤。

2. 分类建模相关操作

在完成相关预处理操作后，进入建模分析阶段，基于第 4 章分类算法的基础知识，我们首先要准备两组数据：一是训练集数据，用来构建分类预测模型，总结历史营销规律；二是测试集数据，用来验证预测模型的性能及其泛化能力。测试集数据一般选取与训练集相同时间或之后一段时间内采集的数据，且要求测试集数据与训练集数据具有相同的字段信息。本节由于仅有一组数据，我们通过随机采样的方式，随机抽取 80% 数据作为训练集，其余 20% 数据作为测试集，用来实现对所建模型的验证。

将数据集合通过随机采样方式在 SPSS 软件中进行拆分的操作如下，依次单击菜单栏“数据（D）→选择个案”，如图 8-7 所示，选择“随机个案样本（D）”，单击“样本”，选择“大约（A）”，在输入框输入“80”则表示从所有个案中随机选择总量 80% 的个案，单击“继续”。输出为默认选项“过滤掉未选中的个案（F）”，单击“确定”。

在数据视图窗口，如图 8-8 所示，我们可以看到最后一列后面椭圆框中多出的变量字段“filter_$”，其中数字 1 代表随机选中的 80% 的个案，数字 0 代表剩余 20% 的数据。最后，根据“filter_$”将该数据集合拆分成训练集和测试集。进行数据集合拆分的操作如下：依次单击菜单栏“数据（D）→选择个案”，如图 8-9 所示，选择“如果条件满足（D）”，单击“样本”，选中“大约个案的 80%”加入输入框，筛选条件是“filter_$=1”，单击“继续”。输出项选择“将选定个案复制到新数据集（O）”，

“数据集名称”自拟，此处命名为“训练集数据”，最后单击“确定”，即可得到经随机采样后的训练集数据文件。测试集数据文件的筛选方法基本与训练集相同，但需要将筛选条件改为“filter_$=0”。

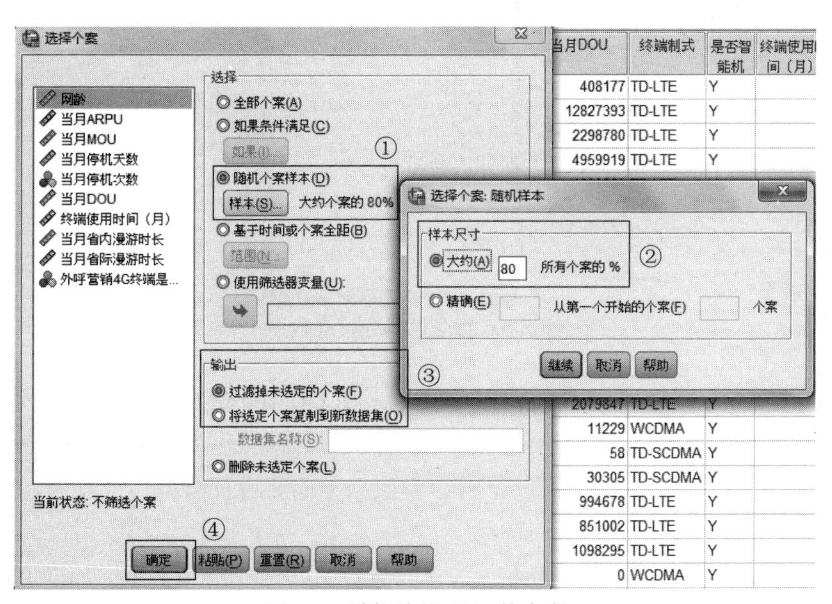

图 8-7　随机选择 80% 的个案

文件(F) 编辑(E) 视图(V) 数据(D) 转换(T) 分析(A) 直销(M) 图形(G) 实用程序(U) 窗口(W) 帮助

1 : filter_$　1

	否使用4 USIM卡	是否4G资费	网龄	当月ARPU	当月MOU	当月停机天数	当月停机次数	当月DOU	终端制式	是否智能机	终端使用时间（月）	当月省内漫游时长	当月省际漫游时长	外呼营销4G...	filter_$	变量
1		是	204	2201.0800	2611	.	.	54557	WCDMA	Y	22	42	1528	0	1	
2		否	201	2181.7100	3371	.	.	35250	WCDMA	Y	15	24	1120	0	1	
3		否	171	1827.3300	2157	.	.	178070	FDD-LTE	Y	4	260	15	1	1	
4		是	216	1736.4000	4218	.0000	0	358592	WCDMA	Y	35	28	0	1	1	
5		是	224	1725.4400	2898	.	.	352536	TD-LTE	Y	1	432	244	0	1	
6		否	190	1704.2700	2961	.	.	107102	TD-LTE	Y	1	87	166	1	1	
7		否	193	1557.0400	3944	.	.	54865	FDD-LTE	Y	9	67	2943	0	1	
8		是	199	1537.1400	2365	.	.	401955	TD-SCDMA	Y	11	94	17	1	1	
9		是	180	1521.1000	2458	.	.	187045	FDD-LTE	Y	23	0	100	0	1	
10		否	167	1440.2800	3098	.	.	0	TD-LTE	Y	1	1247	443	1	1	
11		是	167	1438.1800	1284	.	.	1159282	TD-LTE	Y	0	416	7	0	1	
12		否	169	1344.1200	1058	.	.	466405	TD-SCDMA	Y	10	47	0	1	1	
13		否	190	1341.5900	1120	.	.	98001	WCDMA	Y	7	0	0	1	1	
14		是	163	1291.5600	5642	.	.	350414	WCDMA	Y	29	0	537	1	1	
15		是	206	1193.5800	1810	.	.	982078	TD-LTE	Y	4	302	46	0	1	
16		是	160	1182.8900	9176	.	.	143004	WCDMA	Y	9	403	3149	1	0	
17		是	212	1151.5700	1051	.	.	37	TD-LTE	Y	4	8	267	1	1	
18		否	196	1112.8400	5374	.	.	1043102	TD-LTE	Y	3	8	4448	0	1	
19		是	197	1045.2300	3136	.	.	292396	TD-LTE	Y	3	166	2379	1	1	
20		是	146	1025.4300	1977	.	.	572168	TD-LTE	Y	0	26	195	0	1	
21		否	190	1008.3900	2358	.	.	24102	WCDMA	Y	40	276	110	0	1	
22		是	165	992.5800	1316	.	.	667247	TD-LTE	Y	11	0	2	1	1	

数据视图　变量视图

图 8-8　新增标记变量 filter_$

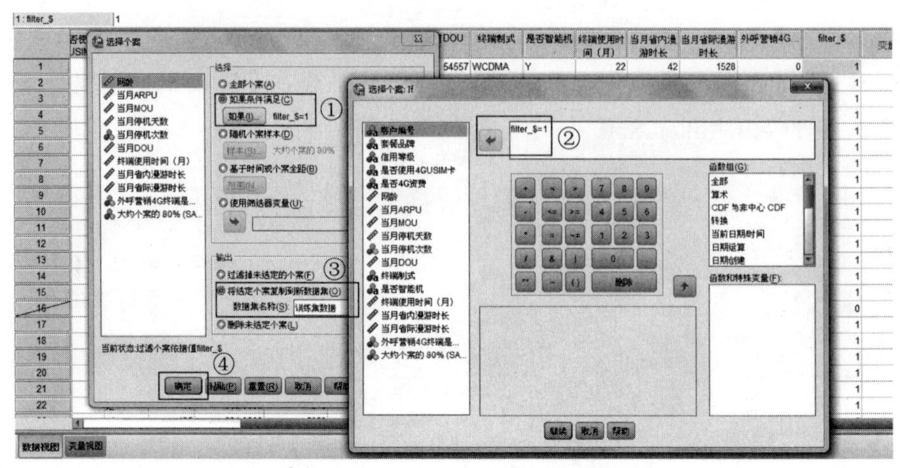

图 8-9　按条件拆分筛选数据

基于训练集数据进行分类建模，在这里采用 CHAID 决策树算法，由于 SPSS 软件中决策树算法内嵌数据转换功能，即将字符串型数据转化为数值型，以方便后续的建模分析，因此，对于训练集中的字符串型数据不需要进行类型转换操作。

模型构建操作具体步骤如下所述。

（1）在菜单栏依次单击“分析（A）→分类（F）→树（R）”，如图 8-10 所示。

图 8-10　分类模型之决策树

2）在打开的决策树对话框中，如图 8-11 所示，将目标变量“外呼营销 4G 终端是否成功”移入“因变量”中，将其他所有变量移入“自变量”中。注意：自变量要剔除客户编号和无意义变量。“增长方法（W）”选择默认 CHAID 算法，关于其他算法读者可自行学习。在“输出（U）”“验证（L）”“条件（T）”“保存（S）”和“选项（O）”相关参数设置完成后，单击“确定”即可。

在“输出（U）”选项中，“树（T）”选项卡下，如图 8-12 所示，为了使结果呈现具有更好的直观效果，将“节点内容”更改为“表和图表（A）”，其他参数均可采用默认值；“统计量”选项卡下所有参数均采用默认值；“规则”选项卡下，如图 8-13 所示，勾选“生成分类规则（G）”“语法”“节点”和“类型”相关参数设为默认值即可，勾选“将规则导出到文件（X）”，通过“浏览”设置文件存储路径及名称，文件默认存储类型为 .sps；最后单击“继续”按钮。

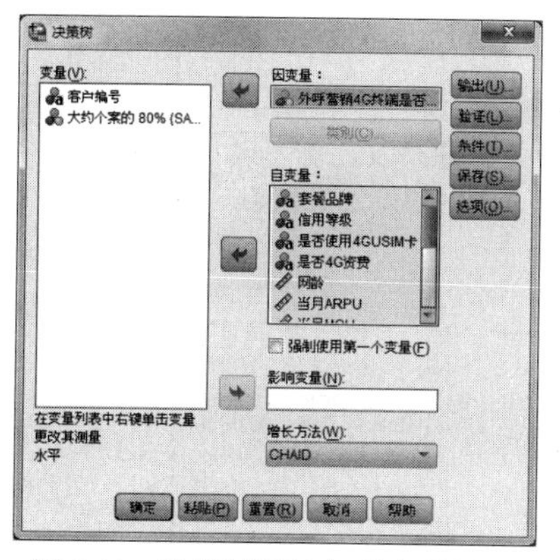

图 8-11　决策树算法相关参数设置

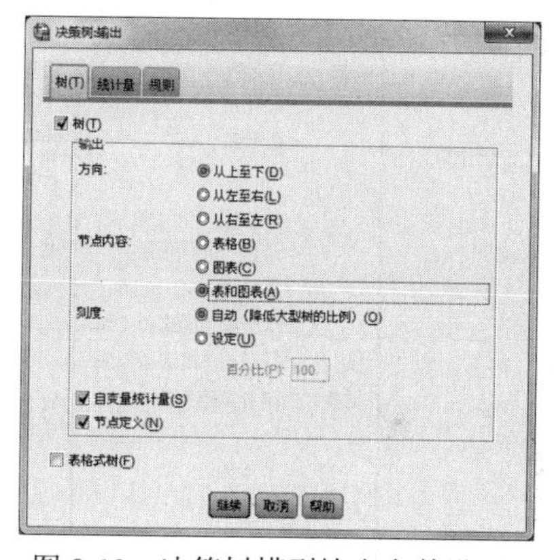

图 8-12　决策树模型输出参数设置 1

“验证（L）”“条件（T）”和“选项（O）”相关参数采用默认值，在“保存（S）”选项中，分别勾选“保存变量”下的“终端节点编号（T）”“预测值（P）”和“预测概率（R）”按钮。

上述参数配置完成后，回到决策树主界面（如图 8-10 所示），点击“确定”按钮，即开始决策树建模。

3）在输出窗口得到分类模型汇总结果（如图 8-15 所示）和分类树形图（如图 8-16 所示）。从汇总结果可以看出，最大树深为 3，终端节点数为 22，影响 4G 终端营销最为重要的属性是“终端制式”等内容。对于分类树形图，双击可进入“树编辑器”界面，观察节点 2 及其子节点，可以看出子节点的划分对目标变量的判决是没有意义的，此时可以通过单击节点右下角的减号，实现对决策树的后剪枝操作，其他节点同理，得到结果如图 8-17 所示。（此处请读者配合软件操作来理解）

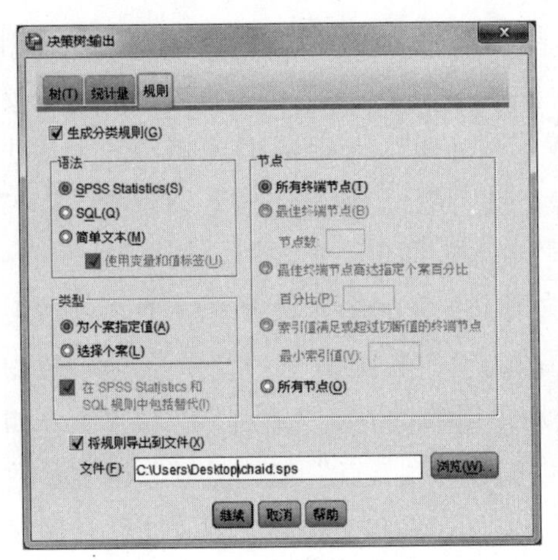

图 8-13　决策树模型输出参数设置 2

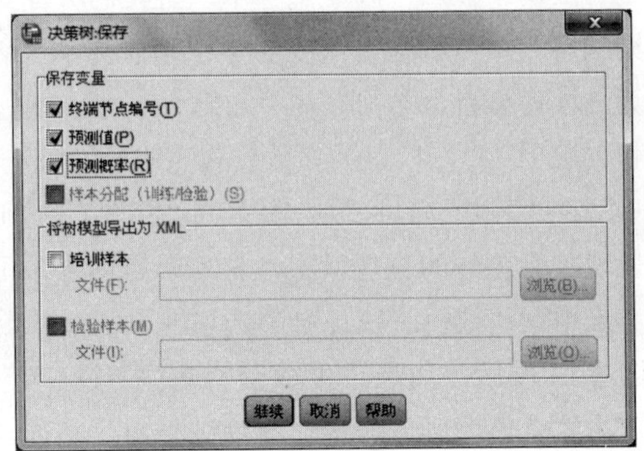

图 8-14　决策树模型输出参数设置 3

模型汇总

指定	增长方法	CHAID
	因变量	外呼营销4G终端是否成功
	自变量	套餐品牌, 信用等级, 是否使用4GUSIM卡, 是否4G资费, 网龄, 当月ARPU, 当月MOU, 当月停机天数, 当月停机次数, 当月DOU, 终端制式, 是否智能机, 终端使用时间（月）, 当月省内漫游时长, 当月省际漫游时长
	验证	无
	最大树深度	3
	父节点中的最小个案	100
	子节点中的最小个案	50
结果	自变量已包括	终端制式, 当月DOU, 网龄, 信用等级, 当月省际漫游时长, 是否使用4GUSIM卡, 是否4G资费, 当月ARPU, 当月MOU
	节点数	32
	终端节点数	20
	深度	3

图 8-15　决策树模型汇总

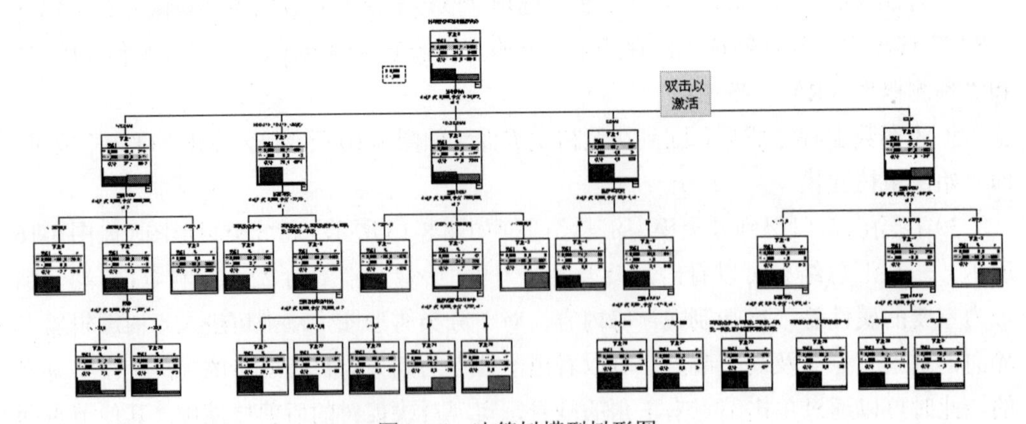

图 8-16　决策树模型树形图

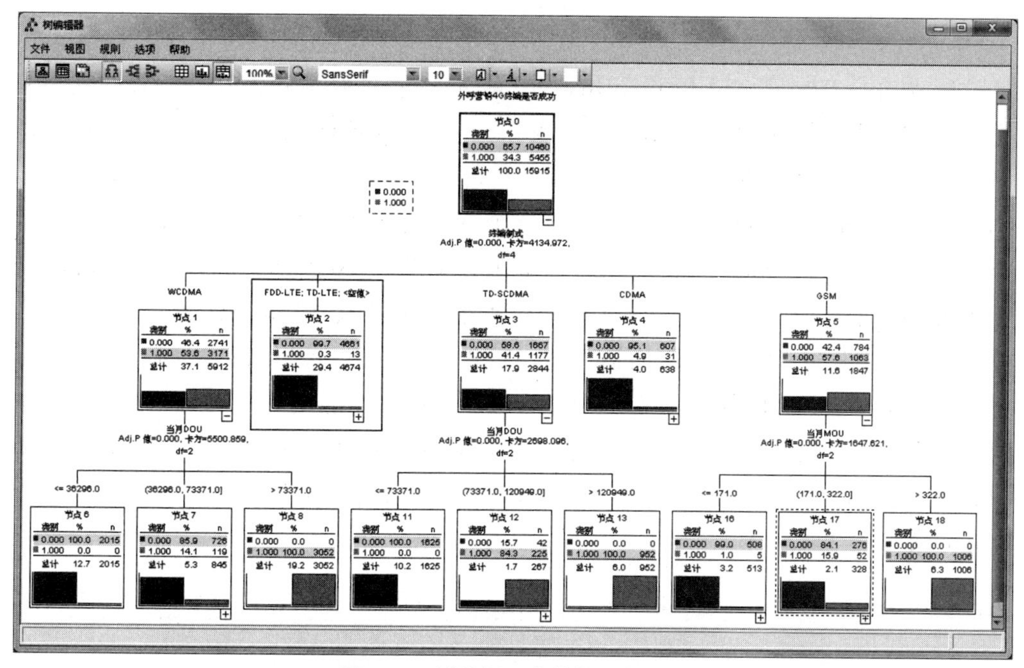

图 8-17　树编辑器中剪枝后树形图

（4）决策树模型性能在输出窗口中也有体现，从图 8-18 中的混淆矩阵可以看出，模型命中率高达 96% 的同时误判率仅为 0.4%[注意：在 SPSS 软件中决策树判决的默认阈值为 50%，即当预测概率大于 50% 时，预测值为 1（1 代表营销成功）]。为了更加准确、直观地描述模型的预测性能，我们需要绘制模型的 ROC 曲线。

分类

已观测	已预测 0	已预测 1	正确百分比
0	10 418	42	99.6%
1	220	5 235	96.0%
总计百分比	66.8%	33.2%	98.4%

增长方法:CHAID
因变量列表: 外呼营销4G终端是否成功

图 8-18　决策树模型的性能指标

从 SPSS 软件中数据视图（如图 8-19 所示）可以看出，模型构建完成后数据中新增了四个变量，分别为“NodeID”表示该个案所属终端节点编号；“Predicted Value”表示该个案外呼营销 4G 终端是否成功的预测结果，1 代表营销成功，0 代表营销不成功；“Predicted Probability_1”表示该个案被预测为 0（营销不成功）的概率；“Predicted Probability_2”表示该个案被预测为 1（营销成功）的概率，显然，两个概率值的和为 1。其中“外呼营销 4G 终端是否成功”“Predicted Value”和“Predicted Probability_2”这三个变量可用于绘制 ROC 曲线，在菜单栏依次单击“分析→ ROC 曲线图（V）”，得到如图 8-20 所示界面，将“Predicted Probability_2”移入“检验变量（T）”，将“外呼营销 4G 终端是否成功”移入“状态变量（S）”，“状态变量的值（V）”键入 1（1 为目标值），同时勾选“带对角参考线”，其他参数均为默认值，最后单击“确定”按钮即可。在输出窗口可得到模型的 ROC 曲线图（如图 8-21 所示）以及曲线下面积（AUC，如图 8-22 所示），从图中可以看出，判决阈值为 50% 时，模型的 ROC 曲线下面积高达 0.998，具有极好的分类性能。

文件(F)　编辑(E)　视图(V)　数据(D)　转换(T)　分析(A)　直销(M)　图形(G)　实用程序(U)　窗口(W)　帮助

1 : NodeID　20

	用时(月)	当月省内漫游时长	当月省际漫游时长	外呼营销4G终端是否成功	filter_$	NodeID	PredictedValue	PredictedProbability_1	PredictedProbability_2	变量
1	22	42	1528	0	1	20	0	.90	0.10	
2	15	24	1120	0	1	6	0	1.00	0.00	
3	4	260	15	1	1	22	0	.99	.01	
4	35	28	0	1	1	8	1	.00	1.00	
5	1	432	244	0	1	9	0	.96	.04	
6	1	87	166	1	1	9	0	.96	.04	
7	9	67	2943	0	1	9	0	.96	.04	
8	11	94	17	1	1	13	1	.00	1.00	
9	23	0	100	0	1	9	0	.96	.04	
10	1	1247	443	1	1	9	0	.96	.04	
11	0	416	7	0	1	22	0	.99	.01	
12	10	47	0	1	1	13	1	.00	1.00	
13	7	0	0	1	1	8	1	.00	1.00	
14	29	0	537	1	1	8	1	.00	1.00	
15	4	302	46	0	1	9	0	.96	.04	
16	4	8	267	1	1	9	0	.96	.04	
17	3	8	4448	0	1	9	0	.96	.04	
18	3	166	2379	1	1	9	0	.96	.04	
19	0	26	195	0	1	9	0	.96	.04	
20	40	276	110	0	1	6	0	1.00	.00	
21	11	0	2	1	1	9	0	.96	.04	
22	5	143	2275	0	1	6	0	1.00	.00	

数据视图　变量视图

图 8-19　决策树模型的结果存储

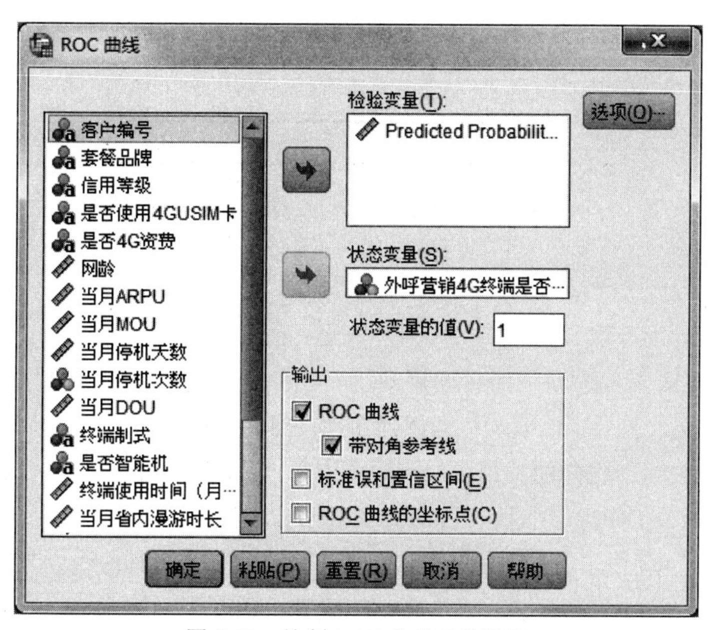

图 8-20　绘制 ROC 曲线参数设置

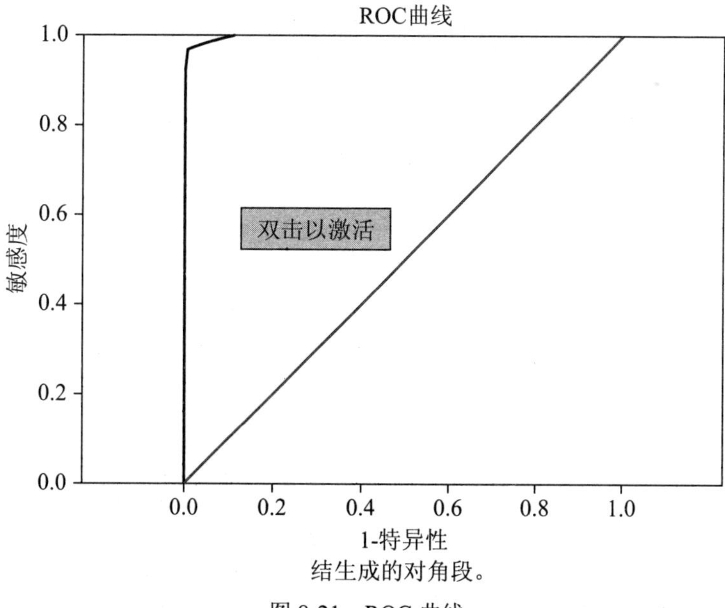

图 8-21　ROC 曲线

曲线下的面积

检验结果变量：Predicted Probability for外呼营销4G终端是否成功=1

面积
0.998

检验结果变量：Predicted Probability for外呼营销4G终端是否成功=1 在正的和负的实际状态组之间至少有一个结。统计量可能会出现偏差。

图 8-22　曲线下面积（AUC）

（5）在“输出”选项中保存的规则，即我们最终要用到的历史营销规律。存储在我们设定的文件目录下，双击打开规则文件，界面如图 8-23 所示。基于规则文件就可以实现对历史营销规律的总结，以椭圆圈中节点为例，当客户所用手机终端制式为 WCDMA，且当月 DOU 使用量在（36296.0，73371.0] 之间，且网龄小于 183 时，分类模型将该客户营销 4G 终端是否成功预测为 0，且预测概率为 0.811989。即满足上述条件的客户群体，本模型将其预测为终端营销不成功，预测正确的成功率约为 81.2%。

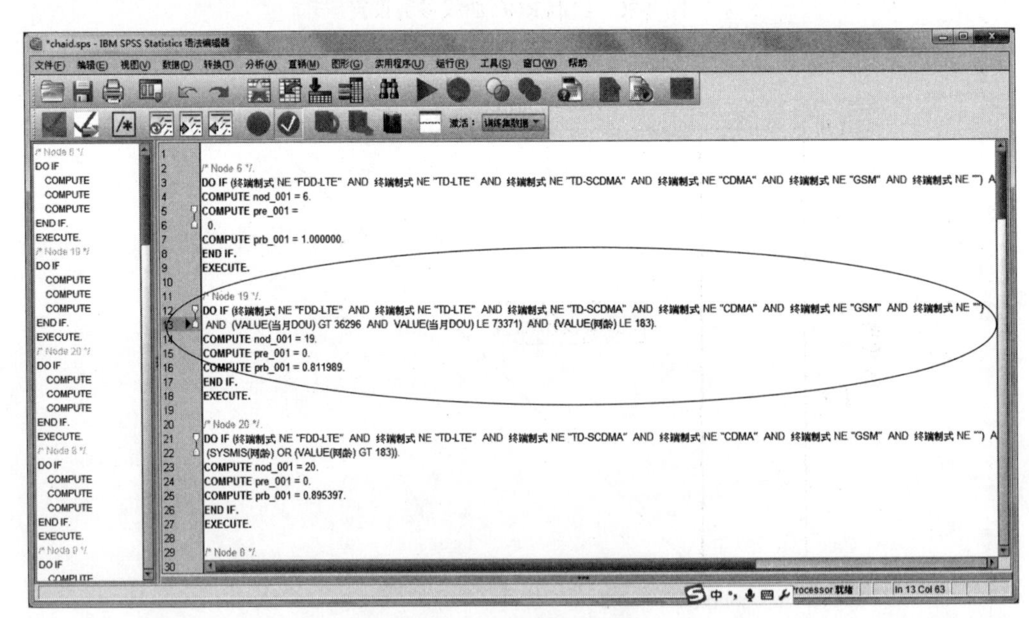

图 8-23　生成的分类规则

终端营销并不应该仅限于对客户群体的大面积撒网，更加应该注重精确终端营销，用最小的成本和最小的客户打扰，来获取最大的收益。同时，终端营销也不应只限于终端营销潜在客户的挖掘，精细化终端营销客户群体的挖掘日益得到重视，利用历史的终端营销数据以及海量经分数据，把用户群体细分成多个终端使用群体，构造多个不同终端的营销模型，对不同的用户群体采用不同的营销方式，营销不同价位、不同系统的终端。挖掘海量客户及行为数据的更多价值，提升精细化管理水平，数据挖掘也是不可或缺的工具。实际应用中读者可以自己针对不同需求和数据进行多个模型的构建，本书在此不做赘述。

8.2.2　预测潜在客户群体

在 8.2.1 节中，基于训练集数据，我们总结出了 4G 终端的营销规律，即输出的规则文件。但对于营销规律的泛化能力，即能否直接应用于项目实践，还需要利用测试集数据进行验证，若基于测试集数据模型也具有较好的 ROC 曲线表现，则说明营销规律具有较强的泛化能力，否则需要对模型进行调优。同时模型性能验证过程对于模型相关指数的优化也具有一定的指导意义。

验证营销规律的泛化能力，需将以上得到的规则文件应用到测试集数据中。用 SPSS 软件打开测试集数据，在菜单栏依次单击“文件（F）→新建（N）→语法（S）”，如图 8-24 所示，在语法窗口输入应用规则的指令“INSERT FILE=“规则路径 / 规则名 .sps”，其中，规则路径为生成模型时输出规则保存的实际路径，规则名为自定义的名称，如图 8-25 所示。输入语法指令之后，检查所输入路径是否正确。最后，单击工具栏中绿色三角形即可运行语法指令，或者依次单击菜单栏的“运行（R）→全部”。

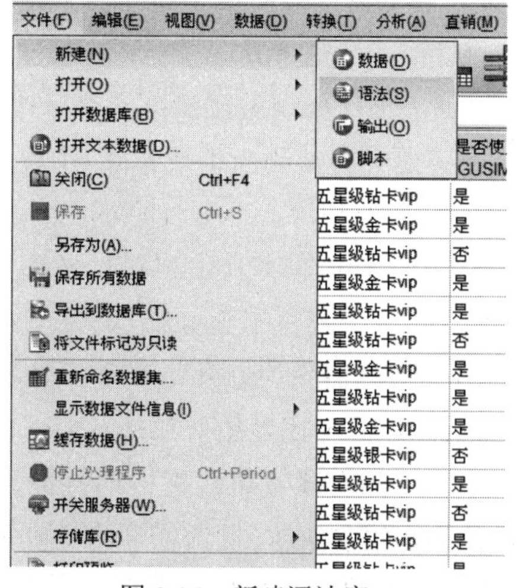

图 8-24　新建语法窗口

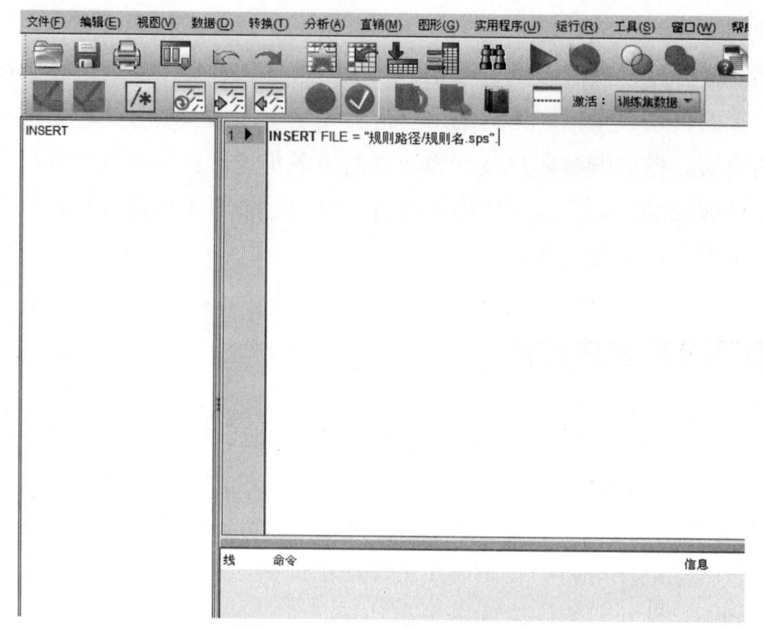

图 8-25 规则应用语法视图

注意事项如下：

（1）命令不区分大小写，但语法指令中用到的标点符号必须是英文半角符号。

（2）测试集的字段必须与构造模型的训练集字段保持高度一致，包括字段名称，字段属性等。若两者不一致，在应用规则时，在语法窗口右下方“线”“命令”和“信息”处将提示错误信息。

运行语法指令之后，测试集数据中会生成三列新的字段，即新的属性，如图 8-26 所示。分别是 nod_001、pre_001 和 prb_001 三个字段，其中 nod_001 为节点编号，表示当前样本（即客户）根据决策树模型被预测落在哪一个叶子节点上；pre_001 为预测值，表示样本根据决策树模型被预测为 1 或者 0（1 表示终端营销成功；0 表示终端营销不成功）；prb_001 为预测概率，需要注意的是，预测概率并不是指预测为 1 或者预测为 0 的概率，而是表示样本根据决策树模型被预测为当前预测值的概率。也就是说，若样本的预测值为 0，预测概率为 0.8，则表示该样本被预测为 0 的概率为 0.8；若样本的预测值为 1，预测概率为 0.79，则表示该样本被预测为 1 的概率为 0.79。由此不难知道，预测概率这一列属性的值都是 0.5 到 1 之间的小数。

为了准确评估分类模型应用到在测试集数据中的性能，需要绘制测试数据集中的 ROC 曲线。在 SPSS 软件中，绘制 ROC 曲线需要将数据的目标变量作为“状态变量”，目标变量的预测概率作为“检验变量”。因此，在测试集数据集中需要把预测值“pre_001”的预测概率“prb_001”转化成预测为目标值 1 的概率（即客户的购买概率）。具体操作步骤如下：在菜单栏依次单击“转换（T）→计算变量（C）”，得到计算变量窗口，如图 8-27 所示，我们需要在变量“prb_001”原始数据的基础上更新“pre_001=0”那部分数据的概率值，则需要将“prb_001”作为“目标变量（T）”，“数字表达式（E）”设为“1-prb_001”。同时，还需要设置“如果（I）”条件，如图 8-28 所示，选中“如果个案满足条件则包括（F）”，其条件为“pre_001=0”，即预测值为 0（营销不成功），然后单击“继续”。此处需要注意的是，SPSS 软件有时候对于小数点比较敏感，即当“pre_001”为 0.00（保留两位小数的数值）时，系统可能并不认为 pre_001=0，因此此时保险起见，可将条件转化为 pre_001<0.4，其中，0.4 为（0,1）之间的任意值，如图 8-29 所示。最后在图 8-27 计算变量窗口单击“确定”按钮。此时，对比图 8-26 中的“prb_001”，图 8-30 中的“prb_001”表示预测值为 1 的预测概率。

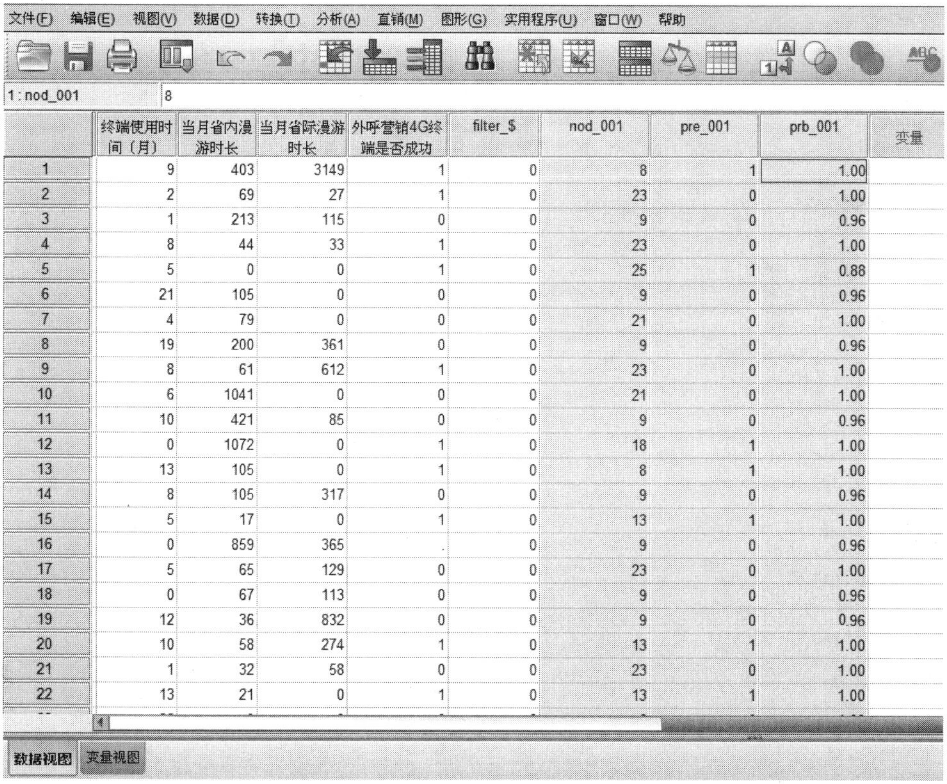

文件(F)　编辑(E)　视图(V)　数据(D)　转换(T)　分析(A)　直销(M)　图形(G)　实用程序(U)　窗口(W)　帮助

1 : nod_001　8

	终端使用时间（月）	当月省内漫游时长	当月省际漫游时长	外呼营销4G终端是否成功	filter_$	nod_001	pre_001	prb_001	变量
1	9	403	3149	1	0	8	1	1.00	
2	2	69	27	1	0	23	0	1.00	
3	1	213	115	0	0	9	0	0.96	
4	8	44	33	1	0	23	0	1.00	
5	5	0	0	1	0	25	1	0.88	
6	21	105	0	0	0	9	0	0.96	
7	4	79	0	0	0	21	0	1.00	
8	19	200	361	0	0	9	0	0.96	
9	8	61	612	1	0	23	0	1.00	
10	6	1041	0	0	0	21	0	1.00	
11	10	421	85	0	0	9	0	0.96	
12	0	1072	0	1	0	18	1	1.00	
13	13	105	0	1	0	8	1	1.00	
14	8	105	317	0	0	9	0	0.96	
15	5	17	0	1	0	13	1	1.00	
16	0	859	365	.	0	9	0	0.96	
17	5	65	129	0	0	23	0	1.00	
18	0	67	113	0	0	9	0	0.96	
19	12	36	832	0	0	9	0	0.96	
20	10	58	274	1	0	13	1	1.00	
21	1	32	58	0	0	23	0	1.00	
22	13	21	0	1	0	13	1	1.00	

数据视图　变量视图

图 8-26　规则应用结果的数据视图

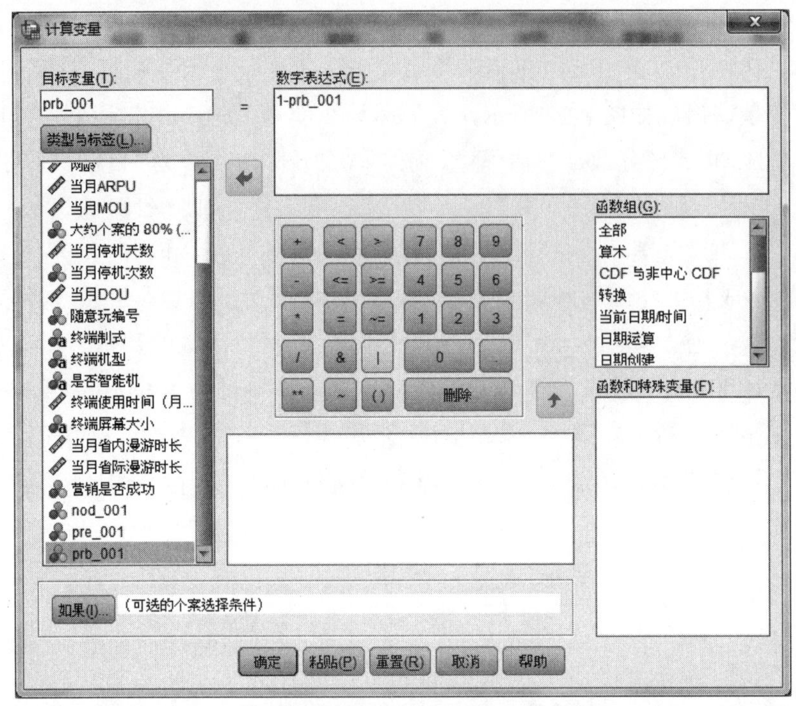

图 8-27 计算变量窗口

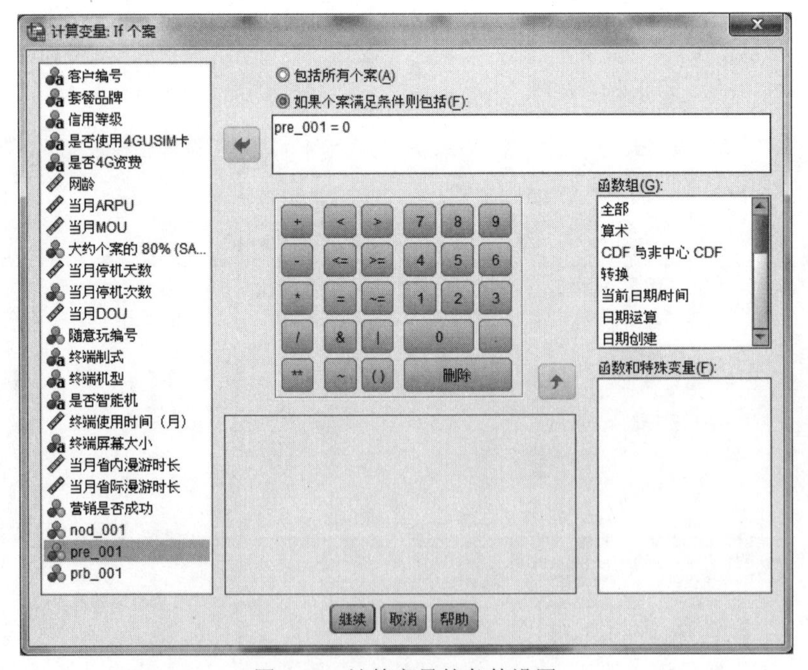

图 8-28 计算变量的条件设置

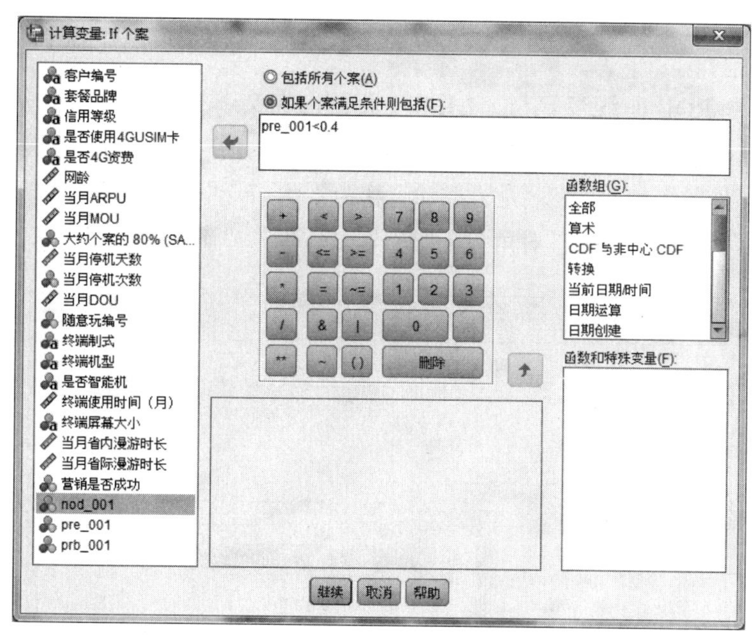

图 8-29　计算变量条件的优化设置

文件(F)　编辑(E)　视图(V)　数据(D)　转换(T)　分析(A)　直销(M)　图形(G)　实用程序(U)　窗口(W)　帮助

1 : prb_001　1.00

	月省内漫游时长	当月省际漫游时长	外呼营销4G终端是否成功	filter_$	nod_001	pre_001	prb_001	变量
1	403	3149	1	0	8	1	1.00	
2	69	27	1	0	23	0	0.00	
3	213	115	0	0	9	0	0.04	
4	44	33	1	0	23	0	0.00	
5	0	0	1	0	25	1	0.88	
6	105	0	0	0	9	0	0.04	
7	79	0	0	0	21	0	0.00	
8	200	361	0	0	9	0	0.04	
9	61	612	1	0	23	0	0.00	
10	1041	0	0	0	21	0	0.00	
11	421	85	0	0	9	0	0.04	
12	1072	0	1	0	18	1	1.00	
13	105	0	1	0	8	1	1.00	
14	105	317	0	0	9	0	0.04	
15	17	0	1	0	13	1	1.00	
16	859	365	.	0	9	0	0.04	
17	65	129	0	0	23	0	0.00	
18	67	113	0	0	9	0	0.04	
19	36	832	0	0	9	0	0.04	
20	58	274	1	0	13	1	1.00	
21	32	58	0	0	23	0	0.00	
22	21	0	1	0	13	1	1.00	

数据视图　变量视图

图 8-30　更新 prb_001 字段后的数据视图

此时绘制ROC曲线步骤与8.2.1节中相同，在菜单栏依次单击“分析（A）→ROC曲线图（V）”，得到如图8-31所示界面，其中，“prb_001”作为“检验变量（T）”，“外呼营销4G终端是否成功”作为“状态变量（S）”，“状态变量的值（V）”设置为1，勾选“带对角参考线”，最后单击“确定”按钮即可。

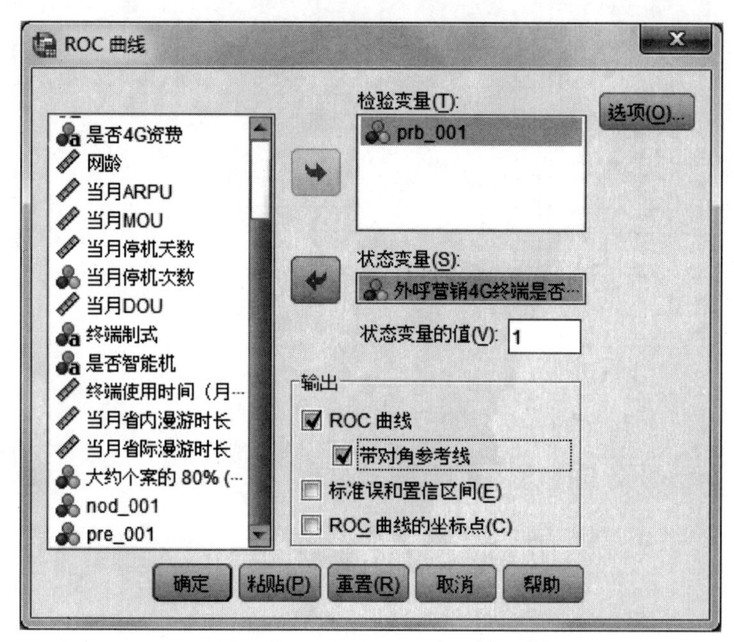

图8-31 ROC曲线相关参数设置

在输出窗口分别观察测试集合的ROC曲线（如图8-32所示）和曲线下面积（AUC，如图8-33所示）。从两组图中可以看出，ROC曲线接近理想状态，曲线下面积同样为0.998，说明基于训练集数据总结出的营销规律，应用到测试集数据中同样具有较好的性能指标，说明该模型具有较好的泛化能力，能够直接应用到实际项目，对客户进行精准化营销。

补充说明，本节所涉及的训练集和测试集两组数据均是通用数据集，在分类模型的性能评估上趋于理想状态，但基于实际数据进行分类建模分析时，由于各种因素的影响，其结果往往并不是特别理想，以ROC曲线下面积为例，实际数据集分类建模后的一般取值在（0.6，0.8）之间。

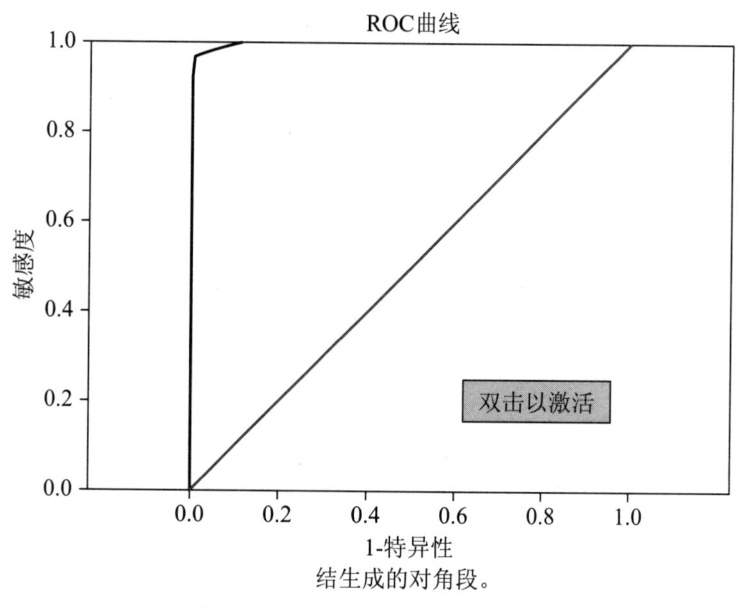

图 8-32　测试集数据的 ROC 曲线

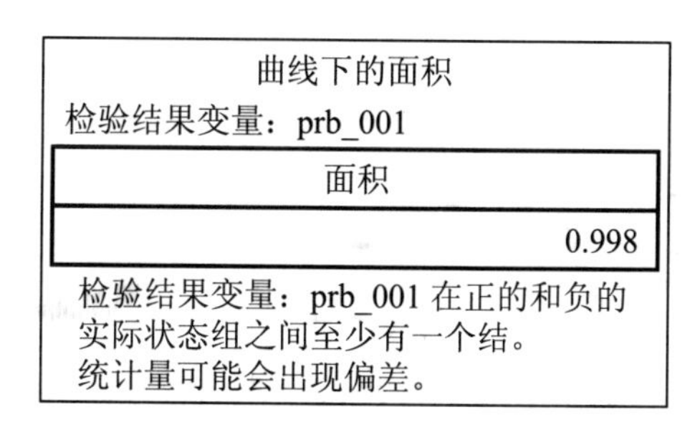

曲线下的面积

检验结果变量：prb_001

面积
0.998

检验结果变量：prb_001 在正的和负的实际状态组之间至少有一个结。
统计量可能会出现偏差。

图 8-33　测试集数据的曲线下面积

8.2.3　客户群体细分

在实际营销工作中，由于终端营销的成功率远比 50% 低得多，而 SPSS 软件默认的分类判决阈值为 50%，如果在实际应用中直接选择 50% 作为判决阈值，则可能因阈值过高而导致待营销人群数量过少的情况。例如，1 万人的待营销人群，根据模型的预测，可能其中预测为终端营销成功的用户不到 300 个，远远达不到实际营销的规模。因此，可通过调整判决阈值和细分客户群体来进一步提升营销的精准性。

对目标客户群体进行细分与画像就是把客户群体根据特征细分为多个小的群体，

根据决策树模型不难得出，每个客户群体内部的成功率其实是一样的。因此，将客户细分为多个不同营销成功率的群体之后，即可根据预算依次选择成功率较高的客户群体进行营销，直到达到预算的规模。基于决策树模型的客户细分实际上就是把决策树模型的叶子节点进行划分，不同的叶子节点代表不同特征的客户群体，具有不同的预测成功率。根据经验，对于成功率高的叶子节点（即客户群体）优先进行营销，之后再选择次优的叶子节点进行营销。

本节经过客户群体细分后，目标客户画像如下：

（1）当终端制式为 WCDMA，且当月 DOU 大于 73371.0 时，预测客户营销成功率为 100%；

（2）当终端制式为 TD-SCDMA，且当月 DOU 大于 120949.0 时，预测客户营销成功率为 100%；

（3）当终端制式为 GSM，且当月 MOU 大于 322.0 时，预测客户营销成功率为 100%；

（4）当终端制式为 TD-SCDMA，且当月 DOU 处于（73371.0，120949.0] 之间时，预测客户营销成功率为 84.3%；

（5）当终端制式为 GSM，且当月 MOU 处于（171.0，322.0] 之间，且当月 ARPU 大于 38.85 时，预测客户营销成功率为 20.1%；

……

综上，寻找潜在购机人群的过程就是挖掘历史购机人群的特征的过程，又被称为“用户画像”。

8.2.4　制定层次化、个性化精准营销方案

细分之后的客户群体，由于具有不同特征，适合的营销方案及营销方式都不一样，因此为不同客户指定层次化、个性化的精准营销方案就显得极其重要。层次化、个性化要求基于客户的特异性，对客户制定最适合的营销方案和方式。例如，对于细分客户中的年龄处于 24 岁至 33 岁之间的、平时通信费用较高且流量使用量也很多的客户群体并且常驻小区为高端小区的客户，对其营销的终端则是较高端的终端机型。同时，对于这个客户群体，适合使用外呼营销还是短信营销或微信营业厅、手机 App 营业厅还是线下直接营销，则要根据用户的其他字段进行分析。此外，对于不同客户，进行终端营销的话术和营销时间也要有所调整。比如，对于白领，对其进行营销的时间在下班之后的某个时段会更加合适。对于上夜班的客户，对其营销避开其休息时间会

降低营销失败的概率。总之，制定层次化、个性化精准营销方案要求结合实际业务对客户制定最适合的营销方案和营销方式。

需要注意的是，本书只是给出了一个示例，在生活中我们遇到的各种数据集并不是都会显示出如此好的结果。这个时候就需要进行调优。一个行之有效的办法就是使用第 7 章讲述的增强算法。如 Bagging，就需要对训练数据集又放回采样，得到多个训练数据集，从而可以得到多个分类器（规则），将这些分类器依次应用到测试数据集上，并对预测结果进行投票，测试样本被指派到得票最高的类型。可以看出，虽然增强算法的效果优于一般的决策树，但计算量会大大增加，所以我们在应用时需要根据实际情况选择最为合适的算法，像本书中的示例，单棵决策树的效果已经很好，就不需要使用增强算法。而当我们发现单棵树的效果不够好时，可以选择增强算法。

8.3　多种互联网业务的精准推送

随着电信市场竞争越发激烈及移动互联网时代的来临，一方面，客户对业务的需求日趋多样化和差异化，对运营商服务的质量也提出了更高的要求；另一方面，运营商自身各系统中的大量数据通过精细化模型挖掘必将在分析用户行为、精确识别客户业务需求、开展精细化服务营销方面发挥巨大作用。数据挖掘技术为运营商开展电子渠道精准服务营销提供了决策分析工具。

面对广大的客户群体，上节已经讨论过终端业务的营销，单业务的营销模式是现在比较普遍的营销模式，但在实际工作中，经常遇见需要从多个业务中向用户推荐一个业务的情况，在这种情况下，基于用户的多种业务联合精准营销就变得很有必要。本章基于阅读、视频、和彩云、音乐、邮箱五种业务的多个业务推送进行模型挖掘。

8.3.1　根据历史营销规律总结单个业务的历史营销规律

对于已有的历史数据进行营销规律的总结，我们在 8.2 节终端营销中已经讨论过具体方法，而对于多种业务中选择几种业务对用户进行推送也是一样的原理，整个模型的主要思想是构建多个业务的模型，得到多个业务的分类概率，对用户的多个业务概率进行一个排序，最后推送营销成功率最高的业务。因此，模型还是基于多个单业务模型的数据挖掘。

在构造多个单业务模型之前，最重要的就是数据预处理，一个好的数据预处理才能保证后续建模的有效性，数据预处理包括去奇异值，即去掉数据字段中的噪声点、缺失值填充、填补数据缺失值，以及在数据量比较大的时候要适当进行数据归约。

数据预处理之后就可以对单业务模型进行构建，单业务模型的构建和 8.2 节一致，本节采用较简单的决策树模型，对各个业务分别进行单业务模型构建。对于手机阅读包月用户数据总量约为 62 万条，其中活跃用户比例约为 12.8%。图 8-34 为用 SPSS 描绘的目标字段分布的直方图。直接用 CHAID 决策树对原始数据构建模型，性能指标如图 8-35 所示。

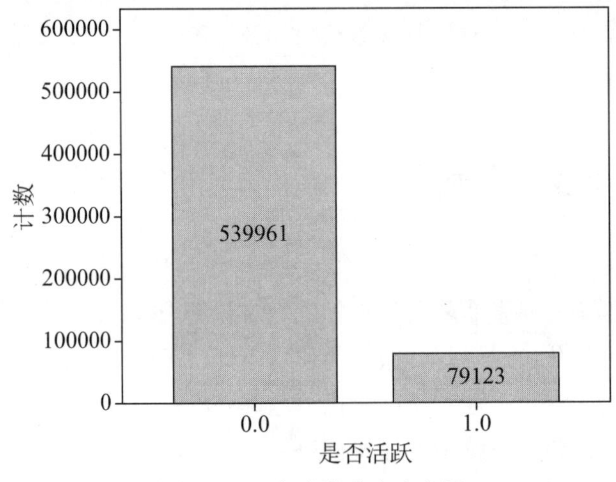

图 8-34　目标字段分布直方图

分类

实测	预测		
	0.0	1.0	正确百分比
0.0	539961	0	100.0%
1.0	79123	0	0.0%
总体百分比	100.0%	0.0%	87.2%

生长法：CHAID
因变量：是否活跃

图 8-35　阅读数据 CHAID 决策树结果

可以分类结果看到建模效果并不理想，模型把所有用户预测为不订阅，这就涉及数据不平衡问题，就是在数据不平衡情况下，会出现规律无法进行挖掘的情况。因此，现对原始数据进行欠采样和过采样比例调整，来提高模型效果。在 62 万总数据中筛选出 30 万 training 训练集进行模型构建，同时随机筛选出 30 万 testing 测试集验证模型效果。为避免出现规律挖掘不出来的情况，训练集的筛选是通过单独提取所有活跃用户和部分非活跃用户数据后调整比例进行合并，使活跃用户比例达到 45.5%。

对调整比例后的 training 训练集依次用 CHAID、穷举 CHAID、CRT、QUEST 四种不同的决策树算法构建决策树，在输出窗口得到的各决策树性能指标分别如图 8-36 ～图 8-39 所示。

分类

实测	预测		
	0.0	1.0	正确百分比
0.0	107344	53991	66.5%
1.0	59124	75503	56.1%
总体百分比	56.2%	43.8%	61.8%

生长法：CHAID
因变量：是否活跃

图 8-36　阅读数据调整比例之后 CHAID 决策树结果

分类

实测	预测		
	0.0	1.0	正确百分比
0.0	106470	54865	66.0%
1.0	57726	76901	57.1%
总体百分比	55.5%	44.5%	62.0%

生长法：穷举CHAID
因变量：是否活跃

图 8-37　阅读数据调整比例之后穷举 CHAID 决策树结果

分类

实测	预测		
	0.0	1.0	正确百分比
0.0	111230	50105	68.9%
1.0	67903	66724	49.6%
总体百分比	60.5%	39.5%	60.1%

生长法：CRT
因变量：是否活跃

图 8-38　阅读数据调整比例之后 CRT 决策树结果

分类

实测	预测		
	0.0	1.0	正确百分比
0.0	119236	42099	73.9%
1.0	81850	52777	39.2%
总体百分比	67.9%	32.1%	58.1%

生长法：QUEST
因变量：是否活跃

图 8-39　阅读数据调整比例之后 QUEST 决策树结果

分别绘制四个决策树算法的 ROC 曲线，结果如图 8-40 所示。

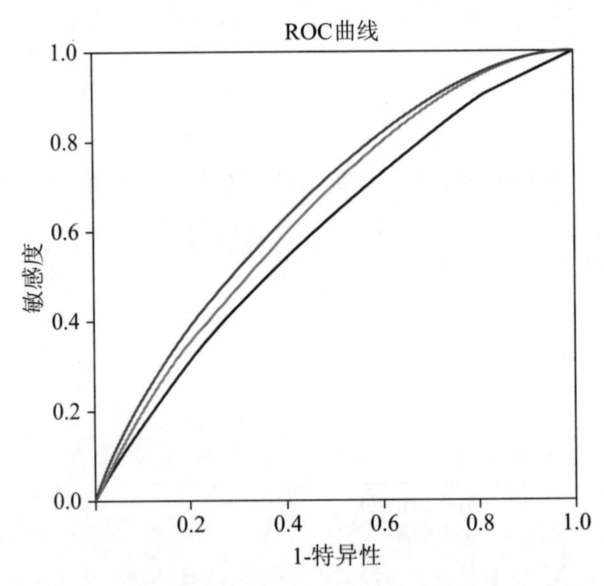

图 8-40　阅读数据调整比例之后四种决策树 ROC 曲线

对比命中率和误判率，并根据各模型的 ROC 曲线面积即 AUC 的大小，发现对阅读数据选用穷举 CHAID 算法建模效果最好。

同理，对于音乐业务，音乐包月用户数据总量约 62 万条，活跃用户比例 1.2%，活跃比例较低。直接用 CHAID 决策树对原始数据构建模型，其性能指标如图 8-41 所示。可以看出由于活跃用户比例较低，预测效果很不理想。因此，对原始数据进行比例调整以提高模型效果，通过对 62 万条数据构建 30 万条数据的 training 训练集和 30 万条数据的 testing 测试集，随机抽取 50% 的 30 万条数据的 testing 测试集，提取全部活跃用户和部分非活跃用户按比例 1:1.5 构成 30 万条数据的 training 训练集，使活跃用户比例达到 42%。

分类

实测	预测		
	0.0	1.0	正确百分比
0.0	613972	0	100.0%
1.0	7909	0	0.0%
总体百分比	100.0%	0.0%	98.7%

生长法：CHAID
因变量：是否活跃

图 8-41　音乐数据 CHAID 决策树结果

对调整比例后的 training 训练集依次用 CHAID、穷举 CHAID、CRT、QUEST 算法构建决策树，得到的性能指标分别如图 8-42 ～图 8-45 所示。

分类

实测	预测		
	0.0	1.0	正确百分比
0.0	131694	39512	76.9%
1.0	43136	83408	65.9%
总体百分比	58.7%	41.3%	72.2%

生长法：CHAID
因变量：是否活跃

图 8-42　音乐数据调整比例之后 CHAID 决策树结果

分类

实测	预测		
	0.0	1.0	正确百分比
0.0	129030	42196	75.4%
1.0	39120	87424	65.1%
总体百分比	56.5%	43.5%	72.7%

生长法：穷举CHAID
因变量：是否活跃

图 8-43　音乐数据调整比例之后穷举 CHAID 决策树结果

分类

实测	预测		
	0.0	1.0	正确百分比
0.0	128157	43049	75.9%
1.0	51296	75248	59.5%
总体百分比	60.3%	39.7%	68.3%

生长法：QUEST
因变量：是否活跃

图 8-44 音乐数据调整比例之后 QUEST 决策树结果

分类

实测	预测		
	0.0	1.0	正确百分比
0.0	133127	38079	77.8%
1.0	53264	73280	57.9%
总体百分比	62.6%	37.4%	69.3%

生长法：CRT
因变量：是否活跃

图 8-45 音乐数据调整比例之后 CRT 决策树结果

绘制四种算法的 ROC 曲线，对比命中率和误判率，或者对比各模型 ROC 曲线面积的大小，如图 8-46 所示，发现对音乐数据选用穷举 CHAID 算法建模效果最好。

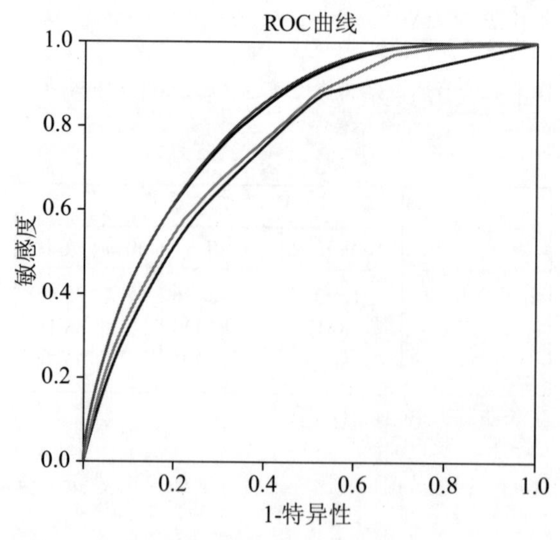

图 8-46 音乐数据调整比例之后各决策树 ROC 曲线

对于视频业务数据，视频包月用户数据总量约 18 万条，活跃用户比例 2.48%，活跃用户占比较低。直接用 CHAID 决策树对原始数据构建模型，性能指标如图 8-47 所示。

分类

样本	实测	预测		
		0.0	1.0	正确百分比
训练	0.0	87833	119	99.9%
	1.0	2144	127	5.6%
	总体百分比	99.7%	0.3%	97.5%
检验	0.0	87446	141	99.8%
	1.0	2080	113	5.2%
	总体百分比	99.7%	0.3%	97.5%

生长法：CHAID
因变量：是否活跃

图 8-47　视频数据 CHAID 决策树效果

由于活跃用户比例较低，预测效果很不理想，因此对原始数据进行比例调整以提高模型效果，调整数据，抽取全部活跃用户和部分非活跃用户按 1:2 构成 9 万条数据的 training 训练集，随机抽取 50% 构成 9 万条数据的 testing 测试集，活跃用户比例达到 37%。

对调整比例后的 training 依次用 CHAID、穷举 CHAID、CRT、QUEST 算法构建决策树，得到的性能指标分别如图 8-48 ～图 8-51 所示。

分类

实测	预测		
	0.0	1.0	正确百分比
0.0	53321	6383	89.3%
1.0	22272	13440	37.6%
总体百分比	79.2%	20.8%	70.0%

生长法：CHAID
因变量：是否活跃

图 8-48　视频数据调整比例之后 CHAID 决策树结果

分类

实测	预测		
	0.0	1.0	正确百分比
0.0	53046	6658	88.8%
1.0	21752	13960	39.1%
总体百分比	78.4%	21.6%	70.2%

生长法：穷举CHAID
因变量：是否活跃

图 8-49 视频数据调整比例之后穷举 CHAID 决策树结果

分类

实测	预测		
	0.0	1.0	正确百分比
0.0	58059	1645	97.2%
1.0	26632	9080	25.4%
总体百分比	88.8%	11.2%	70.4%

生长法：CRT
因变量：是否活跃

图 8-50 视频数据调整比例之后穷举 CRT 决策树结果

分类

实测	预测		
	0.0	1.0	正确百分比
0.0	57377	2327	96.1%
1.0	28816	6896	19.3%
总体百分比	90.3%	9.7%	67.4%

生长法：QUEST
因变量：是否活跃

图 8-51 视频数据调整比例之后穷举 QUEST 决策树结果

绘制四种算法的 ROC 曲线，如图 8-52 所示，对比命中率和误判率，或者对比各模型的 ROC 曲线面积的大小，发现对视频数据选用穷举 CHAID 算法建模效果最好。

邮箱包月用户数据约 18 万条，活跃用户比例为 41.2%，活跃用户比例较高。原始数据对半分为训练集和测试集，用 CHAID 算法构建决策树模型，性能指标如图 8-53 所示。

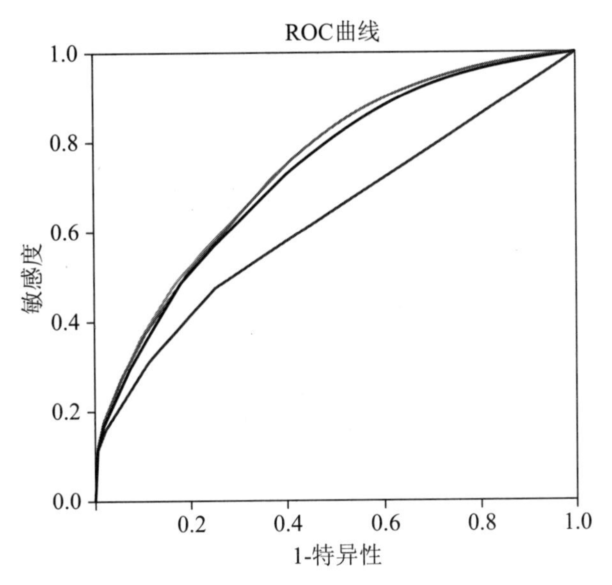

图 8-52　视频数据调整比例之后各决策树 ROC 曲线

分类

样本 实测		预测		
		0.0	1.0	正确百分比
训练	0.0	41808	11035	79.1%
	1.0	10257	27047	72.5%
	总体百分比	57.8%	42.2%	76.4%
检验	0.0	41016	11210	78.5%
	1.0	10075	26858	72.7%
	总体百分比	57.3%	42.7%	43.3%

生长法：CHAID
因变量：是否活跃

图 8-53　邮箱数据 CHAID 决策树效果

模型命中率为 72.5%，误判率为 20.9%，较为理想。接着用穷举 CHAID、CRT、QUEST 算法构建决策树，得到的性能指标分别如图 8-54 ～图 8-56 所示。

分类

实测	预测		
	0.0	1.0	正确百分比
0.0	84478	20591	80.4%
1.0	21350	52887	71.2%
总体百分比	59.0%	41.0%	76.6%

生长法：穷举CHAID
因变量：是否活跃

图 8-54 邮箱数据穷举 CHAID 决策树效果

分类

实测	预测		
	0.0	1.0	正确百分比
0.0	76525	28544	72.8%
1.0	11921	62316	83.9%
总体百分比	49.3%	50.7%	77.4%

生长法：CRT
因变量：是否活跃

图 8-55 邮箱数据 CRT 决策树效果

分类

实测	预测		
	0.0	1.0	正确百分比
0.0	87044	18025	82.8%
1.0	28730	45507	61.3%
总体百分比	64.6%	35.4%	73.9%

生长法：QUEST
因变量：是否活跃

图 8-56 邮箱数据 QUEST 决策树效果

绘制四种算法的 ROC 曲线，如图 8-57 所示，对比命中率和误判率，或者对比各模型的 ROC 曲线面积的大小，发现对邮箱数据选用 CRT 算法建模效果最好。

和彩云包月用户数据约 30 万条，活跃用户比例 41%，活跃用户占比较高。直接对原始数据用 CHAID 算法构建决策树模型，性能指标如图 8-58 所示。

模型命中率为 51.7%，误判率为 17.6%，较为理想。接着用穷举 CHAID、CRT、QUEST 算法构建决策树，得到的性能指标分别如图 8-59 ～图 8-61 所示。

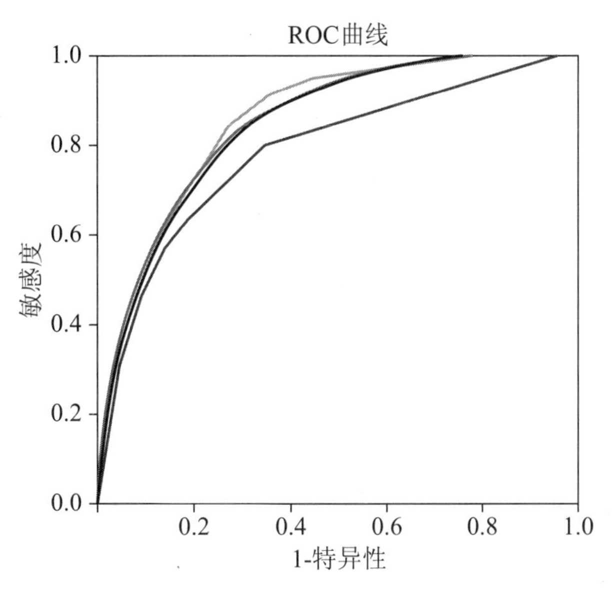

图 8-57　邮箱数据各决策树 ROC 曲线

分类

实测	预测		
	0.0	1.0	正确百分比
0.0	147369	31551	82.4%
1.0	60347	64615	51.7%
总体百分比	68.4%	31.6%	69.8%

生长法：CHAID
因变量：是否活跃

图 8-58　和彩云数据 CHAID 决策树效果

分类

实测	预测		
	0.0	1.0	正确百分比
0.0	148474	30446	83.0%
1.0	60992	63970	51.2%
总体百分比	68.9%	31.1%	69.9%

生长法：穷举CHAID
因变量：是否活跃

图 8-59　和彩云数据穷举 CHAID 决策树效果

分类

实测	预测		
	0.0	1.0	正确百分比
0.0	134617	44303	75.2%
1.0	51801	73161	58.5%
总体百分比	61.3%	38.7%	68.4%

生长法：CRT
因变量：是否活跃

图 8-60　和彩云数据 CRT 决策树效果

分类

实测	预测		
	0.0	1.0	正确百分比
0.0	167218	11702	93.5%
1.0	92797	32165	25.7%
总体百分比	85.6%	14.4%	65.6%

生长法：QUEST
因变量：是否活跃

图 8-61　和彩云数据 QUEST 决策树效果

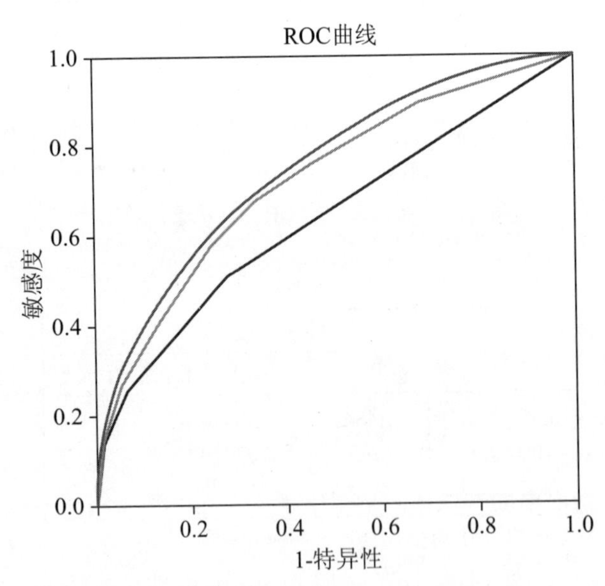

图 8-62　和彩云数据各决策树 ROC 曲线

绘制四种算法的 ROC 曲线，如图 8-62 所示，对比命中率和误判率，或者对比各模型的 ROC 曲线面积的大小，发现对阅读数据选用穷举 CHAID 算法建模效果最好。

至此，五个单业务的模型已经构建完毕。每个单业务模型的构建和单业务终端营销的模型构建并没有什么不同，值得注意的是，在这一小节引入了算法选型，利用多个决策树模型进行模型构造并对各个决策树的结果进行比较，择优作为最终的模型。此外，本小节由于用到的数据也是不平衡数据，因此多个模型都对数据进行了欠采样和过采样，对数据进行了比例调优。

8.3.2　预测潜在客户群体、预测单个业务的潜在客户群体及多个业务的联合建模

在 8.3.1 节中构造了五个不同的决策树模型，并得到了历史营销的基本规律，利用得到的历史营销规律即模型规则预测潜在的客户群体，就成为重中之重。根据前一小节得到的五个规则，可以得到五个不同业务的潜在客户群体。具体操作和 8.2 节中提到的预测潜在客户群体的操作类似，在测试数据集中选择新建语法，输入相应的语法指令“INSERT FILE= 规则路径 \ 规则名 .sps”，然后单击工具栏的绿色三角形按钮即可在测试数据集中得到新的三列分别是节点编号、预测值和预测为当前值的概率。根据预测值就可以得到预测为目标用户的潜在客户群体。同样的，系统是根据 0.5 的阈值进行判决，即预测概率大于 0.5 则预测为 1，否则预测为 0。在实际工作中，若 0.5 的门限值不能和实际预算相匹配，则需要通过预测概率的门限值进行手动调节，即把预测概率转化为预测为 1 的概率之后，对于预测为 1 的概率大于门限值的，作为最终的目标人群；否则，作为非目标人群。通过手动设置这个门限值，可以调节目标人群的规模，进而用来匹配实际工作中的预算。

以上都是对单个业务的客户群预测。那么，对于多业务的联合模型，应该怎么建模呢？

完成单项业务算法选型之后，采集未办理业务的客户清单作为待营销客户群体，并将五种业务的预测模型应用到待营销客户数据之后，得到每个客户各项业务的预测概率，筛选预测成功概率即营销成功率最大的一个业务作为该客户的最终推荐业务即完成多业务模型的构建。

怎么从多个概率里找出最高的一个作为最终输出的业务对用户进行推荐呢？手动选择自然会降低效率并且增加人工工作量，因此，可以利用 SPSS 软件进行筛选，

首先合并各个预测之后的待营销数据集，然后进行条件选择个案。各个业务的条件语句如下：

（1）阅读待营销用户筛选：

（阅读预测概率≥ 音乐预测概率）&（阅读预测概率≥ 视频预测概率 ）&（阅读预测概率≥ 邮箱预测概率）&（阅读预测概率≥和彩云预测概率）

（2）音乐待营销用户筛选：

（音乐预测概率≥阅读预测概率）&（音乐预测概率≥ 视频预测概率 ）&（音乐预测概率≥ 邮箱预测概率）&（音乐预测概率≥ 和彩云预测概率）

（3）视频待营销用户筛选：

（视频预测概率≥ 阅读预测概率）&（视频预测概率≥音乐预测概率 ）&（视频预测概率≥ 邮箱预测概率）&（视频预测概率≥ 和彩云预测概率）

（4）邮箱待营销用户筛选：

（邮箱预测概率≥ 阅读预测概率）&（邮箱预测概率≥ 音乐预测概率 ）&（邮箱预测概率≥ 视频预测概率）&（邮箱预测概率≥ 和彩云预测概率）

（5）和彩云待营销用户筛选：

（和彩云预测概率≥ 阅读预测概率）&（和彩云预测概率≥音乐预测概率 ）&（和彩云预测概率≥ 视频预测概率）&（和彩云预测概率≥ 邮箱预测概率）

实际上，将五个模型数据集合并之后（五个模型待营销数据一致），则每个用户都有五条记录，分别记录五个业务的预测情况，包括特征属性、目标属性以及预测为当前业务的预测节点、预测值和预测概率。以上条件语句实际上针对每一个业务，找出五个业务中该业务预测概率最大的用户作为目标用户。

8.3.3 制定多业务层次化个性化联合精准营销方案

在8.3.2小节中，分别筛选出与购买其他业务相比，最想购买视频业务、阅读业务、音乐业务、139邮箱业务、和彩云业务的用户。对于这五个业务案例，我们可以为每个用户选择三个他最想购买的产品。

输入：对每个用户推荐产品成功率的集合 $A_i\{a_i, b_i, c_i, d_i, e_i\}$，共 n 个用户

输出：应该对每个用户推荐的产品 $B_i[u_i, v_i, m_i]$

For（i=1，i++，$i \leqslant n$）

{
将 $A_i\{a_i, b_i, c_i, d_i, e_i\}$ 按大小顺序排序
排序后的前三个成功率对应的产品分别赋值给 $B_i[u_i, v_i, m_i]$
}
输出 $B_i[u_i, v_i, m_i]$

8.3.4 落地效果评估

采用和娱乐周刊彩信群发的方式落地。营销的总体成功率由传统方式的 3.5% 提升到了 4.4%，成功率整体提升了 0.9pp。营销提升效果如图 8-63 所示。从图 8-63 中可以看出，阅读业务提升了 1.3pp、音乐业务提升了 1.8pp、139 邮箱业务提升了 0.8pp、和彩云业务提升了 1.4pp。

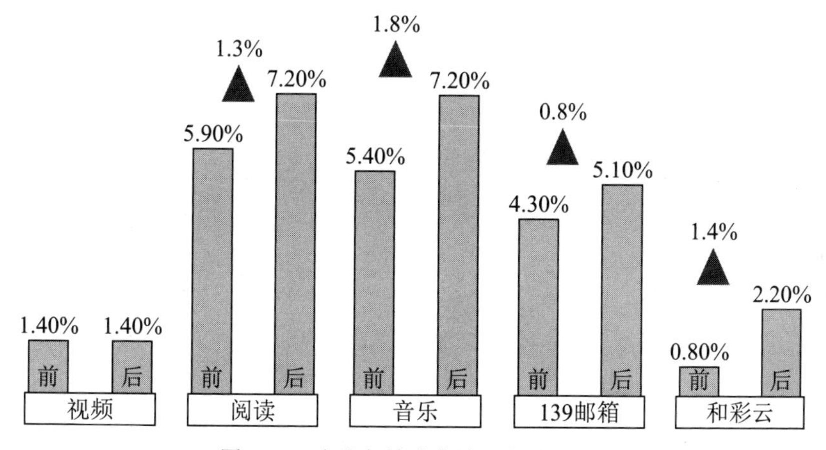

图 8-63　多业务精准营销方案效果提升

采用多业务精准营销与传统的多业务营销方式相比，不仅节省了营销资源，降低了营销成本，而且还避免对用户的多次打扰，有助于提高用户满意度。

在某项项目落地中，通过空中渠道——娱乐周刊端口针对 66 万客户开展小范围营销推荐，成功向 2.88 万客户实现营销推荐。营销结果如表 8-2 所示。通过业务营销，带来了每月 8.64 万元的收益。用户在使用这些业务时（如观看视频、听音乐等），每月消耗流量共计 230.4 万兆。成功营销业务带来的直接收益和附加的相关流量收益每月共计 24.74 万元。

表 8-2　多业务精准营销一期模型效益

<table>
<tr><th>业务名称</th><th>营销总量（万次）</th><th>营销成功量(%)</th><th>成功率（%）</th><th>业务增收（万元）</th><th>流量增收（单位：万兆）</th><th>总收入（业务收入+流量收入，单位：万元）</th></tr>
<tr><td>和彩云</td><td>13.2</td><td>0.3</td><td>2.3</td><td>—</td><td rowspan="6">230.4</td><td rowspan="6">24.74</td></tr>
<tr><td>视频</td><td>14.5</td><td>0.2</td><td>1.4</td><td>2.73</td></tr>
<tr><td>音乐</td><td>14.9</td><td>1.1</td><td>7.4</td><td>3.75</td></tr>
<tr><td>邮箱</td><td>17.8</td><td>0.9</td><td>5.1</td><td>—</td></tr>
<tr><td>阅读</td><td>5.6</td><td>0.4</td><td>7.2</td><td>2.16</td></tr>
<tr><td>合计</td><td>66</td><td>2.88</td><td>4.4</td><td>8.64</td></tr>
</table>

为了建立效果更好的模型，可以对模型进行相应的调整优化。首先，可以对数据进行优化，现阶段仅能提取经分数据及基地数据，本次项目采样数据缺乏客户互联网使用行为、内容浏览等数据。未来建模时，我们可以利用逐步完善的互联网应用基础数据支撑，实现客户实时场景变化、内容偏好、上网时段等数据快速挖掘。其次，对于模型，现阶段的模型落地效果数据提取周期过长（基地提数周期：每月），现阶段仅完成一期模型，分析模型有待多次验证、调整，反复优化。接下来，我们可以完善数据支撑系统及本地化大数据分析系统支撑，丰富模型算法（如 Bagging），实施 N+1 期闭环调优策略，不断提高模型效益。最后，在渠道方面，现有的推广渠道单一，受限于集团服务营销管控及 CRM 系统升级，目前只有和娱乐周刊端口开展营销，缺乏基于场景、内容且能快速命中目标客户的推广渠道。未来我们可以拓展网台、网格、掌厅、微厅等线上线下大数据支撑能力，利用不断优化的数据挖掘模型，实现在合适的场景、对合适的客户快速进行适配的和业务产品营销推广。

8.4　套餐精准适配

8.4.1　痛点

在 2014 年亚洲通信博览会上，中国移动提出了“三条曲线”发展模式：第一条曲线是以语音和短彩信为代表的传统移动通信业务；第二条曲线是流量业务；第三条曲线是以内容应用发展数字化服务，如图 8-64 所示。

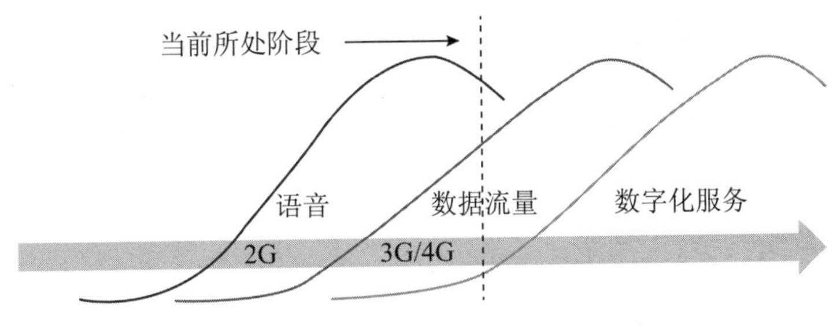

图 8-64　“三条曲线”发展模式

目前，中国移动正处在语音经营向流量经营、数字化服务转变的过程中，第一条曲线已经到顶并且开始下降。第二条流量曲线目前随着三家运营商 4G 的快速发展，在 4G 带动下增长迅速，成为当前市场的营销重点。

但从实际工作来看，用户数据流量的使用主要受限于其套餐内的流量。一方面从用户角度考虑，大部分普通用户除了特殊情况，是不会大量使用套餐内流量包的。部分用户甚至出现每到月底或是 20 号之后，就开始“抑制”自己使用手机流量，因为套餐内流量可能已经所剩无几。这样不仅会导致用户体验的下降也会一定程度上影响一部分运营商的利润。

另一方面从运营商的角度考虑，可以适当地引导用户使用适宜使用情况和使用习惯的套餐或流量包，这样既可以减少用户“抑制”流量使用而带来的不适体验，提高用户满意度，也可以一定程度上增加数据流量的营销，一举两得。因为随着互联网的普及及手机作为使用最广的移动终端，用户对于手机终端的数据流量需求一定是在日益增加的。适当利用套餐升档或是套餐精准适配这一营销点可以创造可观的利润效果。

但是，一方面，很多用户是不知道自己真正需要哪种套餐的，或是不知道哪种套餐最合适自己。这是可以理解的。因为移动公司的各种套餐和流量包有几百上千种，用户的迷茫也是用户一直没有进行套餐调整或升档的一个主要原因。另一方面，目前流量包升档的营销方式仍较粗放，无法精准定位目标用户，容易导致营销资源的浪费。误判营销人群，也就是去主动营销那部分完全没有升档需求的客户，必将会提高对于用户的打扰，降低用户满意度，并且也浪费了营销资源；漏判营销人群，也就是没有找到需要升档的客户，会导致不能及时帮助有需求的用户找到合适自己的套餐，既无法帮助用户减少“抑制”流量使用的尴尬情况，也无法为公司创造更高的价值。

因此，我们可以借助大数据工具对有流量升档用户的消费、流量使用习惯等行为进行分析，一方面精准定位营销群体，提升营销成功率；另一方面通过数据挖掘的方法预测最合适用户的 4G 套餐，在通过渠道给用户营销的时候就提前帮助用户找到最合适的套餐，减少用户的负担。通过这种方法，既可以提高用户满意度，也可以通过套餐的升档为公司创造更高的价值。

8.4.2 挖掘潜在客户群体

对于套餐精准适配的课题，常用的数据字段有很多，挑选一些常用的展示在表 8-3 中。

表 8-3 套餐精准适配常用数据字段

名 称	类 型	示 例
流量使用增长率	数值	5.1584
当月套内流量剩余量	数值	49.12
超套餐流量占总使用流量比	数值	0.97
终端制式	字符串	TDD-LTE

确定套餐精准适配这一课题，也就是要通过挖掘用户的历史消费数据、流量数据，甚至位置或基站信息等找到最适合用户使用情况的套餐。在这之前，实际还需要解决的一个问题就是要寻找潜在客户，也就是哪些人是适合套餐变化或是流量套餐升档的。因为其实有一部分用户当前的流量套餐已经是非常适合自己的使用情况，那么他们就没有这方面的需求了，再去考虑他们不仅会浪费时间，而且如果再对他们进行营销还会造成用户打扰。

为了更好地寻找潜在的需要流量升档的用户，我们需要从数据层面定义什么人需要流量升档，例如，当套餐外流量超出一定数量或套外流量占套内流量比例高达一定数值时，我们就认为这部分用户有升档套餐的需要，因为他们的套内流量不够用了。拿套外流量占用户总使用流量比为例，我们可以定义该比例高于 0.4 时，此类用户为需要套餐升档（正样本），记为 1；该比例低于 0.4 时，此类用户不需要套餐升档（负样本），记为 0，通过这种方式就可以从数据层面更实际地描述问题。除了进行 0 和 1 的二分类，还可以进行多分类，即该比例高于 0.4 记为 1；比例在 0~0.4 区间内的记为 0；比例小于 0 的记为 -1，这种区分方法也是可以的。

以上这种数据处理的方式在 SPSS 中的对应操作中可以通过“转换”完成，以下以二分类为例讲述如何对目标变量进行数据转换处理。

（1）原始目标字段为“超套餐流量占总使用流量比”，这是一个在 [0,1] 闭区间的数值型变量。我们希望通过这一经分数据划定并区分本课题所需要研究的目标客户群，也就是想找到有套餐升档需要的用户。假定我们认为“超套餐流量占总使用流量比”大于等于 0.4 的为正样本，小于 0.4 的为负样本。我们只需要通过这种判决方法新生成一个“是否需要升档”的新字段即可。单击“转换（T）→重新编码为不同变量（R）”，如图 8-65 所示。

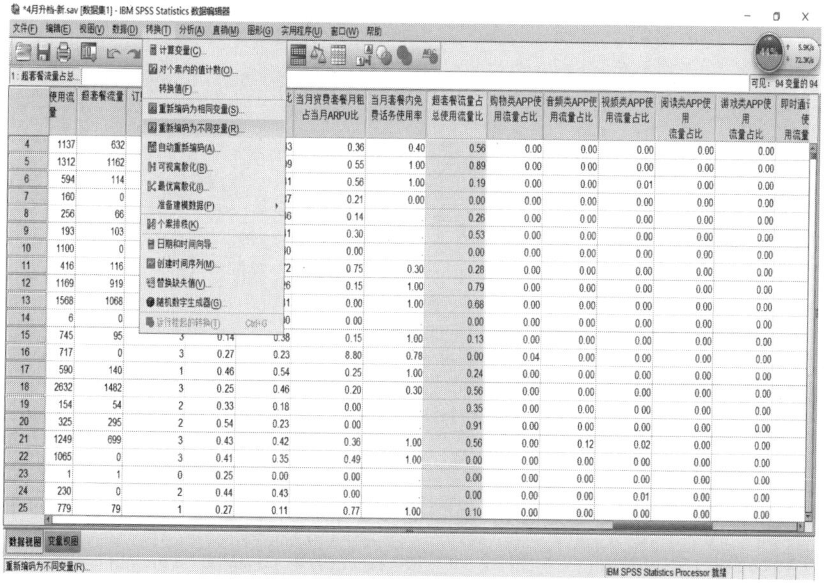

图 8-65　将原始字段重新编码为新的目标字段

（2）将“超套餐流量占总使用流量比”移入“输出变量”，并定义新得到的变量名为“是否需要升档”，再单击“更改”，如图 8-66 所示。

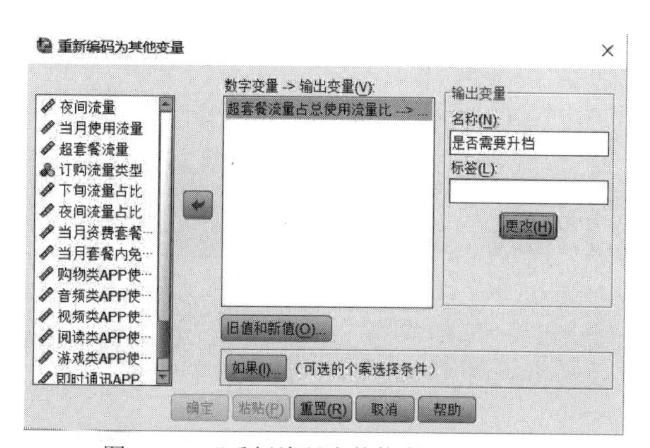

图 8-66　“重新编码为其他变量”对话框

（3）单击“新值和旧值”。在“旧值”中选定范围为 [0，0.4]，对应的新值为“0”，单击“添加”；在“旧值”中选定范围 [0.4，1]，对应的新值为“1”，再次单击“添加”，如图 8-67 所示。

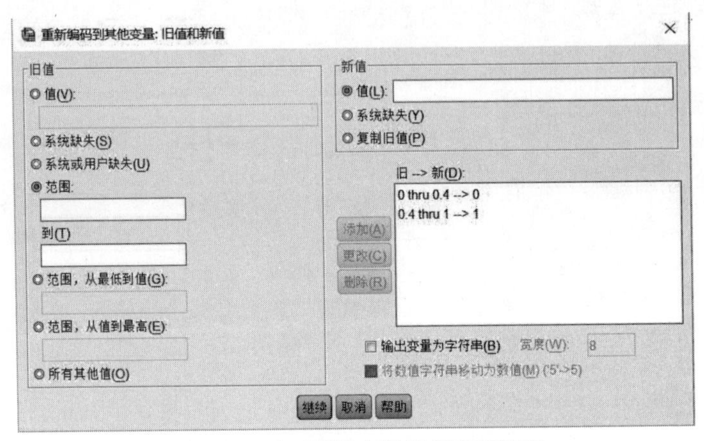

图 8-67 对于原始变量进行重新编码

（4）单击“继续”就会回到“重新编码为不同变量”，不同的是，此时的“确定”按钮已经是可以单击的状态，也就是我们完成了重新编码的标志，如图 8-68 所示。此处单击确定即可以生成一个新的“是否需要升档”字段。该字段只有 0 和 1 两个值，分别对应本课题的正负样本，正样本为“超套餐流量占总使用流量比”在 0.4 和 1 之间的，剩余的为负样本。

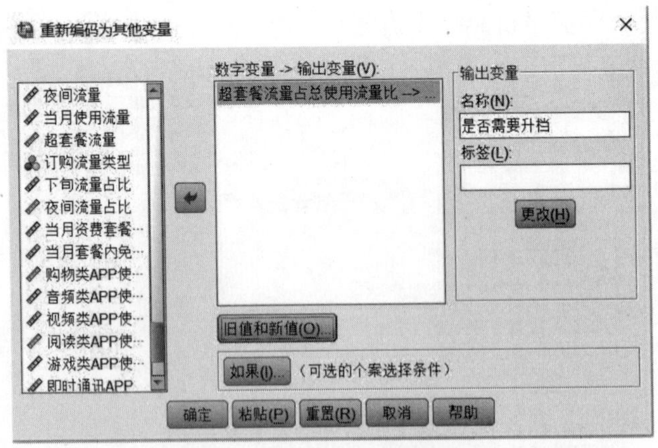

图 8-68 单击“确定”即可生成重新编码的字段

对用户群进行类别区分的定义，是为了利用分类算法的预测功能来寻找潜在的用户群。以二分类树为例，我们可以通过对已有的历史数据进行决策树建模，在验证其拓展性之后，用于预测下个月或全量数据中有哪些用户是属于有流量套餐升档需求的，也就是预测正样本。找到了的这些用户，就是潜在的客户群体，对于本课题来说，就是需要流量升档的用户。

8.4.3　探寻强相关字段

在定义问题并寻找可能有升档需求用户的同时，我们需要为多元线性回归模型寻找与最终问题比较相关的一些自变量，当作回归模型中影响最终预测结果的影响因素。

总体思路是：通过数据挖掘方法寻找哪些字段和目标字段“是否有套餐升档需求”的相关性比较高，如有升档需求为正样本，记为 1；无升档需求为负样本，记为 -1。直接利用 SPSS 进行相关性分析，具体操作在第五章有详细介绍，此处展示部分相关性系数表，如表 8-4 所示。

表 8-4　部分相关性系数表

相关性							
		上月使用流量	近三个月 MOU 均值	近三个月 DOU 均值	流量使用增长率	当月剩余基础套餐免费上网流量	超套餐流量
上月使用流量	Pearson 相关性	1	0.064	0.835	−0.017	0.011	0.512
近三个月 MOU 均值	Pearson 相关性	0.064	1	0.079	0.007	0.035	0.099
近三个月 DOU 均值	Pearson 相关性	0.835	0.079	1	0.009	0.002	0.636
流量使用增长率	Pearson 相关性	−0.017	0.007	0.009	1	−0.007	0.020
当月剩余基础套餐免费上网流量	Pearson 相关性	0.011	0.035	0.002	−0.007	1	−0.142
超套餐流量	Pearson 相关性	0.512	0.099	0.636	0.020	−0.142	1

但是，问题在于相关性系数只存在于数值型变量之间，所以从这一步开始，要着手对数据进行处理实际的预处理工作，即得到的实际数据一般都是“脏、乱、差”的。原因在前面的第 2 章已有叙述，此处不再赘述。首先说下数据的采集。实际工程是在上千个字段中初步选出 141 个字段，涵盖客户基本信息、资费及活动办理情况、消费情况、上网行为、渠道接触情况等，经过三次反复取数、检查、重新梳理字段的过程，

最终取出5、6、7三个月每月套餐升档成功和未升档的用户样本各30万个，共180万条数据，108个字段。我们的预处理贯穿了整个采集的过程和数据采集完建模之前，预处理的要点与前面组类似，比如：删除无效字段，我们一开始是选有一个字段是终端的价格的，但最后能取出的数据量很少，无法使用，只能删除了。

8.4.4 多元线性回归建模

首先回忆一下多元线性回归模型。假定因变量 Y 与 n 自变量 x_1，x_2，…，x_n 之间的关系可以近似用线性函数来反映。那么，多元线性回归模型的一般形式如式（8-1）。

$$Y=\beta_0+\beta_1x_1+\beta_2x_2+\cdots+\beta_nx_n+\varepsilon \tag{8-1}$$

式中，ε 是随机扰动项；β_0，β_1，…，β_n 是总体回归系数。

在本例中，Y 就是预测的用户流量，也就是因变量。并且我们在上一步已经寻找了强相关字段，也就是上述公式的 x_0，x_1，…，x_n。我们需要做的就是直接在软件中进行多元线性回归建模操作，算出所有自变量 x_0，x_1，…，x_n 对应的回归系数 β_0，β_1，…，β_n 即可。

在SPSS中的具体操作为：

（1）在菜单上依次选择“分析（A）→回归（R）→线性（L）”，如图8-69所示。

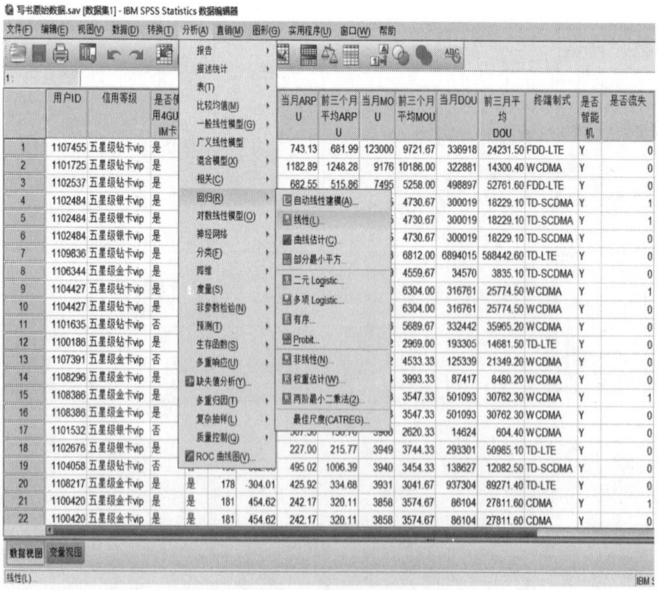

图8-69 选择“线性”

（2）在打开的“线性（L）”对话框中，将变量“当月使用流量”移入“因变量（D）”中，将“当月 DOU”移入“自变量（I）”列表框中。在“方法（M）”选项框中选择“进入”选项，表示所选的自变量全部进入回归模型，如图 8-70 所示。

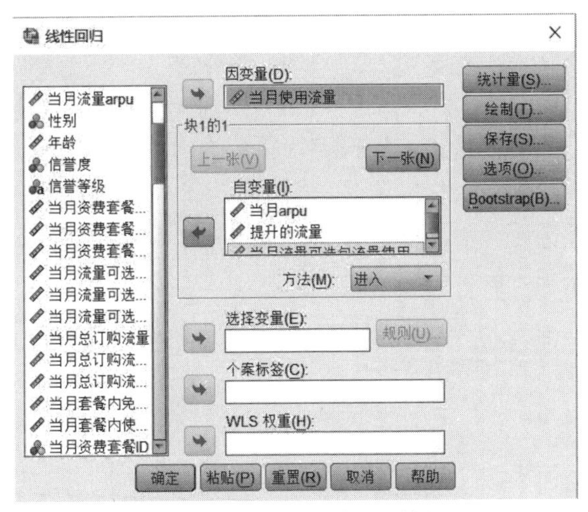

图 8-70　线性回归对话框

最后得到的 Y 关于 x 的方程就是多元线性回归的模型，如下式所示：

Y=12.717* 当月总订购流量使用率含递延 +9.997* 当月流量可选包流量使用率含递延 −5.250* 当月套餐内使用流量占总免费流量使用比重 −3.214* 当月套餐内免费流量占总免费流量的占比 +0.521。

其中“当月套餐内使用流量占总免费流量使用比重”是人为添加的字段。进行字段转换调整优化后，流量占比相关系数最高达 0.784。由此可见，当原始字段分析效果不理想时，数据转换就显得尤为重要。

8.4.5　制定层次化、个性化精准营销方案

有了初步的模型，我们就可以预测出哪部分有升档需求的客户真正需要的流量套餐是哪个或哪种价格区间的了，那么就可以开始进行营销方案的制定，着手对其进行精准营销。传统的方法是地毯式营销，即对营销用户推荐同一款流量包或套餐，由于用户的需求有很大不同，这种做法很容易造成大范围的用户打扰。所以，在具体营销时，需要建立层次化、个性化的精准营销方案。

所谓层次化，就是要通过各个不同的维度对用户进行分层聚簇，如可以按照流量使用情况、消费水平和超套餐流量占比等属性对用户进行聚类。在经过详细的分层之

后，对于不同类别的用户进行分层分类的精准营销，以降低用户打扰，减少投诉并提高用户的满意度。所谓个性化，就是更加细化、更加精准的营销。对于每个需要营销的客户，使用最适合的营销方式、营销渠道、营销话术，以及最重要的，对于每个用户的营销内容要精准到位。因此，数据挖掘中分类算法的预测功能就显得尤其重要，这种预测功能也就很好地实现了“猜你喜欢”，预测每个用户的需求和喜好，以更好地完成个性化精准营销。

在这个套餐精准适配项目中，用模型计算出有升档需求的用户所真正需要的流量数量，并对应到相应数额或价格的流量套餐中，这些具体的流量套餐就是在营销时给每个用户不同的营销内容，由于每个人的需求是不一样的，所以才叫“个性化”营销。具体来说，本项目先将有升档需求的用户通过多个属性聚为 9 个簇，在计算出其需要的流量套餐内容的基础上，对 9 簇用户分别进行 9 种不同的营销方案，实现层次化、个性化精准营销。

8.4.6 落地效果评估与模型调优

落地方式为人工外呼，将外呼客户分成两部分，一部分为建模目标客户（11477 人）；另一部分为非目标客户数据（45153 人），总体对比结果如表 8-5 所示。

表 8-5 落地效果对比

客户群	外呼量	接触量	接触率	办理量	营销成功率	较非目标提升
非目标客户	45153	11915	26.4%	3415	7.6%	
目标客户	11477	2304	33.3%	1540	13.4%	5.8pp

对于套餐精准适配模型，目标客户营销成功率较非目标平均提升为 5.8pp。不同客户群，营销成功率分布如图 8-71 所示。

初步模型的效果还是比较明显的，营销成功率有比较明显的提升。对于模型调优的问题，多元线性回归方法虽然也有预测功能，但其区别于经典分类算法的地方在于它的 ROC 曲线不是很好画，因此用回归方法建出的模型调优不太容易，基于寻找 ROC 曲线上的最优营销点来实现。回归模型的调优主要通过数学计算层面来优化拟合度等模型参数进行，其计算方法过于复杂，有兴趣的读者可以参照本章末的参考文献。在实际工程中，如果需要调整，可以通过转换的方式增加一些字段，看是否能增加一些和目标变量更加相关的字段。也就是，在找到一些能更好解释回归模型中因变量的自变量来提高曲线的拟合程度，来提高模型的预测能力。

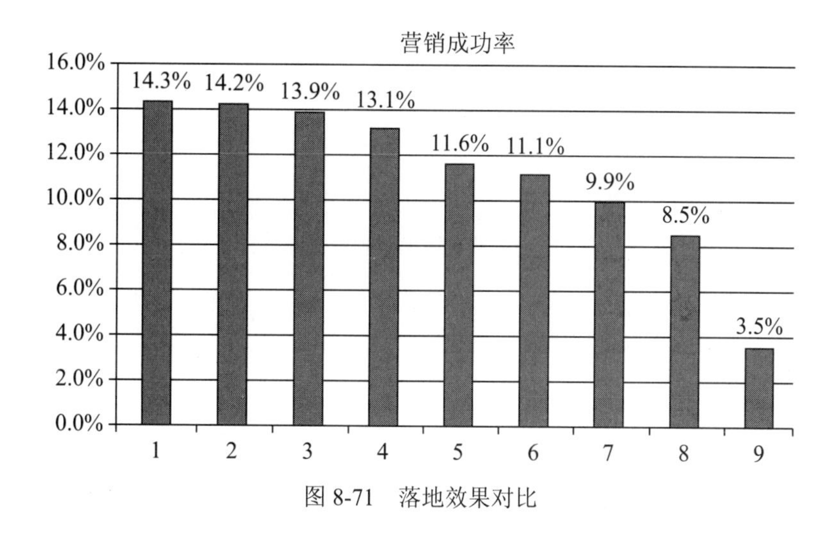

图 8-71　落地效果对比

8.5　客户保有

近几年，新兴通信业务对传统通信运营商构成了很大的威胁，在竞争过程中，并购、重组等大的战略调整屡见不鲜。如何保证大量广告宣传和营销服务的投入效果，保持业务优势，是传统通信运营商考虑的重中之重；其中，客户资源维持是提升其利润率和 ARPU 值（每用户平均收入）的重要标志，客户流失率则是运营商最终 ROI（投资回报率）评估的重要参考系数，因此客户关系管理在传统通信运营商的管理环节中显得尤为重要。移动通信领域的客户流失有三个方面的含义：一是指客户从本移动运营商转网到其他电信运营商，这是流失分析的重点。二是指客户使用的手机品牌发生改变，从本移动运营商的高价值品牌转向低价值品牌，如中国移动的用户从全球通客户转为神州行客户。三是指客户 ARPU（指每用户月平均消费量）降低，从高价值客户成为低价值客户。目前，大部分运营商都构建了客户关系管理系统，但只局限于业务受理、营业、收费、投诉等基本功能的实现，对于客户离网流失的关注非常有限；系统的分析功能也仅局限在对投诉、故障等指标的统计上报，无法完成从发现客户有流失倾向到客户维系挽留的闭环处理。客户流失分析如何实现客户流失分析包括流失预警和挽留两大功能模块，其中可以解决如下业务问题：（1）话务量增加或减少 *N*% 的顾客有什么特征？有什么行为习惯？是否为有理投诉？（2）哪些客户将流失转至其他竞争公司？客户离开的原因是什么？（3）预测一定时间内有离网可能性的客户范围。（4）哪些群组是公司的大客户群，等级如何？（根据风险、产品或服务、收益来分类）将上千笔业务归纳、总结，找出客户特征，提高销售能力。大数据客户生命周期如图 8-72 所示。

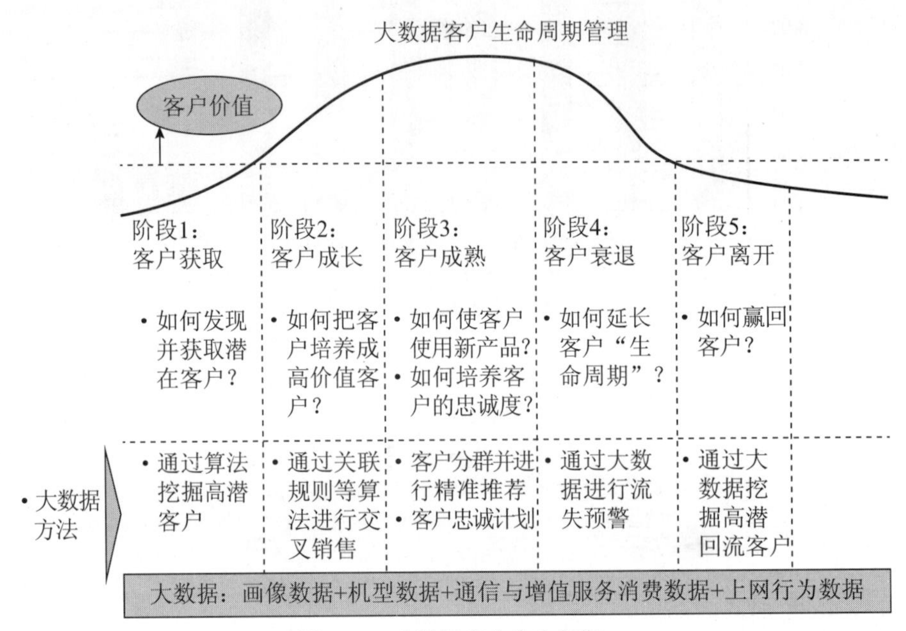

图 8-72 大数据客户生命周期

8.5.1 总结客户流失的历史规律

客户保有问题在运营商的实际运营中是通过营销新的业务或服务来解决与应对的。通过历史营销经验发现运营商与用户签订合约对效益增收、客户保有具有明显的拉动作用。因此客户保有问题可以转化为业务营销问题，其中，目标客户群为潜在流失客户，对这部分客户进行外呼营销，从而达到客户保有和经济效益提升的目的。在生产实践中，影响客户流失的特征与因素有很多，所涉及的字段包含一些基本的客户信息字段如性别、年龄等及业务相关数据如总消费、总流量、总通话时长、客户星级、入网月份等经分字段。根据项目实际可采集到数据情况，提取与目标变量相关性较高的属性字段，挖掘潜在目标客户。

本节为了充分挖掘客户流失规律，分别采集了 7～9 月，每月约 30.9 万条数据，共 110 个属性字段，其中部分字段如表 8-6 所示，其中“是否离网”作为目标变量，将未离网标记为 1，代表未流失客户；其他状态均标记为 0，代表客户流失。经统计分析，离网客户所占比例约为 10%，从离网比例可以看出，客户流失管理问题是典型的数据集不平衡问题。本节将以 7 月数据作为训练集数据，生成分类预测规则。

表 8-6　客户流失部分数据属性及说明

分　类	字段名称	备　　注
基础属性	统计月份	统计 7 ～ 9 月的数据
	是否离网	否（未离网）；是（离网）
	客户星级	统计当月的客户星级
	市公司	所属区域
	县公司	
	市县乡属性	
	入网月份	可换算为网龄
	年龄	
	身份属性	区分学生、集团客户、大众客户
状态	前 1 ～ 4 个月在网状态	包含五种状态：账务预销户、营业预销户、账务销户、营业销户、正常用户
星级	前 1 ～ 4 个月客户星级	
消费	前 1 ～ 4 个月总消费	单位：元
	前 1 ～ 4 个月总流量费用	单位：元
使用行为	前 1 ～ 4 个月总流量	单位：MB
	前 1 ～ 4 个月总通话时长	单位：分钟
	前 1 ～ 4 个月总通话次数	
	前 1 ～ 4 个月停机次数	包含单向停机和双向停机
	前 1 ～ 4 个月是否漫游	
	前 1 ～ 4 个月主叫次数	
	前 1 ～ 4 个月被叫次数	

基于数据分布特点，数据的预处理工作主要包括清除噪声数据、清除冗余数据、归一化等。在 SPSS 软件中的具体操作参见 8.2 节和 8.4 节中的相关操作步骤。经分析与客户流失相关性最强的前三个字段为：前 1 个月交往圈总客户数、前 1 个月停机次数和前 1 个月客户星级。

根据预处理后的 7 月数据，以“是否离网”作为目标变量，采用决策树算法进行分类建模，利用 SPSS 软件中“分析（A）→分类（F）→树（R）”功能中 CHAID 决策数算法，对训练数据集的建模任务，具体步骤参见 8.2.1 节。该模型性能评估的

ROC 曲线采用自主开发的数据挖掘软件进行绘制，如图 8-73 所示。

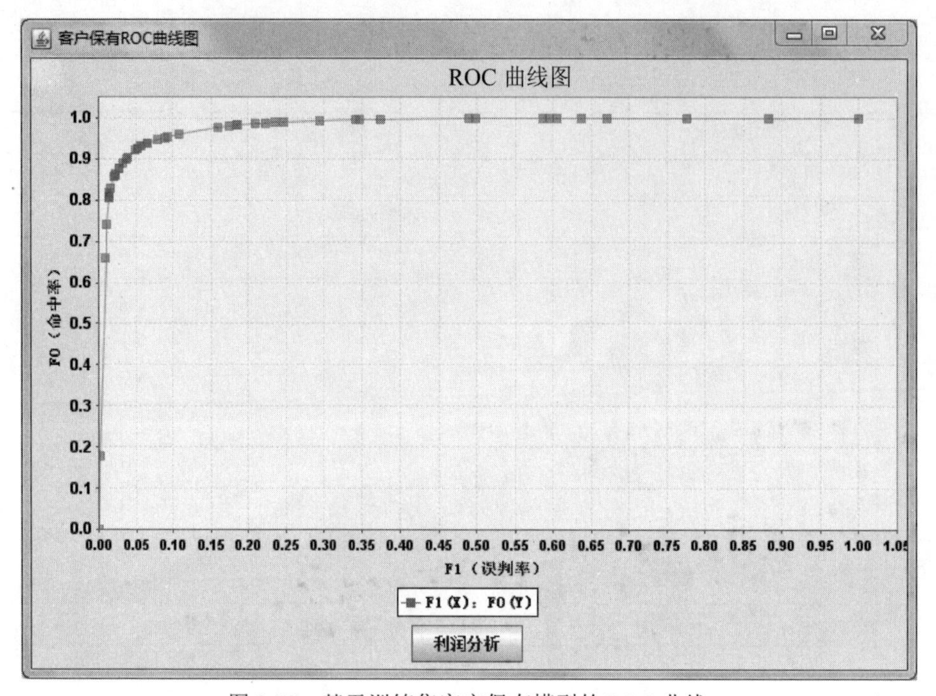

图 8-73 基于训练集客户保有模型的 ROC 曲线

注意，该界面为科研组自主研发的数据挖掘软件性能评估界面，软件还囊括多种数据挖掘功能，包括数据预处理、聚类分析、分类分析、关联分析等。若读者对该软件感兴趣，可联系作者索要试用版。

从图 8-73 中可以看出，基于训练集的模型性能极好，但通过分析模型所输出的规则文件，我们发现在流失客户特征的挖掘中最关键的属性为“前 1 个月停机次数”，然而在实际落地应用时，由于数据实时性问题，基于客户前 1 个月的数据特征无法及时完成对目标客户的挽留工作，因此在进入下一步分析前对训练集模型进行优化，剔除客户所有前 1 个月相关属性，并完成对客户流失预警的重新建模与分析。

优化后模型的 ROC 曲线如图 8-74 所示，对比图 8-73，可以看出剔除最相关的前 1 个月的数据后，模型性能有所下降，但其可落地实施性具有较大提升。此时，与客户流失相关性较强的前两个字段为：前 2 个月总通话次数、常驻网络类型。

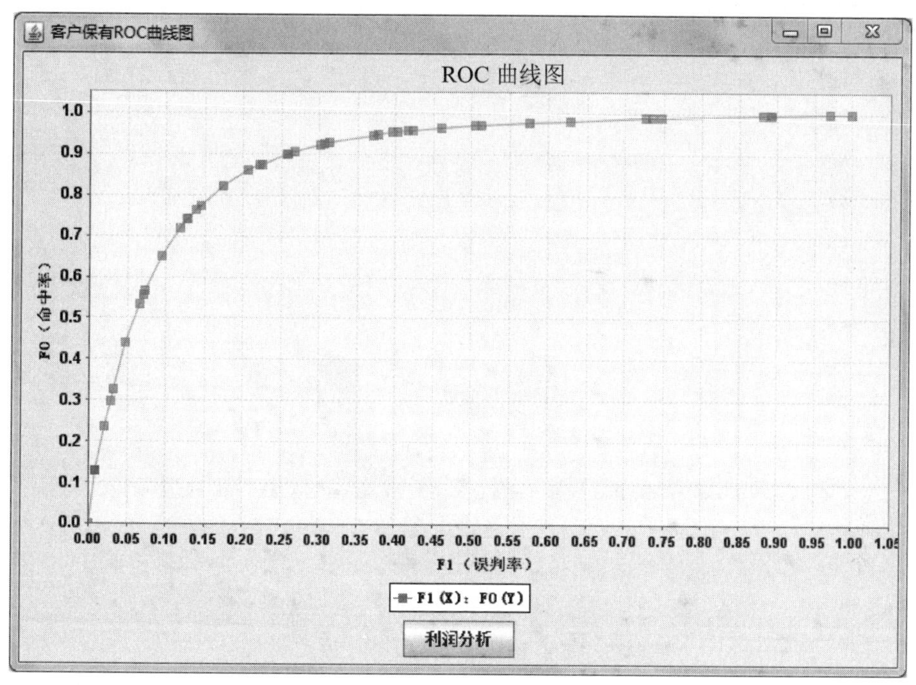

图 8-74　优化后客户保有模型的 ROC 曲线

8.5.2　细分潜在流失客户群体

同样，在模型构建完成后，需要对其泛化能力进行验证，本节采集了 7～9 月的数据，其中 7 月的数据作为训练集，生成上述分类模型，而 8 月和 9 月的数据均可以作为测试集进行验证分析。使用自主研发软件完成验证工作，将规则文件应用分别应用到 8 月和 9 月的数据集进行模型验证，得到的验证结果分别如图 8-75 和图 8-76 所示。从 ROC 曲线中可以看出，模型的泛化能力较强，可以应用到实际项目中。

对潜在流失客户群体进行细分与 8.2 节类似，就是把客户按照属性特征细分为若干个小的群体，每个客户群体间客户流失概率不同，但客户群体内部客户流失概率相同。因此，将客户细分为多个具有不同流失概率的群体后，可根据流失概率大小排序对部分客户群进行重点挽留。

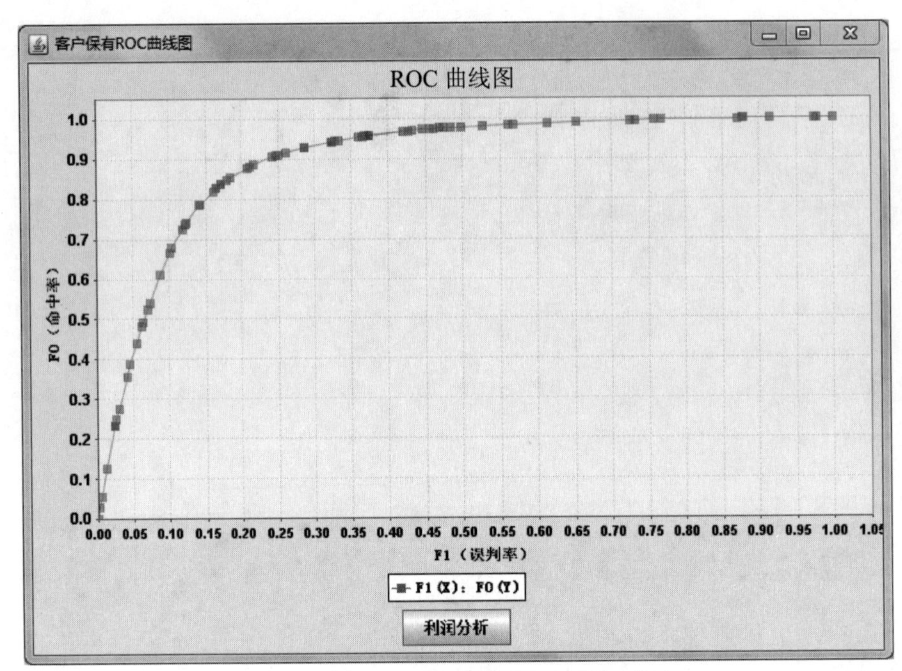

图 8-75 基于 8 月测试集数据的 ROC 曲线

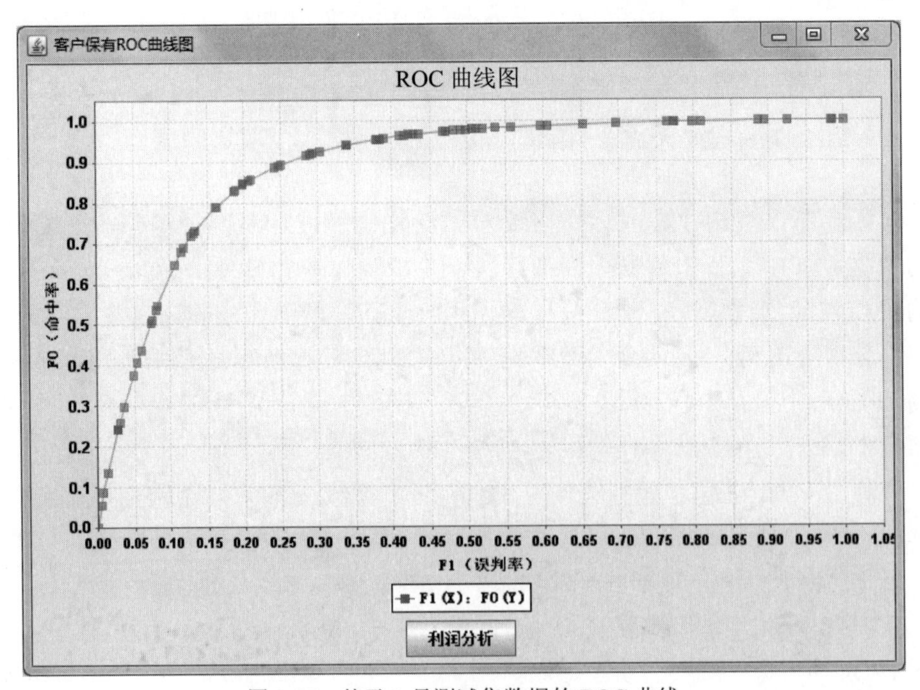

图 8-76 基于 9 月测试集数据的 ROC 曲线

本节经过客户群体细分后，潜在流失客户画像如下：

（1）当客户前两个月被叫次数小于 9 次，且常驻网络类型为 4G 或不详时，且入网月份小于 87 时，预测客户流失概率为 68.0%；

（2）当客户前两个月被叫次数处于（9，24] 之间，且入网月份处于（23，42] 之间，且常驻网络类型为 4G 或不详时，预测客户流失概率为 42.5%；

（3）当客户前两个月被叫次数处于（9，24] 之间，且入网月份小于 23 时，预测客户流失概率为 35.4%；

（4）当客户前两个月被叫次数小于 9 次，且常驻网络类型为 4G 或不详时，且入网月份大于 87 时，预测客户流失概率为 32.0%；

……

8.5.3　客户保有效益建模与最优决策

传统方法中，对于决策树模型，选取什么样的客户保有方案其保有成功率和误判率的综合效果是最好的呢？这个就涉及之前提到的 ROC 曲线。对于一个既定的模型来说，其 ROC 曲线下的面积即 AUC 是一定的，可以通过适当选取营销点来达到。通过之前对 ROC 曲线的描述不难知道 ROC 曲线上效果最优的点即为离（0，1）点最近的营销点。因此，在选取客户保有方案的时候，可以通过选取最优客户保有点所对应的客户保有方案来达到最优营销的结果。

但从实践应用角度出发，什么样的客户保有模式才是最优的？对于任何一个客户保有方案，最终评判的标准就是营销效益。把哪些客户作为营销人群，采用什么样的方案和营销利润是最高的，那么这样的营销模式就是最优的。因此，针对不同的营销产品和营销成本，需建立一个利润模型，同时还要考虑到营销成功率，最重要的是要结合决策树模型的成功率来得到最终盈利的模型函数。

基于利润函数，评估客户保有模型的性能与效果，利润函数如下：

$$p=N\pi_0F_0(\lambda V-\lambda c-d)-N(1-\pi_0)F_1(c+d) \tag{8-2}$$

式中，N 为客户总数；V 为客户终身价值；c 为挽留刺激成本；λ 为挽留成功率；d 为触点成本；π_0 为流失客户占比；F_0 为模型的命中率；F_1 为模型的误判率；F_2 为模型的成功率。按照运营商实际情况，设定相关参数，挽留成功率为 0.2，单个活跃用户带来的直接利润估算为 67 元 / 每月 ×24 个月，合计 1608 元，客户关怀成本估算为 21 元，代入利润模型可知，只有当客户流失预测模型的成功率高于 21/（1608×0.2）≈

0.0653 时，客户挽留工作的直接利润才会大于 0，否则为负利润。以上参数均可依据实际运营情况进行调整。以下给出基于业务营销模型的营销评估分析结果，如图 8-77 ～图 8-79 所示。

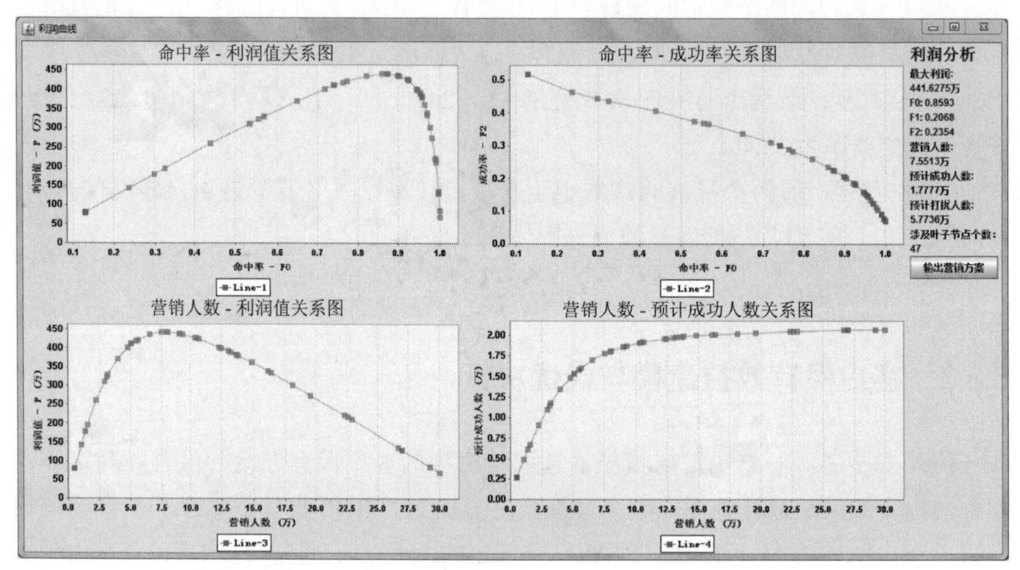

图 8-77　客户保有模型基于 7 月训练集数据的性能评估

从图 8-77 可以看出，对于 7 月 30.9 万训练集客户，流失比例约 10%，基于利润模型分析可得，命中率与利润值呈凸函数关系，且当模型的命中率、误判率、成功率分别取 0.86、0.21、0.24 时，关怀客户获得的直接利润最大，约为 441.63 万元。关怀人数与利润值也为凸函数关系，而命中率与成功率为负相关，关怀人数与关怀成功人数为正相关。本模型在构建时已剔除客户前 1 个月所有相关属性，降低了数据的实时性要求，具有较强的可实施性。

从图 8-78 可以看出，基于 8 月 30.9 万测试集客户，流失比例约为 10%，当模型的命中率、误判率、成功率分别取 0.91、0.25、0.29 时，关怀客户获得的直接利润最大，为 761.61 万元。

从图 8-79 可以看出，基于 9 月 30.9 万测试集客户，流失比例约为 10%，当模型的命中率、误判率、成功率分别取 0.91、0.29、0.29 时，关怀客户获得的直接利润最大，为 871.29 万元。

对比 7 ～ 9 月利润曲线可看出，该模型具有较好的泛化能力。

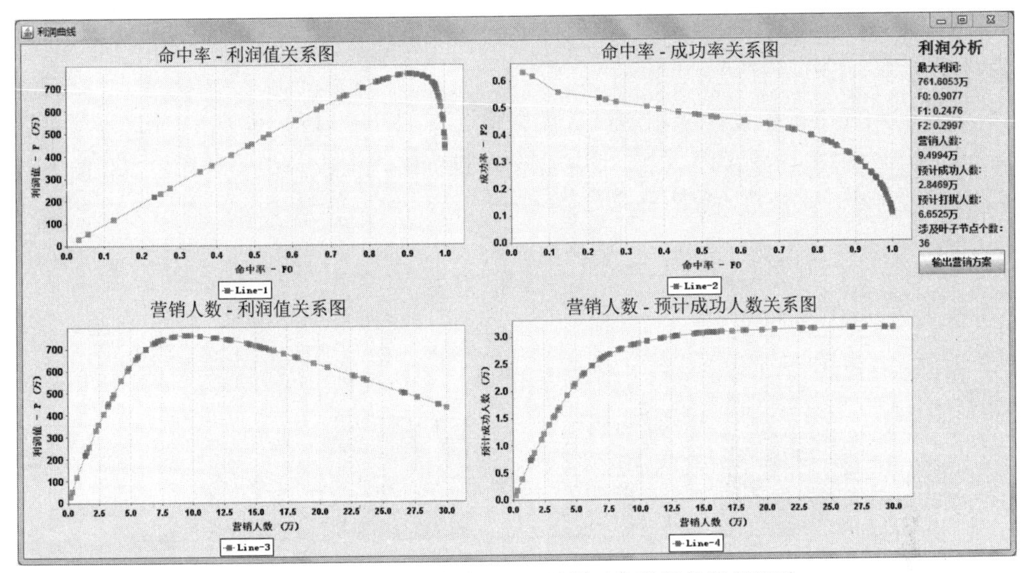

图 8-78　客户保有模型基于 8 月测试集数据的性能评估

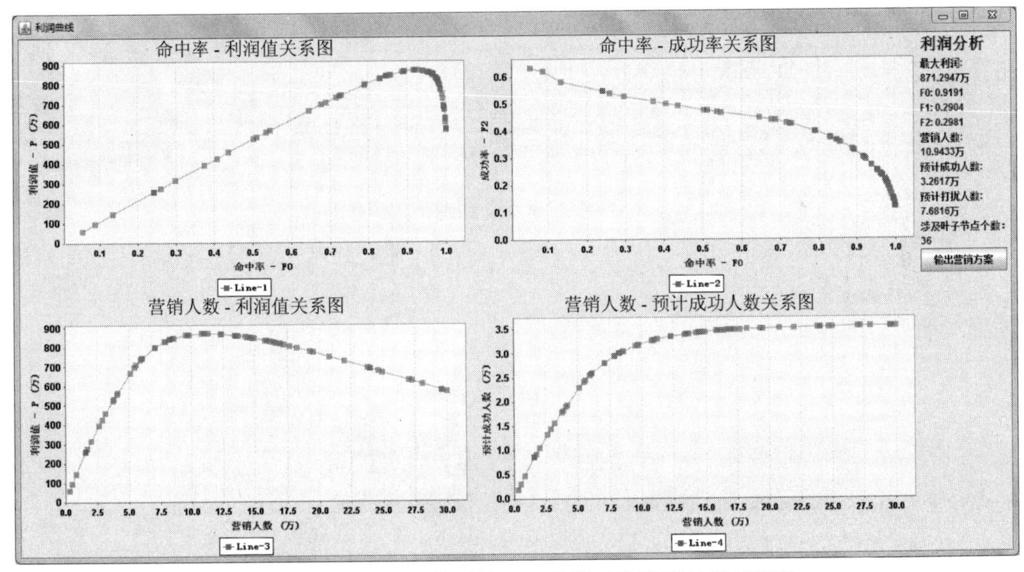

图 8-79　客户保有模型基于 9 月测试集数据的性能评估

8.5.4　落地效果评估

当模型确定后，即可应用于所有的当前客户。具体做法如下：将模型应用于待分析数据，能够得到每个客户的预测结果即业务营销是否会成功，以及成功概率等信息。我们最终会筛选出所有适合营销的客户清单。

将 CHAID 决策树模型输出的目标客户筛选规则，应用到 160 万待预测客户集筛选目标客户，输出目标客户清单，并根据清单进行客户保有。由于外呼成本和能力有限，第一期落地客户总量为 25727，结果如图 8-80 所示。基于第一期结果调优后，第二期落地客户总量为 47765，结果如图 8-81 所示。

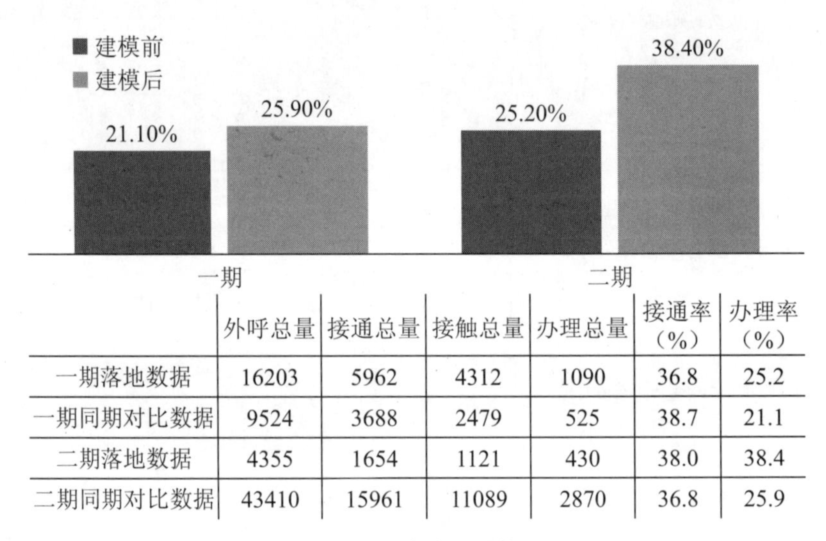

	外呼总量	接通总量	接触总量	办理总量	接通率（%）	办理率（%）
一期落地数据	16203	5962	4312	1090	36.8	25.2
一期同期对比数据	9524	3688	2479	525	38.7	21.1
二期落地数据	4355	1654	1121	430	38.0	38.4
二期同期对比数据	43410	15961	11089	2870	36.8	25.9

图 8-80　业务办理量情况

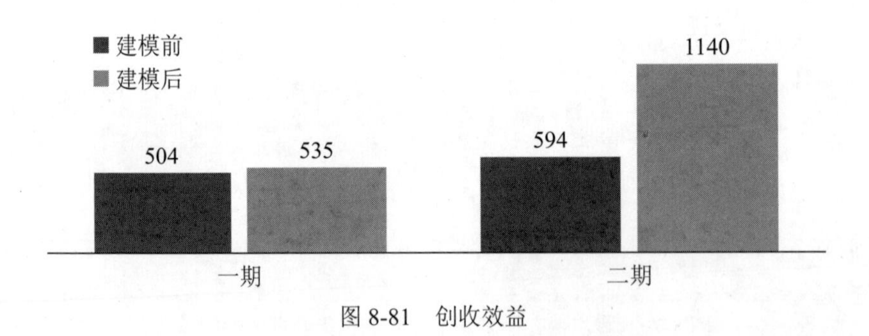

图 8-81　创收效益

对比同期数据可以看出成功率提高了，受月初客户不愿接听外呼影响，传统方式成功率为 21%，利用模型预测的目标客户，成功率提升 20% 以上。模型调优后在接通率不变的情况下，成功率提高 50%。

经过两期模型提优，平均工时创收较传统方式提高约 1 倍。可见建模对外呼效率、外呼营销收入有明显拉动作用。本节通过数据挖掘算法构建模型，在全量客户中筛选出适宜进行业务营销的目标客户进行业务营销，并通过与客户的合约来达到客户价值提升和保有的目的。在未来客户保有工作中，还应该采取个性化营销，针对不同类型的客户，推送不同的业务或提供优惠活动来提高客户满意度，提高用户粘性，降低客户流失率。

8.6　投诉预警

近年来，随着用户手机通信需求的快速变化，尤其是移动互联内容应用的日益普及，客户对网络、资费及业务等各环节的服务能力和标准都提出了新的要求，当通信运营商不能及时满足客户变化的需求时，必然带来客户抱怨和投诉的增长。在资费透明度、业务定制透明度及服务态度和技能方面，用户投诉数量及复杂程度呈明显上升趋势，并成为了社会、舆论关注的焦点。这一方面耗费了运营商大量人力物力；另一方面也引起了消费者的极大不满，对运营商在新的移动互联竞争环境下维系客户带来了巨大挑战。其中，用户投诉所造成的客户满意度降低，是目前各运营商重点关注的问题。为了避免由于客户投诉处理不当而造成的客户流失，各运营商都在试图寻找更为有效的方法和措施。

8.6.1　客户投诉现象分析

要维护客户的忠诚，很重要的就是与客户建立和维持良好的关系。进行客户关系管理不仅要提供高品质的产品和服务，还要处理好客户抱怨。一般来说，投诉的客户多数是对公司有好感，或者说本意上不想放弃现有服务的群体。如果服务人员能够正确、有效地处理好客户投诉，就能够有效挽回客户。这需要制定新的符合客户需求变化的投诉处理办法，并建立起有效的投诉风险管理体系，以应对激烈市场竞争所带来的用户流失问题。

对于从事移动通信服务的企业来说，服务失误也是不可避免的。服务失误会导致客户的不满意。当客户对服务不满意时，他们可能采取的后续行为有：将其不满意的经历告诉其他客户，形成不良口碑传播；向提供服务的企业或者其他部门投诉，或者直接不再购买企业的服务或产品。客户投诉处理流程如图 8-82 所示。

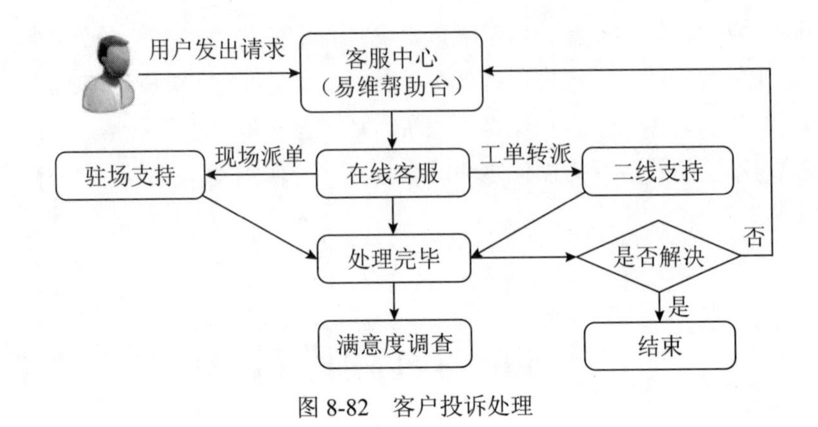

图 8-82　客户投诉处理

目前，国内电信行业处理用户的投诉主要采取事后补救措施，但收效甚微。在处理客户投诉的时候不够及时、主动、公平，是客户普遍的感受。从某移动通信运营商近期客户满意度调研来看，“投诉解决情况”和“处理时间可接受”这两项指标的客户感知也明显不佳。从近两年的通信用户投诉的研究情况看来，目前国内运营商投诉管理中存在的问题包括以下三个方面：

事前，投诉预防不到位，投诉预警实际操作存在困难，缺乏事前分析的信息和工具，对热点问题和风险问题缺乏有效监控。

事中，处理效率低，处理效果欠佳，投诉处理手段有限，投诉信息统计滞后。

事后，公共关系应对欠缺，投诉顽疾长期存在，投诉处理没有闭环。

另外，业务人员的业务熟悉程度较差，人员流动频繁、专业性差、业务说明不够详细，造成客户理解有误等问题也长期存在。

本节以流量费用质疑数据为例，分别采集了 8 月和 9 月费用质疑投诉相关数据，每月数据总量 40 万条，其中投诉客户与非投诉客户比例约为 1:3。主要采集了客户基本信息字段，近 3 个月相关费用字段、流量使用情况字段、终端信息、热线交互情况相关字段和渠道偏好字段等，共 72 个属性字段，其中部分字段情况参见表 8-7。

由于是人为采集的数据经由不同工作人员，来自不同渠道，总是有各种缺陷的。常见的问题是数据的缺失、数据类型不统一、格式错误等。需要人为进行处理使其规范化，便于后续使用软件对其进行数据挖掘分析。进行预处理包含以下内容，如对少量缺失值的填充，如果缺失过多就有必要重新采集数据；对错误格式的记录数据进行过滤、转换；对部分字段进行必要的拆分或汇总；不同渠道采集的数据的合并（注意：有些字段在业务系统中并不直接存在，需要转换得到）。数据经过预处理后再进行数据挖掘会明显提高挖掘效果，即提高模型分类预测精度。

表 8-7　流量费用质疑部分数据属性

类　别	字　段
客户基本信息	年龄
	网龄
	客户星级
	当月基础语音资费套餐名称
	当月流量套餐名称
	付费方式
	常驻小区类型
	是否为学校小区
	是否为敏感客户
近 3 个月费用情况	前 3 个月消费总额（元）
	前两个月消费总额（元）
	前 1 个月消费总额（元）
	前 3 个月超流量套餐费用（元）
	前两个月超流量套餐费用（元）
	前 1 个月超流量套餐费用（元）
	前 3 个月流量费用总额（元）
	前两个月流量费用总额（元）
	前 1 个月流量费用总额（元）
近 3 个月及当月流量情况	前 3 个月免费流量资源总量（KB）
	前两个月免费流量资源总量（KB）
	前 1 个月免费流量资源总量（KB）
	前 3 个月实际产生流量（KB）
	前两个月实际产生流量（KB）
	前 1 个月实际产生流量（KB）
	前 3 个月超流量数量（KB）
	前两个月超套餐流量（KB）
	前 1 个月超流量数量（KB）
	当月 2G 流量
	当月 3G 流量
	当月 4G 流量

采用“双变量相关分析”得到与“当月是否有投诉”相关性字段排序，如表 8-8 所示，在 SPSS 软件中的具体操作参见第 5 章。

表 8-8　双变量相关字段排序

字　段	相 关 性
投诉时手机是否属于停机	0.403
热线评价是否满意	0.337
当月拨打 10086 的次数	0.306
近 1 年是否有投诉话费问题	0.283
近 3 个月拨打 10086 热线人工记录次数	0.274
当月欠费停机次数	0.236
当月上行流量	0.218
近 3 个月月均投诉次数	0.198
近 1 年是否有投诉 GPRS 费用问题	0.198
前 1 月消费总额	0.182

从表 8-8 可以看出，与“当月是否有投诉”相关性较高的字段均为热线相关字段。分析其原因，在数据采集过程中，热线相关字段的统计中包含当月的投诉数据，两者信息存在叠加。因此，在分析过程应剔除该部分数据的影响。

8.6.2　挖掘潜在客户群体

挖掘潜在客户群体，是为了建立完善的客户投诉预警机制，扭转当前、事后补救的投诉处理方式，防患于未然，通过监控客户基本消费与缴费信息，对潜在投诉客户进行预警及主动关怀。为了生成目标客户群体的直观性画像，本节同样采用决策树分类算法进行建模分析，在 SPSS 软件中的操作步骤与 8.2.1 节中的步骤一致。在 8.6.4 节中，我们提到由于热线相关数据与目标变量“当月是否有投诉”存在一定的包含关系，在最终的建模中我们应剔除相关因素的影响。本节我们将包含热线相关数据的模型与剔除该因素影响的模型进行了对比分析，以 8 月数据作为训练集，两个模型的分类表结果分别如图 8-83（a）（包含热线相关数据）和图 8-83（b）（剔除热线相关数据）所示。模型的 ROC 曲线如图 8-84 所示，其中剔除热线因素的影响后，模型 ROC 曲线下面积约为 0.797。

利用 9 月数据完成对最终模型（剔除热线因素影响）的测试与验证，利用 SPSS 中 INSERT 语句得到验证效果，具体步骤参见 8.2.2 节。测试集的 ROC 曲线，如图 8-85 所示，其中曲线下面积约为 0.749，对比训练集数据该模型具有较好的泛化能力，可实际应用。

分类

已观测	已预测		
	0	1	正确百分比
0	282862	17138	94.3%
1	40986	59014	59.0%
总计百分比	81.0%	19.0%	85.5%

增长方法：CHAID
因变量列表：当月是否有投诉

（a）包含热线相关数据分类表

分类

已观测	已预测		
	0	1	正确百分比
0	280694	19306	93.6%
1	72520	27480	27.5%
总计百分比	88.3%	11.7%	77.0%

增长方法：CHAID
因变量列表：当月是否有投诉

（b）剔除热线相关数据分类表

图 8-83　决策树模型

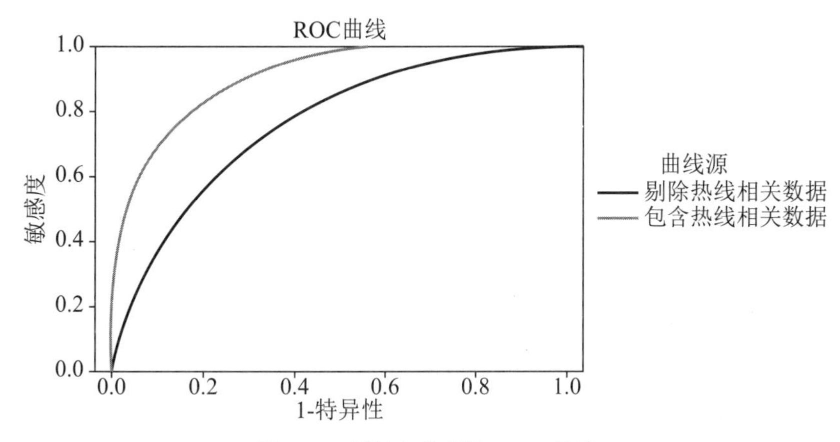

图 8-84　训练集数据的 ROC 曲线

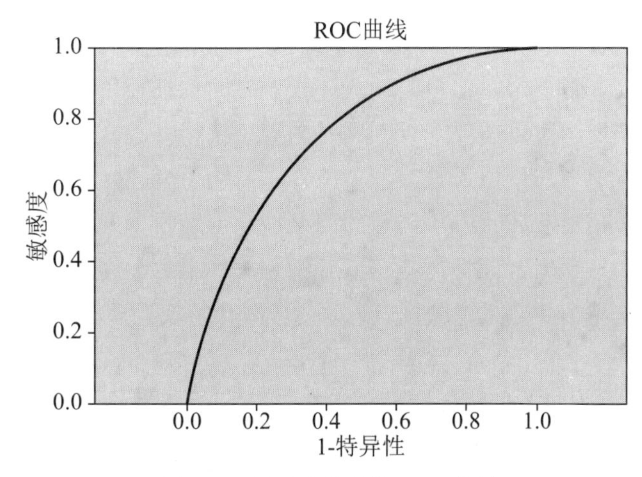

图 8-85　测试集数据的 ROC 曲线

8.6.3 制定个性化关怀方案

本节经过客户群体细分后，具有投诉风险的客户画像如下：

（1）当月缴费次数大于 5，且当月实际产生流量处于（280115，700309] 之间，且投诉当月缴费总额大于 50，预测客户投诉率约为 100%。

（2）当月缴费次数大于 5，且当月实际产生流量处于（65873，280115] 之间，且当月超流量数量大于 2039，且投诉当月缴费总额大于 50，预测客户投诉率约为 87.8%。

（3）当月缴费次数大于 5，且当月实际产生流量大于 700309，预测客户投诉率约为 56.2%。

（4）当月缴费次数处于（4，5] 之间，且当月超流量数量大于 55124，预测客户投诉率约为 43.6%。

……

基于上述画像，结合实际落地需求与限制，根据客户特征生成关怀策略，如引导客户升级流量套餐，引导客户使用 App 终端或者为客户提供或赠送相关优惠产品等。

8.7 网络质量栅格化呈现

在目前运营商的网络现状中，流量是其比较关心的一个指标，但从实际分析得出用户、流量与收入增幅线性不相关，缺乏对投资效益整体分析的有效模型。在各个部门的协同工作中也有多重问题：首先，资源投放方面规划不足，网络规划不是简单的高流量区域局部规划，而是需要一种四网协同规划策略；其次，市场部与网络部工作立场不同，均未将用户与网络并重来开展工作，协同力度不足；最后，发展战略与经济目标方面还处于相对混沌状态。当前的网络在业务逻辑上发生了巨大变化，多对多通信，业务方式并发使用，业务量与资源开销相关性不大，经济价值不仅针对运营商还引入了互联网应用商。针对这种背景，为适应时代特征，提出四网协同，流量经营，智能运营。

第三方为我们提供具有海量数据的栅格平台，主要是将区域地理信息栅格化、规范化，准确标示每个地理栅格内的信息，包括地理信息、GSM/TD-SCDMA/WLAN 等网络资源信息、用户数据、终端信息及业务数据等。地理信息有：道路、建筑、绿地等。网络资源有：小区覆盖数据、业务量、质量等统计指标、每小区用户数等。用户数据有：用户基本信息、使用网络类型、套餐信息、月费用等信息。终端信息有：品牌型号、操作系统、支持制式等。业务数据有：流量、应用等。根据所提供的海量数据，我们首先分别针对单网络进行研究，待各个网络有了比较详细的分析结果，再综合各个网络进行协同分析。目前在开展对 TD-SCDMA 网络的分析，从质量、业务、营销三个角度，提出了六种协同因子，即主服小区电平、载干比、用户数、流量、套餐、收入。主服小区电平和载干比可用来分析网络的覆盖及干扰情况，建立网络服务质量模型，为下一代网络规划建设提供基础；用户数和流量可用来分析网络业务情况，通过建立客户细分模型、流量分布模型，发现网络现存的问题，并开发基于目标导向的网络优化；套餐和收入可用来建立资费分析模型、收入分析模型，从而开发基于效益增长模型的算法。

针对这六种协同因子，我们首先采用聚类分析技术进行单维度聚簇，然后采用关联分析、信息论等知识分析各个协同因子间的相关性，进而发现针对某种网络问题的关键因子，并预测网络未来可能出现的问题，给出相应的网络优化方案。

8.7.1　栅格化呈现的基本原理

为了实现无线网络协同工作，以及运营商所关注的精细化区域管理，小区栅格化是最佳的解决方案。然而，这样带来的后果就是数据量大大增加了，使得栅格化过程的复杂度增加了。那么如何在满足精确度前提下，降低小区栅格化过程的计算复杂度是一个重要的、亟须解决的技术问题。

在满足精确度前提下，降低小区栅格化过程的计算复杂度，缩减运算时间，栅格化呈现的基本原理如下：将目标区域均匀划分成多个栅格，初始化栅格值；所述栅格值为栅格所属小区的标识；根据每个基站的发射功率和路损模型，计算每个基站的栅格覆盖半径，从各基站覆盖半径中选择覆盖半径最小值，计算每个基站覆盖半径与所述覆盖半径最小值的比值；根据每个基站覆盖半径与所述覆盖半径最小值的比值，确定每个基站所辖栅格及栅格值，栅格化步骤如图 8-86 所示。

为了更加快速地完成栅格化，不是采用每个基站生长能力一样，而是通过基站发射功率和路损模型获取基站生长能力，这样让覆盖半径能够和基站生长圈数关联上而消除不同纲量，可以让多个基站碰撞的次数减少而加快栅格化速度，降低计算复杂度。与枚举栅格化方法相比，在上述栅格呈现的基本原理中，用枚举基站代替枚举栅格，计算量和计算复杂度大大低于枚举栅格化方法，能够在保证精度的前提下，降低小区栅格化过程的计算复杂度，缩减运算时间，提高运行速度，从而实现以栅格为单位对小区网络资源的精细化管理，实现资源的合理分配，提高用户在小区的上网体验。

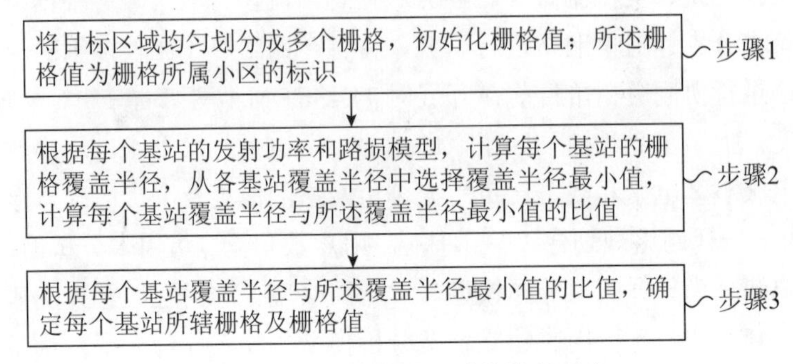

图 8-86 小区栅格化方法的流程示意

8.7.2 覆盖栅格化

经过统计分析和调研，我们选择该省省会城市中的 A 区作为典型的研究区域。由于运营商目前对流量智能运营的迫切需求，我们选择流量数据作为主要的研究对象。分析每一个用户的流量数据对数据的预处理和分析都会带来比较大的困难，为此，我们提出将该区域划分为多个栅格，将栅格作为数据处理的最小单位。考虑到目前的定位技术还未达到可精准、实时确定每个用户的位置轨迹，我们选择较大的栅格，即 100m×100m 的栅格作为数据分析的最小颗粒度。A 区占地面积约 104.57 平方千米，根据区的经纬度范围：（112.53251，37.850555）至（112.74983，37.88117），换算出以距离长度为单位的经纬度范围，然后再将这一区域进行栅格化。

将区域划分成了 8472 个栅格，还需要确定每个栅格的所属基站。首先，根据提供的资源信息和流量信息，筛选出可用的基站数据和流量数据。因为数据在采集过程中，会因为采集失误造成数据的错误，或者数据记录过程中引起数据错误、或者没有采集到。对这些数据进行预处理后，获知 GSM 有 246 个基站，TD-SCDMA 有 219 个基站。

由于不同制式的网络基站可能会有不同的部署站址，因此针对 GSM 和 TD-SCDMA 不同的网络制式，需要分别确定栅格的所属基站。以 GSM 网络为例，栅格化方案如图 8-87 所示。实线箭头表示三扇区的天线方向角辖射范围；虚线曲线箭头表示栅格的遍历顺序。该区域包含一个基站和 9 个栅格，基站编号为 1，且是扇区化的。为确定每个栅格的所属基站，提出一种循环迭代的寻站方式。初始设各栅格的所属基站号为 0。从箭头初始指向为第一个要遍历的栅格，由于 1 号基站处在该栅格中，根据该基站的方向角确定该栅格处在哪个扇区，由图 8-87 可知，该栅格处在中 1（3），于是编号为 1（3）。顺时针选择另一个栅格，若该栅格已被编号，则顺时针选择下一个栅格；否则，根据基站的具体方位角确定该栅格的所属基站号。直到所有的栅格被顺序遍历，并且栅格所属基站号确定，栅格化过程结束。具体的栅格方案流程如下所述。

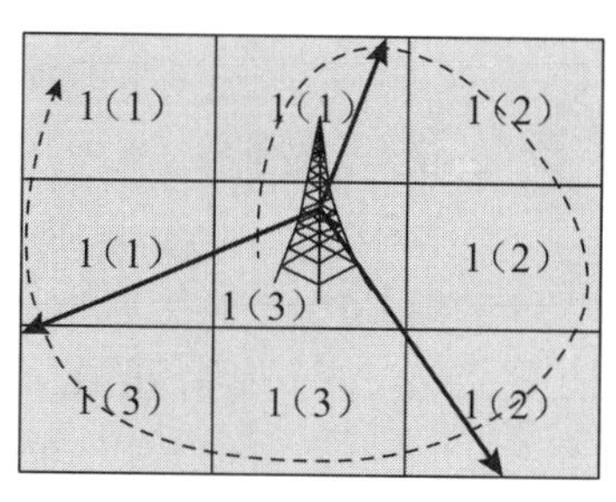

图 8-87　网络覆盖栅格化示意

以 GSM 网络为例（8472 个栅格，246 个基站），栅格化流程如下：

（1）根据 Google Map 热点云图确定该城区的经纬度范围和热点覆盖区域；

（2）将该城区划分为 100m×100m 的栅格；

（3）对该城区覆盖范围内的所有基站顺序编号为 1，2，…，246；

（4）针对基站 m（m=1，2，3，…，246），若其下有 k 个扇区，则扇区编号为 m（1），m（2），…，m（k）；

（5）各栅格所属的扇区编号初始化为 0；

（6）选择编号为 m（m 初始为 1）的基站和以该基站为中心的第 n 圈（n 初始为 1）栅格；

（7）若标栅格编号为 0，则根据天线方位角确定该栅格所属的扇区 k（$k \leqslant 3$），并将其编号更新为 m（k），否则不做更新；

（8）对基站 m 的第 n 圈栅格遍历完后，m=m+1 转步骤（5）；

（9）直到所有基站的第 n 圈栅格均遍历完，n=n+1；

（10）直到所有栅格编号均不为 0，完成对所有栅格的编号。

TD-SCDMA 网络的栅格化原理与 GSM 类似。对网络栅格化后，还需要将流量数据映射到每个栅格中。目前，我们获得的流量数据是基站侧的数据，即通过网络接口获得每个基站下（指扇区）的流量数据。由于目前的定位技术无法精准定位用户的位置足迹，故用户处在哪个栅格是难以确定的。这样栅格内用户的流量数据也是难以确定的。于是，我们考虑利用基站流量资源的平均映射。

基站侧的流量数据包括上行流量和下行流量。由于用户一般使用的下行流量业务较多，故我们仅针对下行流量进行分析。提供的下行流量数据是对一周内每天每小时的记录，我们将该数据进行汇总计算出每个基站下平均每天的下行流量值。然后将每个基站下的下行流量均值平均映射到该基站下的每个栅格内，由此完成流量数据的栅格映射。

8.7.3　基于流量聚簇的网络优化策略

本小节主要讨论 GSM 和 TD-SCDMA 网络中流量栅格聚类的分析结果。为工程实现简单，我们选择范围应用范围广、实现容易的 K-means 聚类方法。该方法需要预先设定聚类的分类个数。考虑到实际区域的流量分布情况，我们将分类数设定为 3 类，即表示高流量、中流量和低流量。其中，高流量代表高价值用户集中的区域，对运营商的贡献率较大。中流量代表中等价值用户集中的区域，对运营商的贡献率处于中等地位。而且，该类用户中，有一些用户很可能是具有升级为高价值用户的潜力。低流量代表低价值用户集中的区域，对运营商的贡献率较小。而且，有些用户很可能处于即将离网的状态，运营商需针对该类用户实施精准营销与推荐，以尽最大能力挽留客户，提高用户的在网率和贡献率。

图 8-88 是采用 K-means 对 A 区 GSM 流量栅格进行聚类的结果。图中右半部分区域全部属于低流量的一类，且数据量较大。据通过分析具体的覆盖区域类型，

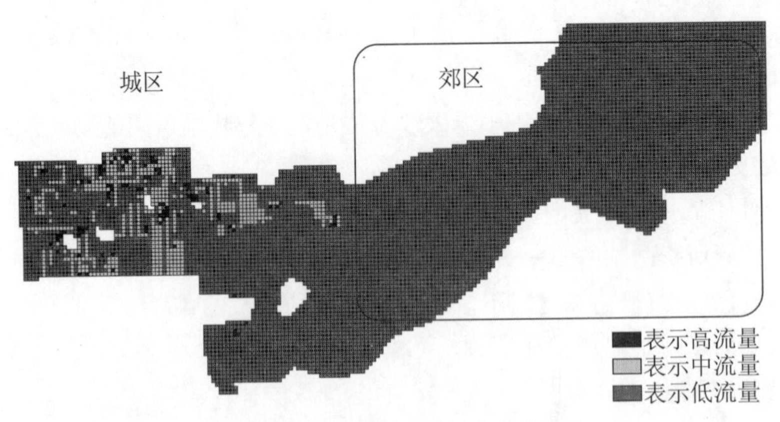

图 8-88　A 区 GSM 流量栅格聚类结果

了解到该区域属于 A 区的郊区部分。为降低该部分对整个聚类效果的影响，我们只考虑 A 区城区的部分，对该区域的流量栅格数据进行重新聚类，结果如图 8-89 所示。

如图 8-89 所示，GSM 网络中，低流量区域仍占据整个区域的一半以上。据分析，高流量聚类中心为 1290MB；中流量聚类中心为 398MB；而低流量聚类中心为 8.54MB。三个流量簇的聚类中心相差较大，说明获得了很好的分类。图 8-90 显示了各流量栅格簇的占比。其中，高流量栅格占栅格总量的 4%；中流量栅格占栅格总量的 22%；而低流量栅格的占比达到 74%。进一步通过栅格对应的基站位置分析栅格所在的区域类型，可发现，高流量栅格和中流量栅格主要集中在商业中心、部分高校和企事业单位，这些区域人口密度大，高价值客户比较集中。

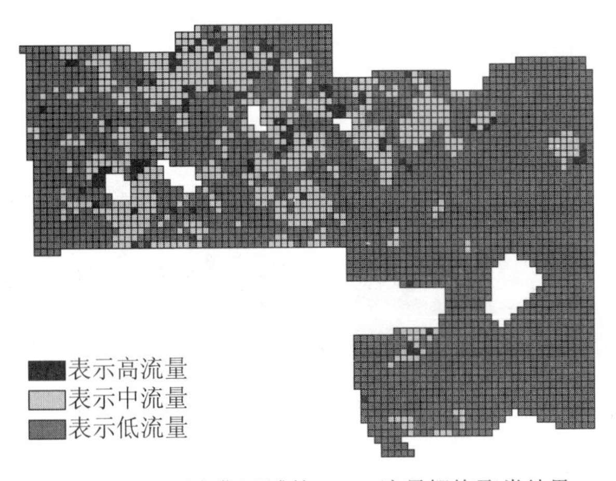

图 8-89　A 区密集区域的 GSM 流量栅格聚类结果

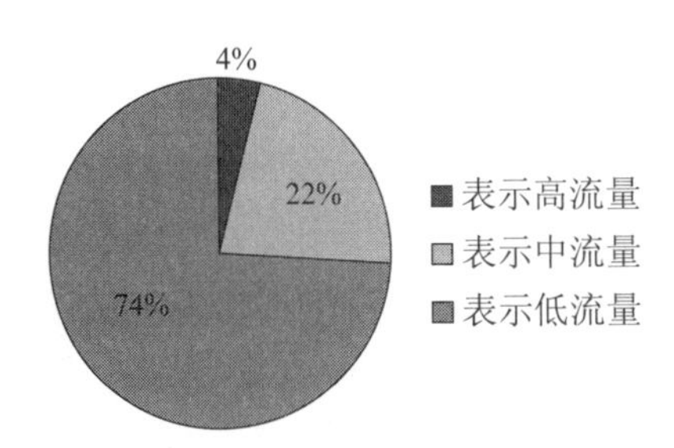

图 8-90　GSM 流量簇的占比

而低流量栅格集中在城区道路、高速公路和风景区，该区域一般人口分布较少。另外，人口密度较大的区域也存在较多低流量栅格。这是因为，GSM 网络中产生的数据业务量并不是很大。由于 GSM 是 2G 网络，主要支持的业务是话音业务，数据业务是基于增强技术 GPRS 和 EDGE 提供的，不过数据速率并不是很高，用户体验也不是很好。因此，GSM 网络中出现低流量占比如此高的状况也是可以理解的。

针对 2G 网络使用率较高的人口密集区域，应加强 3G 网络甚至 4G 网络的部署，并对该区域的高价值用户推荐支持 3G 甚至 4G 网络制式的智能终端，以此提高用户的数据体验，并提高整体网络的流量使用率。

图 8-91 是利用 K-means 对 TD-SCDMA 网络中的流量栅格进行聚类的结果。与 GSM 网络的聚类情况类似，A 区的郊区部分全部属于低流量类别。同样的，为避免影响整体聚类的效果，对 TD-SCDMA 网络中流量栅格的聚类也只考虑了城区区域，聚类结果如图 8-92 所示。另外，可明显地看到 A 区的城区区域有一部分栅格是不连续的，出现了一些空白区域（椭圆标注）。这并不表示该区域没有网络覆盖，而是因为该区域的 TD 基站位置没有采集到。

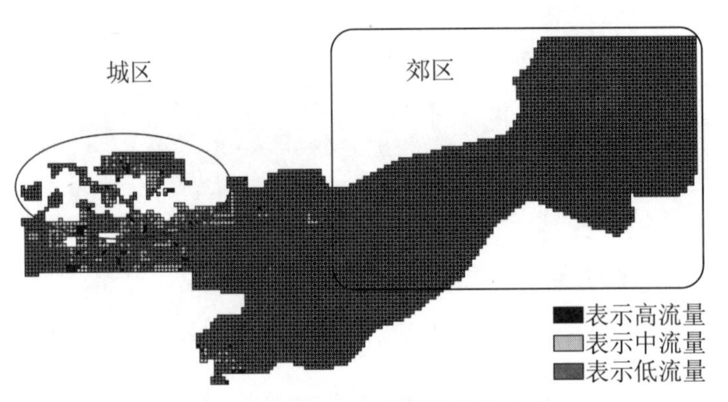

图 8-91　A 区 TD 流量栅格聚类结果

图 8-92 给出了 A 区城区部分的 TD 流量栅格的聚类结果。由图可看出，聚类效果似乎与 GSM 网络类似，低流量栅格占据整个栅格总量的一半以上。而且，高流量的聚类中心为 1470MB；中流量的聚类中心为 355MB；低流量的聚类中心为 5.75MB。与 GSM 网络的流量聚类相比较，可看出 TD 网络中，高流量的聚类中心比 GSM 中的高，这是很显然的，因为 TD 网络的数据速率得到了很大的提升，用户能够获得很好的服务体验，因此数据业务的使用率也会相对高一些。而中流量和低流量的聚类中心均比 GSM 的低，这说明 TD 网络中处于中流量和低流量区域的用户对数据流量的依赖性不是很大，运营商应加强对此类区域的 3G 网络建设与优化，同时为用户精准地推荐具有吸引力的套餐业务，以此来提高用户的数据业务使用频率和在网体验。

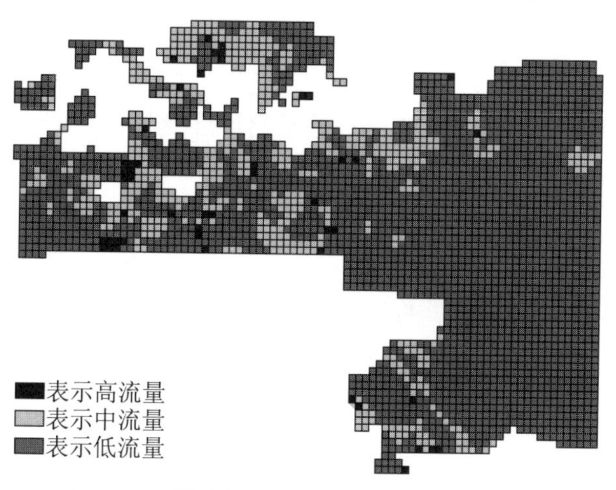

图 8-92　A 区密集区域的 TD 流量栅格聚类结果

图 8-93 还统计了 TD 网络中各流量栅格簇占栅格总量的比例。由图可知，高流量栅格占比 2%；中流量栅格占比 28%；而低流量栅格占比 70%。高流量栅格主要集中在商业中心、企事业单位、部分高校和医院。此外，与 GSM 网络相比，TD 中的高流量栅格反而较少，这是因为 TD 基站未给出的区域正好是人口流动较大的密集区域，对聚类的结果产生了一些影响。中流量栅格有部分集中在商业中心、高校等人口密集区，也有部分集中在风景区、居民区等区域。与 GSM 网络相比，TD 中的中流量栅格占比要高一些。由于 TD 网络主要用于提升用户的数据业务体验，用户在 TD 中的数据流量使用率正常情况会比 GSM 网络的高。低流量栅格有一些集中在道路、河流和居民区，也有一些集中在商业中心等人口密集的区域，针对该区域的用户运营商应提高 TD 网络的覆盖率，为用户有针对性地推荐智能终端或套餐业务，从而提高用户对网络的依赖。

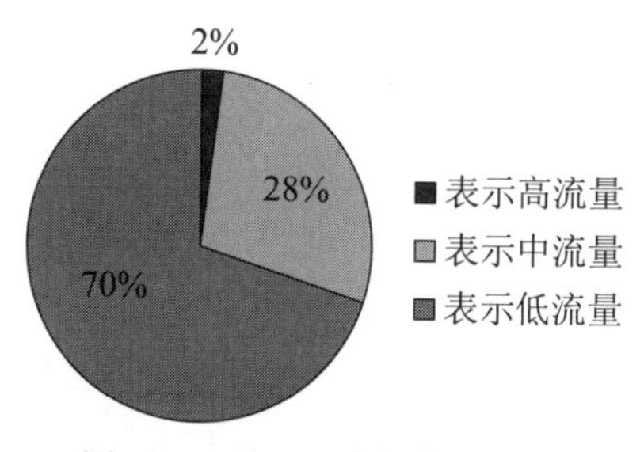

图 8-93　各 TD 流量簇的占比

8.8　无线室内定位

随着定位技术在军事和民用技术中的广泛应用，移动定位技术越来越受到人们的广泛关注。目前，基于用户位置的移动定位业务（Location-Based Service，LBS）已经受到世人的瞩目，全球各大移动运营商也都正在部署这项极具潜力的增值业务。从市场来说，近年来随着移动互联网及智能终端的迅猛发展和广泛普及，用户对于信息的及时性和就地形的需求越发强烈，这就给基于定位的服务和应用提供了非常广阔的市场空间。

伴随着移动互联网领域的快速发展，基于位置服务的手机应用也进一步兴起。4G时代的到来为移动增值业务提供了广阔的发展空间，而移动位置服务以其移动性、实用性、随时性和个性化的特点，成了上网增值产生之后，手机移动增值业务非常具有潜力的发展方向。

8.8.1　传统室内定位方法

目前，世界上正在运行的卫星导航定位系统主要是美国的全球定位系统（Global Positioning System，GPS），但GPS这种定位方法是在室外使用得较多的定位方法，它不适用于室内。针对GPS的室内定位精确度偏低、成本较高等缺点，具备低成本、较高定位精度的诸多室内定位技术便应运而生，并在诸多领域正越来越发挥着重要的作用。例如：煤矿企业要实现对井下作业人员的实时跟踪与定位、方便企业对员工的管理与调度，要用到室内定位技术；营救被困人员，室内定位技术可以提供被困人员的位置信息，为营救节省大量的时间；在超市等购物中心，室内定位技术可以实现对商品定位、消费者定位、广告发布、地图导航等功能。所以若能实现低成本且高精度的室内定位系统，将具有非常重要的现实意义。

所谓室内定位技术，是指在室内环境下确定某一时刻接收终端在某种参考系中的位置。在室内环境下，大多采用无线局域网来估计接收终端的位置。一般典型的无线局域网架构中的接入点（Access Point，AP）类似于无线通信网络中的基站，大部分无线局域网都使用RF（Radio Frequency）射频信号来进行通信，因为无线电波可穿越大部分的室内墙壁或其他障碍物，提供更大的覆盖范围。常见的室内定位方法有：

（1）Zig Bee 定位技术。Zig Bee 是一种新兴的短距离、低速率、低功耗、低成本及网络扩展性强的无线网络技术，它的信号传播距离介于射频识别和蓝牙之间，工作频段有三个——2.4GHz（ISM 国际免费频段）和 858/91MHz，除了可以应用于室内定位，还可以应用于智能家居、环境监测等诸多领域。它有自己的无线电标准 IEEE 802.15.4，定位主要是通过在数千个节点之间进行相互协调通信实现的。这些节点以接力的方式通过无线电信号将数据从一个节点传到另一个节点，通信效率非常高；同时，这些节点只需要很小的功率。低功耗与低成本是 Zig Bee 定位技术最显著的优点。

（2）室内 GPS 定位技术。当 GPS 接收机在室内工作时，卫星发送的 GPS 信号由于受到建筑物的遮蔽会大大衰减，而且不可能像室外一样直接从卫星广播中提取时间信息与导航数据，因此，定位精度会很低。但是，延长在每个码延迟上的停留时间可以有效提高室内信号灵敏度，利用这个特性的室内 GPS 定位技术则可以解决上述 GPS 定位的缺陷。室内 GPS 定位技术利用数十个相关器并行地搜索可能的延迟码提高卫星信号质量以提高定位精度，同时也可以提高定位速度。

（3）红外线室内定位技术。通过安装在室内的光学传感器接收经过红外线标识调制和发射的红外线进行定位是红外线室内定位技术的基本思想。虽然红外线室内定位技术在理论上具有相对较高的定位精度，但红外线仅能视距传播、易被灯光或者荧光灯干扰且传输距离较短则是这项技术最为明显的缺点。受这些缺点的制约，它的实际应用前景并不乐观，而且这项技术的应用需要在每个走廊、房间安装接收天线，造价也较高。因此，红外线室内定位技术在具体应用上有非常大的局限性。

（4）超声波定位技术。超声波定位采用基于时间到达（Time of Arrival，TOA）进行测距，然后选择合适的定位算法，利用测得的一组距离值来确定物体的位置。超声波定位系统由若干个参考节点和定位节点组成，定位节点向位置固定的参考节点发射频率相同的超声波信号，参考节点在接收到超声波信号后向定位时节点做出回应，由此得到定位节点与各个参考节点之间的距离。当得到三个或三个以上不同参考节点与定位节点之间的距离测量值时，就可以利用这组距离测量值根据相关定位算法确定出定位节点的位置。

（5）蓝牙室内定位技术。蓝牙是一种短距离、低功耗的无线传输技术，基于它的室内定位技术是基于接收信号强度指示测距的。通过在室内安装适当数量的蓝牙局域网接入点，再把基础网络的链接模式配置成基于多用户、主设备为蓝牙局域网接入点，就可以计算出定位节点的位置坐标。目前，蓝牙定位技术受到蓝牙信号传播距离短的制约主要应用于小范围定位。

（6）射频识别技术。射频识别技术进行定位是利用射频方式进行非接触式双向通信交换数据达到的。此技术成本低，作用距离一般为几十米，可以在非常短的时间内得到厘米级的定位精度信息。目前，理论传播模型的建立、用户的安全隐私和国际标准化等问题是射频识别研究的热点和难点。虽然射频标识技术有其自身的优点，但相比于蓝牙定位技术，它不容易被整合到其他系统中。

（7）Wi-Fi定位技术基于网络节点能够实现自身定位的前提，无线局域网（WLAN）是一种全新的定位技术，它可以在诸多的应用领域内实现复杂的大范围监测、定位和跟踪任务。现在比较流行的 Wi-Fi 定位是基于 IEEE 802.11 标准、采用经验测试和信号传播模型相结合的一种定位解决方案。该定位系统需要的基站数量比较少，比较容易安装，具有相同的底层无线网路结构，系统定位精度较高。但是，如果定位的测算不是依赖于合成的信号强度图，而是仅仅依赖于哪个 Wi-Fi 的接入点最近，那么在楼层定位上很容易出错。目前，受到 Wi-Fi 收发器的覆盖范围一般只能达到半径 90 m 以内的区域这一缺点的制约，该系统主要应用于小范围的室内定位。并且，无论是应用于室内定位还是室外定位，该系统对干扰信号的反应都很灵敏，从而影响其定位精度，定位节点的能耗也较高。

除了以上提及的定位技术，还有基于光跟踪定位、基于图像分析、电脑视觉、信标定位等室内定位技术。

8.8.2　基于Wi-Fi信号的指纹定位算法

基于指纹的定位流程可以分为两个阶段：离线训练阶段和在线定位阶段。

（1）离线训练阶段：先将待定位区域栅格化为 $I \cdot J$ 个正方形，如图 8-94 所示。

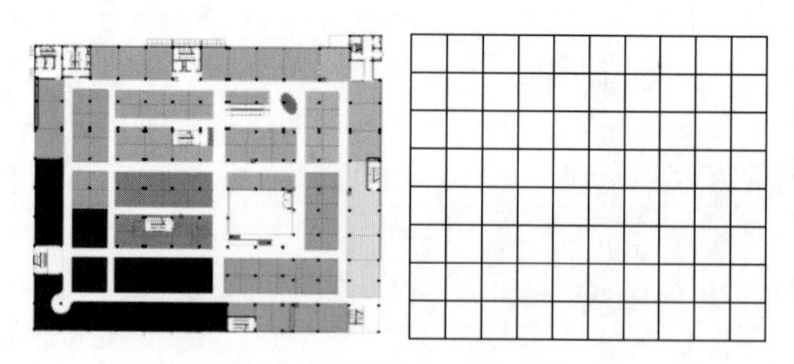

图 8-94　将待定位场景栅格化

在每个位置（i，j）内分别采集所有 Wi-Fi 信号接入点在该位置的信号强度，记为 $\Delta_{(i,\ j)}$

$$\Delta_{(i,\ j)}=\left(\delta_{(i,\ j),\ 1},\cdots,\delta_{(i,\ j),\ n},\cdots,\delta_{(i,\ j),\ N}\right)^{\mathrm{T}} \tag{8-3}$$

$\delta_{(i,\ j),\ n}$为第 n 个 AP 在（i，j）位置的信号强度。

将 Wi-Fi 型号的时变性纳入考虑，取 $\delta_{(i,\ j),\ n}$在时间维度的均值为 $\mu_{(i,\ j),\ n}$，则该待定位区域的离线指纹库（Radio Map）可被定义为 R

$$\boldsymbol{R}=\begin{pmatrix} \mu_{(1,\ 1),\ 1} & \cdots & \mu_{(1,\ 1),\ n} & \cdots & \mu_{(1,\ 1),\ N} \\ \vdots & \ddots & \vdots & \ddots & \vdots \\ \mu_{(i,\ j),\ 1} & \cdots & \mu_{(i,\ j),\ n} & \cdots & \mu_{(i,\ j),\ N} \\ \vdots & \ddots & \vdots & \ddots & \vdots \\ \mu_{(I,\ J),\ 1} & \cdots & \mu_{(I,\ J),\ n} & \cdots & \mu_{(I,\ J),\ N} \end{pmatrix} \tag{8-4}$$

（2）在线定位阶段：待定位的移动端设备采集所有 Wi-Fi 的信号强度，形成该位置上的指纹向量并上传到服务器端。

$$\Phi=（\varphi_1,\ \cdots,\ \varphi_n,\ \cdots,\ \varphi_N）^{\mathrm{T}} \tag{8-5}$$

服务器端通过指纹相似度匹配算法，将上报的指纹向量与数据库中每一条指纹的记录相匹配，最终确定待定位设备的估计位置，并回传给移动设备。指纹相似度匹配相关算法包括确定性算法、概率算法和基于人工神经网络的算法等几种。

8.8.3　基于数据挖掘算法的改进定位方法

基于指纹的定位过程可以看成一个对无线信号特征进行分类的过程：离线阶段就是训练一个分类器模型，将采集的指纹信息作为分类器的输入，参考点的位置作为分类器的输出，从而训练出符合目标无线环境的分类器模型；在线阶段就是应用分类器进行定位，将新采样的指纹信息输入训练好的分类器，对应的输出即为参考点的坐标，并以此作为待定位设备的估计坐标。

在实际定位中，指纹数据库是十分庞大的，在线定位阶段的位置匹配计算量也是十分巨大的。因此，如果不解决这个问题，室内定位的实时性和有效性将面临极大挑战，无法达到用户秒级甚至更高实时性的要求。如此庞大的一个数据库，可以将之称为“大数据”。所以我们考虑将处理大数据十分适用的数据挖掘算法工具应用到指纹定位算法中，以解决指纹数据库过大导致的计算量庞大降低定位时效性的问题。

前人在将数据挖掘方法应用到室内定位算法的领域中，已经做了很多实验，如：利用 K-means 对 AP 进行聚类以分析 AP 的空间分布特性；再结合多次迭代定位给待定位区域的每一个栅格进行打分（Grid Scoring）的 KS 算法；针对不同 AP 的物理属性不同而进行的 AP 打分算法（AS），等等。

8.8.3.1 基于主成分分析和聚类的定位算法

此方法是将主成分分析方法应用到现有的基于 KS 和 AS 的室内定位算法模型。

在离线阶段，首先，对每一个 AP 进行打分，打分的标准就是其对于定位精确程度的影响，对于定位精度提升越高的对应 AP 得分越高，对于定位精度没有提升或是提升小的 AP 得分低。其次，通过主成分分析的方法在打过分的所有 AP 中，通过旋转，得到几个少数对于定位精度影响最大的“主 AP”（Balanced Principal Component，BPC）。在现阶段，将得到的 BPC 算法作为传统 KS 方法的 AP 进行定位。

具体来说，该算法分以下几步进行：

第一步，栅格化待定位区域并进行离线指纹库的数据采集及指纹库的构建。将待定位区域划分为 $I \cdot J$ 个栅格，并逐格采集所有 AP 在该格的信号强度（Received Signal Strength, RSS）。

第二步，对于待定位区域内所有的 AP 进行打分。具体的打分方法为生成一个打分向量 $\boldsymbol{\Theta}=(\theta_1, \theta_2, K, \theta_N)$，用于记录待定位区域内的共 N 个 AP 的分数。其意义为，若第 N 个 AP 所参与的定位结果好，那么就给它配一个较高的影响因子，也就是“高分”；若其参与的定位结果与实际定位点差别较大，就给该 AP 一个较低的影响因子以降低其在现阶段定位的影响程度，也就是“低分”。

在此阶段，通过不同 AP 的影响因子，离线指纹库 R 可以更新为 $R' = R \cdot \boldsymbol{\Theta}'$

$$\boldsymbol{\Theta}' = \begin{pmatrix} \theta_{AP_1} & 0 & \cdots & 0 \\ 0 & \theta_{AP_2} & \cdots & 0 \\ \vdots & \vdots & \ddots & 0 \\ 0 & 0 & \cdots & \theta_{AP_N} \end{pmatrix} \tag{8-6}$$

其中 θ_{AP_i} 表征的就是第 i 个 AP 的影响因子。

第三步，主成分分析。通过主成分分析的方法，对 N 个 AP 进行旋转得到新的 M（$M<N$）个 AP，用很少的新的“主 AP”表征绝大部分原有 AP 所代表的信息。新得到的 AP 表示为 $\boldsymbol{U}=(\boldsymbol{u}_1, \cdots, \boldsymbol{u}_M)$。

第四步，用新得到的指纹库 $\boldsymbol{P}=\boldsymbol{R} \cdot \boldsymbol{U}$ 作为在线阶段的指纹库进行定位。

仿真结果显示经过 PCA 之后的本算法的平均定位误差小于传统的 KS+AS 算法，仿真结果如图 8-95 所示。

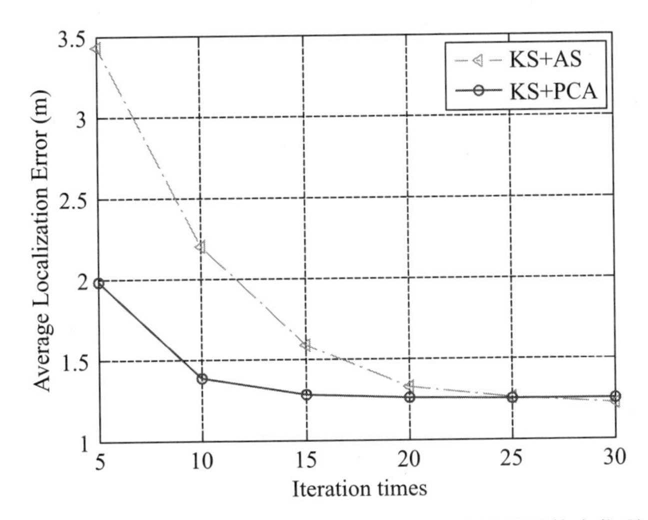

图 8-95　不同迭代次数下 KS+AS 和 KS+PCA 方法的平均定位误差

8.8.3.2　基于四叉树的定位算法

作为最广泛使用的一种分类算法，决策树有着易于理解、算法所得模型图形化易于展示、可调优等优点，在本书第 4 章也有详细讲解，本节着重讲解如何利用多叉树来优化室内定位算法。

传统定位方法的离线阶段是将待定位区域分成很多个小栅格，逐格采集指纹数据并构建指纹数据库。这种方法的弊端在于：如果待定位区域过大或者区域内 AP 数量过多，所生成的离线指纹库将是巨大的，那么在线阶段的匹配算法的计算量将是十分庞大的，会影响定位准确的实时性。

本方法的核心思想是：在离线阶段首次将待定位区域分成四个区域，如图 8-96 所示。

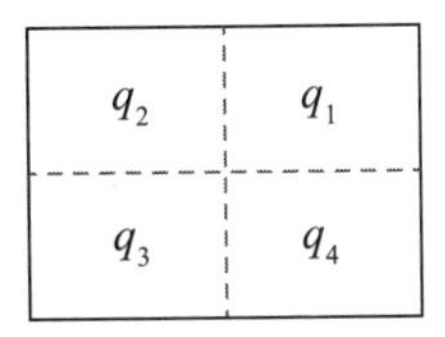

图 8-96　将待定位区与划分为四块

进行一次定位后将目标定位在某个大块内，比如区域 q_2。下一步只需将 q_2 进行四分，并再次进行定位，将目标定位到更小的区域内。以此方法不断迭代，直到定位精度满足需要或是栅格小于最小栅格单位，整体思路如图 8-97 所示。

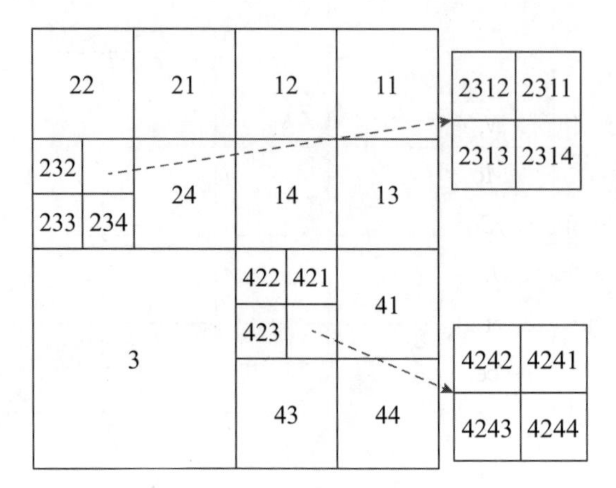

图 8-97 基于四叉树算法的室内定位方法

本方法的优点十分明确，极大地减少了在线阶段的计算量，每一次迭代只进行 4 次待定位点与指纹库中的点的匹配。在定位区域十分庞大时，可明显地降低每次定位所需的时间以提高定位的效率。其思路主要利用的是多叉决策树的思想，将定位问题逐层地通过逐步将目标定位在更小的待定位区域内，每一次迭代即为决策树的一层，如图 8-98 所示。

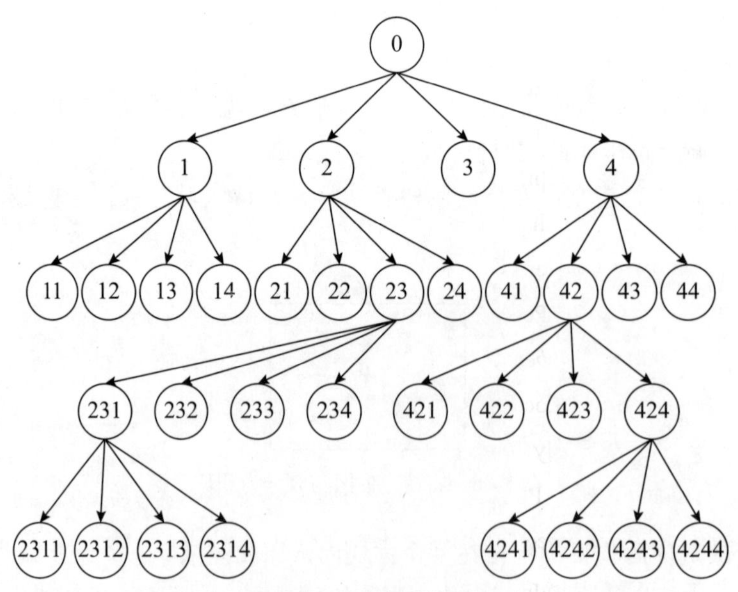

图 8-98 四叉树结构示意

参考文献

[1] Zhang Z, Wang R, Zheng W, et al. Profit Maximization Analysis Based on Data Mining and the Exponential Retention Model Assumption with Respect to Customer Churn Problems [A]. // 2015 IEEE International Conference on Data Mining Workshop （ICDMW）[C]. Atlantic City: IEEE, 2015: 1093-1097.

[2] Xie H, Liang D, Zhang Z, et al. A novel pre-classification based KNN algorithm [A]. // 2016 IEEE International Conference on Data Mining [C]. Barcelona: IEEE, 2016.

[3] 吴雨航，吴才聪，陈秀万 . 介绍几种室内定位技术 . 中国测绘报，2008，1：4.

[4] 郝建军，刘丹谱，乐光新 . 无线局域网技术 WiFi[J]. 世界宽带网络，2008，6:1-3.

[5] 张利 . 基于 Wi-Fi 技术的定位系统的实现 [D]. 北京：北京邮电大学，2009.

[6] 方震，赵湛，郭鹏，等 . 基于 RSSI 测距分析 [J]. 传感器技术学报，2011, 20（11）:2526-2530.

[7] Erin-Ee-Lin Lau, Wan Young Chung. 室内外环境基于 RSSI 的用户实时定位跟踪增强系统 [C]. 信息技术融合国际会议，2008.

[8] Rajaee S. 在专门的无线传感器网络中使用概率类神经网络和独立分量分析的节能定位 [C]. 电信国际研讨会，2008.

[9] K. Benkic, M. Malajner, P. Planinsic, Z.Cucej. 基于 RSSI 参数使用无线传感器网络距离在线测量和可视化系统，信号和图像处理，2009.

[10] A. Al-Nuaimi, R. Huitl, S. Taifour, S. Sarin, X. Song, Y. X. Gu, E. Steinbach and M. Fahrmair: Towards Location Recognition Using Range Images. IEEE ICMEW, pp. 1-6, July 2013.

[11] I. Haque, and C. Assi. Profiling-Based Indoor Localization Schemes. Systems Journal, IEEE, vol. 9, no. 1, pp. 76-85, March 2015.

[12] D. Liang, “Iterative Clustering and Scoring Application on Indoor Localization”, IEEE International Symposium on Personal, Indoor and Mobile Radio Communications, in press.

[13] J. Yin, Q. Yang, *Senior Member*, *IEEE*, and M. Ni, “Learning Adaptive Temporal Radio Maps for Signal-Strength-Based Location Estimation,” IEEE Transactions on. Mobile Computing, vol. 7, no. 7, pp. 869-883, July 2008.

[14] B. Chen, H. Liu,and Z.Bao. PCA and Kernel PCA for Radar High Range Resolution Profiles Recognition. Radar Conference, 2005 IEEE International, pp. 528-533, May 2015.

[15] Y. Yu, and H. F. Silverman. An Improved Tdoa-Based Location Estimation Algorithm for Large

Aperture Microphone Arrays. IEEE ICASSP' 04, vol. 4, pp. iv-77, May 2004.

[16] Han Jian-wei, Kamber M. Data Mining: Conception and Technology. FAN Ming, MENG Xiao-feng, Irst ed., Beijing:Machinery Industry Press, 2001.

[17] DAN Xiao-rong, CHEN Xuan-shu, LIU Fei, LIU De-wei. Reseach and Improvement on the Decision Tree Classification Algorithm of Data Mining. Software Guide, Vol. 8, p. 41, 2009.

[18] HUANG ai-hui, CHEN Xiang-tao. An Improved ID3 Algorithm of Decision Trees. COMPUTER ENGINEERING & SCIENCE, Vol. 31,pp. 109-111, 2009.

[19] QU Kai-she, CHENG Wen-Ii, WANG Jun-hong. Improved Algorithm Based on ID3. Computer Engineering and Applications,Vol. 39, pp. 104-107, 2003, doi: 10.33211j.issn: 1002- 8331.2003.

[20] Quinlan J.R.. Introduction of decision trees. Machine Learning. Vol.l.No.1, 1986. pp. 81-106.

第9章 面向未来大数据的数据挖掘与机器学习发展趋势

Big Data, Data Mining And Intelligent Operation

9.1　大数据时代数据挖掘与机器学习面临的新挑战

数据挖掘是一门交叉性学科，涉及人工智能、机器学习、模式识别、归纳推理、统计学、数据库、高性能计算、数据可视化等多种技术。随着各行业对大规模数据处理和深度分析需求的快速增长，数据挖掘已成为一个引起学术界和工业界重视、具有广泛应用需求的热门研究领域。

近几年来大数据非常火爆，但总的来说集成互联网思维大数据的革命才刚刚开始。现在新数据的年增长为60%左右，逐渐从基础架构、App向数据的简化迈进。

对于面向大数据的数据挖掘与机器学习发展趋势，在技术方面，科学家们从现有层面提出各种新兴技术。比如：从数据处理角度，有分布式处理方法Map Reduce，较著名的应用工具有Hadoop和DISCO。从数据库角度出发，在信息检索、流媒体存储等方面有NOSQL开发工具，以及对应超大规模和高并发的SNS类型的WEB2.0纯动态网站而使用的非关系数据库高速发展，如MongoDB、CouchDB。在如何提取有价值的信息，处理底层的结构化技术支持外，数据挖掘算法、机器学习算法都是必不可少的。

在信息安全方面，大数据挖掘将成为信息安全发展的契机。如今，数据无处不在，降低了其自身信息的安全性。例如，存储于云端的大量数据，至今还没有形成有效的集中管理，而单独地管理用户信息则无法一一分辨其是否合法，这就提高了非法入侵、篡改数据信息的危险性。对此，各种为信息安全服务的技术和产品成为大数据研究中心的方向和信息安全领域的首要问题。因此，如何保证数据产业链的安全对信息安全发展具有重要的意义。

在企业经营管理和产业服务方面，大数据挖掘将成为企业及服务机构等诸多行业的转折点。伴随着大数据挖掘技术在企业管理中带来经济效益的同时，也带来了管理模式的巨大改变，企业必须拥有三类人才：管理人才、分析人才及技术型人才，紧跟时代脉搏，从大数据中获得关键信息，及时调整企业产业规划，才能在时代变革中保持自身利益，求得生存。

在教育教学方面，面授式教学，尤其在大学，已经凸显落后，一所具有强大数据挖掘能力的远程教学平台，信息化教学的数字校园，能为师生提供更具个性化的数据支撑和服务。在校园启用“大数据”，通过便捷的、多元的采集方式，建立基础数据平台和整合教学资源，提供标准数据接口，统一采集、认证，集中存储，开放计算，最终消除“信息孤岛”。

在商业价值方面，大数据挖掘将成为创造价值的核心。历经短短二十年的发展，大数据挖掘已引领全球进入创新和竞争的新模式。例如，欧洲国家政府运用大数据而分别节省 1000 亿欧元，美国医疗业则节省了 3000 亿美元。此外，大数据中潜在个人信息价值不可估量。世界各国政府都加大了对大数据发展的扶持力度，特别在发达国家甚至上升到国家战略的高度。

那么未来 5-10 年中，数据挖掘与机器学习将朝什么方向发展？以下是行业内一些专家的访谈实录：

Ilya Sutskever，OpenAI 研究总监：我们应该会看到更为深层的模型，与如今的模型相比，这些模型可以从更少的训练样例中学习，在非监督学习方面也会取得实质性进展。我们应该会看到更精准有用的语音和视觉识别系统。

Sven Behnke，波恩大学全职教授、自主智能系统小组负责人：我期望深度学习能够越来越多地被用于多模（multi-modal）问题上，在数据上更结构化。这将为深度学习开创新的应用领域，比如机器人技术、数据挖掘和知识发现。

Christian Szegedy，谷歌高级研究员：目前深度学习算法和神经网络的性能与理论性能相去甚远。如今，我们可以用 1/10 到 1/5 的成本，以及 1/15 的参数来设计视觉网络，而性能比一年前花费昂贵成本设计出的网络更优，这完全凭借改善的网络架构和更好的训练方法。我坚信，这仅仅只是个开始：深度学习算法将会更高效，能够在廉价的移动设备上运行，即使没有额外的硬件支持或是过高的内存开销。

Andrej Karpathy，斯坦福大学在读计算机科学博士、OpenAI 研究科学家：我不打算从高层面描述几个即将到来的有趣发展，我将会集中于一个方面做具体描述。我看到的一个趋势是，架构正在迅速地变得更大、更复杂。我们正在朝着建设大型神经网络系统方面发展，交换神经组件的输入 / 输出，不同数据集上预训练的网络部分，添加新模块，同时微调一切，等等。比如，卷积网络曾是最大 / 最深的神经网络架构之一，但如今，它被抽象成了大多数新架构中的一小部分。反过来，许多这些架构也会成为将来创新架构中的一小部分。我们正在学习如何堆“乐高积木”，以及如何有效地将它们连线嵌套建造大型“城堡”。

Pieter Abbeel，加州大学伯克利分校计算机科学副教授、Gradescope 联合创始人：有很多技术都基于深度监督式学习技术，视频技术也是一样，搞清楚如何让深度学习在自然语言处理方面超越现在的方法，在深度无监督学习和深度强化学习方面也会取得显著进步。

Eli David，Deep Instinct CTO：在过去的两年中，我们观察到，在大多数使用了深度学习的领域中，深度学习取得了极大的成功。即使未来5年深度学习无法达到人类水平的认知（尽管这很可能在我们有生之年发生），我们也将会看到在许多其他领域里深度学习会有巨大的改进。具体而言，我认为最有前途的领域将是无监督学习，因为世界上大多数数据都是未标记的，而且我们大脑的新皮层是一个很好的无监督学习区域。

Deep Instinct是第一家使用深度学习进行网络安全研究的公司，在今后几年里，我希望有更多的公司使用深度学习进行网络安全研究。然而，使用深度学习的门槛还是相当高的，尤其是对那些通常不使用人工智能方法（如只有少数几个解决方案采用经典机器学习方法）的网络安全公司，所以在深度学习成为网络安全领域广泛运用的日常技术之前，这还将需要数年时间。

Daniel McDuff，Affectiva研究总监：深度学习已经成为在计算机视觉、语音分析和许多其他领域占优势的机器学习形式。我希望通过一个或两个GPU提供的计算能力构建出的精准识别系统能够让研究人员在现实世界中开发和部署新的软件。我希望有更多的重点放在无监督训练、半监督训练算法上，因为数据一直不断增长。

Jörg Bornschein，加拿大高级研究所（CIFAR）全球学者：预测未来总是很难。我希望无监督、半监督和强化学习方法将会扮演比今天更突出的角色。当我们考虑将机器学习作为大型系统的一部分，比如：在机器人控制系统或部件中，掌控大型系统计算资源，似乎很明显地可以看出，纯监督式方法在概念上很难妥善解决这些问题。

Ian Goodfellow，谷歌高级研究科学家：我希望在5年之内，我们可以让神经网络总结视频片段的内容，并能够生成视频短片。神经网络已经是视觉任务的标准解决方案了。我希望它也能成为NLP和机器人任务的标准解决方案。我还预测，神经网络将成为其他科学学科的重要工具。例如，神经网络可以被训练来对基因、药物和蛋白质行为进行建模，然后用于设计新药物。

Nigel Duffy，Sentient Technologies CTO：目前大数据生态系统一直专注于收集、管理、策展大量数据。很明显，在分析和预测方面也有很多工作。从根本上说，企业用户不关心那些。企业用户只关心结果，即：“这些数据将会改变我的行为方式吗？将会改变我做出的抉择吗？”我们认为，这些问题是未来5年需要解决的关键问题。我们相信，人工智能将会是数据和更好的决策之间的桥梁。

很明显，深度学习将会在演变中起到显著的作用，但它需要与其他人工智能方法结合。在接下来的5年里，我们会看到在越来越多的混合系统中，深度学习用于处理一些难以感知的任务，而其他人工智能和机器学习（ML）技术用于处理其他部分的问题，如推理。

Koray Kavukcuoglu & Alex Graves，谷歌 DeepMind 研究科学家：未来 5 年会发生许多事。我们希望无监督学习和强化学习会更加杰出。我们同样希望看到更多的多模式学习，以及对多数据集学习更加关注。

Charlie Tang，多伦多大学机器学习小组博士生：深度学习算法将逐步用于更多的任务并且将“解决”更多的问题。例如：5 年前，人脸识别算法的准确率仍然比人类表现略差。然而，目前在主要人脸识别数据集（LFW）和标准图像分类数据集（Imagenet）上算法的表现已经超过了人类。在未来 5 年里，越来越难的问题，如视频识别、医学影像或文字处理将顺利由深度学习算法解决。我们还可以看到深度学习算法被移植到商业产品中，就像 10 年前人脸检测如何被纳入相机中一样。

此外，2016 年 12 月 1 日，达观数据 CEO 陈运文作为大数据领域专家在大会“人工智能与大数据”分论坛上发言中提到：

个性化数据挖掘是大数据发展趋势：从大数据概念诞生至今，数据的作用和力量一直备受肯定并持续得到验证。随着大数据技术的发展，数据挖掘的深度在不断增加，数据应用的广度也在不断扩展。在企业运营方面，大数据逐渐成为不可替代的运营决策依据和执行手段。

他还指出：数据挖掘应用的发展趋势是从整体统计到分群统计，再到个体分析。因为个性化数据挖掘能帮助企业更加了解用户，通过对用户浏览、购买、搜索和排序等行为的数据挖掘，知道这些用户是谁、从哪里来、有什么样的行为偏好，甚至预测用户什么时候会流失，面向未来的数据预测才有更大价值。除了用户研究，大数据也被用来进行广泛的数据统计。如对商品的数量、种类、销量等进行统计，可以帮助企业获取销售信息。

陈运文认为，面向未来的数据预测才有更大价值。当企业获得数据后，要充分发挥数据的价值，就要对数据进行进一步的分析挖掘，从而对商品销量、热卖做出相对准确的预测，解决库存问题。陈运文以沃尔玛 Retail Link 为例，说明就算是传统企业，离大数据也并不遥远。

个性化数据挖掘助力企业精细化运营：无论是用户研究还是数据预测，最终目的都是要连接用户与产品，帮助企业解决问题。搜索引擎和推荐系统是两个典型的个性化数据挖掘的产物，搜索系统通过个性化数据挖掘识别用户搜索意图，帮助用户快速精准地找到自己想要的内容，推荐系统通过个性化数据挖掘分析用户行为偏好，向用户推荐商品或内容，大大提高转化率。与缺少大数据支持的运营活动相比，搜索引擎和推荐系统更加精准高效，真正帮企业实现了精细化运营，从而提高了效率，降低了成本。反过来，搜索引擎与推荐系统又在不断收集用户的操作数据，形成一个对数据收集、分析、应用的良性循环。

短短几年之内，大数据已经彻底改变了企业运营业务的方式——但截至目前，我们才刚刚窥其门径。随着企业开始有意识地收集各类数据信息，人们才逐渐发现对这部分数据加以正确利用所能够带来的巨大潜力。

从企业发展来说，毫无疑问，人工智能、大数据是自2016年下半年以来最受关注的话题，和一般的投资热点不同，这次人工智能所产生的影响或将是“颠覆式”的，易观国际集团董事长兼CEO于扬先生这样评判这次变革：“作为一个预测了互联网化，预测了‘互联网+’的公司，我们今天有一个大胆的预言是，下一个基础设施一定是人工智能，它是一个与互联网一样可以匹敌的强大的基础设施。”盛景嘉成母基金创始合伙人彭志强先生认为“从客观上说，如今大数据的生态系统在日臻完善，数据的收集、管理、应用等各个层次都在逐步形成，而每个层次都有代表性的公司完成商业化或者较大规模融资。而在投资领域尤其是ToB市场中，大数据已经成为标配，投资人的投资组合里一定有大数据相关的公司出现。在新三板，大数据板块也即将拉开序幕，里面的公司表现令人非常振奋”。

易观创始人于扬先生更是认为：未来，所有企业都会成为数字企业。于扬先生说：“在那个时候，我们讲所有企业都会成为互联网企业的时候，也是讲企业业务流程要更多与线上结合，而今天我们讲的是企业全部流程完全是数字化的、是程序化的表达。”此外于扬先生还强调了用户资产的重要性，“所有的企业必须清楚这样一点，我们只有把用户看为资产，我们只有用资产管理的角度去看数字用户，才真正能够从用户资产成长中获益”。

在易观分析师顾问群组总经理董旭看来，共享经济也内涵了大数据的精髓：“今天大家会发现，企业的身份变了，从原来直接提供服务和直接提供商品，变成了今天提供一个服务的平台，所以大家会发现，撮合供给和交易的过程当中，企业的关键成功要素也发生了变化。原来是我要有足够多的产品和服务能够给到流量、给到用户，跟用户有一个比较精准的匹配，这是我的核心关键，今天就变成了我要通过数据、要通过算法、要通过在不同应用界面上的应用，来更有效地撮合供给和需求。”

一些积极迎接变革的企业发现，他们的数据实际上可能正是其掌握的最大资产。除了数据本身之外，精明的企业还能够通过分析数据内容以了解并更好地服务于自身客户，甚至能够将其中一些关键性数据出售给合作伙伴及下游厂商以赚取额外利润。举例来说，优步与Lyft等服务就能够非常准确地把握与客户出行习惯相关的数据，并将其交付至Airbnb、VRBO等其他网站。与此同时，Fitbit及其他厂商提供的健身追踪器也能够利用用户的健康活动数据实现巨大价值。即使是与医疗卫生业务毫不沾边的苹果公司，也能够以前所未有的洞察能力审视其原生健康应用数据。

从理论层面讲，如此庞大的数据宝库将能够为 B2B 及 B2C 企业带来集中且立足实践行为的洞察结论，进而以前所未有的方式开启新的机遇大门。然而，面对一系列重大的技术性与财务性障碍，很多企业实际上并不清楚自己的下一步大数据战略该走向何处。很多企业已经开始在数据挖掘领域试水，但尚未制定出一套能够顺利迈进的坚实战略思路。

为何存在挑战？截至目前，实现大数据技术承诺的最大障碍之一在于庞大的资金投入要求。从当下的情况来看，最为成功的项目往往需要耗资数百万美元，如沃尔玛的专用数据创新实验室 WalmartLabs。然而，这种项目只适用于世界上那些最为庞大的企业，其具备极为雄厚的财力与资源。很明显，这样的标准对于其他公司而言并不适用，或者说毫无实现的可能。

为何利用大数据技术会呈现出如此明确的资源密集型倾向？答案主要分为以下三个方面：

数据的输入速度极快，且数据来源数量也急剧增加：移动、云应用、物联网——从用于追踪库存与设备的 RF 标签到一切接入网络的家用电器——当然，社交媒体也是一大不容忽视的实时数据来源。

此类新型来源几乎全部以非结构化或者半结构化格式交付数据，这使得传统的关系型数据库管理方案，即 SQL 及几乎一切现代数据库系统的实现基础毫无用武之地。除了收集及存储方面的挑战之外，合规性要求中的隐私与监管要求也会带来新的复杂性。不断发展的标准要求需要完整团队配合先进的技术、管理与维护手段方可实现。

随着数据复杂度的日益提高，用于管理数据的具体技术方案也变得更难以使用。Hadoop、Kafka、Hive、Drill、Storm、MongoDB 及 Cassandra 等开源工具外加一系列专有方案共同构成了独立且相互竞争的方案生态系统，只有具备深厚的技术操作知识方可将其真正应用在商业环境当中。事实上，此类人才资源非常稀缺，大多数非财富五百强企业都无力承担由此带来的高昂开支。

缺失之处何在？可以看到，绝大多数企业仅仅是在努力管理并挖掘自己的存储数据集，而很难实际利用数据中的信息建立自身竞争优势。在实践性、实用性及可行性方面，企业还无法充分运用现有的工具发挥数据中的可观潜能。需要明确的是，目前我们并不缺乏良好的大数据工具，事实上我们缺乏的是真正具备效率与有效性的解决方案，这种能够解决数据孤岛及高度依赖性难题的手段既匮乏又难以维护。

为什么？因为截至目前，我们的重点一直放在整合应用程序并建立各类独立工具与平台之间的连接机制，缺少这种桥梁它们将根本无法协作。举例来说，我们需要想办法对接 CROM 与 ERP，或者将销售工具与市场营销自动化机制相整合。

这种应用到应用型方案的问题在于，其完全忽略了数据本身——这意味着数据仍然可能以分裂化、孤立化或碎片化形式存在。即使应用程序能够彼此连接，如果其各自拥有自己的数据存储形式，那么数据也无法实现通用。这意味着我们将面对大量不完整或者重复的数据记录，即通常所谓的"脏"数据。任何分析方法都无法利用这样的数据素材提供可靠的结论——因为数据本身就不够可靠。

我们该如何解决问题？

为了真正处理大数据——同时利用其实现洞察分析与业务增长，而非单纯进行数据收集——我们需要一套新型方案以专注于数据本身，而非应用程序。事实上，相较于应用程序级别，立足于数据层级解决集成化问题才是实现大数据项目成功的关键所在。

通过将集成与数据管理融入单一统一化平台，我们将能够构建起一套全面、简洁且具备来源中立性的数据湖，企业可将其作为单一可靠来源基础，并接受任何源或分析应用的写入或读取访问。除了敞开大门允许几乎一切应用出于几乎一切目的以正确方式接入正确数据之外，其还能够显著提升分析工作的效率、精度与可信度。

iPaaS 就是答案？也许言之尚早。

尽管不少从业者高度提倡将 iPaaS（即集成平台即服务）作为最佳解决方案，但这种自助式方案仍然会给内部团队带来沉重的复杂集成工作负担，而且相当一部分企业根本不具备相关资源或者由自身 IT 及业务人员管理集成化"管道"的意愿。但随着新型集成化需求的快速涌现，我们很难找到顺畅可行的 iPaaS 方案规模扩展途径，更不用提由此带来的合规性与数据治理难题了。为业务用户提供独立于 IT 之外配置集成机制的能力可能对安全性及合规性造成危害，也可能无意中导致企业遭遇信息泄露进而受到惩罚，同时此类未受 IT 集成策略支持的一次性实施工作还可能造成设计中需要尽可能避免的数据孤岛问题。

最后，尽管实现过程较为简单，但其在成本与可扩展能力方面存在严重局限。利用 iPaaS，我们将很难为未来的发展做好打算；在本质上说，这只是一种临时性解决办法，且必须反复调整以适应需求增长与变化。

理想的解决方案：dPaaS 真正实现大数据成功。值得庆幸的是，目前已经出现了一种全新的大数据管理与集成方法，且适用于任何规模的企业，并可通过高效、可管理且可扩展的方式对大数据资源加以运用。

数据平台即服务，简称 dPaaS，是一套统一化多租户云平台，可通过更为灵活且以数据为中心的应用中立性方式提供集成与数据管理托管服务，从而满足几乎一切与大数据相关的需求。相较于专注于集成应用程序，dPaaS 专门负责集成数据，确保跨应用数据湖读取或写入操作的简洁性、质量、可访问性及合规性。

利用 dPaaS，企业能够彻底告别数据孤岛及复杂性乃至高成本集成项目，真正随时拥抱新型应用，从坚实的数据存储库内提取信息并保持完整的数据生命周期内可视性——且享受各类内置合规性与治理能力。下面来看其中的几项核心功能：

（1）统一化数据管理

利用 dPaaS，企业的整体数据存储库可被管理为单一全面存储集合。不同于 iPaaS 应用到应用类集成方案所导致的数据孤岛、不匹配字段、缺失值、重复记录以及其他“脏”数据问题，dPaaS 能够保持数据独立于应用程序之外。其创建并维持一套无模式中央存储库，同时包含指向几乎一切数据源的元数据关系，这意味着企业能够轻松地随时添加新型应用并继续保持其数据的简洁性、综合性与准确性。

（2）内置合规性

保持对不断演变的合规性要求的持续遵循正变得越发困难且成本高昂，这意味着我们需要投入大量资源与时间进行审计及重新认证。然而利用 dPaaS，合规性能够立足数据层得到保障，这意味着由相关平台供应商负责对基础设施进行持续认证维护，从而确保以全面而非零散的方式进行监管遵循。具体来讲，dPaaS 会将大部分合规性负担转移给供应商，从而更好地保障闲置与活动数据与合规要求相符。

（3）卓越中心

dPaaS 能够构建起一套集成卓越中心（简称 COE），甚至使得中小型企业能够利用来自供应商的资源、知识、流程、工具乃至人才实现出色的效率并解决更为复杂的业务流程及挑战。构建内部卓越中心过去需要规模庞大的团队方可实现，但如今 dPaaS 能够将卓越中心作为一种常态。平台供应商负责提供专业人员、资源及工具，这意味着几乎任何规模的企业皆可利用这一综合性集成卓越中心享受到前沿技术与服务。

（4）管理服务

与自助性 iPaaS 解决方案不同，dPaaS 能够将大部分集成复杂性转移至平台供应商处，由后者负责处理 ETL 及其他用于构成集成基础的“管道”流程。这不仅能够让企业拥有更出色的成本效益水平，同时也可简化最新技术的获取方式，帮助客户保持明确的市场竞争优势。这意味着企业客户能够将更多内部人员及预算投入到战略性项目当中，进而有力推动营收增长并强化企业的核心业务。

（5）dPaaS 的光明未来

凭借全面的统一化数据集成与管理方案，dPaaS 已经显示出光明的发展前景，足以帮助客户摆脱过去粗放的数据挖掘工作，真正迈入大数据利用阶段。而由此提供的全部工具及专业知识——以及未来发展路线图——都将帮助企业以更加高效、有效且具备成本效益的方式建立并推动大数据项目。

相较于浪费时间与精力“重新发明轮子”，企业应当利用 dPaaS 帮助自身建立竞争优势，同时更为准确地获取并保持市场领先性。

（1）趋势一：数据的资源化

所谓资源化，是指大数据成为企业和社会关注的重要战略资源，并已成为大家争相抢夺的新焦点。因而，企业必须提前制订大数据营销战略计划，抢占市场先机。

（2）趋势二：与云计算的深度结合

大数据离不开云处理，云处理为大数据提供了弹性、可拓展的基础设备，是产生大数据的平台之一。从 2013 年开始，大数据技术已开始和云计算技术紧密结合，预计未来两者关系将更为密切。除此之外，物联网、移动互联网等新兴计算形态，也将一齐助力大数据革命，让大数据营销发挥出更大的影响力。

（3）趋势三：科学理论的突破

随着大数据的快速发展，就像计算机和互联网一样，大数据很有可能是新一轮的技术革命。随之兴起的数据挖掘、机器学习和人工智能等相关技术，可能会改变数据世界里很多的算法和基础理论，实现科学技术上的突破。

（4）趋势四：数据科学和数据联盟的成立

未来，数据科学将成为一门专门的学科，被越来越多的人所认知。各大高校将设立专门的数据科学类专业，也会催生一批与之相关的新的就业岗位。与此同时，基于数据这个基础平台，也将建立起跨领域的数据共享平台，之后，数据共享将扩展到企业层面，并且成为未来产业的核心一环。

另外，大数据作为一种重要的战略资产，已经不同程度地渗透到每个行业领域和部门，其深度应用不仅有助于企业经营活动，还有利于推动国民经济发展。它对于推动信息产业创新、大数据存储管理挑战、改变经济社会管理面貌等方面也意义重大。

现在，通过数据的力量，用户希望掌握真正的便捷信息，从而让生活更有趣。对于企业来说，如何从海量数据中挖掘出可以有效利用的部分，并且用于品牌营销，才是企业制胜的法宝。

9.2　IEEE ICDM 会议数据挖掘与机器学习的最新研究进展

以上对大数据挖掘的发展趋势从各方面进行了阐述，在接下来的部分，我们将从 2016 The IEEE International Conference on Data Mining series （ICDM） 会议收录的论文角度来对大数据挖掘的发展趋势进行分析。

会议论文涵盖数据挖掘的各个方面，主要分为算法改进型和应用型论文及问题解决型论文，其中算法改进型论文涵盖在前面章节提到的数据挖掘的各种算法：聚类算法、分类算法、关联算法、增强算法，同时也包括了之前章节没有提及的算法：多任务学习和黑盒测试算法。

聚类算法是数据挖掘中的重要算法之一。Benjamin Schelling 把聚类比喻成一个狩猎的过程，提出一种叫作 levy walk 的聚类模型，该模型相比于现有的聚类模型能够很好地对抗噪声并且几乎不用设置参数（Benjamin Schelling，2016）。现有的文本分类普遍面临的一个问题就是文本数据的组织本身是一个很复杂的过程。而 Niloofer Shanavas 基于此提出一种文本自动分类的算法（Niloofer Shanavas，2016）。子空间聚类算法是指把数据的原始特征空间分割为不同的特征子集，从不同的子空间角度考察各个数据簇聚类划分的意义，同时在聚类过程中为每个数据簇寻找到相应的特征子空间。子空间聚类算法实际上是将传统的特征选择技术和聚类算法进行结合，在对数据样本聚类划分的过程中，得到各个数据簇对应的特征子集或者特征权重。根据目前的研究结果，做空间聚类可以分为硬子空间聚类和软子空间聚类两种形式。Wei Ye 针对子空间聚类提出一种新颖的能在任意方向找到非冗余的子空间聚类的改进算法。论文使用独立子空间分析方法（ISA）找到子空间集合，最大限度地减少聚类之间的依赖度（冗余度）。此外，算法使用最小描述长度原则来对参数进行自动设置。Dominik Mautz 基于现有聚类算法性能往往很大程度受到参数设置影响的现状提出一种叫作 SubCluEns 的集成聚类算法，该算法基于最小描述长度原则，把多个子空间和投影子空间的聚类结果集成起来得到最后的聚类结果（Dominik Mautz，2016）。

在前面的章节中我们已经提到过聚类算法属于无监督学习。实际上传统的机器学习技术分为两类：一类是无监督学习；另一类是监督学习。无监督学习只利用未标记的样本集，而监督学习则只利用标记的样本集进行学习。但在很多实际问题中，只有少量的带有标记的数据，因为对数据进行标记的代价有时很高，如在生物学中，对某种蛋白质的结构分析或者功能鉴定，可能会花上生物学家很多年的工作，而大量的未标记的数据却很容易得到。这就促使能同时利用标记样本和未标记样本的半监督学习技术迅速发展起来。半监督学习（Semi-Supervised Learning，SSL），是模式识别和机器学习领域研究的重点问题，也是监督学习与无监督学习相结合的一种学习方法。它主要考虑如何利用少量的标注样本和大量的未标注样本进行训练和分类的问题。主要分为半监督分类、半监督回归、半监督聚类和半监督降维算法。Baolin Guo 针对半监督多标签高维数据存在的数据维度过高的问题，提出一种崭新的减少半监督多标签数据维度的方法。

在数据挖掘中应用得最多的算法除了聚类算法，就是分类算法了。在前面的章节提到过各种分类算法，其中神经网络属于相对较为复杂的分类算法。而卷积神经网络是人工神经网络的一种，已成为当前语音分析和图像识别领域的研究热点。它的权值共享网络结构使之更类似于生物神经网络，降低了网络模型的复杂度，减少了权值的数量。该优点在网络的输入是多维图像时表现得更为明显，使图像可以直接作为网络的输入，避免了传统识别算法中复杂的特征提取和数据重建过程。卷积网络是为识别二维形状而特殊设计的一个多层感知器，这种网络结构对平移、比例缩放、倾斜或其他形式的变形具有高度不变性。CNNs 是受早期的延时神经网络（TDNN）的影响。延时神经网络通过在时间维度上共享权值降低学习复杂度，适用于语音和时间序列信号的处理。CNNs 是第一个真正成功训练多层网络结构的学习算法。它利用空间关系减少需要学习的参数数目以提高一般前向 BP 算法的训练性能。CNNs 作为一个深度学习架构提出是为了最小化数据的预处理要求。在 CNNs 中，图像的一小部分（局部感受区域）作为层级结构的最低层的输入，信息再依次传输到不同的层，每层通过一个数字滤波器去获得观测数据的最显著的特征。这个方法能够获取对平移、缩放和旋转不变地观测数据的显著特征，因为图像的局部感受区域允许神经元或者处理单元可以访问到最基础的特征，如定向边缘或者角点。在训练大型网络时不可避免会碰到模型过拟合的现象，因此模型训练过程通常伴随着一个正则化过程，Wei Xiong 提出一种叫作结构化相关约束的正则化方法，用于激活隐藏层来防止过拟合并实现更好地泛化。

KNN 算法作为最经典的分类算法之一，由于其易理解性得以广泛应用，但 KNN 算法的算法时间复杂度高一直是限制它的一个很大方面，现有算法通常通过减少 k 值或者随机减少训练集的大小来减少 KNN 的时间复杂度，但在算法复杂度降低的同时，算法的分类性能往往也会降低。因此怎样有效地在保持算法分类性能不变甚至提升的情况下减少 KNN 的算法复杂度就是重中之重。Huahua Xie 基于这个背景，提出一种在减少算法时间复杂度的同时保持算法性能不变甚至提升的基于预分类的 KNN 算法（Huahua Xie，2016）。文章通过移除特定的训练集数据达到减少训练集规模的目的，提出在 KNN 算法模型之前对训练集数据进行一个时间复杂度较低的预分类，预分类之后的训练集数据根据预分类的预测概率和设置的门限值划分为几个部分，其中预测概率接近 0.5 的训练集数据由于其数据本身具有模棱两可的特征被移除，预测概率接近 0 或 1 的训练集数据由于其特征较明显得以保存作为最后的训练集数据。然后利用更新之后的训练数据集执行 KNN 算法，实验仿真数据证明这种方法在降低算法时间复杂度的同时，能保证算法的分类性能不变甚至有所提升。

简单的分类器有时候往往达不到想要的分类性能，这种时候集成学习就开始发挥其巨大的效用。集成学习是使用一系列的学习器进行学习，并使用某种规则把各个学习结果进行整合，从而获得比单个学习器学习效果更好的一种机器学习方法，是机器学习领域中用来提升分类算法准确率的技术，主要包括 Bagging 和 Boosting 即装袋和提升。机器学习方法在生产、科研和生活中有着广泛应用，而集成学习则是机器学习的首要热门方向之一。集成学习的思路是在对新的实例进行分类的时候，把若干个单个分类器集成起来，通过对多个分类器的分类结果进行某种组合来决定最终的分类，以取得比单个分类器更好的性能。如果把单个分类器比作一个决策者的话，集成学习的方法就相当于多个决策者共同进行一项决策。集成学习往往能利用多个分类器整合的效果达到比单个分类器好得多的性能，但万事有利必有弊，集成学习的多个分类器的应用必然导致算法复杂度及数据存储空间的大幅度增加，基于此，Amichai Painsky 提出一种基于随机森林的压缩算法，随机森林作为集成算法中不可获取的一部分，算法步骤如下：首先，从原始的数据集中采取有放回的抽样，构造子数据集，子数据集的数据量是和原始数据集相同的。不同子数据集的元素可以重复，同一个子数据集中的元素也可以重复。其次，利用子数据集来构建子决策树，将这个数据放到每个子决策树中，每个子决策树输出一个结果。最后，如果有了新的数据需要通过随机森林得到分类结果，就可以通过对子决策树的判断结果的投票，得到随机森林的输出结果了。Amichai Painsky 提出一种基于集成树的概率建模的通过 Bregman 散度聚类的集成压缩算法。Zhengshen Jiang 提出一种新型的贝叶斯集成剪枝算法，集成剪枝算法通过移除性能不好的弱分类器来提升分类性能。该文提出的算法首先运用优化算法得到贝叶斯最优集成规模，然后运用文中提出的贝叶斯剪枝方法和贝叶斯独立剪枝方法对集成算法进行剪枝，仿真数据证明这两种剪枝方法都能达到比现有算法更好的效果（Zhengshen Jiang，2016）。

除了这些经典的数据挖掘算法，近几年来深度学习得到越来越多关注。深度学习的概念源于人工神经网络的研究。含多隐层的多层感知器就是一种深度学习结构。深度学习通过组合低层特征形成更加抽象的高层表示属性类别或特征，以发现数据的分布式特征表示。深度学习的概念由 Hinton 等人于 2006 年提出。基于深度置信网络（DBN）提出非监督贪心逐层训练算法，为解决深层结构相关的优化难题带来希望，随后提出多层自动编码器深层结构。此外 Lecun 等人提出的卷积神经网络是第一个真正多层结构学习算法，它利用空间相对关系减少参数数目以提高训练性能。深度学习是机器学习研究中的一个新的领域，其动机在于建立、模拟人脑进行分析学习的神经网络，它模仿人脑的机制来解释数据，如图像，声音和文本。Nastaran Mohammadian Rad 把深度学习应用到自闭症检测中（Nastaran Mohammadian Rad，2016）。

本书之前讨论的所有场景都是基于单任务学习，实际上现实生活中经常要用到多任务学习。Multi-task learning（多任务学习）是和 single-task learning（单任务学习）相对的一种机器学习方法。拿大家经常使用的 school data 做个简单的对比，school data 是用来预测学生成绩的回归问题的数据集，总共有 139 个中学的 15362 个学生，其中每一个中学都可以看作是一个预测任务。单任务学习就是忽略任务之间可能存在的关系分别学习 139 个回归函数进行分数的预测，或者直接将 139 个学校的所有数据放到一起学习一个回归函数进行预测。而多任务学习则看重任务之间的联系，通过联合学习，同时对 139 个任务学习不同的回归函数。既考虑到了任务之间的差别，又考虑到任务之间的联系，这也是多任务学习最重要的思想之一。单任务学习的过程中忽略了任务之间的联系，而现实生活中的学习任务往往是有千丝万缕的联系的，如多标签图像的分类、人脸的识别等，这些任务都可以分为多个子任务去学习。多任务学习的优势就在于能发掘这些子任务之间的关系，同时又能区分这些任务之间的差别。Inci M. Baytas 针对数据的分布式存储，提出一个异步多任务学习算法，对于多个任务采用异步执行来减少算法执行时间（Inci M. Baytas，2016）。Kaixiang Lin 基于当训练数据噪声太大时模型会对交互多任务模型造成误导这一现状提出一种新颖的交互式的多任务学习框架（Kaixiang Lin，2016）。

以上都是讨论怎样使算法性能得以提升，那么怎样对整体算法的性能在不确定其内部算法的同时对其进行评价呢？黑盒测试法就是一种主要测试手段。黑盒测试也称功能测试，它是通过测试来检测每个功能是否都能正常使用。在测试中，把程序看作一个不能打开的黑盒子，在完全不考虑程序内部结构和内部特性的情况下，在程序接口进行测试，它只检查程序功能是否按照需求规格说明书的规定正常使用，程序是否能适当地接收输入数据而产生正确的输出信息。黑盒测试着眼于程序外部结构，不考虑内部逻辑结构，主要针对软件界面和软件功能进行测试。Philip Adler 提出一种梯度特征黑盒审计算法，探索属性对算法的间接贡献，即是通过哪一个特定属性影响算法结果的（Philip Adler，2016）。

除了算法改进型论文，会议收录了很多应用型论文，其中应用型论文涵盖各个领域，包括数据挖掘在城市规划中的应用、数据挖掘在社交网络的应用、投票网站的用户行为挖掘、空间数据挖掘应用。

把数据挖掘应用于城市规划的技术已经逐渐成熟。开放数据组织、网站的出现极大地改变了城市研究开展的数据基础，大批基于开放数据以及通过开放 API 抓取自商业网站的半开放数据的城市研究成果密集涌现，研究者们利用开放的地理数据、社会化网络数据、签到数据、浮动车轨迹数据等进行了不同尺度、不同视角的研究，既有宏观如城市形态、区域联系度研究，也有微观如个体行为模式的研究。虽然这些研究所使用数据并不 100% 都属于大数据范畴，但在当前的大数据概念热潮下，它们往往被打上了大数据的标签。大数据本身的概念很模糊，而阿里云的技术总监薛桂荣对大数据时代最典型特征的判断本书深表认同，即“数据的可获得性”。正是这种“可获得性”奠定了大数据时代的城市研究基础。开放数据运动是大数据应用于城市规划、城市研究的重要数据基础，而规划人对社会化网络的热衷则为大数据迅速对城市规划行业造成冲击构成了传播基础。与其他行业相比，规划行业规模较小，相互间的联系较紧；而规划话题则社会性、公共性较强，规划编制工作也开始强调开放性，扩大公众参与，所以从 2009 年新浪微博上线以来，规划师群体是高度活跃、互动性较强的群体，这个群体因其话题的特殊性和自身的活跃度曾引起了《南方周末》等传统媒体的关注，并进入大众视野。Ahmed Anes Bendimerad 提出一种利用社交网络数据来进行城市规划的算法，将数据挖掘算法应用于社交网络数据，以完成城市规划（Ahmed Anes Bendimerad，2016）。

随着大数据时代的到来，数据量过大不便于算法执行及算法时间复杂度太高已经成为一个通病，因此通过降维去除冗余数据，减少数据的规模，以方便算法的有效执行逐渐引起大家的注意。Jaroslaw Blasiok 提出一个快速数据感知的、线性等距离的降维方法，来达到数据规模有效降低的目的（Jaroslaw Blasiok，2016）。随机梯度下降法也同样可以用来对大量数据进行数据量规模的减少，但当有噪声时随机梯度下降法会出现梯度更新有高方差减慢收敛速度的缺点，同时其边际效益也不可忽视，为解决这些问题，Soham De 提出一个分布的梯度下降法以减少数据的规模（Soham De，2016）。

符号网络是指边具有正或负符号属性的网络，其中，正边和负边分别表示积极的关系和消极的关系。真实世界的许多复杂网络中都存在对立的关系，尤其是在信息、生物和社会领域。利用边的符号属性去分析、理解和预测这些复杂网络的拓扑结构、功能、动力学行为具有十分重要的理论意义，并且对个性化推荐、态度预测、用户特征分析与聚类等都具有重要的应用价值。Jose Cadena 提出一种针对符号网络的在线社交网络挖掘（Jose Cadena，2016）。

对于在线社交网络来说，子图计数是分析在线社交网络最基础的任务。Xiaowei Chen 提出一种基于 random walk 框架的子图计数方法，对社交网络进行分析（Xiaowei Chen，2016）。

现如今在线评价和投票网站越来越普遍，用户的点赞行为和评论之间必然存在一定的联系，Alceu Ferraz Costa 对收集的大量投票网站的用户点赞行为和评论行为数据进行了建模分析，用来对用户的点赞和评论行为进行预测（Alceu Ferraz Costa，2016）。

近年来，空间数据挖掘得到越来越多的关注。空间数据挖掘即把数据挖掘的技术应用在空间数据上，大部分就是 social network 数据以及 GPS 数据——经度、纬度、时间等。从这些数据上，我们可以挖掘出潜在的拓扑结构（相邻、包含等关系）或者空间几何结构（地理信息、面积等），从而我们可以在上面做很多应用。大多数应用其实是要建立空间数据与非空间数据的联系。例如，我们可以从用户的 GPS 数据来研究用户的行程、用户可能在干什么，甚至预测用户之间的相似度，从而建立一个好友推荐系统。然而空间数据挖掘面临的最大问题其实是用户数据的隐私问题，基于此，Maryam Fanaeepour 提出一种新颖的考虑到减少噪声和引入隐性的空间数据挖掘算法（Maryam Fanaeepour，2016）。

9.3 “计算机奥运会”——Sort Benchmark

大数据的发展趋势不仅体现在会议进程的方方面面，还体现在各大数据挖掘比赛中。2016 年 11 月 10 日，具有“计算机奥运会”之称的 Sort Benchmark 全球排序竞赛公布 2016 年最终成绩，腾讯云大数据联合团队用时不到 99 秒（98.8 秒）就完成 100TB 的数据排序，打破阿里云 2016 年创造的 329 秒的纪录。在更早前，百度创造的纪录是 716 秒，Hadoop 的纪录是 4222 秒。

在这次竞赛中，腾讯云数智分布式计算平台，夺得 Sort Benchmark 大赛 Gray

Sort 和 Minute Sort 的冠军，总共创造四项世界纪录，将 2015 年阿里云的纪录整体提高 2~5 倍。腾讯名列全球大数据第一梯队领军企业，这也是全球大数据性能进化史的重要里程碑。全球大数据性能进化史如图 9-1 所示。

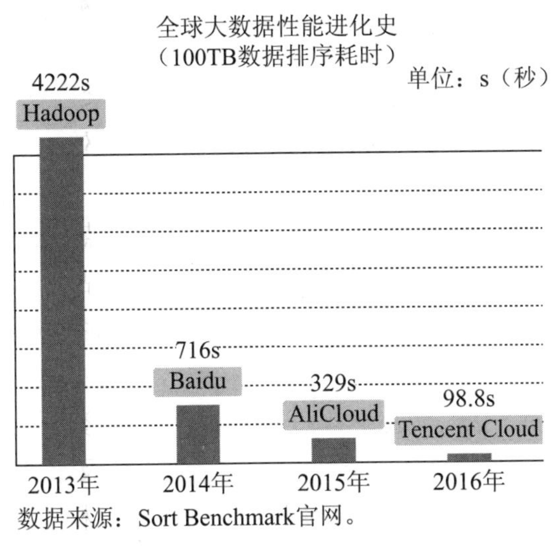

图 9-1　全球大数据性能进化史

每年全球顶尖公司和学术机构都会来参加该赛事，以评估软硬件系统架构能力及最新研究成果。这项赛事包括四项比赛，腾讯云大数据联合团队参加的是含金量最高的 Gray Sort 和 Minute Sort 两项排序竞赛，重点评测大规模分布式系统的软硬件架构能力及平台的计算效率，以上两项比赛均包括 Indy（专用目的排序）和 Daytona（通用目的排序）两个子项。数智一举夺得上述四个子项的冠军，总体将阿里云 2015 年的纪录提高 2 ～ 5 倍。

Gray Sort 竞赛比拼的是如何在最短的时间内，将总共 100TB，一共 1 万亿条无序的 100 字节纪录，按照从小到大的顺序进行排序。数智用时 98.8 秒完成 100TB 的数据排序，即每分钟完成 60.7TB 的数据排序，2015 年冠军的纪录为 18.2TB/ 分钟。Minute Sort 竞赛，比拼的是在 1 分钟之内能够完成多少数据量的排序。数智的成绩为 1 分钟完成 55TB 的排序，2015 年冠军的纪录是 11TB，数智将这一数据量提升了 5 倍。

参考文献

[1] Philip Adler, Auditing Black-box Models for Indirect Influence [C]. 2016 IEEE 16th International Conference on Data Mining, 2016.

[2] Inci M. Baytas. Asynchronous Multi-Task Learning [C]. 2016 IEEE 16th International Conference on Data Mining, 2016.

[3] Kaixiang Lin.Interactive Multi-Task Relationship Learning[C]. 2016 IEEE 16th International Conference on Data Mining, 2016.

[4] Ahmed Anes Bendimerad. Unsupervised Exceptional Attributed Sub-graphMining in Urban Data [C]. 2016 IEEE 16th International Conference on Data Mining, 2016.

[5] Jaroslaw Blasiok, ADAGIO: Fast Data-aware Near-Isometric Linear Embeddings [C]. 2016 IEEE 16th International Conference on Data Mining, 2016.

[6] Soham De. Efficient Distributed SGD with Variance Reduction [C]. 2016 IEEE 16th International Conference on Data Mining, 2016.

[7] Jose Cadena. On Dense Subgraphs in Signed Network Streams [C]. 2016 IEEE 16th International Conference on Data Mining, 2016.

[8] Xiaowei Chen. Mining Graphlet Counts in Online Social Networks [C]. 2016 IEEE 16th International Conference on Data Mining, 2016.

[9] Alceu Ferraz Costa. Vote-and-Comment: Modeling the Coevolution of User Interactions in Social Voting Web Sites [C]. 2016 IEEE 16th International Conference on Data Mining, 2016.

[10] Maryam Fanaeepour. Beyond Points and Paths: Counting Private Bodies [C]. 2016 IEEE 16th International Conference on Data Mining, 2016.

[11] Kevin M. Amaral. Sacrificing Overall Classification Quality to Improve Classification Accuracyof Well-Sought Classes [C]. 2016 IEEE 16th International Conference on Data Mining, 2016.

[12] Remy Dautriche. Towards Visualizing Hidden Structures [C]. 2016 IEEE 16th International Conference on Data Mining, 2016.

[13] Ouadie Gharroudi. A Semi-Supervised Ensemble Approach for Multi-label Learning [C].2016 IEEE 16th International Conference on Data Mining Workshops,2016.

[14] Zhengshen Jiang. A Novel Bayesian Ensemble Pruning Method[C].2016 IEEE 16th International

Conference on Data Mining Workshops,2016.

[15] Luca Luceri, Infer Mobility Patterns and Social Dynamics for Modelling Human Behaviour [C].2016 IEEE 16th International Conference on Data Mining Workshops,2016.

[16] Dominik Mautz. Subspace Clustering Ensembles through Tensor Decomposition [C].2016 IEEE 16th International Conference on Data Mining Workshops,2016.

[17] Nastaran Mohammadian Rad. Applying Deep Learning to Stereotypical Motor Movement Detection in Autism Spectrum Disorders [C].2016 IEEE 16th International Conference on Data Mining Workshops,2016.

[18] Anil Narassiguin. Similarity Tree Pruning: A Novel Dynamic Ensemble Selection Approach [C].2016 IEEE 16th International Conference on Data Mining Workshops,2016.

[19] Benjamin Schelling. Clustering with the Levy Walk: “Hunting” for Clusters[C].2016 IEEE 16th International Conference on Data Mining Workshops,2016.

[20] Niloofer Shanavas. Centrality-Based Approach for Supervised Term Weighting[C].2016 IEEE 16th International Conference on Data Mining Workshops,2016.

[21] Huahua Xie. A Novel Pre-Classification Based KNN Algorithm[C].2016 IEEE 16th International Conference on Data Mining Workshops,2016.